计算机系列教材

常晋义 宋 伟 高婷玉 主编

软件工程与项目管理

清华大学出版社
北 京

内 容 简 介

本书全面阐述了软件工程与项目管理的基本概念、基础知识及相关技术与管理规范。全书以软件生存周期为主线，应用传统开发方法和面向对象开发方法，以开发技术和项目管理为支撑，全面介绍软件开发过程的技术与方法。同时，注重突出“简明、融合、实用”的编写特点，帮助读者理解和掌握软件开发技术及软件项目管理的知识体系，为深入掌握专业知识打好基础。

本书可作为高等院校“软件工程与项目管理”课程的教材或教学参考书，也可供有一定实际经验的软件技术与管理人员和需要开发应用软件的用户参考。

图书在版编目(CIP)数据

软件工程与项目管理/常晋义，宋伟，高婷玉主编.—北京：清华大学出版社，2020.8(2022.1重印)
计算机系列教材
ISBN 978-7-302-56162-0

Ⅰ.①软… Ⅱ.①常… ②宋… ③高… Ⅲ.①软件工程－项目管理－高等学校－教材 Ⅳ.①TP311.5

中国版本图书馆 CIP 数据核字(2020)第 143486 号

责任编辑：白立军　杨　帆
封面设计：刘艳芝
责任校对：梁　毅
责任印制：丛怀宇

出版发行：清华大学出版社
　　网　　址：http://www.tup.com.cn，http://www.wqbook.com
　　地　　址：北京清华大学学研大厦 A 座　　**邮　　编**：100084
　　社 总 机：010-62770175　　**邮　　购**：010-83470235
　　投稿与读者服务：010-62776969，c-service@tup.tsinghua.edu.cn
　　质量反馈：010-62772015，zhiliang@tup.tsinghua.edu.cn
　　课件下载：http://www.tup.com.cn，010-83470236
印 刷 者：北京富博印刷有限公司
装 订 者：北京市密云县京文制本装订厂
经　　销：全国新华书店
开　　本：185mm×260mm　　**印　　张**：18.75　　**字　　数**：444 千字
版　　次：2020 年 10 月第 1 版　　**印　　次**：2022 年 1 月第 3 次印刷
定　　价：54.00 元

产品编号：087619-01

前　言

随着信息技术的发展，软件已经深入社会生产和生活的各方面。软件工程是将工程化的方法运用到软件的开发、运行与维护以及项目管理中，以达到降低开发成本、提高软件质量的目的。通过软件工程课程的学习，能够了解和掌握软件工程的理论、技术和方法，具备作为软件工程师所需的基本能力。

本书是软件工程与项目管理学习的基础教程，重点讲述软件工程通常采用的比较成熟的软件过程、技术方法和管理思想，突出基本原理、应用技术和项目管理的有机融合。在讲授内容的编排上结合作者教学实践的经验，力求深入浅出、通俗易懂。每章后有相应的问题思考、专题讨论、应用实践：问题思考是本章需要掌握的主要概念和基本知识要求；专题讨论是本章的深入和拓展；应用实践列出供课后开展实践的课题。为了加深读者对软件工程技术与管理理论和实践的深入理解，培养读者的实际应用能力，结合教学进程，以电子资料方式提供了每章的导读和课后自测，供读者参考。

全书共9章。第1章介绍软件及软件工程的基本概念；第2章对软件过程及过程模型进行剖析；第3章介绍软件策划与项目计划的方法与过程；第4章介绍软件需求工程；第5章介绍软件设计；第6章说明程序实现的技术，即编程、软件测试的基础知识；第7章介绍软件发布与交付、运行与维护的知识与技能；第8章介绍项目管理与标准化；第9章简要说明嵌入式系统开发的初步概念。

针对应用型高等院校软件工程专业教学对教材的需求，结合十多年来软件工程课程教学的经验，教材编写力争体现“简明、融合、实用”的特点。

（1）简明。用简明扼要的方式，介绍软件工程的基本概念，减少对理论的学术讨论，便于读者理解和掌握主要内容。

（2）融合。融合软件工程的技术过程和项目管理过程，融合传统开发方法和面向对象开发方法，融合技术开发与文档编制，使读者熟悉软件工程的实践过程。

（3）实用。本书引入众多实例及开发案例。在每章编排上，按照思维导图、本章导读、知识讲解、思考与练习、课后自测的层次，采用文字形式和电子资料的立体化形式呈现，突出使用的指导性和实用性。

本书由常晋义、宋伟、高婷玉主编，邱建林教授审阅了全部书稿。参加教材编写和资料收集工作的有常晋义、宋伟、杨丹彤、高婷玉、徐云娟、徐华珍等。全国众多讲授软件工程与项目管理的教师对教材的使用与修改提出了建议和意见，并提供了宝贵的教学研究与改革的相关资料，在编写过程中，也参考了国内外相关教材、资料，在此致以真诚的敬意和诚挚的感谢。

由于作者水平所限，如有疏漏、欠妥、谬误之处，恳请读者指正。

作　者

2020年6月

目　　录

第 1 章　软件工程概述

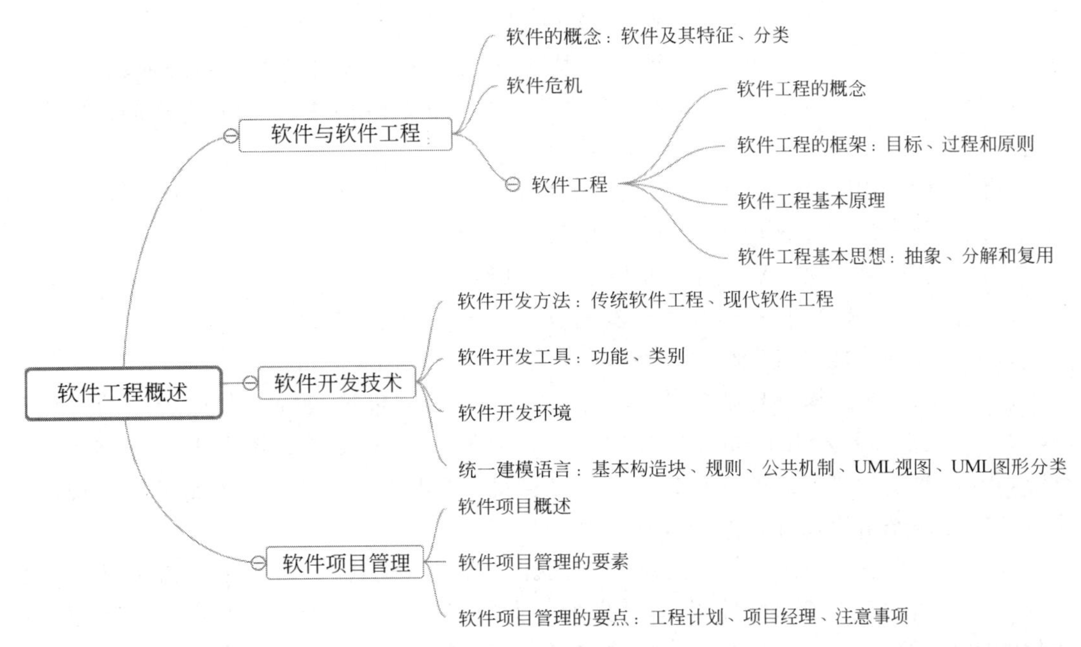

1.1　软件与软件工程

本章导读-1

软件(Software)是计算机系统中与硬件(Hardware)相互依存的另一部分。早期的计算机系统以硬件为主,随着计算机应用的日益普及和深入,对软件的需求量急剧增长,软件相对硬件的费用比例不断提高。在软件发展的近 60 年历史里,人们对软件的认识经历了由浅到深的过程。

1.1.1　软件的概念

软件是当代计算机行业中的重要产品。虽然计算机硬件设备提供了物理上的数据存储、传播以及计算能力,但是对于用户,仍然需要软件来反映其特定的信息处理逻辑,从而通过信息的增值来取得用户自身效益的增值。硬件只能执行无序且数量有限的指令集,软件则是通过数量不限的指令序列来控制硬件求解,软件是客观世界中问题空间与解空间的具体描述。

1. 软件及其特征

软件是包括计算机程序(Program)、支持程序运行的数据(Data)及其相关文档

(Document)资料的完整集合。计算机程序是按事先设计的功能和性能要求执行的指令序列;或者说,是用程序设计语言描述的、适合于计算机处理的语句序列。数据是使程序能正常操纵信息的数据结构。文档是描述程序的操作、维护和使用的图文材料。

【例 1-1】 软件实现的是一个从现实问题域(输入)到信息域的解(输出)的过程,此过程中包括程序、数据、文档以及它们之间的联系。因此,软件的形式化定义为

$$S=(I,O,E,R,D)$$

其中,I 表示抽象数据输入,O 表示抽象数据输出,E 表示构成软件的子系统或构件,R 表示软件子系统或构件间的关系,D 表示软件相关文档。软件描述了 I、O、E、R 的内容和它们之间的关系。

软件不同于以往任何的工业产品的物理特性,它是人类智力活动的无形产物,是软件工程师设计与建造的一种特殊的产品,具有以下特征。

(1) 形态特性。软件是一种逻辑实体,不具有具体的物理实体形态特性。软件具有抽象性,可以存储在介质中,但是无法看到软件本身的形态,必须经过观察、分析、思考和判断去了解它的功能、性能及其他的特性。

(2) 生产特性。软件与硬件的生产方式不同。与硬件或传统的制造产品的生产不同,软件一旦设计开发出来,如果需要提供给多个用户,它的复制十分简单,其成本也极为有限,正因如此,软件产品的生产成本主要是设计开发的成本,同时也不能采用管理制造业生产的办法来解决软件开发的管理问题。

(3) 维护特性。软件与硬件的维护不同。硬件是有损耗的,其产生的磨损和老化会导致故障率增加甚至使得硬件损坏,其失效率曲线如图 1-1(a)所示。软件不存在磨损和老化的问题,但是却存在退化的问题。在软件生存周期中,为了使它能够克服以前没有发现的故障,适应软件和软件环境的变化及用户新的要求,必须要对其进行多次修改,而每次修改都有可能引入新的错误,导致软件失效率升高,从而使软件退化,其失效率曲线如图 1-1(b)所示。

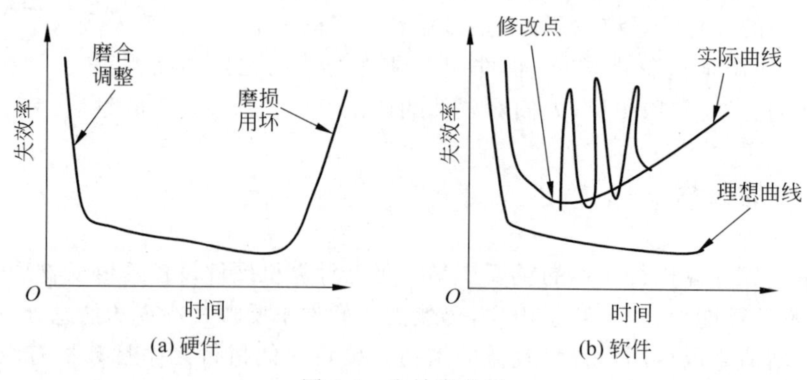

图 1-1 失效率曲线

(4) 复杂特性。软件的复杂特性一方面来自它所反映的实际问题的复杂性;另一方面也来自程序结构的复杂性。软件技术的发展明显落后于复杂的软件需求,这个差距日益加大。软件复杂特性与时间曲线如图 1-2 所示。

(5) 智能特性。软件是复杂的智力产品,它的开发凝聚了人们大量的脑力劳动,它本身也体现了知识、实践经验和人类的智慧,具有一定的智能。它可以帮助人们解决复杂的计算、分析、判断和决策问题。

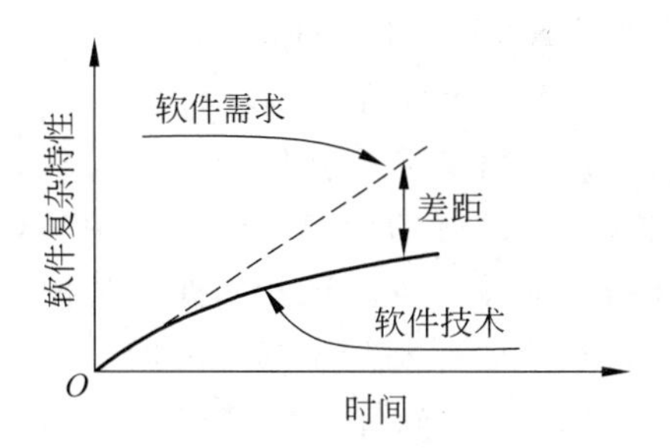

图 1-2 软件复杂特性与时间曲线

(6) 质量特性。软件产品的质量控制存在一些实际困难,难以克服。软件产品的需求在软件开发之初常常是不确切的,也不容易确切地给出,并且需求还会在开发过程中改变,这就使软件质量控制失去了重要的可参照物。软件测试技术存在不可克服的局限性,任何测试都只能在极大数量的应用实例数据中选取极为有限的数据,致使人们无法检验大多数实例,也使人们无法得到完全没有缺陷的软件产品。没有在已经长期使用或反复使用的软件中发现问题,并不意味着今后的使用也不会出现问题。

【例 1-2】 2019 年 5 月,美国波音公司承认 737 MAX 系列飞行模拟器软件存在缺陷。从 2018 年 10 月到 2019 年 3 月,波音 737 MAX 飞机在 5 个月内发生印度尼西亚狮子航空和埃塞俄比亚航空两次坠机事故,造成 346 人死亡。全球航空运营商陆续宣布停飞这一机型。

(7) 环境特性。软件的开发和运行都离不开相关的计算机系统环境,包括支持它的开发和运行的相关硬件和软件。软件对计算机系统的环境有不可摆脱的依赖性。

(8) 软件的管理特性。前述特征,使得软件的开发管理显得更为重要,也更为独特。这种管理可归结为对大规模知识型工作者的智力劳动管理,其中包括必要的培训、指导、激励、制度化规程的推行、过程的量化分析与监督,以及沟通、协调,甚至是软件文化的建立和实施。

(9) 软件的废弃特性。当软件的运行环境变化过大,或者用户提出了更大、更多的需求变更,再对软件实施适应性维护已经不划算,说明该软件已走到它的生存周期终点而将废弃(或称为退役),此时用户应考虑采用新的软件代替。因此,与硬件不同,软件并不是由于“用坏”而被废弃的。

(10) 应用特性。软件的应用极为广泛,如今它已渗透到国民经济和国防的各个领域,现已成为信息产业、先进制造业和现代服务业的核心,占据了无可取代的地位。

软件的研制工作需要投入大量、复杂、高强度的脑力劳动,研制成本比较高。在 20 世纪 50 年代末,软件的开销大约占总开销的百分之十几,大部分成本花在硬件上。但到 2020 年,这个比例完全颠倒过来,软件的开销远远超过硬件的开销。

2. 软件的分类

随着软件应用的快速发展,给软件一个统一严格的分类是很困难的。通常,软件按照功能、开发等不同的角度进行分类。

1) 按软件的功能

按照软件的功能,将软件分为系统软件(System Software)、支撑软件(Support

Software)和应用软件(Application Software)3类。

(1) 系统软件。系统软件是与计算机硬件紧密结合,构成用户在某方面使用计算机的基础平台。系统软件的工作通常都伴随着与计算机硬件的频繁交互,需要精细调度,同时又具有良好的用户支持、资源共享及多外部接口的特征,如操作系统、数据库管理系统、设备驱动程序等。这些软件在某种程度上具有较大范围的适应性,一般由专业的软件公司有目的地开发并较好地维护。

(2) 支撑软件。支撑软件是辅助其他软件开发、维护和运行的软件,也称为工具软件或软件开发环境,主要包括数据库连接和数据管理、程序集成开发环境、软件工程辅助开发环境,以及其他的系统工具。在软件工程过程管理中,支撑软件支持生存周期各阶段的各项活动,为具体领域的应用开发提供更高层级的接口和使用,降低了用户和软件人员与系统交互的复杂性,提高了应用软件开发的效率和质量。

(3) 应用软件。应用软件是实现用户特定的需求,针对计算机在某个领域或特定工作性质中的应用而开发的软件,例如商业处理软件、科学计算软件、计算机辅助设计软件、人工智能软件等。应用软件拓宽了计算机系统的应用领域,有效利用计算机的硬件资源,提供丰富的功能选择。

【例 1-3】 中间件(Middleware)是提供系统软件和应用软件之间连接的软件,以便于软件各部件之间的沟通。中间件与软件开发环境是现代支撑软件的代表。

2) 从软件开发者的角度

对于软件开发者而言,用开发的角度对软件分类,软件大体可以分为两大类,即项目软件和产品软件。

(1) 项目软件一般为特定企业开发或者部署实施一套专用的系统,在进入项目开发之前需要先与用户进行具体的交流和讨论,了解用户对软件的需求与预期,再经过招投标、签订合同、分析设计,最后实施交付。做项目软件是根据客户或用户的要求进行定制开发,须满足与客户在合同中约定的资源限定、时间要求和质量要求。

(2) 产品软件是指向用户提供的计算机软件、信息系统、套装软件或在提供计算机信息系统集成、应用服务等技术服务时提供的软件,是通用的应用于某个行业领域,而不是像项目软件一样为某个需求或者用户定制开发。做产品软件需要根据市场需求调研,投资开发属于自己的产品,然后寻找目标客户进行销售,其产品必须具有竞争力,并不断地完善自身的产品。

1.1.2 软件危机

20世纪60年代中期,大容量、高速度计算机的出现,使计算机的应用范围迅速扩大,软件开发量急剧增长。高级语言开始出现,操作系统的发展引起了计算机应用方式的变化,大量数据处理导致第一代数据库管理系统的诞生。软件系统的规模越来越大,复杂程度越来越高,软件可靠性问题也越来越突出。原来的个人设计、个人使用的方式不再能满足要求,迫切需要改变软件生产方式,提高软件生产率,软件危机爆发。

1. 软件危机的表现

软件危机(Software Crisis)是指在计算机软件开发、使用与维护过程中遇到的一系列严重问题。软件危机并不只是"不能正常运行的软件"才具有的,实际上几乎所有软件都不同程度地存在这些问题。软件危机主要表现在:对软件开发成本和进度的估计不准确;软件产品不能完全满足用户的需求;没有确保软件质量的体系和措施,开发的软件可靠性差;软件可维护性差;开发过程无完整、规范的文档资料;软件开发生产率提高的速度跟不上计算机应用的普及和发展趋势;软件成本在计算机总成本中所占比例逐年上升。

【例 1-4】 2003 年,The Standish Group 年度报告指出,在它们调查的 13 522 个项目中,有 66%的软件项目失败、82%的软件项目超出时程、48%的软件项目推出时缺乏必需的功能,总计约 550 亿美元浪费在不良的项目、预算或软件估算上。

2. 软件危机产生的原因

20 世纪 60 年代,计算机已经应用在很多行业,解决问题的规模及难度逐渐增加,由于软件本身的特点及软件开发方法等多方面问题,软件的发展速度远远滞后于硬件的发展速度,不能满足社会日益增长的软件需求。软件开发周期长、成本高、质量差、维护困难,导致 20 世纪 60 年代末软件危机的爆发。导致软件危机爆发的原因主要可以概括为以下 4 点。

(1) 用户需求不明确。在软件被开发出来之前,用户自己也不清楚软件开发的具体需求;用户对软件开发需求的描述不精确,可能有遗漏、有二义性,甚至有错误;在软件开发过程中,用户还会提出修改软件开发功能、界面、支撑环境等方面的要求;软件开发人员对用户需求的理解与用户的本来愿望有差异。

(2) 缺乏正确的理论指导。由于软件开发不同于其他大多数工业产品,其开发过程是复杂的逻辑思维过程,其产品很大程度上依赖于开发人员高度的智力投入。过分地依靠程序设计人员在软件开发过程中的技巧和创造性,加剧了软件开发产品的个性化,这也是发生软件危机的一个重要原因。

(3) 软件开发规模越来越大。随着软件开发应用范围的扩大,软件开发规模越来越大。大型软件开发项目需要组织一定的人力共同完成,然而多数管理人员缺乏开发大型软件系统的经验,多数软件开发人员又缺乏管理方面的经验。各类人员的信息交流不及时、不准确,有时还会产生误解。软件开发人员不能有效地、独立自主地处理大型软件开发的全部关系和各个分支,因此容易产生疏漏和错误。

(4) 软件开发复杂度越来越高。软件开发不仅仅是在规模上快速地发展扩大,而且其复杂性也急剧增加。软件开发产品的特殊性和人类智力的局限性,导致人们无力处理"复杂问题"。"复杂问题"的概念是相对的,一旦人们采用的先进组织形式、开发方法和工具提高了软件开发效率和能力,新的、更大的、更复杂的问题又会摆在人们面前。

在软件的长期发展中,人们针对软件危机的表现和原因,经过不断的实践和总结,越来越清楚地认识到,按照工程化的原则和方法组织软件开发工作,是摆脱软件危机的一个主要出路。

【例 1-5】 在 1986 年,IBM 大型机之父弗雷德里克·布鲁克斯发表了他的著名论文《没有银弹》,在论文中他断言:“在 10 年内无法找到解决软件危机的灵丹妙药。”从软件危机被提出以来,人们一直在查找解决它的方法。布鲁克斯在《人月神话:软件项目管理之道》提到,“将没有灵丹妙药可以一蹴而就,开发软件的困难是内生的,只能渐进式的改善。整体环境没有改变以前,唯一可能的解,是依靠人的素质,培养优秀的工程师。”

1.1.3 软件工程

软件工程(Software Engineering)是为解决“软件危机”而提出的概念,不同的时期对其有不同的内涵。随着人们对软件系统的研制开发和生产的理解,软件工程所包含的内容也一直处于发展变化之中。

1. 软件工程的概念

为了克服软件危机,1968 年 10 月,北大西洋公约组织(North Atlantic Treaty Organization,NATO)召开的计算机科学会议上,Fritz Bauer 首次提出“软件工程”的概念,企图将工程化方法应用于软件开发上。

许多计算机和软件科学家尝试把其他工程领域中行之有效的工程学知识运用到软件开发工作中。经过不断的实践和总结,最后得出一个结论:按工程化的原则和方法组织软件开发工作是有效的,是摆脱软件危机的一条主要道路。

虽然软件工程的概念提出已有 50 多年,但到 2020 年为止,软件工程概念的定义并没有得到认可。在北大西洋公约组织会议上,Fritz Bauer 对软件工程的定义是“为了经济地获得可靠的和能在实际机器上高效运行的软件,而建立和使用的健全的工作原则。”除了这个定义,还有几种比较有代表性的定义。

著名软件工程专家 Barry W.Boehm 给出的定义是“运用现代科学技术知识来设计并构造计算机程序及为开发、运行和维护这些程序所必需的相关文件资料”。此处,“设计”一词广义上应理解为包括软件的需求分析和对软件进行修改时所进行的再设计活动。

1983 年,IEEE 给出的定义是“软件工程是开发、运行、维护和修复软件的系统方法。”其中,软件的定义为计算机程序、方法、规则、相关的文档资料以及在计算机上运行时所必需的数据。

我国 2006 年的国家标准 GB/T 11457—2006《软件工程术语》中对软件工程的定义:应用计算机科学理论和技术以及工程管理原则和方法,按预算和进度,实现满足用户需求的软件产品的定义、开发、发布和维护的工程或进行研究的学科。

概括地说,软件工程是指导软件开发和维护的工程性学科,它以计算机科学理论和其他相关学科的理论为指导,采用工程化的概念、原理、技术和方法进行软件的开发和维护,把经过时间考验而证明是正确的管理技术和当前能够得到的最好的技术方法结合起来,以较少的代价获得高质量的软件并对其进行维护。

【例 1-6】 开发一个“固定资产管理系统”。为了完成这项任务,首先要选择软件开发模型,确定开发方法,准备开发工具,设计开发环境和运行环境;其次进行需求分析、概要设计、详细设计、编程、测试、试运行、验收和交付;最后是系统维护或系统升级换代。这样,就按照所选择的开发模型,走完了软件的一个生存周期。这一系列的软件开发和管理过程,就是软件工程。

2. 软件工程的框架

软件工程的框架可概括为目标、过程和原则。

1) 软件工程目标

软件工程目标是生产具有正确性、可用性以及开销合宜的产品:正确性指软件产品达到预期功能的程度;可用性指软件基本结构、实现及文档为用户可用的程度;开销合宜是指软件开发、运行的整个开销满足用户要求的程度。这些目标的实现不论在理论上还是在实践中均存在很多待解决的问题,它们形成了对过程、过程模型及工程方法选取的约束。

一般软件工程的具体目标是在给定成本、进度的前提下,开发出具有适用性、有效性、可修改性、可靠性、可理解性、可维护性、可重用性、可移植性、可追踪性、可互操作性和满足用户需求的软件产品。追求这些目标有助于提高软件产品的质量和开发效率,减少维护的困难。

2) 软件工程过程

软件工程过程是生产一个最终能满足需求且达到工程目标的软件产品所需要的步骤,主要包括计划过程、开发过程、运作过程和维护过程。它们覆盖了需求、设计、实现、确认以及维护等活动。需求活动包括问题分析和需求分析:问题分析获取需求定义,需求分析生成功能规约。设计活动一般包括概要设计和详细设计:概要设计建立整个软件系统结构,包括子系统、模块以及相关层次的说明、每个模块的接口定义;详细设计产生程序员可用的模块说明,包括每个模块中数据结构说明及加工描述。实现活动把设计结果转换为可执行的程序代码。确认活动贯穿于整个开发过程,实现完成后的确认,保证最终产品满足用户的要求。维护活动包括使用过程中的扩充、修改与完善。软件工程过程除以上过程外,还有管理过程、支持过程、培训过程等。

3) 软件工程原则

围绕工程设计、工程支持以及工程项目管理,软件工程提出了基本实施原则。

(1) 做好全面的用户需求分析。需求分析直接关系软件开发的成功与否,而用户需求的获取是否完整、全面,又关系需求获取的正确性。通过访谈、记录、填表、现场观看、实地操作等一系列过程,做好系统的功能需求、性能需求、领域需求各方面的分析,为实现正确的、符合用户实际需求的软件打好坚实基础。

(2) 选用适宜的开发模型。不同的应用领域、软件系统规模、软硬件环境以及用户等因素之间相互制约和影响,考虑到需求的易变性、系统的维护性和最终的成本收益,应选用适当的开发模型,以满足用户和系统的要求。

(3) 采用合适的设计方法。在软件设计中,通常需要考虑软件的模块化、抽象与信息隐蔽、局部化、一致性以及适应性等特征。合适的设计方法有助于这些特征的实现,以达到软件工程的目标。

(4) 提供高质量的工程支撑。“工欲善其事,必先利其器”。在软件工程中,软件工具与环境对软件过程的支持颇为重要。软件工程项目的质量与开销直接取决于对软件工程所提供的支撑质量和效用。

(5) 重视软件的过程管理。软件工程的管理直接影响可用资源的有效利用,生产满足目标的软件产品以及提高软件组织的生产能力等问题。因此,仅当软件过程予以有效管理时,才能实现有效的软件工程。

3. 软件工程基本原理

自从 1968 年提出“软件工程”这一术语以来,研究软件工程的专家学者们陆续提出了 100 多条关于软件工程的准则或信条。Barry W.Boehm 综合学者们的意见并总结了多年开发软件的经验,于 1983 年提出了软件工程的 7 条基本原理。他认为这 7 条原理是确保软件产品质量和开发效率的最小集合,又是相当完备的。

(1) 用分阶段的生存周期计划严格管理开发过程。在软件开发与维护的漫长的生存周期中,需要完成许多性质各异的工作。应该把软件生存周期划分成若干个阶段,并相应地制订出切实可行的计划,然后严格按照计划对软件的开发与维护工作进行管理。不同层次的管理人员都必须严格按照计划各尽其职地管理软件开发与维护工作,绝不能受客户或上级人员的影响而擅自背离预订计划。

(2) 坚持进行阶段评审。软件的质量保证工作不能等到编程结束之后再进行。错误发现与改正得越晚,所需要付出的代价也越高。因此,在每个阶段都要进行严格的评审,以便尽早发现在软件开发过程中所犯的错误。

(3) 实行严格的产品控制。在软件开发过程中不应随意改变需求,因为改变一项需求往往需要付出较高的代价。但是,在软件开发过程中改变需求又是难免的,只能依靠科学的产品控制技术来顺应这种要求。当改变需求时,为了保持软件各个配置成分的一致性,必须实行严格的产品控制,一切有关修改软件的建议,都必须按照严格的规程进行评审,获得批准以后才能实施修改。

(4) 采用现代程序设计技术。从提出软件工程的概念开始,人们一直把主要精力用于研究各种新的程序设计技术,并进一步研究各种先进的软件开发与维护技术。实践表明,采用先进的技术不仅可以提高软件开发和维护的效率,而且可以提高软件产品的质量。

(5) 应能清楚地审查结果。软件产品是看不见摸不着的逻辑产品。软件开发人员的工作进展情况可见性差,难以准确度量,从而使得软件产品的开发过程比一般产品的开发过程更难于评价和管理。为了提高软件开发过程的可见性,更好地进行管理,应该根据软件开发项目的总目标及完成期限,规定开发组织的责任和产品标准,从而使得所得到的结果能够清楚审查。

(6) 软件开发小组的人员应少而精。软件开发小组的组成人员的素质要高,且人数不宜过多。开发小组人员的素质和数量是影响软件产品质量和开发效率的重要因素。素质高的人员的开发效率比素质低的人员的开发效率高几倍至几十倍,而且错误也会明显减少。此外,随着开发小组人员数目的增加,交流情况和讨论问题而造成的通信开销也急剧增加。因此,组成少而精的开发小组是很重要的。

(7) 承认不断改进软件工程实践的必要性。仅有上述6条原理并不能保证软件开发与维护的过程能赶上时代前进的步伐,跟上技术的不断进步。因此,不仅要积极主动地采纳新的软件技术,而且要注意不断地总结经验。例如,收集进度和资源耗费数据,收集出错类型和问题报告数据等。这些数据不仅可以用来评价新的软件技术效果,而且可以用来指明必须着重开发的软件工具和应该优先研究的技术。

4. 软件工程基本思想

无论是传统软件工程还是现代软件工程,它们都体现了一些共同的思想,这些思想主要有抽象、分解和复用。

(1) 抽象。抽象是人类解决复杂问题的通用方法。它从众多的事物中抽取出共同的、本质性的特征,而舍弃其非本质的特征。通过硬件基础上运行的软件来解决实际问题时,软件中的概念和实际问题中的概念是有区别的。因此,必须采用抽象来实现实际问题在软件世界中的映射。在传统软件工程中,问题被映射成函数、数据结构、算法等软件概念;而在面向对象软件工程中,问题被映射成对象、类及它们之间的关系,由于对象、类模拟了现实世界,这种抽象更容易理解。为了实现从问题领域到软件领域的映射,软件工程把软件开发分成了多个阶段,每个阶段中提供了多种模型来完成任务,而模型本身就是一种抽象表达。

(2) 分解。分解就是把复杂的系统变成小的系统,采用"各个击破"的原则逐一解决。由于软件本身比较复杂,作为一个整体开发存在一定困难,因此,把软件系统分解成一个个小系统,这样就可以大大降低开发难度。传统的软件工程在分解时,从功能角度出发,各个子系统都对应了一部分功能;而面向对象的软件工程中,把系统分解为一个个对象,通过定义对象间的交互来完成所有的功能。分解也促进了软件重用,由于每个小的单元(子系统、模块、类、函数)具备一定的功能,在未来的软件开发中可以再次使用,那些具有一定通用性的软件,甚至可以构成一个可重用软件库。

(3) 复用。复用就是利用已有的代码,或者已有的知识、经验编写代码,以进行新的软件开发。复用可以节省很大一部分时间和精力,从而提高开发效率。复用的软件大多经过很长时间的检验,这样可以减少开发过程中可能出现的错误。小部分的创新加上大部分的已有成果来完成新项目,因此利用复用可以高效而又高质量地完成软件开发工作。复用的形式多种多样,主要的形式为程序库、类库、软件服务、应用框架、设计模式等。

1.2 软件开发技术

软件开发技术和软件项目管理是软件工程的两个重要部分。软件开发技术主要包括软件开发方法、软件开发工具和软件开发环境,其主体内容是软件开发方法。

1.2.1 软件开发方法

软件开发方法是从不同的软件类型,按不同的观点和原则,对软件开发中应遵循的策略、原则、步骤和必须产生的文档资料做出规定，从而使软件的开发能够规范化和工程化。目前使用最广泛的软件工程方法主要是传统软件工程和现代软件工程。

1. 传统软件工程

传统软件工程主要是指生存周期方法下的软件工程，是20世纪60年代为摆脱“软件危机”出现的工程学。它采用结构化技术来完成软件开发的各项任务，并使用适当的软件工具或软件工程环境来支持结构化技术的运用。该方法把软件生存周期的全过程依次划分为需求分析、概要设计、详细设计、编码、测试和维护6个主要阶段，然后顺序地完成每个阶段的任务（见表1-1）。每个阶段的开始和结束都有严格的标准，必须经过正式严格的技术审查和管理审查，前一个阶段的结束标准就是后一个阶段的开始标准。其中，审查最主要的标准就是每个阶段都应该提交“最新的”高质量的文档。

表1-1　传统软件工程阶段简表

阶段	主要工作	结果与文档
需求分析	对待开发软件提出的需求进行分析并给出详细的定义	软件需求规格说明书，初步的系统用户手册
概要设计	设计总体的系统构架	概要设计说明书
详细设计	设计模块内部的结构	详细设计说明书
编码	用代码来实现设计的功能	程序代码
测试	不断验证已有系统的功能	测试报告
维护	按需要对软件进行修改	维护记录

传统软件工程学是符合工程学原理的一套体系。传统软件工程学的出现，很大程度上解决了“软件危机”中的一些问题。其优点主要有两方面：一是将软件的生存周期划分为若干个独立的阶段，便于不同人员分工协作；二是在每个阶段结束前都进行严格的审查，可有效地保证软件的质量。

然而，传统软件工程最主要的问题是缺乏灵活性，它要求必须在项目开始前说明全部需求，但这恰恰是非常困难的。当软件规模比较大，并且软件的需求是模糊的或者随时间变化而变化时，传统软件工程就会存在很多问题。同时，传统软件工程采用了结构化的技术来完成软件开发的各项任务，比较明显的问题是开发效率比较低下，软件中代码的复用率低，软件维护比较困难。由于传统软件工程强调更多的是模块化，各个小模块组成了系统的功能。随着用户需求的改变和技术的发展，模块经常需要改变。这是传统软件工程很难处理的情况，因为局部功能模块的修改甚至可能带来整个系统的改变。低下的开发效率和代码复用率成为传统软件工程继续发展的瓶颈。

2. 现代软件工程

现代软件工程主要是指面向对象的软件工程。面向对象就是针对现实中客观存在的事物进行软件开发，类似于人的直观思维方式。

众所周知，客观世界由许多不同的、具有自己的运动规律和内部状态的对象构成。不同的对象之间相互作用和交互形成了完整的客观世界。因此，从思维模式的角度，面向对象与客观世界相对应，对象概念就是现实世界中对象的模型化。从人类认知过程的角度，面向对象的方法既提供了从一般到特殊的演绎手段（如继承），又提供了从特殊到一般的归纳形式（如类等）。面向对象方法学是遵循一般认知方法学的基本概念而建立起来的完整理论和方法体系。因此，面向对象方法学也是一种认知方法学。

从软件技术角度，面向对象方法起源于信息隐蔽和抽象数据类型概念，它以对象作为基本单位，把系统中所有资源，如数据、模块以及系统都看成对象，每个对象把一组数据和一组过程封装在一起。面向对象方法是面向对象技术在软件工程的全面应用。面向对象方法从现实世界中的问题域直接抽象，确定对象，根据对象的特性抽象，用类来描述相同属性的对象，而类又分成不同的抽象层次，成为面向对象设计的最基本模块。它封装了描述该类的数据和操作，数据描述了对象具体的状态，而操作确定了对象的行为。

面向对象方法学可以用下式表述，即面向对象使用了对象、类和继承的机制，同时对象之间只能通过传递消息来实现相互通信。

面向对象方法学＝对象＋类＋继承＋基于消息的通信

(1) 对象。自然界存在的一切事物都可以称为对象(Object)。例如，学生是对象，老师是对象，教室是对象，一个学校也是一个对象。对象是其自身所具有的状态特征和作用于这些状态特征的操作集合在一起构成的独立实体。对象包含两个要素：描述对象静态特征的属性和描述对象动态特征的操作。对象是面向对象方法学的基本单位，是构成和支持整个面向对象方法学的基石。

(2) 类。类(Class)是对具有相同属性、特征和服务的一个或一组对象的抽象定义。类与对象是抽象描述与具体实例的关系，一个具体的对象称为类的一个实例(Instance)。例如，学生是对所有种类的学生的抽象，某个学生小张可以看作是学生类型的一个实例。

(3) 继承。世界万物既有相似性，又有多样性。通过继承(Inheritance)机制，可以达到相似性与多样性的统一。一方面子类继承父类定义的属性和操作；另一方面子类又可以添加自己的属性和操作，或者通过多态机制使得父类中定义的操作有自己的实现。

(4) 基于消息的通信。消息(Message)是面向对象软件中对象之间交互的途径，是对象之间建立的一种通信机制。通常是指向其他对象发出服务请求或者参与处理其他对象发来的请求。一条消息的必备信息有消息名、消息请求者、消息响应者、消息所要求的具体服务和参数等。

消息通信与对象的封装原则密不可分。封装使对象成为一些各司其职、互不干扰的独立单位；消息通信则为它们提供了唯一合法的动态联系途径，使它们的行为能够互相配合，构成一个有机的系统。

面向对象技术提供了更好的抽象能力和更多的软件开发方法和工具，能够使用各种不同的设计模式来解决具体问题。而且，在软件实现层面，面向对象技术极大地提高了代码复用和代码的可扩展性，便于软件的维护。

1.2.2 软件开发工具

软件开发工具是为软件开发服务的各种软件和硬件，是用于辅助软件生存周期过程的基于计算机的工具。通常可以设计并实现某些工具来支持特定的软件工程方法，减少手工方式管理的负担。与软件工程方法一样，试图让软件工程更加系统化，工具的种类包括支持单个任务的工具及囊括整个生存周期的工具。

1. 软件开发工具的功能

软件开发工具的种类繁多。有的工具只对软件开发过程的某方面或某个环节提供支持，而有的工具对软件开发则提供比较全面的支持。软件开发工具的基本功能：提供描述软件情况及其开发过程的概念模式，协助开发人员认识软件工作的环境与要求、管理软件开发的过程；开发工具要能提供方便、有效地处理信息的手段和相应的人机界面，提供存储和管理有关信息的机制与手段；帮助使用者编制、生成和修改各种文档；帮助使用者编写程序代码，使用户能在较短时间内半自动地生成所需要的代码段落，并进行测试和修改；对历史信息进行跨生存周期的管理，即管理项目运行与版本更新的有关信息，以便于信息的充分运用。

2. 软件开发工具的类别

根据支持软件工程工作阶段，软件开发工具可以分为需求分析工具、设计工具、编码工具、测试工具、运行维护工具和项目管理工具。

(1) 需求分析工具。需求分析工具能将应用系统的逻辑模型清晰地表达出来，并包括对分析的结果进行一致性和完整性检查，具有发现并排除错误的功能。属于系统分析阶段的工具主要包括数据流图绘制与分析工具、图形化的 E-R 图编辑和数据字典的生成工具、面向对象的模型与分析工具以及快速原型构造工具等。

(2) 设计工具。设计工具是用来进行系统设计的，将设计结果描述出来形成设计说明书，并检查设计说明书中是否有错误，然后找出并排除这些错误。其中，属于总体设计的工具主要是系统结构图的设计工具；详细设计的工具主要有 HIPO 图工具、PDL 支持工具、数据库设计工具及图形界面设计工具等。

(3) 编码工具。在程序设计阶段，编码工具可以为程序员提供各种便利的编程作业环境。属于编码阶段的工具主要包括各种文本编辑器、常规的编译程序、连接程序、调试跟踪程序以及一些程序自动生成工具等，目前广泛使用的编程环境是这些工具的集成化环境。

(4) 测试工具。软件测试是为了发现错误而执行程序的过程，测试工具应能支持整个测试过程，包括测试用例的选择、测试程序与测试数据的生成、测试的执行及测试结果的评价。属于测试阶段的工具有静态分析器、动态覆盖率测试器、测试用例生成器、测试报告生成器、测试程序自动生成器及环境模拟器等。

(5) 运行维护工具。运行维护的目的不仅是要保证系统的正常运行，使系统适应新的变化，更重要的是发现和解决性能障碍。属于软件运行维护阶段的工具主要包括支持逆向工程(Reverse-Engineering)或再造工程(Reengineering)的反汇编程序及反编译程序、方便程序阅读和理解的程序结构分析器、源程序到程序流程图的自动转换工具、文档生成工具及系统日常运行管理和实时监控程序等。

(6) 项目管理工具。软件项目管理贯穿系统开发生存周期的全过程，它包括对项目开发队伍或团体的组织和管理，以及在开发过程中各种标准、规范的实施。支持项目管理的常用工具有 PERT 图工具、Gantt 图工具、软件成本与人员估算建模及测算工具、软件质量分析与评价工具，以及项目文档制作工具、报表生成工具等。

1.2.3 软件开发环境

软件开发环境是指在基本硬件和宿主软件的基础上，为支持软件的工程化开发和维护而使用的一组软件。它由软件工具和环境集成机制构成，前者用于支持软件开发的相关过程、活动和任务，后者为工具集成和软件的开发、维护及管理提供统一的支持。

1. 软件开发环境的概念

软件开发环境的主要组成成分是软件工具。人机界面是软件开发环境与用户之间的一个统一的交互式对话系统，它是软件开发环境的重要质量标志。存储各种软件工具加工所产生的软件产品或半成品(如源代码、测试数据和各种文档资料等)的软件环境数据库是软件开发环境的核心。工具间的联系和相互理解都通过存储在信息库中的共享数据得以实现。

软件开发环境数据库是面向软件工作者的知识型信息数据库，其数据对象具有多元化、带有智能性质。软件开发数据库用来支撑各种软件工具(尤其是自动设计工具、编译程序等)的主动或被动的工作。

软件实现依赖计算机程序设计语言。时至今日，计算机程序设计语言发展为算法语言、数据库语言、智能模拟语言等多种门类，在几十种重要的算法语言中，C、C#、C++、Java 和 Python 等语言日益成为广大计算机软件工作人员的亲密伙伴，这不仅因为它功能强大、构造灵活，更在于它提供了高度结构化的语法、简单而统一的软件构造方式，使得以它为主构造的软件开发环境数据库的基础成分——子程序库的设计与建设显得异常方便。

软件开发环境通常具有的功能：软件开发的一致性及完整性维护；配置管理及版本控制；数据的多种表示形式及其在不同形式之间自动转换；信息的自动检索及更新；项目控制和管理；对方法学的支持。

2. 软件开发环境的构成

按软件开发阶段，软件开发环境包括前端开发环境(支持系统规划、分析、设计等阶段的活动)、后端开发环境(支持编程、测试等阶段的活动)、软件维护环境和逆向工程环境等。此类环境往往可通过对功能较全的环境进行裁减而得到。

软件开发环境由工具集和集成机制两部分构成，工具集和集成机制间的关系犹如“插件”和“插槽”间的关系。

1）工具集

软件开发环境中的工具可包括支持特定过程模型和开发方法的工具，如支持瀑布模型及数据流方法的分析工具、设计工具、编码工具、测试工具、维护工具，支持面向对象方法的 OOA（Object-Oriented Analysis）工具、OOD（Object-Oriented Design）工具和 OOP（Object-Oriented Programming）工具等；独立于模型和方法的工具，如界面辅助生成工具和文档出版工具；也可包括管理类工具和针对特定领域的应用类工具。

2）集成机制

集成机制对工具的集成及用户软件的开发、维护及管理提供统一的支持。按功能可划分为环境信息库、过程控制及消息服务器、环境用户界面 3 部分。

（1）环境信息库是软件开发环境的核心，用于存储与系统开发有关的信息并支持信息的交流与共享。库中存储两类信息：一类是开发过程中产生的有关被开发系统的信息，如分析文档、设计文档、测试报告等；另一类是环境提供的支持信息，如文档模板、系统配置、过程模型、可复用构件等。

（2）过程控制和消息服务器是实现过程集成及控制集成的基础。过程集成是按照具体软件开发过程的要求进行工具的选择与组合，控制集成并行工具之间的通信和协同工作。

（3）环境用户界面包括环境总界面和由它实行统一控制的各环境部件及工具的界面。统一的、具有一致视感的用户界面是软件开发环境的重要特征，是充分发挥环境的优越性、高效地使用工具并减轻用户学习负担的保证。

1.2.4 统一建模语言

统一建模语言（Unified Modeling Language，UML）是一种为面向对象系统的产品进行说明、可视化和编制文档的一种标准语言。它使用面向对象技术的建模工具，但独立于任何具体程序设计语言。同时，吸收了其他面向对象建模方法的优点，形成一种概念清晰、表达能力丰富、适用范围广泛的面向对象的标准建模语言。

统一建模语言的模型元素主要包括 3 方面，即基本构造块（Basic Building Blocks）、支配这些构造块放在一起的规则（Rules）和一些运用于整个统一建模语言的公共机制（Common Mechanisms）。

1. 基本构造块

统一建模语言基本构造块包含事物（Things）、关系（Relationships）和图（Diagrams）3 种类型。

1）事物

UML 中将各种事物归纳为 4 类，即结构事物、行为事物、分组事物和注释事物。

（1）结构事物是 UML 模型的静态部分，主要用于描述概念元素或物理元素，包括类

(Class)、接口(Interface)、主动类(Active Class)、用例(Use Case)、参与者(Actor)、协作(Collaboration)、构件(Component)、节点(Node)和制品(Artifact),如图1-3所示。

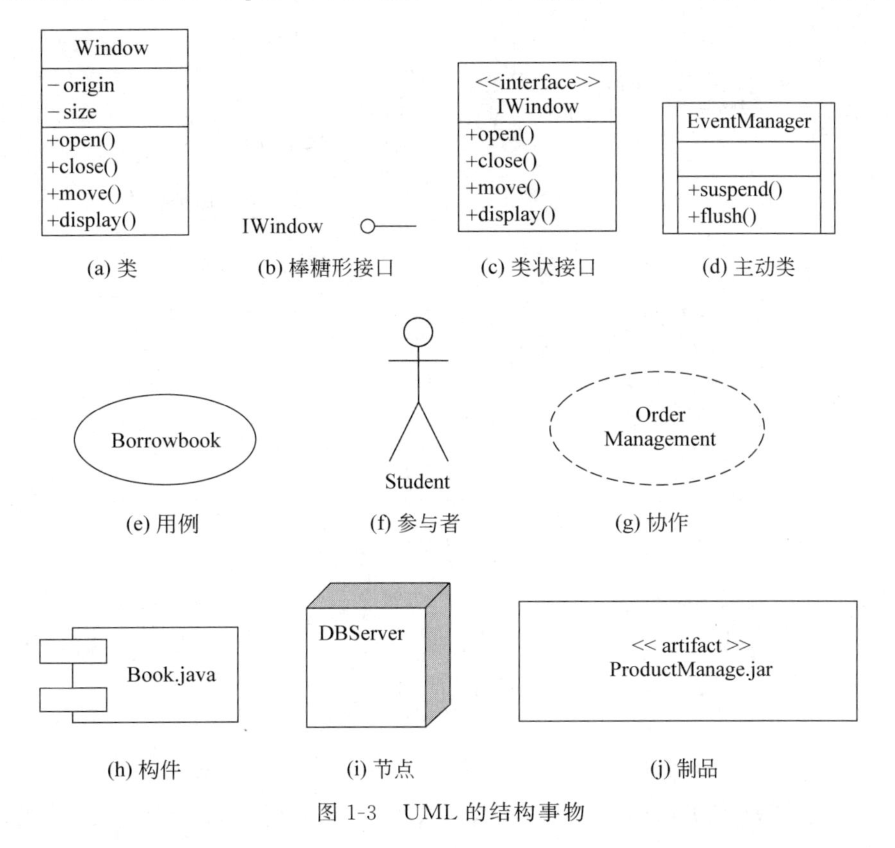

图1-3 UML的结构事物

(2) 行为事物是UML模型的动态部分,包括交互(Interaction)、状态机(State Machine)两种,它们通常与各种结构元素(如类、协作等)相关。

(3) 分组事物是UML模型的组织部分,它的作用是降低模型的复杂性。包(Package)是模型元素组织成组的机制,结构事物、行为事物甚至其他分组事物都可以放进包内。

(4) 注释事物是依附于一个元素或一组元素之上,对其进行约束或解释的简单符号。在UML中,主要的注释事物称为注释(Note),行为事务、分组事物、注释事物如图1-4所示。

2) 关系

UML中有4种关系,分别是依赖(Dependency)、关联(Association)、泛化(Generalization)和实现(Realization)。这4种关系是UML模型中可以包含的基本关系,如图1-5所示。它们也有变体,例如,依赖的变体有细化、跟踪、包含和延伸。

(1) 依赖是两个事物间的语义关系,其中一个事物(独立事物)发生变化会影响另一个事物(依赖事物)的语义,用一个虚线箭头表示。虚线箭头的方向从源事物指向目标事物,表示源事物依赖于目标事物。

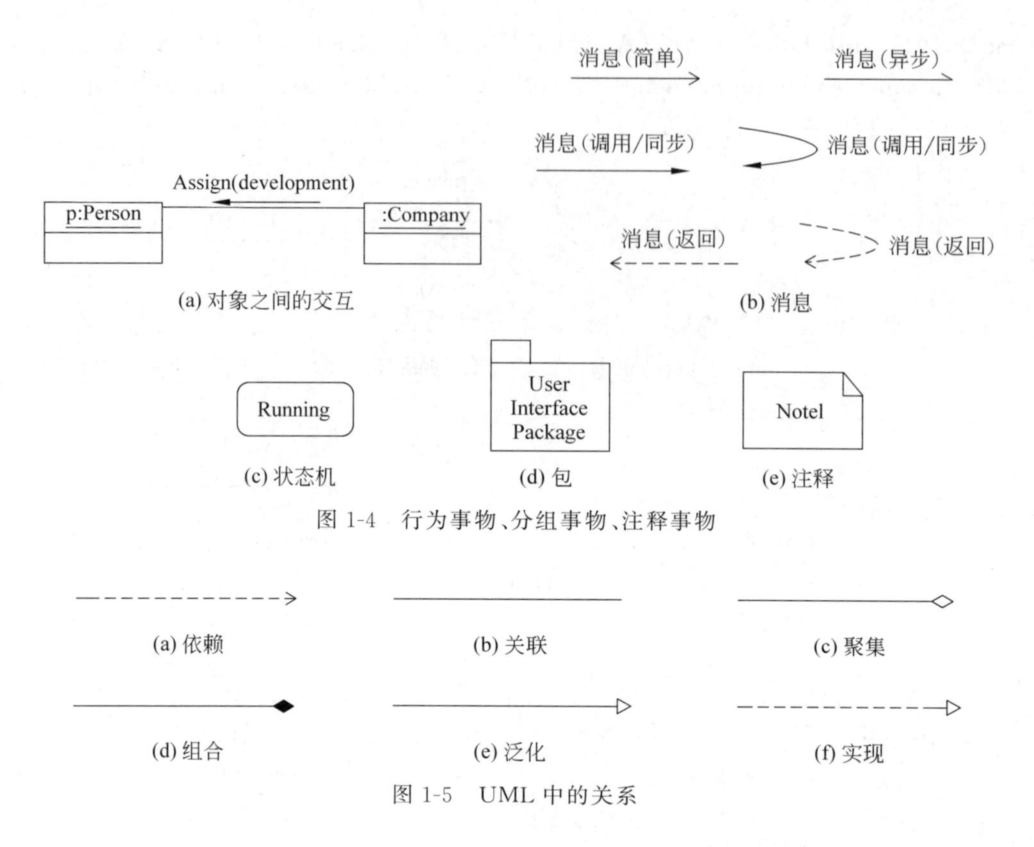

(a) 对象之间的交互　(b) 消息

(c) 状态机　(d) 包　(e) 注释

图 1-4　行为事物、分组事物、注释事物

(a) 依赖　(b) 关联　(c) 聚集

(d) 组合　(e) 泛化　(f) 实现

图 1-5　UML 中的关系

(2) 关联是一种结构关系,它描述了两个或多个类的实例之间存在语义上的联系。在 UML 中,关联关系使用一条直线表示。关联关系中还有两个特殊的关系,即聚集(Aggregation)和组合(Composition),它们都表示两个类之间的"整体－部分"关系,差别在于聚集中的部分可以独立于整体存在,而组合中的整体被销毁时部分也将不复存在。在 UML 中,使用带空心菱形的直线表示聚集,使用带实心菱形的直线表示组合,并且菱形都指向整体类。

(3) 泛化是一般(Generalization)类和特殊(Specialization)类之间的继承关系。泛化关系用带空心箭头的实线表示,箭头指向父元素。

(4) 实现是规格说明与其实现之间的关系,也是类之间的语义关系,通常实现关系会在以下两种情况中出现:一种是在接口和实现它们的类或构件之间;另一种是在用例和实现它们的协作之间。在 UML 中,实现关系用一条带空心箭头的虚线表示,箭头指向提供规格说明的元素。

3) 图

UML 1.x 中定义了 9 种图,UML 2.x 将其进行了扩充,增加了 3 种新的图,并将原本画在类图中且没有自己单独格式的对象图进行了正式定义,表 1-2 对这些图做了简要说明。

表 1-2 UML 2.x 的正式图

名　称	功　能	说　明
类图	描述系统中的类及类之间的关系	UML 1.x 原有
用例图	描述一组用例,参与者及它们之间的关系,组织系统行为	UML 1.x 原有
顺序图	描述对象之间的交互,重点强调对象间消息传递的时间次序	UML 1.x 原有
通信图	描述对象之间的交互,重点在于收发消息的对象组织结构	UML 1.x 中的协作图
状态图	描述一个特定对象的所有可能状态及其引起状态迁移的事件	UML 1.x 原有
活动图	描述执行算法要进行的各项活动的执行流程	UML 1.x 原有
包图	用于模型的组织管理,描述模型的层次结构	UML 1.x 中的非正式图
构件图	描述构件类型的定义、内部结构和依赖	UML 1.x 原有
部署图	描述在各个节点的部署及节点间的关系	UML 1.x 原有
对象图	类图的一个实例,显示某一时刻系统执行时的一个快照	UML 1.x 中的非正式图,划在类图中,没有自己的单独格式
组合结构图	显示结构化类或协作的内部结构	UML2.x 新增
定时图	描述对象之间的交互,重点在于定时	UML2.x 新增
交互概览图	顺序图和活动图的混合	UML2.x 新增

2. 规则

UML 的语法和语义规则,主要体现在命名(Name)上,为事物、关系及图起名字;范围(Scope),使名字具有特定含义的语境,UML 2.x 中指属性或操作的静态标记;可见性(Visibility),这些名字以何种方式让其他成分看见并使用;完整性(Integrity),事物以何种方式正确、持续地互相联系;执行(Execution),解释运行或模拟动态模型的含义。

3. 公共机制

UML 具有 4 种公共机制,即规格说明(Specifications)、修饰(Adornments)、通用划分(Common Divisions)和扩展机制(Extensibility Mechanisms)。通用机制使得建模过程更容易掌握,模型更容易理解和扩充。

1) 规格说明

UML 不仅是一种图形语言,在它的图形表示法的每个部分后面还有一个规则说明,用于对构造块的语法和语义进行文字叙述。UML 的图形表示法用于对系统进行可视化,规格说明用于说明系统细节。把图形和规格说明分离,可以进行增量式的建模。首先画图,再对该模型进行规格说明,或者直接创建规格说明;也可以对一个已存在的系统工程进行逆向工程,再创建作为这些规格说明的投影图。目前,很多 UML 建模工具,如

Rose、Enterprise Architect 等已经将这些功能集成。

2）修饰

UML 中的大多数元素都有唯一和直接的图形表示符号，这些图形符号对元素最重要的方面提供了可视化的表示。但很多元素又包含了一些更具体的细节，为了更好地表示这些细节，可以把各种图形修饰符添加到元素的基本符号上，为模型元素增加语义。例如，类名用斜体字表示它是抽象类。

3）通用划分

UML 遵循面向对象系统建模中的一些共同内容的划分方法：型-实例的划分，接口和实现的分离。

（1）型-实例的划分描述了一个通用描述符和单个元素项之间的对应关系。通用描述符称为型元素，它是元素的类目，含有类目名称和对内容的描述；单个元素项是类目的实例。一个型元素可以对应多个实例元素。典型的型-实例的划分就是类和对象：类是一种抽象，对象是类的一个具体实例；一个类可以产生多个对象，类定义了基本的属性和方法，每个对象具有不同的属性值。UML 中采用与类相同的图形符号表示对象，但是对象名有下画线。类似的型-实例的划分还有用例和用例实例、节点和节点实例、构件和构件实例等。

（2）接口和实现的分离，接口声明了一个合约，而实现表示对该合约的具体实施，它负责如实地实现接口的完整语义。在 UML 中可以对接口和它的实现进行建模。

4）扩展机制

UML 提供了构造型（Stereotype）、标记值（Tagged Value）和约束（Constraint）3 种扩展机制。

（1）构造型又称为版型，它扩展了 UML 的词汇表，可用于创造新的构造块。该构造块必须从 UML 中已有的基本构造块上派生，解决特定问题。它只是在已有元素上增加新的语义，而不是增加新的文法结构，它能使 UML 具有更强大和更灵活的表示能力。构造型可应用于所有类型的模型元素，如类、构件、节点、关系、包、操作等。UML 预定义了一些版型，如接口是类的构造型，参与者是版型化的类，子系统是包的构造型等。

（2）标记值是一个名称-值对，它代表 UML 定义信息以外的附加特性信息，通常用于存储项目管理信息，如元素作者、创建日期等。每个标记值用 tag=value 的方式显示，其中，tag 是标记名，value 是标记值。

（3）约束是用某种文本语言的陈述句表达模型元素的语义或限制，它使用“{}”括起来的字符串表示，一般放在相关元素旁边。约束内容可用自由文本表示，也可用对象约束语言精确定义。

4. UML 视图

UML 利用若干视图从不同角度观察和描述一个软件系统的体系结构，从某个角度观察到的系统就构成系统的一个视图。视图由多个图构成，它不是一个图表，而是在某个抽象层上对系统的抽象表示。如果要为系统建立一个完整的模型图，需要定义一定数量的视图，每个视图表示系统的一个特殊方面。另外，视图还把建模语言和系统开发时选择的方法或过程连接起来。

UML 视图如图 1-6 所示，其中，用例视图是核心。

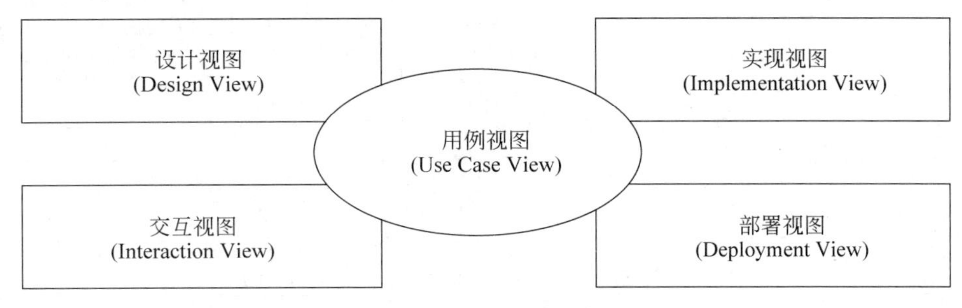

图 1-6　UML 视图

(1) 用例视图。用例视图的作用是描述系统的功能需求，即被外部参与者所能观察到的功能，找出用例和参与者。参与者包括用户、分析人员、设计人员、开发人员和测试人员等。图形包括用例图、活动图、交互概览图和状态图。

(2) 设计视图。设计视图的作用是表示系统的概念设计和子系统结构等，描述了用例视图中提出的系统功能的实现。它关注系统内部的静态结构和动态结构的协作关系。适用对象为分析人员、设计人员和开发人员。图形包括类图、对象图、活动图、交互图和状态图。

(3) 交互视图。交互视图的作用是描述系统不同部分之间的控制流，包括可能的并发机制和同步机制，主要针对系统性能、可伸缩性和吞吐量。适用对象为开发人员、系统集成人员。包括的图形与设计视图相同，但是侧重于主动类和它们之间流动的消息。

(4) 实现视图。实现视图的作用是描述系统代码构件组织和实现模块及它们之间的依赖关系，即装配和发布系统的物理构件和文件。适用对象为开发人员和设计人员。图形包括构件图、交互概览图、状态图和活动图。

(5) 部署视图。部署视图是描述组成系统的物理部件的分布、交付和安装，包含形成系统物理拓扑结构的节点。适用对象为开发人员、系统集成人员和测试人员等。图形包括部署图、交互图、状态图和活动图。

UML 视图又称为"4＋1"视图，最早由 Philippe Kruchten 提出，并将其作为软件体系结构的表示方法，由于比较合理，因此被广泛接受。但需要说明的是，UML 中的视图并不是只有这 5 个视图，如果认为这些视图不能完全满足需要，用户可以自定义视图。

5. UML 图形分类

从使用的角度，可以将 UML 的 13 种图划分为结构图(也称为结构模型、静态模型)和行为图(也称为行为模型、动态模型)两大类，如图 1-7 所示。结构图包含类图、对象图、组合结构图、构件图、部署图和包图；行为图包含交互图(交互概览图、顺序图、定时图、通信图)、用例图、活动图和状态图。

就使用频率和重要性而言，类图(Class Diagram)、用例图(Use Case Diagram)和顺序图(Sequence Diagram)是 UML 图形中最关键的图。

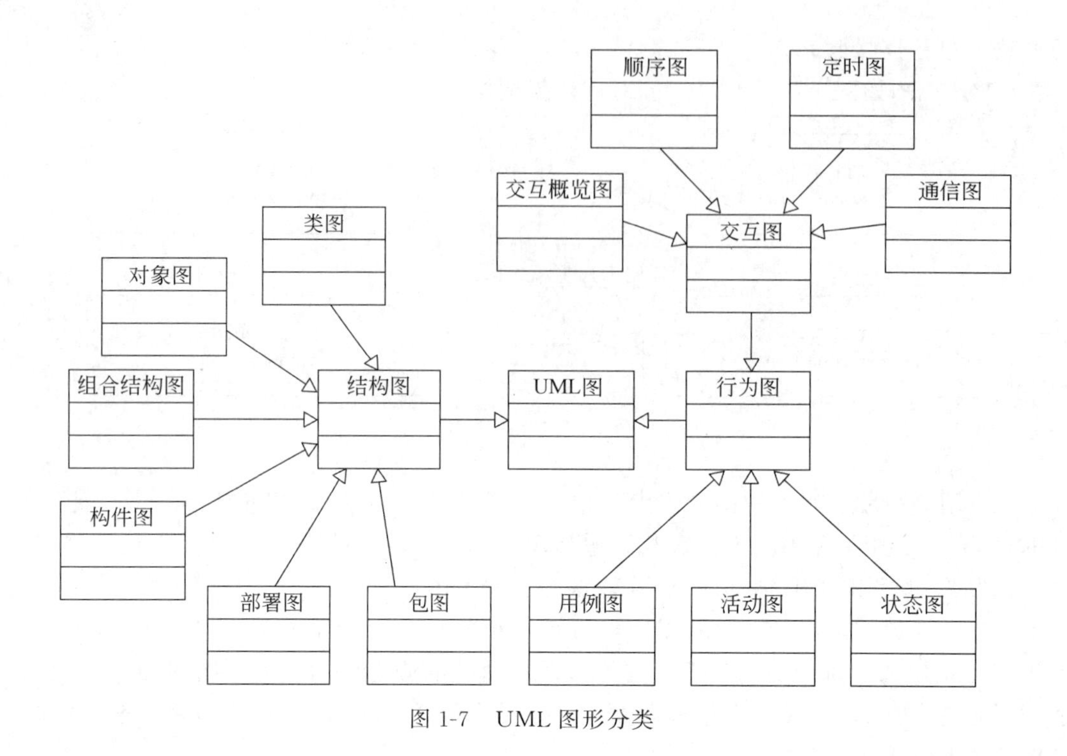

图 1-7 UML 图形分类

1.3 软件项目管理

技术与管理是软件生产中不可缺少的两方面。对于技术而言,管理意味着决策和支持。只有对生产过程进行科学的管理,做到技术落实、组织落实,才能达到提高生产率、改善产品质量的目的。

1.3.1 软件项目概述

软件项目管理是为了使软件项目能够按照预定的成本、进度、质量顺利完成,对人员(People)、产品(Product)、过程(Process)和项目(Project)进行分析和管理的活动。其对象是软件工程项目,所涉及的范围覆盖了整个软件工程的过程。软件项目管理是软件工程的保护性活动,它先于任何技术活动之前开始,且持续贯穿于整个计算机软件的定义、开发和应用维护的过程。

1. 软件项目的概念

任何工作,只要涉及以下 3 方面,都可以看作是项目。

(1) 明确的结果(目的)。每个项目都应该有一个定义明确的目标,例如,一个期望的产品或服务,或者是谋求利润和创造有益的变化等。

(2) 资源(包括人力和其他要素)。项目需要使用资源,资源的类型和来源一般会有很多种，包括人、硬件设施、软件配置等。为了实现项目的特定目标，许多项目都会是跨部门（或其他类型的边界）的。各种资源必须有效地加以利用，以满足项目的需要和组织的其他目标。

（3）一段时间。项目是一次性（或者说是临时性）的，每个项目都具有明确的开始和结束。

当项目目标达成时，或当项目因不会或不能达到目标而中止时，或当项目需求不复存在时，项目就结束了。如果客户（顾客、发起人或项目倡导者）希望终止项目，那么项目也可能被终止。

【例 1-7】 以下活动都是一个项目，开发一项新的产品和服务；改变一个组织的结构、人员配置或组织类型；开发一种全新的或是经修正过的信息系统。某些比较复杂的项目可能涉及成百上千的工作人员、耗费好几年和上亿元的预算支出；而有些项目则只需要几周、一个同事的帮助，甚至根本没有正式的预算。这些项目都适用同样的项目管理原则。

为了在项目活动中有效地应用专门的知识、技能、工具和方法，使项目能够在有限资源限定条件下，实现或超过设定的需求和期望，实施项目管理是非常重要的。项目管理是指对于一个项目要实现的目标，所要执行的任务与进度及资源所做的管理，它包含了如何制定目标、安排日程以及跟踪和管理等。

在各类开发项目中，软件项目算得上是最复杂的项目，软件项目管理也面临着越来越多的挑战。例如，随着客户和用户的期待不断提高，软件项目规模增大和结构变复杂的速度持续增加；与政府、产业和组织政策保持一致的需要；频繁更新软件和硬件平台的技术挑战；硬件开发、固件开发和软件开发之间不断增加的交互活动，以及这些系统中人为因素等人机工程学的相关考虑。此外，软件项目还需要考虑安全性、保密性、可靠性及其他质量要求等问题。不断扩大的全球市场为软件产品提供了类型更为广泛的文化、语言和生活方式，增加了待开发软件和待升级软件的范围和复杂度。

2. 项目的约束条件

任何项目都会在范围、时间及成本 3 方面受到约束，项目管理就是以科学的方法和工具，在范围、时间、成本三者之间寻找一个合适的平衡点，以便使项目相关人尽可能地满意项目过程及其成果。项目是一次性的，旨在产生独特的产品或服务，但不能孤立地看待和运行项目。要用系统的观念来对待项目，认清项目在更大的环境中所处的位置，这样在考虑项目范围、时间及成本时，就会有更为适当的协调原则。

1）项目的范围约束

项目的范围约束就是规定项目的任务是什么。项目管理者首先必须清楚项目的商业利润核心，明确把握项目发起人期望通过项目获得的产品或服务。对于项目的范围约束，容易忽视项目的商业目标，而偏向技术目标，导致项目最终结果与项目相关人期望值之间的差异。

因为项目的范围可能会随着项目的进展而发生变化，从而与时间和成本等约束条件之间产生冲突，因此面对项目的范围约束，主要是根据项目的商业利润核心做好项目范围的变更管理。既要避免无原则地变更项目的范围，也要根据时间与成本的约束，在取得项目相关人的一致意见的情况下，合理地按程序变更项目的范围。

2）项目的时间约束

项目的时间约束就是规定项目需要多长时间完成，项目的进度怎样安排，项目的活动在时间上的要求，各活动在时间安排上的先后顺序。当进度与计划之间发生差异时，如何重新调整项目的活动历时，以保证项目按期完成，或者通过调整项目的总体完成工期，以保证活动的进度与质量。

在考虑时间约束时，一方面要研究因为项目范围的变化对项目时间的影响；另一方面要研究因项目历时的变化对项目成本产生的影响。及时跟踪项目的进展情况，通过对实际项目进展情况的分析，提供给项目相关人一个准确的报告。

3）项目的成本约束

项目的成本约束就是规定完成项目需要支出的费用。对项目成本的计量，一般用花费多少资金来衡量，但也可以根据项目的特点，采用特定的计量单位来表示。关键是通过成本核算，能让项目相关人了解在当前成本约束下，所能完成的项目范围及时间要求。当项目的范围与时间发生变化时，会产生多大的成本变化，以决定是否变更项目的范围，改变项目的进度，或者扩大项目的投资。

由于项目的独特性，每个项目都具有很多不确定性的因素，项目资源使用之间存在竞争性。除了极小的项目，项目很难最终完全按照预期的范围、时间和成本三大约束条件完成。因为项目相关人总是期望用最低的成本、最短的时间来完成最大的项目范围。这 3 个期望之间互相矛盾、互相制约。项目范围的扩大，会导致项目工期的延长或需要增加资源，会进一步导致项目成本的增加；同样，项目成本的减少，也会导致项目范围的限制。项目管理者就是要运用项目管理的知识，在项目管理过程中科学合理地分配各种资源，尽可能地实现项目相关人的期望，促进项目的成功实施。

3. 软件项目的管理对象

软件项目一般是由一个团队为某个目标而各自独立进行各项作业。为了向正确的目标推进，不是团队成员个人所能决定的，而需要团队全体成员按照项目管理者的指示和要求进行作业的实施，达到项目目标。有效的软件项目管理集中于人员（People）、问题（Problem）和过程（Process）3 方面。管理者如果忘记了软件工程是人的智力密集的劳动，就永远不可能在项目管理上得到成功；管理者如果在项目开发早期没有支持有效的用户信息，有可能为错误的问题建立一个错误的解决方案；对过程不在意的管理者可能存在把有效的技术方法和工具置于空中楼阁的风险。

1）人员

培养有创造力的、技术水平高的软件人员是从 20 世纪 60 年代起就开始讨论的话题。事实上，人的因素是软件项目成功最重要的因素，通过吸引、培养、鼓励和留住改善其软件开发能力所需的人才，增强软件组织承担日益复杂的应用程序开发的能力，更有可能实现有效的软件工程开发。

2）问题

在进行项目计划之前，应该首先明确该项目的目的和范围，考虑可选的解决方案、定义技术和管理的约束。没有这些信息，就不可能进行合理的（准确的）成本估算、有效的风险评估、适当的项目任务划分。

软件开发者和用户必须一起定义项目的目的和范围。目的说明该项目的总体目标，而不考虑这些目标如何实现；范围说明以量化的方式给出与问题相关的主要数据、功能和行为。一旦了解了项目的目的和范围，就可以考虑可选的解决方案，它使得管理者和开发者可以选择一条最好的途径，并根据产品交付的期限、预算的限制、可用的人员、技术接口及各种其他因素，给出项目的约束。

3）过程

软件过程提供了一个框架，在该框架下可以建立一个软件开发的综合计划，若干框架活动适用于所有软件项目。若干不同的任务集合使得框架活动适应于不同软件项目的特征和项目组的需求。保护性活动（如软件质量保证、软件配置管理）独立于任何一个框架活动，贯穿于整个过程之中。

1.3.2 软件项目管理的要素

软件开发是一个知识创造的过程，每次软件开发项目的目标和手段都不同，没有完全相同的模式可供复制。其创造性过程的本质决定了软件开发项目包含了许多不确定的方面和未知的因素。但这不意味着软件项目的过程是不可控制的。管理软件项目需要对整个过程中的不确定性进行约束，达到保证软件系统的质量和按计划完成开发项目的目标。

面对复杂的软件系统及开发环境，以及同样复杂的软件项目管理，管理的基本思路就是分解，找出工程管理的要素，切实、有效地对管理要素实施管理。

1. 需求管理

需求管理是一种获取、组织并记录系统需求的系统化方案，也是使客户和项目团队对不断变更的系统需求达成并保持一致的过程。

需求管理的目的是确保项目组做正确的事。怎样做和如何正确地做都必须在目标正确的前提下才有意义。软件需求不明确是导致软件项目失败的最常见的原因：一方面是用户不断地提出需求更改；另一方面是项目成员不能理解客户的需求。

对获取、分析、规约和验证的管理构成了需求开发管理。需求开发管理的主要责任人是项目经理、项目组负责人或系统设计师。这个阶段的主要工作：界定项目范围，建立业务模型，分析用户的工作流，分析潜在的业务活动实体，以及分析其他非功能性需求，如质量需求、环境需求、设计约束和开发策略等。

项目范围的界定，从整体的高度对项目进行概括性描述，使客户明白项目的最终目标；使公司管理层看到项目的机会在哪里、风险在哪里、需要的资源是否足够、产品策划是否有致命缺陷等。建立业务模型和工作流分析是描述用户的工作任务的过程，可以帮助用户明确系统建设的目标。需求开发管理要形成的阶段性的成果是软件需求规格说明书、功能测试方案和验收评审标准。

需求控制过程贯穿了整个项目的实施过程，也是需求的实现过程，包括需求分解、需求验证和变更管理等活动。

需求跟踪是指用户需求和系统实现之间的追踪和回溯，也是系统内部的层次和模块之间追踪的特性，是从用户需求到具体模块实现建立起一条需求追踪链。项目开发的文档化、形式化直接关系需求追踪的能力。功能测试则强调需求点与系统功能点之间点与点的对应。需求追踪应当采用需求追踪矩阵的方式来管理，包括用例与软件功能之间的需求追踪矩阵和用例与测试用例之间的需求追踪矩阵。因此，需求管理要求尽量实现文档化、数据库化。在需求文档化的基础上，建立需求追踪矩阵，对需求实现进行追踪和回溯。

软件项目的需求确立过程是一个项目组成员和用户反复沟通的过程，使用户逐渐明白自己需要一个什么样的系统；同时使项目组成员明白客户到底期望的是一个什么样的系统，并用模型语言描述出来，供用户确认。通过需求工程，使得客户和项目组之间达成目标的一致性，既保证了客户目标的确定性，又使项目组不会在实施软件开发项目的最初阶段就背离了客户的目标。通过对项目开发过程中的需求进行追踪和管理，使软件开发项目的目标得到有效的管理，成为整个过程的最终目标，并保证开发过程的每个活动都是围绕实现这个目标而进行的。

2. 进度管理

进度管理由一系列过程组成，并且这些过程是为按时完成项目所必需的。软件开发进度管理一般有 5 个过程。

(1) 活动定义。确认一些特定的活动，通过完成这些具体的活动来完成项目。活动定义的输入包括工作分层结构定义、项目范围的叙述、历史资料采用、界定约束因素对项目管理的限制、考虑各种假设因素的真实性。活动定义的结果包括活动目录、详细说明和作业结构分解(Work Breakdown Structure，WBS)。

(2) 活动排序。明确活动间的相互联系，确定正确的活动顺序，以制订可行的进度计划。活动的相互关系包括强制依赖关系、自由依赖关系和外部依赖关系。在项目的活动和非项目的活动之间通常会存在一定的影响，因此在项目工作计划的安排过程中也需要考虑外部工作对项目活动的一些制约及影响，通常采用网络图(即作业活动网络)来表示活动的依赖关系，它是活动排序的重要输出，展示了活动之间的逻辑关系。

(3) 活动历时估计。估计各项活动所需的时间。历时估计是项目计划制订的一项重要基础工作，直接关系到各事项、各活动网络所需时间的计算和完成整个项目所需要的总时间。历时估计的主要数据包括工作详细列表、项目约束和限制条件、资源需求、资源能力和历时资料等。确定历时的主要方法是专家判断、类比估计和三值时间估算方法。

(4) 制订进度计划。分析活动顺序、活动历时和资源以做出项目进度计划。制订进度计划的过程是时间管理的核心过程。制订进度计划的依据是项目的分解、各组成要素活动的先后顺序、历时的估计结果。通常采用甘特图(Gantt Chart)和里程碑图作为制订进度计划的工具。从甘特图可以看出各项活动的开始和结束时间、影响项目的关键路径。

在绘制甘特图时，也要考虑各项活动的先后顺序。里程碑图用于表示重要时间段，有利于就项目状态与用户和上级领导进行沟通。

（5）项目进度控制。控制和跟踪项目进度的变化。项目计划的执行主要是以下方面的工作：即反复协调和消除与计划不符的偏差。项目计划的控制就是要时时刻刻对每项工作进度进行监督，然后对那些出现偏差的活动采取必要的措施，以保证项目按照原定计划进行。项目进度控制的主要手段有制订计划并遵守计划、不断监督，必要时进行调整、沟通，协调团队的工作。采用作业控制是常用的项目进度控制方式，作业控制是以作业结构分解的具体目标为基础，通过对每项作业的质量检查以及对进展情况进行监督，判断作业是按计划进行还是存在缺陷，然后由项目管理部门下达指令，调整或重新安排存在缺陷的作业，以保证不影响整个项目进度的顺利实施。

工作量和进度估算是进度管理的重要基础，而恰当的估算又是制订切实可行的项目计划的基础。因此，符合实际的工作流和进度估算对项目进度管理非常重要。软件项目的工作量主要指软件开发各过程中所花费的工作量，工作量的估算要考虑到技术路线的选择、设计方法、软件生存周期模型等众多因素对软件项目工作量的影响。软件项目工作量的估算可以采用不同的操作方法，例如，自顶向下估算法、自底向上估算法、相似比较估算法、Delphi 估算法等。

进度管理的作业过程是一个反复循环的过程，如图 1-8 所示。

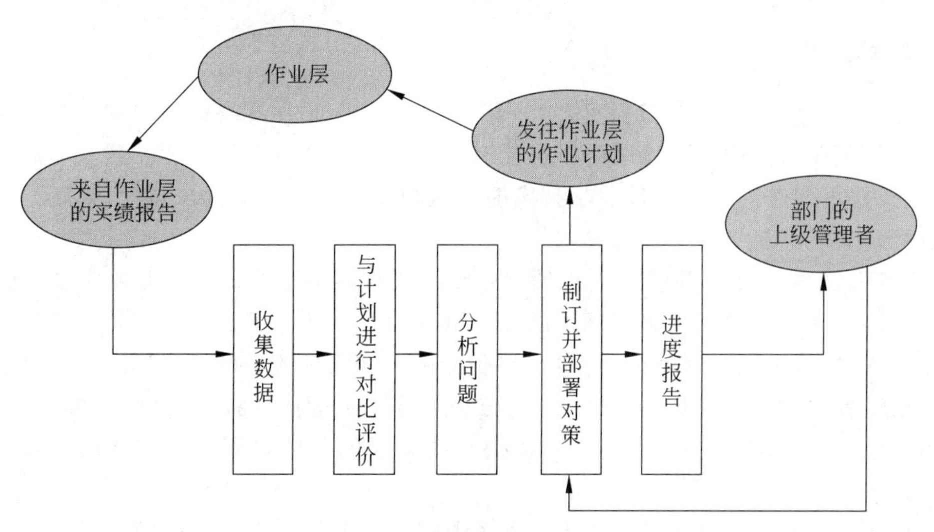

图 1-8　进度管理的作业过程

3. 成本管理

软件项目是一个有生存周期的活动，项目的成本也是一个与一定时间有关的量值。在项目范围内软件项目成本的关键组成要素包括直接材料成本、直接人力资源成本、项目的实施费用成本、其他直接成本、间接成本（分摊成本）。软件开发项目的成本管理由以下 4 个过程组成。

（1）编制资源计划。编制资源计划的过程是确定为了完成该项目的各项活动需要什么资源(人、设备、材料)和确定这些资源的数量的过程。编制资源计划是为以后的成本估计服务的。编制资源计划的输入包括工作分解结构、类似项目的历时资料、范围阐释、资源库描述、组织策略、活动历时估计等。可以采用专家判断、项目管理软件等工具手段来编制资源计划。编制资源计划的结构是明确每项作业需要什么资源以及资源的数量。

(2) 成本估算。计算完成项目所需要各资源成本的近似值。通过对作业结构分解、资源需求、资源单价、活动时间、市场价格、历时资料和组织机构会计科目表的分析,对软件项目成本进行估算。成本估计是一个不断优化的过程,随着项目的进展和相关详细信息资料的不断出现,应该对原有成本估算做相应的修正。成本估算应当形成项目各项活动所需资源的成本的定量估算和成本估算的详细说明。

(3) 成本预算。把估算的总成本分配到各个工作细目,建立基准成本以衡量项目执行情况。基准成本是以时间为自变量的预算,用于度量和监督项目执行成本。把预计成本按时间累加便为基准成本。

(4) 成本控制。成本控制包括监督成本执行情况以及发现实际成本与计划成本的差异;将合理的改变纳入基准成本;防止不正确、不合理、未经许可的改变;将合理改变通知项目的涉及方。对成本偏离采取不恰当的对策常会引起项目的质量和进度等问题,或者增大风险。因此,成本控制必须和其他控制过程(范围控制、进度控制、质量控制等)结合起来。

4. 质量管理

软件产品的质量是用户和开发方共同关心的问题。软件本身的特点和目前软件的开发模式使隐藏在软件中的质量缺陷不可能完全避免。从技术上解决软件质量问题的效果十分有限,找不到任何一种软件开发技术能够从根本上防止缺陷的出现。

质量管理活动包括以下 4 个过程。

(1) 编制质量计划。质量计划包括确定哪些质量标准适合该项目并决定如何达到这些标准。质量计划应说明项目管理团队如何具体执行其质量方针。质量管理计划是整个项目计划的输入,提出了项目的质量控制、质量保证和质量改进的具体措施。编制质量计划包括描述各项质量操作规程的含义,以及如何通过质量控制程序对它们进行检测。质量计划还包括一些结构化的管理手段,以及一些常用的并已得到贯彻实施的质量保证的步骤和做法。

(2) 质量保证。质量保证是在质量体系中实施的全部有计划、有系统的活动,它贯穿于整个项目的始终。质量保证通常由质量保证部门或担任质量保证人的角色提供。这种提供保证的对象,可以是项目管理团队和执行组织的管理层(内部质量保证),或者是客户和其他间接涉及项目工作的其他单位(外部质量保证)。

(3) 质量控制。质量控制包括监控具体的项目成果,以判定其是否符合有关的质量标准,并找出方法消除造成项目成果不令人满意的原因。它应当贯穿于项目执行的全过程。项目成果包括可交付的中间或最终产品的成果、成本和进度绩效等。

(4) 质量改进。质量改进是指为提高项目的开发效率和效果而采取的措施。

【例 1-8】 什么才是客户认可的好软件?一般客户认为好的软件是"质量高""成本

低”“开发期限短”(遵守交付期限)(Quality,Cost,Date,QCD)3个条件都兼顾的软件,如表1-3所示。

表1-3 追求软件的QCD

质量	质量高	正确反映客户的要求 错误补丁少,无缺陷 使用方便(从初学者到熟练者) 维护性好 满足软件的质量特性:功能性、可靠性、易用性、可扩展性、维护性、可移植性
成本	成本低	不超过经费预算计划的限度 功能适合,并满足客户要求的成本金额 维护成本低
期限	开发期限短	严格遵守预计的交货期限 开发效率高(追求速度)

5. 风险管理

风险管理和软件项目管理的其他管理技术一样,是保证项目成功的必要手段。项目风险主要是由于项目因素的“不确定性”造成的,这是风险存在的主要原因。

软件开发项目的成本风险、质量风险、时间风险是工程管理最主要的风险。风险管理如果能够切实地把这3个主要风险降低甚至消除,则项目的成功概率就会增加。因此,项目管理的目标要依靠风险管理来实现。

软件开发项目的风险管理必须对风险进行识别。风险识别包含两方面:识别哪些是可能影响项目进展的表象和潜在风险;对识别出的风险,描述其特性并记录下来。

软件项目的主要风险来自以下5方面。

(1) 项目规模风险。项目的风险直接与项目的规模成正比,产品规模越大(代码多、功能点多、程序量大、文档量多、数据处理量大等),需求变更越多,复用软件越大,则风险增大。

(2) 需求风险。很多项目在确定需求时都面临一些不确定性和混乱。当在项目早期容忍了这些不确定性,并且在项目进展过程中得不到解决时,这些问题就会对项目的成功造成很大的威胁。如果不控制与需求相关的风险因素,就很有可能产生无法交付的产品或者埋下风险隐患。每种情况都会使项目后期出现无限制的延期。与需求风险相关的因素包括用户对产品缺少清晰的认识,用户对产品需求缺少认同,收集和分析需求时客户参与不够,没有定义需求的优先级、不断变化需求,缺少有效的需求变更控制管理,对需求的变化缺少相关评估分析等。

(3) 外部因素风险。与外部相关的因素包括客户配合和协调、内部和外部转包商的关系、成员或团体的依赖性、经验丰富人员的参与度等。

(4) 管理风险。管理风险包括计划和任务定义不够充分、不清楚项目的实施状态、不切实际的承诺、团队的配合和员工之间的冲突等。

(5) 技术风险。软件技术的发展非常迅速,而软件公司缺乏经验丰富的员工。这意味着项目团队可能会因为技术的原因影响项目的成功。在项目早期识别风险，从而采取合适的预防措施是解决风险领域问题的关键。技术风险包括团队成员缺乏培训，对开发方法、工具的技术理解和掌握不够，应用领域的知识和经验不够，缺乏采用新技术的开发方法，采用不正确的开发方法等。

风险识别后，要把识别的结果进行整理，形成文字，作为下一步风险分析的输入和风险管理的依据。

6. 配置管理

配置管理是一种标识、组织和控制修改的技术，目的是减少错误并最为有效地提高生产效率。配置管理应用于整个软件开发工程。在软件开发过程中，变更是不可避免的，而变更加剧了项目中软件开发者之间的混乱。软件配置活动的目标就是为了标识变更、控制变更、确保变更正确实现并使所有相关人员了解变更。

在质量体系的支持活动中，配置管理处在支持活动的中心位置。质量管理虽然也有过程的验证，但质量管理中的验证主要在评审环节，对软件开发过程的深入和细致都不够。配置管理只要定义的配置项足够细致，就可以管理软件开发的全过程，细到每个模块、每个文档、每条工程记录的变化。因此，可以管到每个开发的人，这就是真正的软件流水线级的管理。配置管理可以从软件开发的最基本活动开始，有机地把其他支持活动，如需求管理、任务分解和进度计划控制、测试与质量管理、风险控制、绩效考核和人力资源管理等结合起来，形成一个整体，相互促进、相互影响，有力地保证质量体系的实施。

配置管理的对象为配置项，最基本的配置项就是文档。软件开发人员在软件生存周期的各个阶段中，以文档作为前阶段工作成果的体现和后阶段工作的依据，这部分文档称为开发文档或技术文档；软件开发过程中，软件开发人员制订工作计划和工作报告，提供给管理人员并得到必要的支持。管理人员则可通过这些文档了解软件开发项目的安排、进度、资源使用和成果等，这部分文档称为管理文档或项目文档；软件开发人员需为用户了解软件的使用、操作和维护提供详细的资料，这部分文档称为用户文档。这 3 种文档构成了软件系统的主要部分。

配置管理中最重要和最基础的活动为版本管理。现代版本管理环境支持多人同时修改同一个文件、支持多个小组在同一时间修改同一个软件系统。这种环境将项目开发活动分解为个人工作空间进行管理，使同一个项目文件可以并发变更，支持并行开发活动。

配置管理的主要活动包括变更管理、配置状态检测、报告和评审。

7. 人力资源管理

软件开发项目的工程管理过程，几乎全部是围绕人来进行的。对作为被管理的人本身的管理，越来越成为软件领域所要讨论的核心问题。

软件项目的人力资源管理内容包括：角色和职责分配，人员配备管理计划，组织结构建设，制定详细人员要求的依据，项目人员绩效考核，风险防范等。

人力资源管理的重要活动是项目团队建设，团队把不同专业和性格的人结合成一个整体，团队成员的选择应遵循以下原则。

(1) 用人要少而精。在完成任务方面,小群体要比大群体有更高的效率。在利用信息处理问题方面,小群体要比大群体更好。一个项目团队的成员不应太多,而应少而精。如果项目要求人员多,应尝试将项目分成多个小组,还可以考虑采用分级的组织形式。

(2) 使任务与人员技能和动机相匹配。项目团队最需要的成员应当是具有完成项目所需要的某些特殊技能、强烈的投身于项目的愿望、善于与团队成员有效合作。

(3) 强调人员之间的互补性和协调性。让每个软件开发项目成员都是编程专家是没有意义的。项目团队的成员要在技术、业务、管理和人际关系等方面具有互补性和协调性。

团队的凝聚力不仅是维持团队存在的必要条件,而且对团队潜能的发挥有重要作用。一个团体如果失去了凝聚力,就不可能完成组织赋予的任务,本身也失去了存在的条件。凝聚力对工作效率的影响与团队目标同组织目标的一致性有关。当团队与组织的目标一致时,增强凝聚力会大幅度提高工作效率。实践证明,团队的凝聚力要比个人能力和经验对工作效率的影响大。在选择团队成员时,不妨把对增强团队凝聚力的贡献作为首要标准。

8. 沟通管理

沟通管理在项目管理中的作用是多方面的,其中突出的是可以改进决策过程,协调项目有效进行,有利于激励项目成员。

在项目管理中,项目经理处于沟通的中心位置,需要与各方沟通、达成共识的地方很多。在软件项目团队中,要建立良好的沟通环境,首先要梳理项目的沟通渠道。与沟通渠道相关的是必须搞清楚项目与企业、项目与用户以及项目团队内部的组织结构。

沟通管理的主要活动包括如下内容。

(1) 梳理项目沟通渠道。项目采用什么样的管理模式,决定了需要沟通的模式、强度和复杂度。认识、梳理项目的组织结构是做好项目沟通的首要工作。管理模式与责权关系包括梳理项目经理与部门管理者之间的责权关系、项目经理与项目组成员之间的责权关系。

(2) 培养协作精神。团队的协作精神主要表现在有共同目标、承认他人价值、学会在相互配合中工作、自觉维护团队的团结。软件项目需要项目经理在项目实施过程中,时时事事培养团队的协作精神。

(3) 与用户沟通。与用户沟通是项目经理的主要职责,也是项目成败的关键。在沟通前,项目经理要先组织项目组成员对要讨论的问题进行内部讨论,形成统一的意见。有时,还需要准备几套方案,确定自己的"底线"。在进行沟通的时候,如果需要,项目经理应根据事前讨论好的方案,当场做出决策,推动沟通,达成结果,使用户对项目组建立信心。项目经理在沟通过程中应当抱着双赢的想法,在任何矛盾前都采取积极主动的态度,争取双方都能接受的方案,避免观念定型。

(4) 处理与高级管理层的关系。高级管理层发挥决策作用,授权项目运作,分配项目资源,支持协调项目开展。通过良好的沟通,项目经理可以从管理层得到指导和帮助,使管理层下放必要的权力,提供项目必需的支持。与高级管理层进行沟通也是项目正常进行的必要条件。

1.3.3 软件项目管理的要点

在现代项目实践中，由于项目管理在项目实施过程中的重大作用，已经成为每个项目必不可少的工作内容。掌握并实践软件项目管理的要点，是保证项目成功的重要手段。

1. 重视工程计划

制订计划是需要时间的。但是比起走错路再回头而言，先制订计划的时间比再回头的时间要少得多。计划作用表现在如下 3 方面。

(1) 可以给整个团队一个思想框架。正如项目的技术结构的作用是给我们一个考虑技术方案的路线框架一样，项目计划可以帮助人们思考如何组织项目。综合考虑诸如项目风险、成员培训、开发、工具、内部依赖关系、责任等因素后，管理团队可以事先发现问题，并考虑如何避免问题的发生。计划阶段产生的文件本身还不是最重要的，最有价值的是对这些问题和因素的思索。

(2) 帮助维护管理决定。项目计划可以维护管理层权威，借此来获得项目需要的人力、时间、资源和其他支持。例如，如果项目中需要更多的人员，决策层可能会回答人员不够。这就需要给出明确翔实的进度计划，同时列出在得到和没有得到额外资源两种情况下的效果预计。得到这些信息后，决策层才会有依据地综合考虑各方面的得失，配备必要的资源。

(3) 沟通的工具。在制订计划时，计划内容也就成为了一个讨论的焦点。例如在项目中，需要指派一个人去完成一件特别不受欢迎的任务，因为他是唯一的候选人，而项目要求这个任务必须在限期内完成。所有这些问题在项目计划中都是看得到的。如果在项目中人们能够明白这种必要性，尤其是被指派的项目成员如果能够看到这个计划，他就会明白自己工作的重要性，并由此产生对工作的主人翁意识，增加被指派成员的责任心。

团队成员从头到尾了解项目计划和任务的逻辑关系之后，即使项目最终的成功和预想的不同，项目计划中所提及的内部关系和优先级等重要因素都不会有太大改变。

只有技术人员自己才能做到准确估计将要完成哪些任务以及完成这些任务所需要的时间，而项目经理和部门经理都无法做到这一点。技术人员最清楚自己的能力和状态，而这些因素都会影响项目的时间进度和风险程度。项目组成员在编制计划时和项目经理一起共同完成时间预测、风险和成本估计等工作。计划制订后，项目组成员已经有了很好的沟通基础。

一个好的计划应该能够让团队成员和组织决策层尽可能地高瞻远瞩，并且在执行过程中，计划可以提供改进和审视的视角。没有人要求计划制订者有先见之明，但是如果根本没有前瞻性计划，或者对可能发生的问题没有任何估计，就会使项目产生混乱。不管一个计划如何拙劣，只要它能够识别出关键的问题，并可以因此为这些问题早做准备、合理利用资源，那么这个计划就已经为项目的顺利进行做出了贡献。

2. 选择合适的项目经理

确定与指派项目经理是项目启动阶段的一个重要内容，因为项目经理是项目的领导人，在项目管理中起着战略性的作用，对整个项目的实施、管理和控制全面负责。项目的管理水平是以项目经理的水平为基础的，因此，项目经理的资质非常重要。

项目经理应具备的重要能力：能够准确地诊断项目进行中存在的问题，提出系统的解决方案；有统领全局的能力，有自信和控制能力；具有影响力，不是使用权力，而是使用人格魅力来领导项目组；能识人、用人。

项目经理的主要职责：领导项目团队成员实现项目目标；执行项目合同的管理者，全权代表开发方与用户进行联络；以合同条款为依据，全面负责项目实施的组织领导、协调和控制，对项目的进度、费用、质量全面负责；在项目实施过程中，认真执行本组织制定的经营战略和策略，以及所制定的项目管理标准和原则。

3. 软件项目管理的注意事项

既然软件开发是高风险项目，如何避免失败则是众多软件从业者重点关心的问题。根据现代软件工程的特点和对一些典型案例的分析，在软件工程管理中应当注意以下8个重要事项。

1）项目评估

项目评估的意义在于确定软件项目的规模、范围、成本和周期。项目评估更多的是一个商务过程，只有精确的评估才能对客户和软件供应商提供正确的商务参考。在项目精确评估的基础上，客户和供应商双方才能建立可信的商务关系，这是软件项目得以正常实施的前提。

项目规模与范围的评估需要软件的供需双方坦诚相待，共同以软件应用目标为导向，深刻分析软件的作用范围及其可能的演变。对于规模过大的软件项目，可能很难估计，这种情况下就需要对软件项目进行分解，使其形成相对独立的评估基准点。

项目成本和周期的评估联系非常紧密，其核心是工作量和资源评估相结合的过程。软件开发活动是科技人员的群体智力活动，由于软件人力资源的禀赋和结构特点，对于相同的工作量，其研发成本可能出现几倍的差异。对于项目开发周期而言，也会因为软件开发资源配置的不同而出现显著差异。

2）需求定义

相对于项目评估，需求定义则是对项目规模和范围进行细化。需求定义是在充分理解软件项目目标的基础上，对其应用领域进行业务分析与优化。需求定义的重点在于对分解的业务进行软件语言的表达，使其能够被软件开发人员无歧义地理解。

需求业务的软件语言表达是指将业务表达为计算机善于处理的逻辑业务流程、相关业务数据以及由此形成的业务信息流。

除此之外，需求定义还必须关心人机界面。软件的可用性集中体现在人机界面上。随着计算机图形技术的发展，特别是Windows视窗技术和浏览器技术的出现，在现代软件工程中已经越来越注重软件界面设计，用户对此也提出了更高的要求。

人机界面的定义以方便业务处理为目标，以简洁性为原则。在此基础上则兼顾操作人员的使用习惯和用户的企业文化等其他因素，从而保证软件的可用性和外在质量。

3）过程思维

过程思维是管理控制的一种基本思维方法，其核心方法是对所控制的对象进行分解，以增加控制对象的透明度。应用这种思维方式，人们在工程管理和生产管理中提出了卓有成效的管理方法，如国际质量控制体系 ISO9000 系列。软件工程领域也以此思维方式为基础提出了著名的软件过程成熟度模型。

过程思维应用在实际的软件项目管理中就是根据软件项目开发周期的特点，在整个生存周期中设置若干检查点和里程碑，增加软件开发过程的可靠性。可靠的过程保证、可靠的软件开发过程质量是过程思维在软件开发中的具体目标和方法。

检查点和里程碑的具体设置是一种管理艺术，它需要根据实际情况而定。对某些软件项目和开发团队，可以设置长过程以降低用于质量保证的成本；而对某些软件项目和开发团队，则适合设置短过程以保证软件的成功开发。

4）开发环境

开发环境是指软件人员在从事软件开发过程中所处的工作环境。开发环境是影响软件开发人员工作效率的关键因素。

开发环境主要包括两方面的环境：一方面是指开发团队工作的技术环境，所有开发人员应该有一个一致的工作平台，以减少协同开发的沟通难度，保持开发团队一致的努力方向；另一方面是指开发团队工作的软环境，主要包括企业文化、团队精神、协作方法等人文方面的环境。一个好的软环境能为开发团队提供轻松的工作氛围，增强团队的凝聚力。

5）组织管理

组织管理是软件项目成功的组织保障，任何社会化生产都离不开组织与管理，软件开发活动也不例外。然而，软件开发的组织管理又显著区别于传统的组织管理模式，它有一些自己的特点。

(1) 管理对象的自主特性。软件开发的从业人员一般都受过良好的高等教育，有自己独立的价值观和独特的工作方式，在软件开发团队中，总能表现出多元化的文化特征和行为特征。这对管理者提出了较高的要求。

(2) 科研活动的不可预测性。软件开发过程中，往往伴随大量的科技创新工作，这些工作在工作量和工作时间上很难进行精确的评估，这使得对时间、成本和质量 3 方面的控制与权衡会变得较为困难，也常常是软件开发工程管理者难于把握的因素。

(3) 软件项目的外部性。相对于软件项目本身，软件开发活动中还存在外部性特征。软件项目特别是应用软件项目往往与其他外部因素纠缠在一起，很多问题必须要多方参与才能解决，如何协调相关各方也是组织管理的难题。

因此，在软件开发工程管理中，注重组织管理形式和在此基础上处理好组织管理活动是执行既定软件项目计划的关键一环。

6）团队协作

团队协作是个老生常谈的问题。在现代软件工程中，已经不再适合单打独斗的软件开发方式，这也是软件产业发展的自然要求和结果。软件开发活动中必须注意团队协作，这已经在众多的软件工程实践中得到了证明。

软件开发活动中的团队协作应该是一种高层次的协作,不能像传统的生产流水线一样是简单的、僵硬的协作。它是一种智力的协作而非体力的协作。协作各方应当具备较强的沟通能力和沟通愿望,清晰地阐述自己的观点和知识,使得很多软件开发问题在交谈中或工作会议中即可得到解决。

7)与用户互动

用户是检验软件项目成功与否的权威,充分了解用户的想法也就等于了解软件项目努力与成功的方向。因此,在软件开发工程管理中,还要注意加强与用户互动。与用户互动应该贯穿整个软件的开发过程,而不是只在需求阶段或测试阶段进行。这是因为用户的观念是变化的,可能今天提出的需求,明天就想修改。

考虑到用户对软件的认识程度可能不够成熟,在与用户互动的过程中还要注意提高用户的软件认知成熟度。这种相互充分的沟通容易对变化的软件目标达成共识,将问题尽早提出,从而为低成本、解决问题创造条件。

8)持续改进

所有的事物都是不断演化的,软件尤其突出。软件因为其相对容易的再造过程使得持续改进成为经常性的活动。

社会发展到现在,软件是最能够模拟人类日常工作和管理的产品,工作和管理制度以及人们自身喜好的变化都会要求软件随之进行变化,所以要一蹴而就地满足变化的需求是不可能的,只有分阶段的开发和持续改进才能紧跟不断变化的需求。这也是软件总是有众多版本的原因。

要适应软件的持续改进,软件的基础架构就显得尤为重要,采用开放的体系结构和遵循相关的国际与国内标准是唯一正确的途径。

1.4 思考与实践

1.4.1 问题思考

1. 什么是软件?软件有哪些特征?
2. 软件可分为哪些类型?各有何特点?
3. 项目软件和产品软件有何区别?
4. 什么是软件危机?为什么会产生软件危机?
5. 什么是软件工程?软件工程的基本目标是什么?
6. 软件工程的基本原理有哪些?
7. 软件开发技术包含哪几方面?
8. 软件开发方法主要包括哪些?各有何特点?
9. 软件开发环境通常具有哪些功能?
10. UML 的模型元素主要包括哪些方面?

11. 什么是项目？软件项目的特殊性体现在哪些方面？

12. 软件项目管理包括哪些要素？

1.4.2 专题讨论

1. 软件工程与建筑工程、汽车工程有何异同？

2. 分析软件工程在各种不同规模软件的开发过程中所起的作用。

3. 一个由优秀软件人员组成的团队，拥有最先进的计算机和开发工具，就一定能做出高质量的软件吗？

4. 拥有一套讲述如何开发软件的书籍，书中充满了标准与示例，可以帮助人们解决软件开发中遇到的任何问题吗？

5. 依据许可方式的不同，可将软件分为专属软件、自由软件、共享软件、免费软件和公共软件。分析此分类方法的特点。

6. 如何理解软件是客观世界中问题空间与解空间的具体描述；软件工程就是解决如何正确、高质、高效地写出软件。

7. 认识和理解与客户很好的合作是软件开发项目成功的关键，在软件开发工程中，如何实现与客户的友好合作？

8. 有人认为，软件工程师职业道德的核心原则：以公众利益为最高目标；注意满足客户和企业的利益。

9. 客户的需求永远在改变，项目可利用的资源永远不够，项目的进度永远会延后，这是项目管理永恒的话题。

10. 一个软件公司要求软件工程师应当具备下列素质：善于数据的搜集与运用；具有分析数据、解决问题的能力；具有相关的专业知识；具有良好的沟通与表达能力；具有和谐的人际关系和优雅的仪态；精于组织的运作与计划的推行；对周围环境有较敏锐的观察力；具有高度的弹性与调整适应能力。你认为最重要的是哪些？如何做到？

1.4.3 应用实践

1. 软件工程主要研究哪些问题？简述这些问题的理解。

2. 考查一个有代表性的、已投入运行的软件产品，写出调查报告，说明此软件系统的结构、功能。在了解情况的基础上对此软件的开发与运行状况进行分析、评价。

3. 图书管理系统的主要功能是用计算机对图书进行管理，包括图书的购入、借阅、归还及注销。管理员可以查询某位读者、某种图书的借阅情况，还可以对当前图书借阅情况进行一些统计，给出统计表格，以便掌握图书的流通情况。

调查了解图书管理系统的应用情况。

4. 查阅相关资料，总结目前软件工程的发展状况，就软件工程的未来发展谈一谈自己的看法。

5. 某学校教务管理部门拟开发一个课程注册管理系统。在每学期开学前，教务管理人员可利用该系统输入课程信息、设定课程(每门课程的任课教师、上课时间和地点)。开学后,学生可以利用该系统查询课程和课表信息,在第一周内注册课程或撤销注册。软件系统负责将学生所选课程的列表通知计费系统以确定学生应缴纳的选课费用。任课教师在学期内可随时查询选修其所授课程的学生信息,学生可以随时查询课程信息、课表、本人所选课程列表,教务管理人员可随时查询所有信息。

调研教务部门现在选课的解决办法。

6. 根据市场调研,项目组拟开发"校园二手商品交易系统"(SHCTS),以优化校园二手商品信息发布交流方式,让校园内二手商品信息得到有效整合。

系统提供的功能包括用户注册登录、商品信息检索、商品信息分类、商品信息发布、用户通信、系统管理等。用户登录后可以管理个人信息,查看自己已收藏或已发布的商品和订单;当用户要出售自己的二手商品时,可以发布商品和修改自己发布的商品的相关信息;当用户对某件商品感兴趣时,在进入该件商品的详情页后,用户可以收藏商品、联系卖家、购买商品、确认交易或取消交易,用户填写订单时需要提供姓名、联系方式、交易时间、交易地点,确认商品数量和价格等信息。该系统支持在线支付,也可通过卖家和买家确认交易时间和交易地点后线下交易,交易完成后由买家确认交易;用户可以浏览商品(全部浏览或分类浏览)、查看商品详情和搜索商品;当买方用户在交易结束后未确认交易,卖方用户可以联系管理员寻求帮助。

系统应支持最大并发用户500个,每秒事务处理数应大于1000笔。

调查了解校园二手商品交易应用的现状。

课后自测-1

第 2 章　软件过程

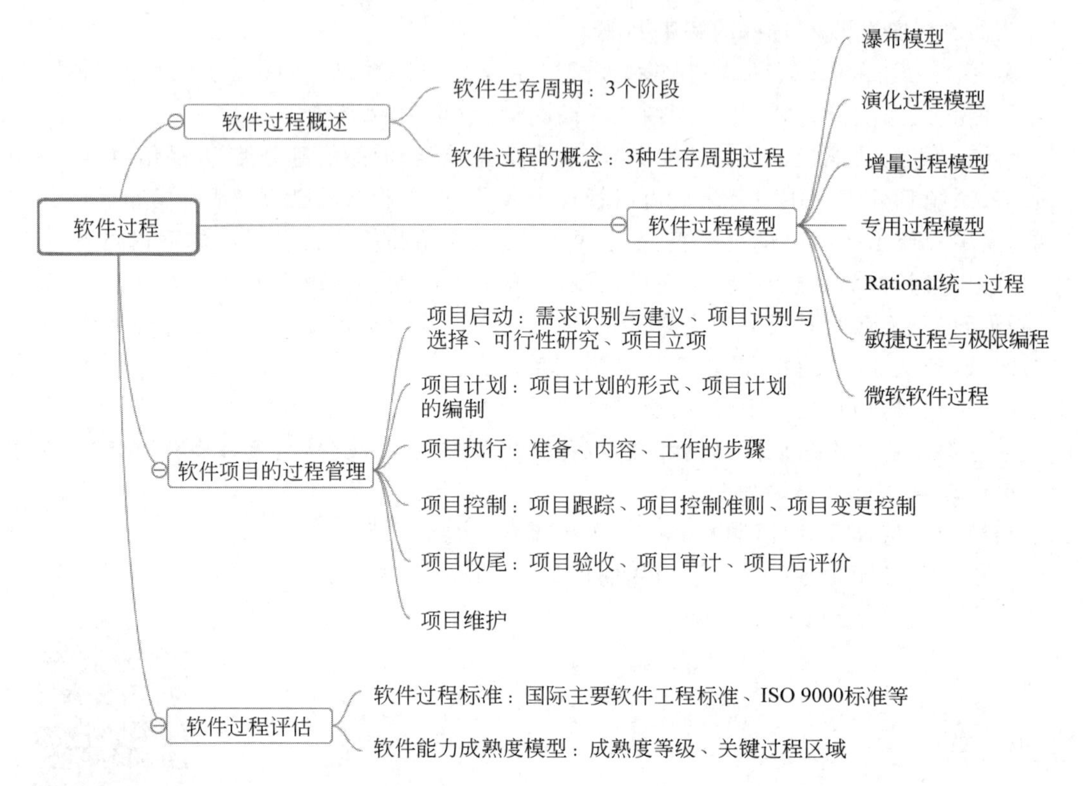

本章导读-2

2.1　软件过程概述

软件过程是在软件工程发展到一定阶段时，传统的软件工程难以解决愈发复杂的软件开发问题而提出的新的解决办法，它使软件工程环境进入了过程驱动的时代。

软件过程也称为软件生存周期过程或软件过程组，是指软件生存周期中的一系列相关过程。软件过程是一个为建造高质量软件所需完成的任务的框架，即形成软件产品的一系列步骤，包括中间产品、资源、角色及过程中采取的方法、工具等范畴。

2.1.1　软件生存周期

软件生存周期(Software Life Cycle，SLC)又称为软件生命周期，是指软件从产生直到报废的生命周期。目前划分软件生存周期的方法有许多种，软件规模、种类、开发方式、开发环境及开发时使用的方法论等都会影响软件生存周期。

在划分软件生存周期的阶段时应遵循一条基本原则，各阶段的任务彼此间相互独立，同一阶段的各项任务的性质尽可能相同，从而降低每个阶段任务的复杂程度，简化不同阶段之间的联系。

一般软件生存周期由软件计划、软件开发和软件运行 3 个时期组成，每个时期又划分为若干个阶段，如图 2-1 所示。每个阶段有明确的任务，这样使规模大、结构复杂和管理复杂的软件开发变得容易控制和管理。

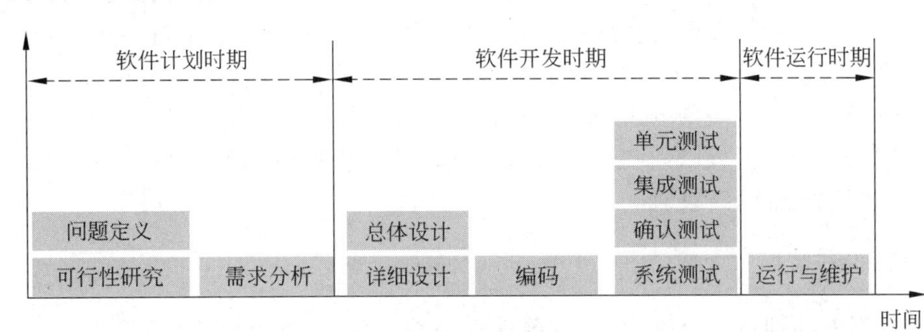

图 2-1　软件生存周期

1. 软件计划时期

软件计划时期的主要特点是所有工作由软件开发方与需求方密切配合、共同完成。这个时期包括两个阶段。

(1) 问题定义和可行性研究。问题定义和可行性研究的主要任务是确定要开发软件的总目标，给出它的功能、性能、可靠性及接口等方面的设想。这个时期主要研究完成该软件任务的可行性，探讨解决问题的方案，并对可供使用的资源、成本、可取得的效益和开发进度做出估计，制订完成开发任务的实施计划。

(2) 需求分析。需求分析的主要任务是确定目标系统必须具备哪些功能。软件设计人员必须与用户充分交流信息，以得出经过用户确认的系统逻辑模型，并写出软件需求规格说明书或功能说明书及初步的系统用户手册，提交管理机构评审。

2. 软件开发时期

软件开发时期包括总体设计、详细设计、编码和测试等阶段。

(1) 总体设计。设计人员要把已确定了的各项需求转换成一个相应的体系结构，结构中每个组成部分都是意义明确的模块，每个模块都和某些需求相对应。另外，设计人员还应该使用系统流程图或其他工具描述实际系统的可能解决方案，并估算每种方案的成本和效益，还应该在充分权衡各种方案利弊的基础上，给用户推荐一个最佳方案。如果用户接受设计人员的推荐方案，则可以开始着手详细设计。

(2) 详细设计。在总体设计阶段，设计人员用抽象概括的方式提出系统的体系结构和功能模块。详细设计阶段的任务就是将实现系统的步骤具体化。这种具体化还不是编写代码,而是对系统的每个模块要完成的工作进行具体的描述,并确定输入输出,以便在编码之前可以评价软件质量,并为编码打下基础。

(3) 编码。在程序编码阶段,程序员的关键任务是根据目标系统的性质和实际环境,选取一种高级程序设计语言,将详细设计的结果翻译成用选定的语言书写的程序,并仔细地测试每个模块的功能。

(4) 测试。软件测试阶段的任务是通过各种类型的测试,使软件符合预定的要求。其主要方式是在设计测试用例的基础上检验软件的各个组成部分。首先进行单元测试以发现模块在功能和结构方面的问题;其次将已测试过的模块组装起来进行集成测试;再次进行确认测试;最后按照需求规格说明的规定,由用户对目标系统进行验收测试。

必要时还可以通过现场测试或平行运行等方法对目标系统进行进一步的测试。通过对软件测试结果的分析可以预测软件的可靠性;反之,根据对软件可靠性的要求,也可以决定测试和调试过程的结束时间。

3. 软件运行时期

软件运行时期即运行与维护,其主要任务是进行系统的日常运行管理,根据一定的规格对系统进行必要的修改,评价系统的运行效率、工作质量和经济效益,对运行费用和效果进行监理审计。软件交付用户后,便进入运行阶段。在运行阶段中,可能由于多方面的原因,需要对它进行修改。例如,为适应外部环境的变化和用户要求而添加新的功能;或是随着制作工艺的提高,将原来的工作流程做相应的改动;等等。运行维护时在软件生存周期的各个阶段去调整现有系统,而不是开发一个新的项目。

2.1.2 软件过程的概念

软件过程(Software Procedure)涉及软件生存周期中相关的过程与活动,其中活动是构成软件过程的最基本的成分之一。此外,软件开发是由多人分工协作并使用不同的硬件环境和软件环境来完成的,软件过程还包括支持人与人之间进行协调与通信的组织结构、资源及约束等因素。因而,过程活动、活动中所涉及的人员、软件产品、所有资源和各种约束条件是软件过程的基本成分。

软件生存周期的各个过程可以分成3类,即基本生存周期过程、支持生存周期过程和组织生存周期过程,开发机构可以根据具体的软件项目进行裁减。

1. 基本生存周期过程

基本生存周期包括5个过程,供各当事方在软件生存周期期间使用。相关的当事方有软件的需求方、供应方、开发者、操作者和维护者,如表2-1所示。

2. 支持生存周期过程

支持生存周期包括8个过程,其目的是支持其他过程,有助于软件项目的成功和质量

表 2-1　基本生存周期过程表

序号	过程	当事方	接受方	活　　动
1	获取过程	需求方	供应方	获取系统、软件或软件服务
2	供应过程	供应方	需求方	供应系统、软件或软件服务
3	开发过程	开发者		定义并开发软件
4	运作过程	操作者		在规定的环境中为用户提供运行软件系统服务
5	维护过程	维护者		提供维护软件服务

的提高。

(1) 文档编制过程。确定记录生存周期过程产生的信息所需的活动。

(2) 配置管理过程。确定配置管理活动。

(3) 质量保证过程。确定客观地保证软件和过程符合规定的要求及已建立的计划所需的活动。

(4) 验证过程。根据软件项目要求,按不同深度确定验证软件所需的活动。

(5) 确认过程。确定确认软件所需的活动。

(6) 联合评审过程。确定评价一项活动的状态和产品所需的活动。

(7) 审核过程。确定为判断符合要求(计划)和合同所需的活动。

(8) 问题解决过程。确定一个用于分析和解决问题的过程(包括不合格的内容)。

3. 组织生存周期过程

组织生存周期包括 4 个过程,它们被一个软件组织用于建立和实现构成相关生存周期的基础结构和人事制度,并不断改进这种结构和过程。组织是否合理、相互的协作是否紧密是项目能否成功的一个关键因素。

(1) 管理过程。确定生存周期过程中的基本管理活动。

(2) 建立过程。确定建立生存周期过程中的基础结构的基本活动。

(3) 改进过程。确定一个组织为建立、测量、控制和改进其生存周期过程所需开展的基本活动。

(4) 培训过程。确定提供经适当培训的人员所需的活动。

就一个特定的软件项目,软件过程可被视为开展与软件开发相关一切活动指导性的纲领和方案,因而软件过程的优劣对软件能否成功开发起决定作用。每个开发机构都可以定义自己的软件过程,同一个开发机构也可以根据项目的不同采用不同的软件过程。

2.2　软件过程模型

软件过程模型是软件开发全部过程、活动和任务的结构框架。它能直观表达软件开发全过程,明确规定要完成的主要活动、任务和开发策略。这种策略针对软件工程的各个阶段提供了一套规范,使工程的进展能达到预期的目的。对任何软件的开发项目,都需要选择合适的软件过程模型,这种选择基于软件项目和应用的性质、采用的方法、需要的控制,以及要交付的产品的特点。

2.2.1 瀑布模型

瀑布模型(Waterfall Model)也称软件生存周期模型或线性顺序过程模型,是由温斯顿·罗伊斯(Winston Royce)于 1970 年提出的第一个软件过程模型,直到 20 世纪 80 年代早期一直是唯一被广泛采用的软件过程模型。

1. 瀑布模型表示

瀑布模型是一种线性模型,提出了系统开发的系统化的顺序方法。瀑布模型将软件生存周期各活动规定为线性顺序连接的若干阶段,规定了它们自上而下、相互衔接的固定次序,如同瀑布流水,逐级下落,如图 2-2 所示。

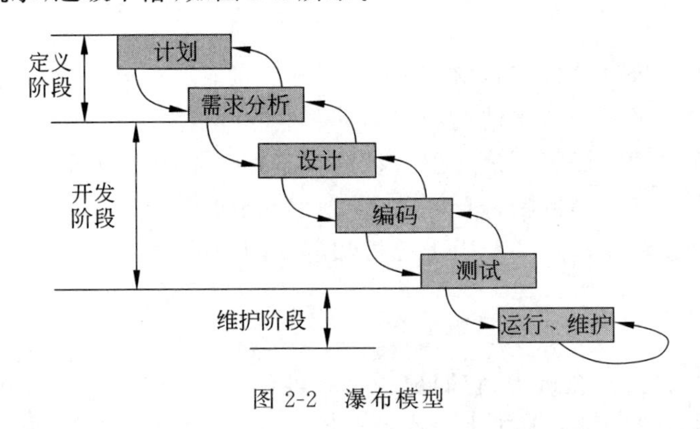

图 2-2　瀑布模型

2. 瀑布模型的特点

瀑布模型是最早出现的软件过程模型,在软件工程中占有重要的地位,它提供了软件开发的基本框架。传统的瀑布模型有如下 3 个特点。

(1) 阶段间具有顺序性和依赖性。顺序性表明必须等前一个阶段工作完成后,才能开始后一个阶段的工作;依赖性则是前一个阶段的输出文档就是后一个阶段的输入文档。因此,只有前一个阶段的输出文档正确,后一个阶段的工作才能获得正确结果。

(2) 推迟实现的观点。清晰区分逻辑设计与物理设计,尽可能推迟程序的物理实现,是瀑布模型的一条重要指导思想。瀑布模型在软件实现之前设置了软件计划、需求分析和定义、软件设计 3 个阶段,主要考虑目标系统的逻辑模型,不涉及软件的物理实现,这样可以避免项目中不必要的大量返工。

(3) 质量保证的观点。瀑布模型的每个阶段都应坚持两个重要做法,即编制文档与对文档的评审。每个阶段都必须完成规定的文档,没有完成合格的文档就是没有完成该阶段的任务;每个阶段结束前都要对所完成的文档进行评审,以便尽早地发现和改正问题。

瀑布模型的线性过程太理想化，各个阶段的划分完全固定，阶段之间产生大量的文档，极大地增加了工作量；由于开发模型是线性的，用户只有等到整个过程的末期才能见到开发成果，从而增加了开发的风险；早期的错误可能要等到开发后期的测试阶段才能发现，进而带来严重的后果。

尽管瀑布模型招致了很多批评，但是它对很多类型的软件项目依然是有效的。对于一个软件项目，是否使用这个模型主要取决于能否充分理解客户的需求以及在项目进程中这些需求的变化程度，瀑布模型适用于需求易于完善定义且不易变更的软件系统。

2.2.2 演化过程模型

演化过程模型是一种全局的软件生存周期模型，属于迭代开发的模型。该模型的基本思想：根据用户的基本需求，通过快速分析构造出该软件的原型，然后根据用户在使用原型过程中提出的意见和建议对原型进行改进，获得原型的新版本。重复这个过程，最终可以得到令用户满意的软件产品。

演化过程模型主要有原型模型、螺旋模型与协同模型。

1. 原型模型

原型就是可以逐步改进成运行系统的模型。开发者在初步了解用户需求的基础上，凭借自己对用户需求的理解，通过强有力的软件环境支持，利用软件快速开发工具，构成、设计和开发一个实在的软件初始模型(原型，即一个可以实现的软件应用模型)。利用原型模型进行软件开发的流程如图2-3所示。相对瀑布模型，原型模型更符合人们开发软件的习惯，是目前较流行的一种实用软件过程模型。

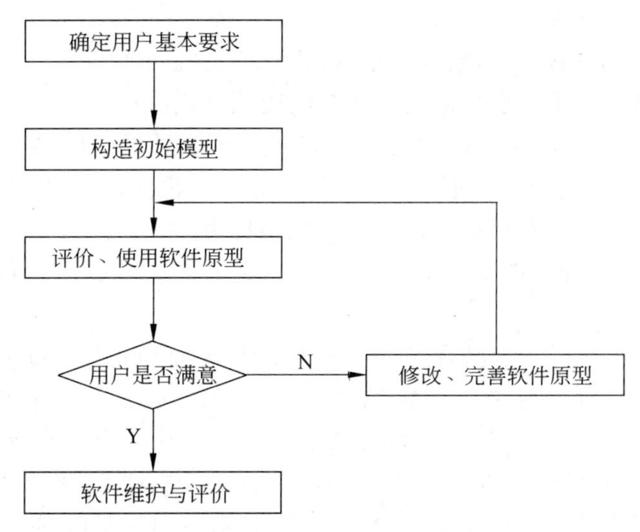

图2-3 利用原型模型进行软件开发的流程

原型模型的优点：开发人员和用户在原型上达成一致，这样可以减少设计中的错误和开发中的风险，也减少了对用户培训的时间，从而提高了系统的实用性、正确性及用户满意度；原型模型采用逐步求精的方法完善原型，使得原型能够快速开发，避免了像瀑布模型那样冗长的开发过程中难以对用户的反馈做出快速响应；原型模型通过“样品”不断改进，降低了成本；原型模型的应用使人们对需求有了渐进的认识，从而使软件开发更有针对性。另外，原型模型的应用充分利用了最新的软件工具，使软件开发效率大为提高。

原型模型仍然存在着一些问题：①用户看到的是一个可运行的软件版本，但不知道这个原型是临时搭建起来的，也不知道软件开发者为了使原型尽快运行，并没有考虑软件的整体质量或以后的可维护性问题；②开发人员常常需要在实现上采取折中的办法，以使原型能够尽快工作。开发人员很可能采用一个不合适的操作系统或程序设计语言，也可能使用一个效率低的算法。经过一段时间之后，开发人员可能对这些选择已经习以为常了，忘记了它们不合适的原因。于是，这些不理想的选择就成了软件的组成部分。

虽然会出现问题，但原型模型仍是软件工程的一个有效典范。使用原型模型开发系统时，用户和开发者必须达成一致。原型被建造仅仅是用户用于定义需求，不宜利用它来作为最终产品，之后被部分或全部抛弃，最终的软件是要充分考虑质量和可维护性等方面后才被开发。

2. 螺旋模型

螺旋模型是瀑布模型与原型模型相结合，并增加两者所忽略的风险分析而产生的一种模型，通常用来指导大型系统的开发。螺旋模型将开发划分为制订计划、风险分析、实施工程和客户评估 4 类活动。沿着螺旋线每转一圈，表示开发出一个更完善的新版本。如果开发风险过大，开发机构和客户无法接受，项目有可能就此中止。在大多数情况下，会沿着螺旋线继续下去，自内向外逐步延伸，最终得到令人满意的系统。

螺旋模型的基本框架如图 2-4 所示。

螺旋模型的每个周期都包括制订计划、风险分析、实施工程和客户评估 4 个阶段。首先，从第一个周期开始利用需求分析技术理解应用领域，获取初步用户需求，制订项目开发计划和需求分析计划；其次，根据本轮制订的开发计划进行风险分析，评价可选方案，并构造原型进一步分析风险，给出消除或减少风险的途径；再次，利用构造的原型进行需求建模或进行系统模拟，直至实现系统；最后，将原型提交用户使用并征求改进意见。开发人员应在用户的密切配合下进一步完善用户需求，直到用户认为原型可满足需求，或对系统设计进行评价、确认等。

经过一个周期后，根据用户和开发人员对上一个周期工作成果的评价和评审，修改、完善需求，明确下一个周期开发的目标、约束条件，并据此制订开发计划。螺旋模型从第一个周期的计划开始，一个周期、一个周期地不断迭代，直到整个系统开发完成。

螺旋模型的优点：设计上的灵活性，可以在项目的各个阶段进行变更；以小的分段来构建大型系统，使成本计算变得简单、容易；客户始终参与每个阶段的开发，保证了项目不偏离正确方向及项目的可控性；随着项目推进，客户始终掌握项目的最新信息，从而能够与管理层有效地交互；客户认可这种公司内部的开发方式带来的良好沟通和高质量产品。

然而，螺旋模型却很难让用户确信这种演化方法的结果是可以控制的；其建设周期

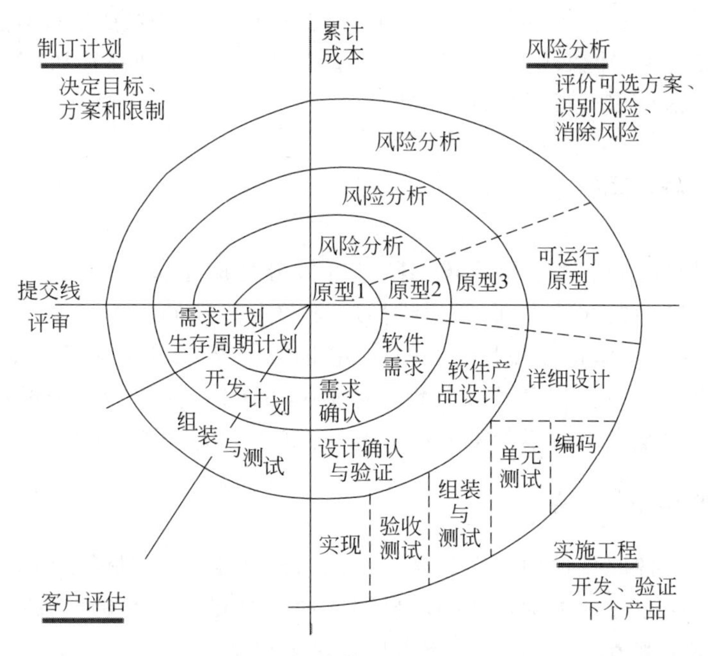

图 2-4　螺旋模型的基本框架

长，面对软件技术的发展，经常出现软件开发完毕后，与当前的技术水平有较大的差距，无法满足当前用户的需求。

螺旋模型不仅保留了瀑布模型中系统地、按阶段逐步地进行软件开发和“边开发、边评审”的风格，而且还引入了风险分析，并把制作原型作为风险分析的主要措施。用户始终关心、参与软件开发，并对阶段性的软件产品提出评审意见，这对保证软件产品的质量是十分有利的。但是，螺旋模型的使用需要具有相当丰富的风险评估经验和专门知识，而且开发费用昂贵，所以只适合大型软件的开发。

3. 协同模型

从程序设计的角度，协同就是通过将一组主动的片断黏合起来的方式来构建程序的过程。因此，可以将程序看成“程序＝协同＋计算”，以倡导在分布式程序设计中将分布的协同与局部的计算分离的思想。

通常意义上提到的软件协同技术包含两个层次的意思：一是其协同模型；二是该协同模型的软件实现。协同模型作为绑定一组分离的活动为一整体的黏合剂，为主动独立的协同实体之间交互的表达提供一个框架。它通常涉及被协同实体的创建与撤销、实体间的通信、实体的空间分布及它们活动的同步和时间安排等。

在描述协同模型的组成时，主要从以下3个部分进行研究。

(1) 协同实体。协同实体是并发运行的活动实体，它们是协同的直接主体，同时也是协同体系结构中的基本模块。这些被协同的实体(实际是指其类型)包括对象、进程、线程、Web服务等，甚至还可以包括一个软件和用户。

(2) 协同媒介。协同媒介是将协同实体连接起来的媒介。它是协同发生的实际空间，支持协同实体间的通信，如信号量、通道，以及元组空间、消息、事件等。

(3) 协同法则。协同法则具体描述了模型框架的语义，即描述协同实体如何利用一组协同原语通过协同媒介进行协同的法则。

2.2.3 增量过程模型

增量过程模型融合了线性顺序模型的基本成分和原型模型的迭代特征，采用随着日程时间的进展而交错的线性序列，每个线性序列产生软件的一个可发布的“增量”。当使用增量模型时，第一个增量往往是核心的产品，即第一个增量实现了基本的需求，但很多补充的特征还没有发布。客户对每个增量的使用和评估，都作为下个增量发布的新特征和功能。在每个增量发布后不断重复这个过程，直到产生最终完善的产品为止。

1. 增量过程模型的特点

增量过程模型像原型模型一样具有迭代的特征。但与原型模型不同，增量过程模型强调每个增量均发布一个可操作产品。早期的增量是最终产品的“可拆卸”版本，但它们确实给用户提供了服务的功能，并且给用户提供了评估的平台。

增量开发是很有用的，尤其是当配备的人员不能在为该项目设定的市场期限之前实现一个完全的版本时，早期的增量可以由较少的人员实现。如果核心产品很受欢迎，可以增加新的人手实现下个增量。此外，增量能够有计划地管理技术风险，例如，系统的一个重要部分需要使用正在开发的并且发布时间尚未确定的新硬件，有可能计划在早期的增量中避免使用该硬件，这样就可以首先发布部分功能给用户，以免过分地拖延系统的问世时间。

2. 快速应用开发模型

快速应用开发(RAD)是一个增量型的软件过程模型，其具有极短的开发周期。该模型是瀑布模型的一个“高速”变种，通过大量使用可复用构件，采用基于构件的建造方法赢得了快速开发。如果正确地理解了需求，而且约束了项目的范围，利用这种模型可以很快地创建功能完善的软件系统。

快速应用开发模型的流程从业务建模开始，随后是数据建模、过程建模、应用生成、测试及反复，如图 2-5 所示。

(1) 业务建模。确定驱动业务过程运作的信息、要生成的信息、如何生成、信息流的去向及其处理等，可以辅之以数据流图。

(2) 数据建模。为支持业务过程的数据流，查找数据对象集合、定义数据对象属性，并与其他数据对象的关系构成数据模型，可辅之以 E-R 图。

(3) 过程建模。使数据对象在信息流中完成各业务功能，创建过程以描述数据对象的增加、修改、删除、查找，即细化数据流图中的处理框。

(4) 应用生成。利用第 4 代语言(4GL)写出处理程序，重用已有构件或创建新的可重用构件，利用环境提供的工具自动生成以构造出整个应用系统。

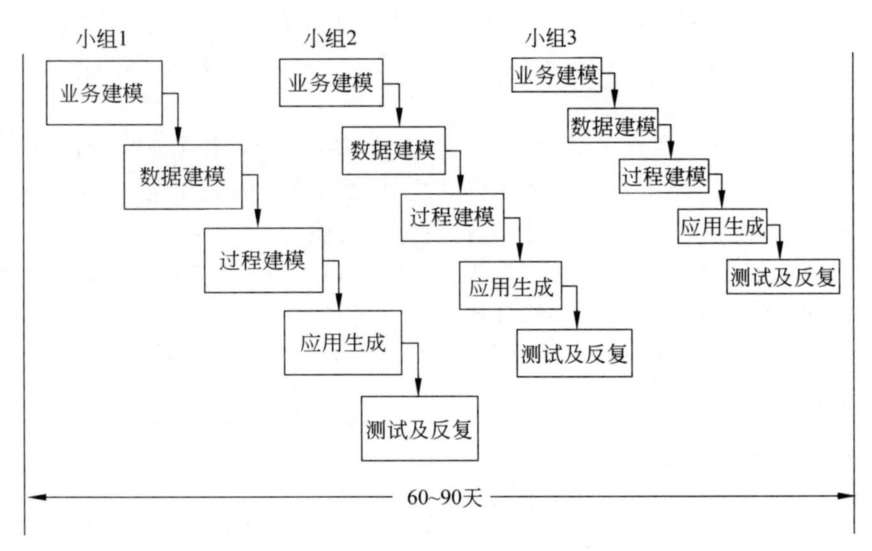

图 2-5 快速应用开发模型

(5) 测试及反复。快速应用开发模型强调复用,许多程序构件已经是测试过的,这样减少了测试时间,但必须测试新构件,而且必须测试所有接口。

快速应用开发模型采用基于构件的开发方法复用已有的程序结构,或使用可复用构件,或创建可复用的构件。在所有的情况下,构件均使用自动化工具辅助软件创造。每个主要功能可由一个单独的快速应用开发组来实现,最后集成起来形成一个整体。

快速应用开发模型对模块化要求比较高,如果有一个功能不能被模块化,建造快速应用开发模型所需的构件就会有问题。如果高性能是一个指标且该指标必须通过调整接口使其适应系统构件才能获得,快速应用开发模型也有可能不能奏效。

开发人员和客户必须在很短的时间内完成一系列的需求分析,任何一方配合不当都会导致快速应用开发模型失败。快速应用开发模型只能用于信息系统开发,不适合技术风险很高的情况。

2.2.4 专用过程模型

专用过程模型包括基于构件的开发模型、形式化系统开发模型和面向方面的开发模型。

1. 基于构件的开发模型

基于构件的开发模型(Component-Based Development Model,CBDM)是 20 世纪 90 年代兴起的一种软件过程模型,它在其他相关的构件模型的支持下,复用已有构件库中的软构件,逐步完成系统设计及实现。基于构件的开发模型通过高效、正确的构件结合,高质量地构建软件系统,它从"面向集成"的角度定义了软件开发过程。

构件是指应用系统中可以明确辨识的构成成分。在软件复用的过程中强调构件的可复用性，可复用构件是指具有相对独立的功能和可复用价值的构件。随着软件复用技术的不断深入，构件不仅仅是指代码模块，还包括需求分析、软件构架、系统建模、软件测试及其他对开发有用的信息及文档。

从开发过程，基于构件的开发模型应包含三大部分，即需求获取、领域分析和软件集成。需求获取的主要任务是就系统的总体功能、数据来源、格式和精度、输出成果等提出可行性意见，以表格、图示等手段为辅助，形成主题文档，由开发者建立需求报告。领域分析可以定义为标识一个特定领域中一类相似系统的对象和操作的活动，其主要目的是依据需求报告抽象提炼出系统可重用构件和主题数据库。软件集成是指利用已建构件库中的构件，并以主题数据库为基础，建立软件体系结构和框架，并将构件和数据库实例化，建立用户界面，最终形成可运行的软件系统。

2. 形式化系统开发模型

形式化系统开发模型是一种基于形式化数学变换的软件开发方法。形式化方法特别在数学、计算机科学、人工智能等领域得到广泛运用。它能精确地揭示各种逻辑规律，制定相应的逻辑规则，使各种理论体系更加严密。同时也能正确地训练思维、提高思维的抽象能力。

形式化方法(Formal Methods)在逻辑科学中是指分析、研究思维形式结构的方法。为用于开发软件的形式化方法提供了一个框架，可以在框架中以系统的而不是特别的方式刻画、开发和验证系统。

根据说明目标软件系统的方式，形式化方法可以分为面向模型的形式化方法、面向属性的形式化方法两类。面向模型的形式化方法通过构造一个数学模型来说明系统的行为；面向属性的形式化方法通过描述目标软件系统的各种属性间接定义系统行为。

形式化系统开发模型与瀑布模型有共同之处，主要特点在于，软件需求规格说明被细化为用数学记号表达的、详细的形式化规格说明；设计、实现和单元测试等开发过程由一个变换开发过程代替，通过一系列变换将形式化的规格说明细化为程序。

3. 面向方面的开发模型

软件的关注点主要分为两大类：核心关注点和横切关注点。核心关注点就是该系统要实现的主要功能部分，如电子商务中的订单管理、商品管理等；横切关注点要跨越多个业务逻辑类或模块，如密码验证和日志记录。

面向方面的开发模型的本质就是要将系统的核心关注点和横切关注点分开，将横切关注点再封装成一个模块，即方面(Aspect)，从而避免横切关注点散乱分布在系统的多个类中。

在面向方面的开发模型中，程序设计用方面描述系统的横切关注点，用程序设计语言描述系统的核心关注点，使用编织器来实现横切关注点与核心关注点的交融。

2.2.5 Rational 统一过程

Rational 统一过程(Rational Unified Process)是 Rational 公司开发和维护的过程产

品。Rational统一过程是一种可配置的过程，提供了在开发组织中分派任务和责任的纪律化方法。它的目标是在可预见的日程和预算前提下，确保满足最终用户需求的高质量产品。Rational统一过程建立简洁和清晰的过程结构，为开发过程家族提供通用性，并且，它可以变更以容纳不同的情况，还能对大部分开发过程提供自动化的工具支持。这些工具被用于创建和维护软件开发过程（可视化建模、编程、测试等）的各种各样的产物，其中包括著名的统一建模语言（Unified Modeling Language，UML）。

Rational统一过程强调开发和维护模型，具有语义丰富的软件系统表达，而非强调大量的文本工作。对于所有的关键开发活动，它为每个团队成员提供了使用准则、模板、工具进行访问的基础知识。而通过对相同基础知识的理解，无论是进行需求分析、设计、测试、项目管理或配置管理，均能确保全体成员共享相同的知识、过程和开发软件的视图。

Rational统一过程以适合于大范围项目和机构的方式捕捉了许多现代软件开发过程的最佳实践。这些最佳实践给开发团队提供了大量经验。

1. Rational统一过程的实践

Rational统一过程描述了如何为软件开发团队有效地部署软件开发方法。为使整个团队有效利用最佳实践，Rational统一过程为每个团队成员提供了必要准则、模板和工具指导。

（1）迭代的开发产品。面对复杂的软件系统，使用连续的开发方法。如首先定义整个问题，设计完整的解决方案，编制软件并最终测试产品，这在实践活动中是不可能完全实现的，而需要一种能够通过一系列细化、若干个渐进的反复过程生成有效解决方案的迭代方法。Rational统一过程专注于处理生存周期中每个阶段最高风险的迭代开发方法，极大地减少了项目的风险。

（2）需求管理。Rational统一过程描述了如何提取、组织和文档化需求的功能和限制；如何跟踪和文档化折中方案和决策；如何捕获和进行商业需求交流。过程中用例和场景的使用被证明是捕获功能性需求的卓越方法，并确保由它们来驱动设计、实现和软件的测试，使最终系统更能满足最终用户的需要。它们给开发和发布系统提供了连续的和可跟踪的线索。

（3）基于构件的体系结构。Rational统一过程在全力以赴开发之前，关注于早期的开发和健壮可执行体系结构的基线。它描述了如何设计灵活的、可修改的、直观便于理解的且促进有效软件重用的弹性结构。Rational统一过程支持基于构件的软件开发。构件是实现清晰功能的模块、子系统。Rational统一过程提供了使用新的及现有构件定义体系结构的系统化方法。

（4）可视化软件建模。开发过程显示了对软件进行可视化建模，捕获体系结构和构件的架构和行为。这允许隐藏细节和使用"图形构件块"书写代码。可视化抽象帮助沟通软件的不同方面，观察各元素如何配合在一起，确保构件模块代码的一致性，保持设计和实现的一致性，促进明确的沟通。

（5）验证软件质量。质量应该基于可靠性、功能性、应用性和系统性，并能根据需求进行验证。质量评估被内建于过程和所有的活动，包括全体成员使用客观的度量和标准，而不是事后型的或单独小组进行的分离活动。

(6) 控制软件的变更。控制软件的变更包括确定每个修改是可接受的且是能被跟踪的。开发过程描述了如何控制、跟踪和监控修改以确保成功的迭代开发。它同时指导如何通过隔离修改和控制整个软件产物(如模型、代码、文档等)的修改为每个开发者建立安全的工作区。

2. Rational 统一过程模型

Rational 统一过程模型将软件生存周期分解为一个个周期,每个周期又划分为 4 个连续的阶段。

1) 初始阶段

初始阶段的目标是为系统建立商业案例和确定项目的边界。为了达到该目标必须识别所有与系统交互的外部实体,在较高层次上定义交互的特性。初始阶段的任务还包括识别所有用例和描述一些重要的用例。其中,商业用例包括验收规范、风险评估、所需资源估计、体现主要里程碑日期的阶段计划。

初始阶段关注的是整个项目工程中的业务和需求方面的主要风险。对于建立在原有系统基础上的开发项目,初始阶段的时间可能很短。初始阶段结束是第一个重要的里程碑,即生存周期目标里程碑。

2) 精化阶段

精化阶段的目标是分析问题领域,建立健全的体系结构基础,编制项目计划,淘汰项目中最高风险的元素。

精化阶段是 4 个阶段中最关键的阶段。该阶段结束时,硬"工程"可以认为已结束,决定是否将项目提交给构建阶段和交付阶段。精化阶段的活动确保了结构、需求和计划的稳定,风险被充分减轻,可以为开发结果预先决定成本和日程安排。

在精化阶段,依靠对项目的范围、规模、风险和先进程度的评估,可执行的结构原形可以在一个或多个迭代过程中建立。其工作必须至少包括处理初始阶段中识别的关键用例,这些关键用例揭示了项目的主要技术风险。精化阶段结束是第二个重要的里程碑,即生存周期的结构里程碑。

3) 构建阶段

在构建阶段,所有剩余的构件和应用程序功能被开发并集成为产品,所有的功能被详尽地测试。从某种意义上说,构建阶段是重点在管理资源和控制运作,以优化成本、日程、质量的生产过程。就此而言,管理的理念已经不是初始阶段和细化阶段的基于智力资产的开发,而过渡到构建阶段和交付阶段发布产品管理。

许多项目规模大得足够产生许多平行的增量构建过程,这些平行的活动可以极大地促进版本发布的有效性,同时也增加资源管理和工作流同步的复杂性。创建阶段结束是第三个重要的项目里程碑,即初始功能里程碑。

4) 交付阶段

交付阶段的目的是将软件产品交付给用户。只要产品发布给最终用户,问题常常就会出现要求开发新版本,纠正问题或完成被延迟的问题。当基线成熟得足够发布给最终用户时,就进入了交付阶段。在交付阶段的终点是第四个重要的项目里程碑,即产品发布里程碑。此时,决定目标系统是否开始另一个周期。

Rational统一过程模型的每个阶段都可以进一步被分解为迭代过程。迭代过程是导致可执行产品版本(内部和外部)的完整开发循环,是最终产品的一个子集,从一个迭代过程到另一个迭代过程递增式增长形成最终的系统。迭代过程不仅减小了风险,使得对变更控制更加容易,而且还使得项目小组可以在开发中获得高效的开发经验,并使项目获得较佳的总体质量。

2.2.6 敏捷过程与极限编程

敏捷过程是一种以人为核心、迭代、循序渐进的开发过程。在敏捷过程中,软件项目的构建被切分成多个子项目,各个子项目的成果都经过测试,具备集成和可运行的特征。换言之,就是把一个大项目分为多个相互联系,但也可独立运行的小项目,并分别完成,在此过程中软件一直处于可使用状态。

极限编程的思想体现了适应用户需求的快速变化,激发开发者的热情,也是目前敏捷过程思维的重要支持者。

1. 敏捷过程

敏捷软件开发描述了一套软件开发的价值和原则,在这些开发中,需求和解决方案皆通过自组织跨功能团队达成。敏捷软件开发主张适度的计划、进化开发、提前交付与持续改进,并且鼓励快速与灵活地面对开发与变更。这些原则支援许多软件开发方法的定义和持续进化。

为了使软件团队具有高效工作和快速响应变化的能力,17名著名的软件专家于2001年2月联合起草了《敏捷软件开发宣言》。主要内容包括4个简单的价值观,即个体和交互胜过过程和工具;可以工作的软件胜过面面俱到的文档;用户合作胜过合同谈判;响应变化胜过遵循计划。

敏捷过程开发集成了新型开发模式的共同特点,重点强调的是以人为本,注重编程中自我特长的发挥;强调软件开发的产品是软件,文档是为软件开发服务的,而不是开发的主体;用户与开发者的关系是协作,开发者不是用户业务的“专家”,要适应用户的需求,是要用户合作来阐述实际的需求细节;设计周密是为了最终软件的质量,但不表明设计比实现更重要,要适应用户需求的不断变化,设计也要不断跟进。

相对于其他过程模型,敏捷过程更注重强调能尽早将尽量小的可用的功能交付使用,并在整个项目周期中持续改善和增强。

2. 极限编程

极限编程(Extreme Programming,XP)是由KentBeck在1996年提出的,是一种软件工程方法学,是敏捷软件开发中可能最富有成效的方法学之一。极限编程和传统方法学的本质不同在于它更强调可适应性以及面临的困难。

极限编程加强开发者与用户的沟通需求,让客户全面参与软件的开发设计,保证变化的需求及时得到修正。极限编程注重用户反馈与让用户加入开发是一致的,让用户参与就是随时反馈软件是否符合用户的要求。

极限编程的主要目标在于降低因需求变更而带来的成本。在传统系统开发方法中,系统需求是在项目开发的开始阶段就确定下来,并在之后的开发过程中保持不变的。这意味着项目开发进入之后的阶段时出现的需求变更(这样的需求变更在一些发展极快的领域中是不可避免的)将导致开发成本急速增加。极限编程通过引入基本价值、原则、方法等概念来达到降低变更成本的目的。一个应用了极限编程方法的系统开发项目在应对需求变更时将显得更为灵活。

【例 2-1】 在实践中,极限编程遵循 5 项原则,成为简单的指导意见。这 5 项原则内容如下:快速反馈,当反馈能做到及时、迅速,将发挥极大的作用;假设简单,任何问题都可以“极度简单”地解决;增量变化,一次就想进行一个大的改造是不可能的;拥抱变化,不要对变化采取反抗的态度;高质量的工作,范围、时间、成本和质量这 4 个软件开发的变量,只有质量是不可妥协的。

极限编程把软件开发过程重新定义为聆听、测试、编码、设计的迭代循环过程,确立了“测试→编码→重构(设计)”的软件开发管理思路。极限编程模型如图 2-6 所示。

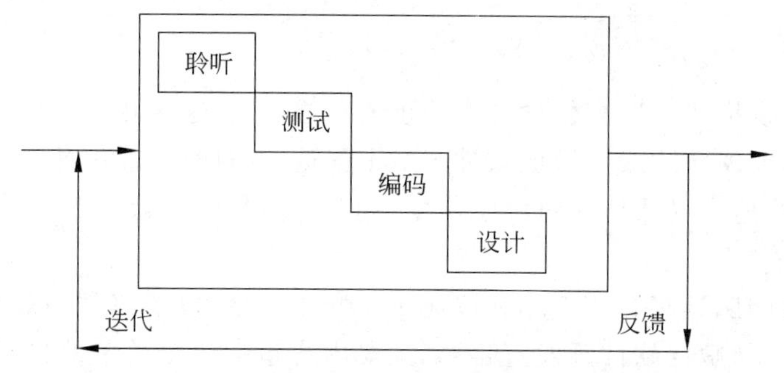

图 2-6 极限编程模型

极限编程的核心实践是极限编程者总结的经典实践,从编程方法、小组实践、交付和管理方面体现极限编程管理的原则,对极限编程具有指导性的意义,如图 2-7 所示。

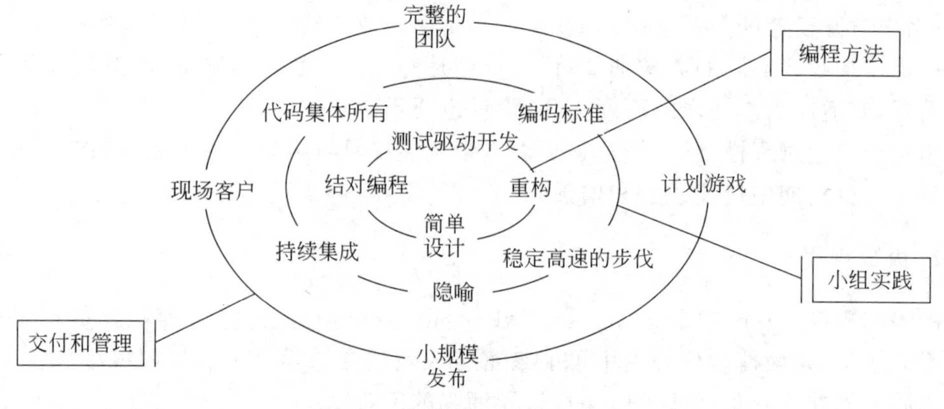

图 2-7 极限编程的核心实践

2.2.7 微软软件过程

作为世界上最成功的软件企业之一，微软公司(Microsoft)不但拥有独特而开放的企业文化，而且在软件研发过程和研发人员管理方面积累了相当丰富的理论和实践经验。微软解决方案框架(Microsoft Solution Framework，MSF)是一种成熟的、系统的技术项目方法，它基于一套制定好的原理、模型、准则、概念、指南，以及来自微软公司的经过检验的做法。

1. 微软解决方案框架

微软解决方案框架于 1994 年首次引入，当时还是一个来自微软公司的产品开发组和微软公司咨询服务中心参与的最佳做法的松散集合。从那时起，微软解决方案框架已经有了发展，这来自微软公司的产品开发组、微软公司的咨询服务中心、微软公司的内部操作和技术组、微软公司的合作伙伴和用户成功的、真实的最佳做法。微软解决方案框架元素基于行业著名的最佳做法，并融合了微软公司在高技术行业超过 25 年的经验。这些元素都被设计用于共同工作，以帮助微软公司的顾问、合作伙伴和用户来解决技术生存周期过程中碰到的重大挑战。

微软解决方案框架使用这套经过内部和外部检验的真实最佳做法，并对这些做法进行简化、整理和检查，以便合作伙伴和用户理解和采用。现在其已经成为一个可靠和成熟的框架，是由微软公司中一个专门的产品小组管理和开发的，它同时还得到了国际顾问理事会该方面专家的指导和评论。微软解决方案框架还在继续吸收微软公司当前的经验。微软公司各种业务线里的其他小组在日常工作中，也在内部创造、寻找和共享最佳做法和工具。从这些内部项目工作所学到的知识会通过微软解决方案框架被整理和分发到微软公司之外的组织里。

微软解决方案框架是一个框架结构的经验知识库，包含了企业结构设计方案、项目开发准则、应用程序模型以及企业信息基础设施的实施方法。

微软解决方案框架强调的基本原则：制订计划时兼顾未来的不确定因素；通过有效的风险管理减少不确定因素的影响；经常生成过渡版本并进行快速测试来提高产品的稳定性及可预测性；快速循环、递进的开发过程；从产品特性和成本控制出发创造性地工作；创建确定的进度表；使用小型项目组并发完成工作，并设置多个同步点；将大型项目分解成多个可管理的单元，以便更快地发布产品；用户产品的前景目标和概要说明指导项目开发工作——先基线化，后冻结；避免产品走形；使用原型验证概念，进行开发前的测试；零缺陷观念；非责难式的里程碑评审会。

2. 微软过程的生存周期

微软过程的每个生存周期发布一个递进的软件版本，各生存周期持续、快速地循环。每个生存周期分为 5 个阶段，即构想阶段(Envisioning Phase)、计划阶段(Planning Phase)、开发阶段(Developing Phase)、稳定阶段(Stabilizing Phase)和发布阶段

(Deploying Phase)。每个阶段均涉及产品管理、程序管理、开发、测试、发布各角色及其活动,各阶段结束于一个重要里程碑,阶段之间具有缓冲时间。

(1) 构想阶段。构想阶段的目标是创建一个关于项目的目标、限定条件和解决方案的架构。团队的工作重点在于,确定业务问题和机会、确定所需的团队技能、收集初始需求、创建解决问题的方法、确定目标、假设和限定条件及建立配置与变更管理。交付成果包括远景/范围文档、项目结构文档和初始风险评估文档。

(2) 计划阶段。计划阶段的目标是创建解决方案的体系结构和设计方案、项目计划和进度表。团队的工作重点在于,尽可能早地发现尽可能多的问题,了解项目何时收集到足够的信息以向前推进。交付成果包括功能规格说明书、主项目计划和主项目进度表。

(3) 开发阶段。开发阶段的目标是完成功能规格说明书中所描述的功能、组件和其他要素。团队的主要工作包括编写代码、开发基础架构、创建培训课程和文档,以及开发市场和销售渠道。交付成果包括解决方案代码、构造版本、培训材料、文档(包括部署过程、运营过程、技术支持、疑难解答等文档)、营销材料及更新的主项目计划、进度表和风险文档。

(4) 稳定阶段。稳定阶段的目标是提高解决方案的质量,满足发布到生产环境的质量标准。团队的工作重点在于:提高解决方案的质量,解决准备发布时遇到的突出问题,实现从构造功能到提高质量的转变,使解决方案稳定运行及准备发布。交付成果包括试运行评审、发布版本(包括源代码、可执行文件、脚本、安装文档、最终用户帮助、培训材料、运营文档、发布说明等)、测试和缺陷报告及项目文档。

(5) 发布阶段。发布阶段的目标是把解决方案实施到生产环境之中。团队的工作重点在于,促进解决方案从项目团队到运营团队的顺利过渡,确保用户认可项目的完成。交付成果包括运营及支持信息系统、所有版本的文档、装载设置、配置、脚本和代码及项目收尾报告。

2.3 软件项目的过程管理

在项目管理的流程中,每个阶段都有自己的起止范围,有本阶段的输入文件和要产生的输出文件。同时,每个阶段都有本阶段的控制关口,即本阶段完成时将产生的重要文件也是进入下个阶段的重要输入文件。每个阶段完成时一定要通过本阶段的控制关口,才能进入下个阶段的工作。

软件项目管理过程组是项目管理输入、工具与技术和输出的逻辑组合,一般包括 5 个过程组及后续维护,即项目启动、项目计划、项目执行、项目控制、项目收尾与维护。项目过程组之间有清晰的相互依赖关系和很强的相互作用。

2.3.1 项目启动

项目启动主要是客户主导的项目过程,客户通过市场行为,例如市场调研,发现商业机会,提出实现商业机会的需求,并向选定的相关开发商提交需求建议书,开发商根据用户需求与客户交流并完成需求分析，提交需求分析说明书和技术解决方案，客户会根据开发商的方案加以可行性分析，最终选定理想的开发商，启动项目。

项目启动一般包含需求识别与建议、项目识别与选择、可行性研究和项目立项。

1. 需求识别与建议

任何项目都是从需求识别开始的。客户基于某些方面的变化(如市场、竞争、技术进步、法律法规等)而产生一种特定需求，这种需求初始只是一个模糊的轮廓，需要进一步地研究和分析自身资源状况和条件，仔细全面地考虑项目的经济效益、社会效益、项目目标、组织目前的状况和资源获取能力等因素，以确定自己最终的需求，即需求识别。

需求建议是客户向开发商发出的用来说明如何满足其已识别需求所要进行的全部工作的书面文件。详细完备的需求建议书能够使开发商明确客户期望的项目产品，同时也是他们完成项目申请书的基础。

2. 项目识别与选择

项目识别与需求识别是不同的，需求识别是以客户为主体的一种行为，而项目识别则是以开发商为主体的行为。项目识别以需求识别为基础，用来回应需求识别。在很多情况下，项目识别和需求识别是相互联系、相互融合的。客户往往在产生需求的同时，就开始与开发商联系。他们向开发商了解各种备选方案的优缺点、经济合理性和技术可行性，甚至还邀请开发商进行实地考察。这样就能使开发商帮助客户更好地识别需求，了解客户的意愿，有针对性地提出解决方案。

为了保证客户的需求得到满足，开发商经常会针对一种需求提出多种解决方案，每种方案都会有各自的特点，以便使客户根据自己的偏好和实际情况进行选择。

由于受到人、财、物的限制，必须在众多的项目方案中进行选择。项目方案选择是指在各备选方案中经过初步的分析和比较，选择出那些技术上可行、投入少且收益大的方案的过程。在项目方案选择过程中，必须考虑各方面的因素，其中包括生产因素、市场因素、财务因素、员工因素以及其他因素。

3. 可行性研究

在对项目进行初选后，就可以开展可行性研究，对项目进行最后的选择。可行性研究主要是对项目的经济、技术、进度、运营和规章制度等方面的可行性进行全面的调查和分析，以探讨项目是否可以实施。

项目可行性研究包括机会研究、初步可行性研究和详细可行性研究：机会研究是可行性研究的初始阶段，它确定了项目发展机会的大小，包括地区研究、行业研究、资源研究等；初步可行性研究也称为项目的预可行性研究，是判断机会研究所提出的项目发展方向是否可行的过程；详细可行性研究也称为最终可行性研究，根据项目机会研究和初步可行性研究的结果，对项目的技术性和经济性进行详细、深入的研究，确定各方案是否可行，并选择一个最佳方案。

4. 项目立项

项目立项就是选择项目经理并组建项目团队，颁发项目章程，开始执行项目的具体工作。项目章程通常包括一个项目概况、目标、可交付成果、需求、资源、成本估算和可行性研究等方面的内容，还需要指定项目经理、项目团队成员等主要职责。

确定项目目标是项目启动的一项重要工作。项目目标是指实施项目所要达到的预期结果或者最终产品。项目的实施实际上就是一种追求项目目标的过程，同时，项目目标明确后，还要让项目团队和客户之间相互沟通达成一致，使项目目标最终可以实现。

2.3.2 项目计划

项目计划工作是项目管理过程的基本组成部分，它是团队成员在预算的范围内为完成项目的预定目标而进行科学预测并确定未来行动方案的过程。也可以认为，项目计划工作是为了完成项目的预定目标而进行的系统安排任务的一系列过程。

项目计划可以明确地确定完成项目目标的努力范围；可以使项目团队成员明白自己的目标以及实现其目标的方法，从而可以使项目更加有效地完成，提高效率；可以使项目相关人员之间相互沟通，增进理解；可以使项目各项活动协调一致，同时还能确定出关键的活动；可以为项目实施和控制提供基准计划，该基准计划可以使整个项目始终处于可控状态，从而减少项目的不确定性，提高项目成功的可能性。

1. 项目计划的形式

项目计划按计划制订的过程，可分为概念性计划、详细计划、滚动计划 3 种形式。概念性计划也称为自上而下的计划，主要规定项目的战略导向和战略重点。详细计划的任务是制订详细的工作分解结构图，提供项目的详细范围。滚动计划的制订是在已经编制计划的基础上，每经过一个阶段(称为滚动期)，根据变化的项目环境和计划实际执行情况，从确保实现项目目标出发，对原项目计划进行滚动调整。滚动计划有助于提高计划的质量，增强准确性；能及时地调节由于项目环境变化而引起的偏差；增大计划的灵活性，提高项目组织的应变能力。

2. 项目计划的编制

项目计划工作是项目管理中非常重要的过程，在项目计划工作过程中有相对较多的活动和工作内容。在项目计划的编制过程中，所提供的输出文件较多，它们都是项目执行工作的依据。

(1) 范围计划。确定项目所有必要的工作和活动的范围，在明确了项目的制约因素和假设条件的基础上，进一步明确了项目目标和主要可交付成果。

(2) 工作计划。工作计划说明应如何组织实施项目，研究怎样用尽可能少的资源获得最佳的效益。具体包括工作细则、工作检查及相应的措施。工作计划中最主要的工作就是项目工作分解和排序，制订项目工作分解结构图，同时分析各工作单元之间的相互依赖关系。

(3) 人员管理计划。人员管理计划说明项目团队成员应该承担的各项工作任务以及各项工作之间的关系,同时制订项目成员工作绩效的考核指标和方法及人员激励机制。人员管理计划通常是自上而下地进行编制,然后再自下而上地进行修改,由项目经理与项目团队成员商讨并确定。

(4) 资源供应计划。明确项目实施所需要的各种机器设备、能源燃料、原材料的供应及采购安排。此计划要确定所需物资的名称、质量技术标准和数量;确定物资的投入时间和设计、制造、验收时间;确定项目组织需要从外部采购的设备和物资的信息,包括所需设备、物资的名称和数量的清单、获得时间,以及设备的设计、制造和验收时间、进货来源等。

(5) 进度报告计划。进度报告计划主要包括进度计划和状态报告计划。进度计划是表明项目中各项工作的开展顺序、开始及完成时间以及相互关系的计划,此计划需要在明确项目工作分解结构图中各项工作和活动的依赖关系后,再对每项工作和活动的延时做出合理估计,并安排项目执行日程,确定项目执行进度的衡量标准和调整措施。状态报告计划规定了描述项目当前进展情况的状态报告的内容、形式以及报告时间等。

(6) 成本计划。确定完成项目所需要的成本和费用,并结合进度安排,获得描述成本与时间关系的项目费用基准,并以费用基准作为度量和监控项目执行过程费用支出的主要依据和标准,从而以最低的成本达到项目目标。

(7) 质量计划。为了达到客户的期望而确定的项目质量目标、质量标准和质量方针,以及实现该目标的实施和管理过程。

(8) 变更控制计划。规定当项目发生偏差时,处理项目变更的步骤、程序,确定了实施变更的具体准则。但是项目发生的偏差性质未必完全相同,在一定的程度和范围内,偏差是可以接受的,这时只需要采取一定的纠偏措施;当超出了一定的范围后,就可能是计划不当造成的,这时便需要按照变更控制计划规定的标准、步骤、准则对计划进行变更。

(9) 文件控制计划。对项目文件进行管理和维护的计划,它保证了项目成员能够及时、准确地获得所需文件。

(10) 风险应对计划。风险应对计划主要是对项目中可能发生的各种不确定因素进行充分的估计,并为某些意外情况制定应急的行动方案。

(11) 支持计划。对项目管理的一些支持手段,包括软件支持计划、培训支持计划和行政支持计划。软件支持计划是指使用自动化工具处理项目资料的计划;培训支持计划是对项目团队成员进行培训的计划;行政支持计划是为项目主管和职能经理配备支持单位的计划。

2.3.3 项目执行

一般认为,项目执行是指正式开始为完成项目而进行的活动或努力的工作过程。由于项目产品(最终可交付成果)是在这个过程中产生的,所以该过程是项目管理应用领域中最为重要的环节。

项目执行工作的成果主要包括工作成果和项目变更申请。工作成果是指为完成项目工作而进行的那些具体活动的结果，如哪些活动已经完成、哪些活动没有完成、满足质量标准的程度怎样、已经发生的成本或将要发生的成本是多少、活动的进度状况等；项目变更申请包括扩大或修改项目合同范围、修改成本等。

1. 项目执行的准备

在执行一个项目之前，项目经理必须事先做好一系列的准备工作，以便为后续的项目执行工作过程创造有利的环境。一般项目执行的准备工作包括以下5个内容。

(1) 项目计划核实。在项目实施前，项目经理应对项目计划进行核实，检查前期制订的计划现在是否依然现实、可行、完整及合理，如果发现疏漏和错误，应及时予以补充和修改，还应确认项目所需资源是否具有充足的保证，项目组织应具有的权力是否得到有关各方的认可。项目团队必须核实项目计划的可行性和合理性，确保资源的有效供应。

(2) 项目参与者的确认。在项目计划中，虽然已经给项目团队成员分配了任务，并明确了相应的权限和职责，但如果在项目计划核实工作中发现了计划的错误和纰漏，就应调整项目计划，并重新安排项目参与者。

(3) 项目团队组建。项目是一个复杂系统，各项工作的关联性很强，一个组织要想成功地完成项目，离开团队成员之间的团结合作几乎是不可能的，这就要求项目经理必须组建一个具有合作精神的项目团队。

(4) 项目规章制度的实施。制订项目规章制度的目的是项目的执行活动能够有章可循，以保证项目的顺利实施。

(5) 项目执行动员。项目经理为了增强项目团队的凝聚力，激发项目团队成员的工作热情，鼓舞项目团队士气，统一项目团队认识所做的一项准备工作。应充分发挥宣传组织的作用，动员和组织各方面的力量，使项目团队成员对项目计划有一个统一的认识，明确自己在项目团队中的作用。

2. 项目执行的内容

项目执行的主要依据是项目计划，项目计划可以用来与实际进展情况相比较，以便对变化进行监督与控制，从而保证项目计划的顺利实施。

项目执行一般包括：将项目计划付诸实施，开展计划中的各项工作；根据项目执行中所发生的情况，进一步明确项目计划所规定的任务范围；按既定的方法和标准，评价整个项目的实际工作，并采取各种项目质量保证和监控措施，确保项目能够符合预定的质量标准；提高项目团队的工作效率和对项目进行高效管理的综合能力；建立信息传递的渠道，让项目相关人员及时获得必要的项目信息；取得报价、标价或建议书等相关方面的内容；根据衡量标准确定供应商，签订合同并进行管理，包括管理好项目组织与供应商的各种合同关系以及合同履行情况。

3. 项目执行工作的步骤

项目执行工作一般经过以下5个步骤。

(1) 对将要进行的活动进行安排。这是项目执行中的第一个，也是最重要的管理过程，这个过程主要是对活动的里程碑进行定义，以及选择要参与活动的人员并定义这些人员的角色和职责。

（2）对工作进行授权。对工作进行授权是通过工作授权系统来完成的。工作授权系统是批准项目实施工作的一个正式程序，它赋予项目团队一定的权力，用来确保项目团队在自己的职责范围内按照恰当的时间、合适的顺序完成项目的预定目标。

（3）安排活动日程。通过运用网络图、甘特图、项目行动计划表和项目责任矩阵来安排项目活动的日程。根据活动所属的层次和服务的对象，对处于工作分解结构最底层的活动进行时间安排。

（4）估算活动所消耗的成本费用。通过工作分解结构所描述的活动，确定各个活动所要消耗的资源的类型、数量以及其他相关信息，从而确定其成本费用。

（5）完成预定的工作。项目经理组织项目团队按照项目的计划完成预定的工作。

2.3.4 项目控制

由于项目的一次性和独特性，在过程管理中实施有效的项目控制，是实现过程目标和最终目标的前提和关键。在项目控制工作过程中，通常需要开展以下 3 方面的活动。

1. 项目跟踪

项目跟踪形象地说就是追踪项目行驶的轨迹，是指项目各级管理人员根据项目的规划和目标等，在项目实施的整个过程中对项目状态以及影响项目进展的内外部因素进行及时的、连续的、系统的记录和报告的系列活动过程。

项目跟踪的工作内容主要有两方面：一是对项目计划的执行情况进行监督；二是对影响项目目标实现的内外部因素的发展情况和趋势进行分析和预测。

2. 项目控制准则

对于任何项目，即使事先经过周密的计划，在实施过程中仍难免会出现一些意想不到的情况和各种困难，这就需要对项目进行适当的控制，以保证实现项目的预期目标。

项目控制是以事先制订的计划和标准为依据，定期或不定期地对项目实施的所有环节的全过程进行调查、分析、建议和咨询，发现项目活动与标准之间的偏离，提出切实可行的实施方案，供项目的管理层决策的过程。一般认为，项目控制是为了保证项目计划的实施以及项目总目标的实现而采取的一系列管理活动的过程。

项目控制包括成本控制、进度控制、质量控制、风险控制等方面。为了对项目进行有效控制，必须遵循以下准则。

（1）项目执行以项目计划为依据。项目的执行自始至终必须以项目计划为依据。项目计划是项目管理的核心和基准，它为项目的执行和项目的控制提供了依据。

（2）测量实际进展情况。有效项目控制的关键是定期和及时测量实际进展情况，并与计划相比较，这样才能尽快地发现问题；如有必要，就应立即采取措施，及时地解决问题，因为时间拖得越久对项目的危害就越大。在进行项目控制时，应当确定固定的报告期，以便把实际进展情况与计划相比较，报告期根据项目整个期限的长短以及复杂性而定，如果项目的周期为1个月，报告期可能为1天；如果项目预期要运行3年，报告期则可能为1个月。

（3）随时监测和调整项目计划。在项目的实施过程当中，项目团队成员可能发现执行任务更有效的方法，或者客户会改变项目要求，或者项目环境（竞争、规则等）发生变化等，应该根据项目变更的信息对项目计划进行适当调整，使项目计划始终是切实可行的。

（4）充分的、及时的信息沟通。通过充分的、及时的信息沟通，项目管理人员可以及时准确地了解项目进展的状况，项目的实施人员也能了解有关项目的更为详细和准确的信息。

（5）详细准确地记录项目的进展和变化。详细准确的项目记录是控制和调整项目计划实现的依据，而且也是项目团队进行研究、讨论和寻求适当解决方案的基础。

3. 项目变更控制

几乎没有一个项目能够完全按照原先的计划付诸于实施，在项目的实施过程中，存在着各种各样的不确定因素，导致项目的实施工作会发生或多或少的变化。在项目实施中变化是不可避免的。项目变更控制就是指建立一套正规的程序对项目的变更进行有效控制，从而更有可能达到项目的目标。

在项目的实施过程中，项目的成本预算、工期进度、质量要求和项目的其他方面都有可能与原来确定的项目标准发生偏离。由于项目是一个系统，项目在某个方面发生变化，就会引起项目的其他方面发生一定的变化，因此要对项目各方面的变动进行全面的协调和控制。

要有效地控制项目变化，必须适时地调整项目的计划，通过将“调整的计划”和“原来确定的计划”进行对比，就可以估计出项目某个方面的变化对其他方面的影响。

一般项目的变化会受到一些因素的影响，例如，项目的生存周期、项目组织、项目经理的素质、外部因素等。项目变化会对其他方面带来影响，例如，项目的目标、项目的成本预算、项目的进度工期、项目的团队成员，以及项目所需的工具、原材料和设备等。

2.3.5 项目收尾与维护

项目收尾工作是项目管理过程的最后阶段，当项目的阶段目标或最终目标已经实现，或者项目的目标不可能、也不需要实现时，项目就进入了收尾工作过程。只有通过项目收尾这个工作过程，项目才有可能正式投入使用，才有可能生产出预定的产品或服务，项目相关人员也才有可能终止他们为完成项目所承担的责任和义务，因而从项目中获益。

1. 项目收尾工作

项目收尾工作的内容主要有项目验收、项目审计和项目后评价。

1）项目验收

项目验收是核查项目计划规定范围内的各项工作或活动是否已经全部完成，可交付成果是否令人满意，并将核查结果记录在验收文件中的一系列活动。

项目收尾时，项目团队要把已经完成的项目产品移交给客户方或项目团队的上级部门。对客户方要移交外部交付产品（例如，设备、图样、设计文件、数据和程序等），对项目团队的上级部门则移交内部交付产品（包括会议纪要、检查表和各类记录等）。

如果项目是由于无法继续实施而提前结束的，同样应查明哪些工作已经完成，完成到什么程度，并将核查结果记录在案，形成文件归档，参加交接的项目团队成员和接收方人员应在有关文件上签字，表示对已完成项目工作的认可和验收。

项目验收时，要明确项目的起点和终点；明确项目的最后成果；明确各子项目成果的标志。项目验收的标准一般包括项目合同书、国际惯例、国际标准、行业标准、国家和企业的相关政策与法规。

项目验收要做好如下 8 项工作。

（1）做好项目的收尾准备。当项目快要结束时，大部分的工作都已经完成，但是还有一些零星、琐碎的收尾工作需要处理。收尾工作如果处理不好，就可能会影响项目今后的正常运营。因此，项目经理要带领项目团队成员保质保量地完成项目的收尾工作，做到善始善终。

（2）准备验收材料。项目文件是项目验收的重要依据，在项目的实施过程中，项目团队要不断地收集各种项目文件，如项目计划、项目成果说明、设计图样、测试材料等。当准备项目验收时，要将这些项目文件进行汇总、整理并归档，形成一套完整的验收材料，从而为项目顺利通过验收提供保障。

（3）进行自检并提交验收申请。项目管理人员先要会同生产、技术、质量等部门的有关人员对项目产品进行检查，从而找出项目存在的问题和漏洞，并及时采取补救措施。项目自检合格后，项目团队就可以向客户提出验收申请，并附送相关的验收材料，以备客户组织人员进行验收。

（4）验收工作组检查验收材料。项目客户会同专家、项目监理人员和其他相关人员组成验收工作组，按照项目的要求对项目验收材料进行检查。如果验收材料不齐全或不合格，就要通知项目团队在规定的期限内予以补交或修改。

（5）对项目的完成情况进行初审。项目验收工作组根据项目团队提交的验收申请，可组织人员对项目产品进行初步检查。如果发现项目存在问题，要通知项目团队及时进行处理。

（6）正式验收。项目验收工作组在验收材料和初审合格的基础上，就可以组织人员公开、公正地对项目产品进行全面的正式验收。如果正式验收不合格，则要通知项目团队返工再做验收。如果正式验收中发现项目存在较为严重的问题，而双方又难以达成一致意见，可诉诸法律解决。

（7）签订验收鉴定书。项目验收后，如果项目产品符合验收标准和相关的法律、法规，项目团队要和客户签订验收鉴定书，表示双方当事人已经认可并验收了该项目产品。

（8）项目移交。项目移交是在签订完项目验收鉴定书后，项目团队将项目产品和相关的技术档案资料的所有权移交给客户。

2）项目审计

项目审计是对项目管理工作的全面检查，包括项目的文件记录、管理的方法和程序、财产情况、预算和费用支出情况以及项目工作的完成情况。

项目审计主要遵循以下程序。

（1）审计启动工作。明确审计目的、确定审计范围；建立审计小组；了解项目概况，熟悉项目有关资料；制订项目的审计计划；建立项目审计基准。

（2）实施项目审计。针对确定的审计范围实施审查，从中发现常规性的错误和弊端；协同项目管理人员纠正错误和弊端。报告审计结果并对项目各方面提出改进建议。

（3）项目审计终结。审计终结过程中要将审计的全部文档，包括审计记录以及各种原始材料整理归档，建立审计档案，以备日后查考和研究，提出今后审计的改进方法。

3）项目后评价

项目后评价是在项目完成并运营一段时间后对项目的准备、立项决策、设计施工、生产运营、经济效益和社会效益等方面进行的全面而系统的分析和评价，从而判别项目预期目标实现程度的一种评价方法。项目后评价的目的主要是从已完成的项目中总结正反两方面的经验教训、提出建议、改进工作、不断提高投资项目决策水平和投资效果。

项目后评价包括项目目标评价、项目实施过程评价及项目影响评价。

（1）项目目标评价是指对项目目标的实现程度进行评价，对照原计划的主要指标，检查项目的实际情况，找出变化，分析发生改变的原因，并对项目决策的正确性、合理性和实践性进行分析评价。

（2）项目实施过程评价是将可行性研究报告中所预计的情况和实际执行的过程进行比较和分析，找出差别、分析原因。

（3）项目影响评价包括经济影响评价、环境影响评价、社会影响评价及项目持续性评价。经济影响评价主要分析评价项目对所产生的经济方面的影响；环境影响评价一般包括项目的环境质量、自然资源利用和保护、生态平衡和环境管理等方面；社会影响评价即对项目在社会经济、发展方面的有形和无形的效益与影响进行分析；项目持续性评价是指在项目的建设完成后，项目是否可以持续地发展下去，是否还能继续去实现既定目标，是否可在未来以同样的方式建设项目。

项目后评价报告是评价结果的汇总，是反馈经验教训的重要文件。后评价报告必须反映真实情况，报告的文字要准确、简练，尽可能不用过分生疏的专业化词汇；报告内容的结论、建议要和问题分析相对应，并将评价结果与将来规划以及政策的制订、修改相联系。

项目后评价报告主要包括摘要、项目概况、评价内容、主要变化和问题、原因分析、经验教训、结论和建议、基础数据和评价方法说明等。

2. 项目维护

在项目收尾阶段结束后，项目将进入到后续的维护期。项目的后续维护期的工作，将是保证信息技术能够为企业中的重要业务提供服务的基础，也是使项目产生效益的阶段。在项目的维护期内，整个项目的产品都在运转，特别是时间较长后，系统中的软件或硬件有可能出现损坏，这时需要维护期的工程师对系统进行正常的日常维护。维护期的工作是长久的，将一直持续到整个软件生存周期的结束。

【例 2-2】 PMBOK(Project Management Body Of Knowledge)指项目管理知识体系，是美国项目管理协会(Project Management Institute，PMI)对项目管理所需的知识、技能和工具进行的概括性描述。PMBOK 指南由十大知识领域、五大管理过程组和 49 个子过程管理组成，如图 2-8 所示。

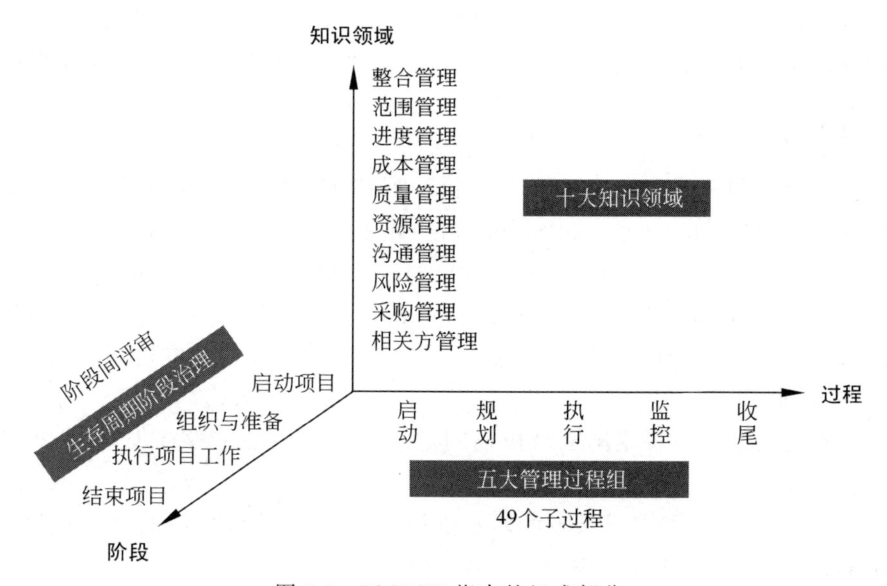

图 2-8 PMBOK 指南的组成部分

2.4 软件过程评估

软件过程评估遵循软件过程标准，关于软件过程标准，我国采用比较普遍的是 ISO/IEC 12207(软件生存周期过程标准)、CMU/SEI CMMI(软件能力成熟度模型)和 ISO/IEC 9000 3 个标准。

美国卡内基·梅隆大学软件工程研究所(CMU/SEI)推出的软件能力成熟度模型(Capability Maturity Model，CMM)，是迄今为止学术界和工业界公认的有关软件工程和管理实践的最好的软件过程评估模型，为评估软件组织的生产能力提供了标准，也为提高软件组织的生产过程指明了方向。

2.4.1 软件过程标准

软件工程项目涉及一个软件从启动、开发到维护的整个生存周期，是一项非常复杂的工程，而且在软件成本、工程进度、软件质量等方面的控制都存在一定的难度。因此，需要采用工程化方法和工程途径来进行软件的开发和维护，同时采用先进的技术、方法与工具来开发与设计软件，以工程化的理念管理和规范软件项目。

1. 软件工程标准的层次

软件工程标准化就是以软件整个生存周期的科学、技术和实践经验的综合成果为基础,制定出共同遵守的准则和依据,是软件产品的功能、开发过程和质量保证体系的标准化。因此,软件工程标准化在现代软件行业发展的进程中具有重要的影响力,得到了软件企业的高度重视。

根据软件工程标准制定机构和标准使用的范围,软件工程标准可以分为以下 5 个层次。

1) 国际标准

国际标准是由国际联合机构或组织制定和公布的标准,提供给各国作为参考。

国际标准化组织(International Standards Organization,ISO)具有广泛的代表性和权威性。这一标准通常冠有 ISO 字样,如 ISO 8631—1986 Information processing program-constructs and conventions for their representation《信息处理——程序构造及其表示法的约定》。该标准已由中国收入国家标准。

2) 国家标准

国家标准是由政府或者是国家级机构制定或批准的软件工程标准,是适用于本国范围的标准。例如:

GB——中华人民共和国国家市场监督管理总局,它是我国最高的标准化机构。它所公布实施的标准简称为“国标”,并冠以 GB 的字样。

ANSI(American National Standards Institute)——美国国家标准协会,是负责制定美国国家标准的非营利组织,其标准都冠有 ANSI 字样。

JIS(Japanese Industrial Standard)——日本工业标准,是日本国家级标准中最重要、最权威的标准。

DIN(Deutsches Institut für Normung)——德国标准化学会,它所制定的标准有许多同时也是 EN(欧洲标准)和 ISO 标准,被世界各国广泛采用。

NF(Norman France)——法国国家标准。

BS(British Standard)——英国国家标准。

3) 行业标准

行业标准由行业机构、学术团体或国防等机构制定,适用于某个特殊的业务领域。

最有影响力的行业标准就是美国电气电子工程师学会(Institute of Electrical and Electronics Engineers,IEEE)。IEEE 公布的标准常冠有 ANSI 的字头。例如,ANSI/IEEE Str 828-1983《软件配置管理计划标准》。

中华人民共和国国家军用标准(GJB)是由我国国防科学技术工业委员会批准,适合于国防部门和军队使用的标准。

4) 企业规范

企业规范是由一些较具规模的大型企业或公司,制定的适用于公司内部的规范,例如美国 IBM 公司通用产品部早期制定的《程序设计开发指南》。

5）项目规范

项目规范是由某一科研生产项目组织制定，仅为该项任务专用的软件工程规范。例如，计算机集成制造系统（CIMS）的软件工程规范。项目规范一般适用的范围较小，但其也有可能发展成为行业的规范或标准。

2. 国际主要软件工程标准

目前，国际主要的软件工程标准包括ISO软件工程标准和IEEE软件工程标准，下面对这两项国际标准以及国内的软件标准做简单介绍。

（1）ISO标准体系。软件与系统工程分技术委员会（ISO/IEC JTC1/SC7）对软件工程标准进行系统化的设计，制定其标准化工作，主要涉及软件产品和系统工程有关的过程、支持工具。ISO/IEC JTC1/SC7按照ISO/IEC严格的标准制定程序，正式制定出版的ISO/IEC标准共54个、ISO/IEC技术报告共20个。在这些标准和技术报告中，有32个直接和软件质量、可靠性、维护性相关，具有很高的指导意义和参考价值。

（2）IEEE软件工程标准体系。IEEE致力于电气、电子、计算机工程和与科学有关的领域的开发和研究，在航空航天、信息技术、电力及消费性电子产品等领域，已制定了900多个行业标准，现已发展成为具有较大影响力的国际学术组织。该学会有一个软件标准分技术委员会（SESS），负责软件标准化活动，其制定的软件工程标准更贴近于软件工程实际。

（3）中国的软件工程标准。我国的软件工程标准化起步于1983年，同年5月，我国成立了“计算机与信息处理标准化技术委员会”，下设13个分技术委员会，与软件相关的是程序设计语言技术委员会和软件工程技术委员会。我国制订和推行的标准主要是采用国际标准和IEEE标准制定而成的。

3. ISO 9000标准

ISO 9000标准用一种能够适于任何行业（不论其提供何种产品或服务）的通用术语描述质量管理体系的要素，这些要素包括实现质量计划、质量控制、质量保证和质量改进所需的组织结构、规程、方法和资源。但ISO 9000标准并不是描述一个组织应该怎样实现这些质量管理体系要素。因此，对于一个组织，真正的挑战在于如何设计和实现一个能够符合标准并适于本公司产品、服务和文化的质量管理体系。

ISO 9000是一族标准的统称，它主要是为促进国际贸易而发布的，是供需双方对质量的一种共识，是在贸易活动中建立相互信任关系的基础。许多国家为了保护自己的消费市场，鼓励消费者优先选购通过了ISO 9000认证的企业的产品。因此，ISO 9000标准认证已经成为企业证明其产品质量和工作质量的标志。

ISO 9000标准原来是为制造硬件产品而制定的标准，不能直接用于软件开发。对于软件企业，为了在激烈的国际竞争中生存、发展，同样也需要取得ISO 9000标准认证，而且实施ISO 9000标准也有助于提高软件产品的质量。国际标准化组织以ISO 9000标准的追加形式，另行制定了ISO 9000-3标准，成为用于“使ISO 9001标准适用于软件开发、供应和维护”的指南。

ISO 9000-3 标准是一个与软件生存周期相关的、对开发过程各阶段提供质量保证的质量管理体系，由质量管理体系框架、质量管理体系的生存周期活动、质量管理体系的支持活动等部分组成。

4. 软件生存周期过程标准

国际标准化组织（ISO）和国际电工委员会（IEC）共同制定了一项国际标准 ISO/IEC 12207《信息技术——软件生存周期过程》，于 1995 年 8 月 1 日发布。该标准为软件产业确定了一个软件生存周期过程的通用框架，说明需求方在获得一个软件的系统、一个单独的软件和一项软件服务时，以及供应方在供给、开发、操作和维护软件产品时，所涉及的各种必要的过程、各过程包含的活动和各活动包含的任务。同时，该标准还为软件组织规定了一个用于定义、控制和改进其软件生存周期过程的标准过程。

除了购买已有的软件产品以外，其他软件产品或软件服务，都适用于该标准。在供需双方约定的情况下，供应方和需求方可以运用此标准；在一个组织内部，自己下达任务、自己开发的情况也可以运用此标准。需求方招标采购软件产品或获得服务，用户使用软件产品，供应方投标、开发软件产品，操作、维护软件等方面均适用于该标准。

标准的基本内容包括了软件生存周期的过程、各过程的活动和任务，以及其他的一些重要内容，如裁减过程和裁减指南、标准的结构说明，以及标准的特点等。

2.4.2 软件能力成熟度模型

软件能力成熟度模型（Capability Maturity Model，CMM）是评估软件能力与成熟度等级的一套标准。该标准基于众多软件专家的实践经验，侧重于软件开发过程的管理及工程能力的提高与评估，是国际上流行的软件生产过程标准和软件企业成熟度等级认证标准。目前，CMM 认证已经成为世界公认的软件产品进入国际市场的通行证。

1. 软件能力成熟度模型的概念

软件过程成熟度是指一个软件过程被明确定义、管理、度量和控制的有效程度。成熟意味着软件过程能力持续改善的过程，成熟度代表软件过程能力改善的潜力。

任何一个软件的开发、维护和软件企业的发展都离不开软件过程。软件能力成熟度模型提供了一个能够有效地描述和表示开发各种软件的过程改进框架，使其能对软件过程各个阶段的任务和管理起指导作用，可以极大地提高按计划的时间和成本提交质量保证的软件产品的效率。

软件能力成熟度模型强调软件过程的规范、成熟和不断改进，认为软件过程是一个逐渐成熟的过程。过程的改进是基于许多小的、进化的步骤，需要持续不断努力才能取得最终结果。软件能力成熟度模型建立了一个软件过程能力成熟度的分级标准，为软件过程不断改进奠定了循序渐进的基础。

软件能力成熟度模型应用主要在软件过程评估和软件能力评价两方面。软件过程评估的目的是确定一个组织当前软件过程的状态，找出组织所面临的急需解决的与软件过程有关的问题,进而有步骤地实施软件过程改进,使组织的软件过程能力不断提高;软件能力评价的目的是识别合格的能完成软件工程项目的承制方,或者监控承制方现有软件工作中软件过程的状态,进而提出承制方应改进之处。

2. 软件过程的成熟度等级

软件过程的成熟度等级是软件改善过程中妥善定义的平台。每个成熟度等级定义了一组过程能力目标,并描述了要达到这些目标应该采取的实践活动。软件能力成熟度模型的5个成熟度等级分别为初始级(Initial)、可重复级(Repeatable)、已定义级(Defined)、已管理级(Managed)和优化级(Optimizing),如图2-9所示。

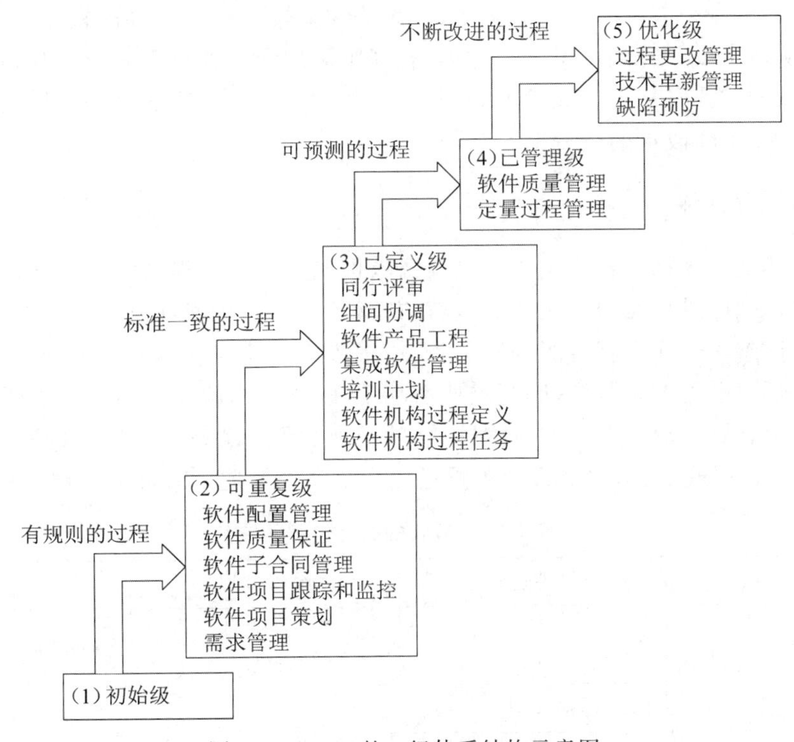

图2-9 CMM的5级体系结构示意图

(1) 初始级。在初始级,组织一般不具备稳定的软件开发与维护环境。项目成功与否在很大程度上取决于是否有杰出的项目经理和经验丰富的开发团队。此时,项目经常超出预算和不能按期完成,组织的软件过程能力不可预测。其特点是软件过程无序、没经过定义;成功取决于软件开发人员的个人素质。

(2) 可重复级。在可重复级,组织建立了管理软件项目的方针以及为贯彻执行这些方针的措施。组织基于在类似项目上的经验,能对新项目进行策划和管理,并且项目过程处于项目管理系统的有效控制之下。其特点是已建立基本的项目功能过程,以进行成本、进度和功能跟踪,并使具有类似应用的项目能重复以前的功能。

(3) 已定义级。在已定义级,组织形成了管理软件开发和维护活动的组织标准软件过程,包括软件工程过程和软件管理过程。项目依据标准,定义了自己的软件过程,并且能进行管理和控制。组织的软件过程能力已描述为标准的和一致的,过程是稳定的和可重复的,并且高度可视。其特点是管理活动和工程活动两方面的软件工程均已文档化和标准化,并已集成到软件机构的标准化过程中。

(4) 已管理级。在已管理级,组织对软件产品和过程都设置定量的质量目标。项目通过把过程性能的变化限制在可接受的范围,实现对产品和过程的控制。组织的软件过程能力可描述为可预测的,软件产品具有可预测的高质量。其特点是已采用详细的有关软件过程和产品质量的度量,并使软件过程和产品质量得到定量控制。

(5) 优化级。在优化级,组织通过预防缺陷、技术创新和更改过程等多种方式,不断提高项目的过程性能,以持续改善组织软件过程能力。组织的软件过程能力可描述为持续改善的。其特点是能及时采用新思想、新方法和新技术以不断改进软件的过程。

其中,从初始级上升到可重复级称为"有规则的过程";从可重复级上升到已定义级称为"标准一致的过程";从已定义级上升到已管理级称为"可预测的过程";从已管理级上升到优化级称为"不断改进的过程"。

3. 关键过程区域

每个成熟度等级都由若干个关键过程区域构成。关键过程区域(Key Process Areas)指明组织改善软件过程能力应关注的区域,并指出为了达到某个成熟度等级所要着手解决的问题。达到一个成熟度等级,必须实现该等级上的全部关键过程区域。每个关键过程区域包含了一系列的相关活动,当这些活动全部完成时,就能够达到一组评价过程能力的成熟度目标。要实现一个关键过程区域,就必须达到该关键过程区域的所有目标。

表 2-2 以管理过程、组织过程和工程过程 3 个类别描述 CMM 的关键过程区域。

表 2-2 CMM 的关键过程区域

成熟度等级	管理过程	组织过程	工程过程
5. 优先级		技术革新管理 过程更改管理	预防缺陷
4. 已管理级	定量过程管理		软件质量管理
3. 已定义级	集成软件管理 组间协调	软件机构过程任务 软件机构过程定义 培训计划	软件产品工程 同行评审
2. 可重复级	需求管理 软件项目策划 软件项目跟踪和监控 软件子合同管理 软件质量保证 软件配置管理		
1. 初始级	无序过程		

2.5 思考与实践

2.5.1 问题思考

1. 软件生存周期各个时期包含哪些阶段？各阶段的任务是什么？

2. 软件生存周期的各阶段如何衔接以完成软件开发过程？

3. 什么是软件过程？

4. 什么是软件过程模型？有哪些主要模型(回答 4 种以上)？

5. 为什么增量过程模型适合商务软件？它适合实时控制系统吗？

6. 为什么分阶段的生存周期模型有助于软件项目管理？

7. 软件项目管理流程一般包括哪些过程组？

8. 软件项目执行的内容是什么？

9. 项目控制要做好哪些工作？

10. CMM 将过程成熟度分为几级？各自的主要内容是什么？

2.5.2 专题讨论

1. 在软件开发过程中，如何选择软件过程模型？分析下述经验。

(1) 前期需求明确的情况下，尽量采用瀑布模型。

(2) 用户无系统使用经验，需求分析人员技能不足的情况下，尽量借助原型模型。

(3) 不确定因素很多，很多东西无法提前计划的情况下，尽量采用增量模型或螺旋模型。

(4) 需求不稳定的情况下，尽量采用增量模型。

(5) 资金和成本无法一次到位的情况下，可采用增量模型。

(6) 对于完成多个独立功能开发的情况，可在需求分析阶段就进行功能并行，每个功能内部都尽量遵循瀑布模型。

(7) 全新系统的开发必须在总体设计完成后再开始增量或并行。

(8) 在编码人员经验较少的情况下，尽量不要采用敏捷或迭代模型。

(9) 增量、迭代和原型可以综合使用，但每一次增量或迭代都必须有明确的交付和出口原则。

2. 假如客户需求很模糊，或者他不是很了解软件开发的一些概念，这时拟采用什么软件过程模型？为什么？

3. 螺旋模型与 Rational 统一过程有哪些相似之处？有何差异？

4. 图 2-10 所示为项目生存周期示意图，试进行分析。

5. 微软软件过程模型中，迭代和里程碑是重要主题。其中，用里程碑来计划和监控项目的进程；代码、文档、设计、计划和其他的工作成果都是以迭代的形式出现的。试分析

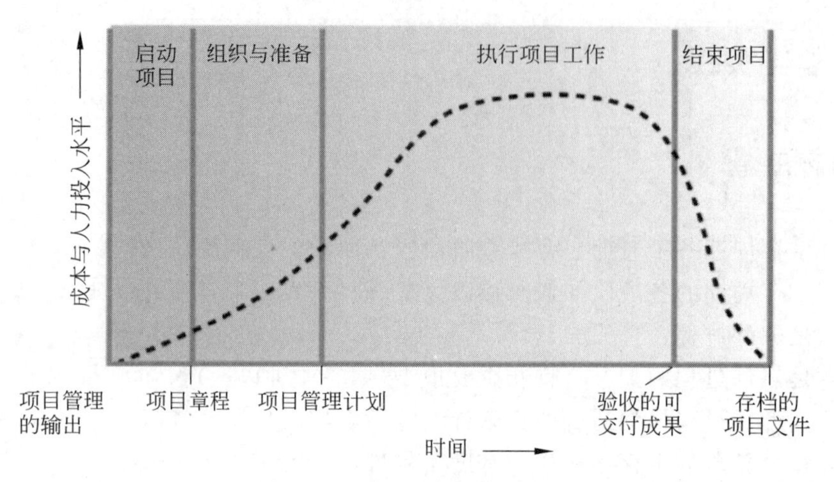

图 2-10　项目生存周期示意图

模型中的主里程碑以及迭代方法。

6. 分析软件能力成熟度模型(CMM)的意义和作用。

2.5.3　应用实践

1. 通过实例,分析文化社会因素、科学理论因素、技术方法因素、领域知识因素、环境多变因素、组织管理因素、经济效益因素等对软件开发过程产生的影响。

2. 某公司拟开发一个简易的文字处理系统,目的是能够编辑公司的通用文件,该系统功能主要包括文件管理、编辑和文档保存,实现拼写检查、文法检查、高级页面综合布局。根据以上问题描述,选择合适的软件过程模型,并简述理由。

3. 小张是软件技术专业的学生,在寒假中,他为邻居开发一个小型的超市管理系统。他的邻居从来不懂软件开发,也不知道超市管理系统的模样。建议小张采用哪种过程模型呢? 请说明理由。

4. 项目管理过程是项目管理输入、工具与技术和输出的逻辑组合。选择一个项目实例,说明项目的管理过程。

5. 指出“课程注册管理系统”开发可选择的软件过程模型。

6. 对拟开发的“校园二手商品交易系统(SHCTS)”,提出选择的软件过程模型,并说明理由。

课后自测-2

第 3 章　软件策划与项目计划

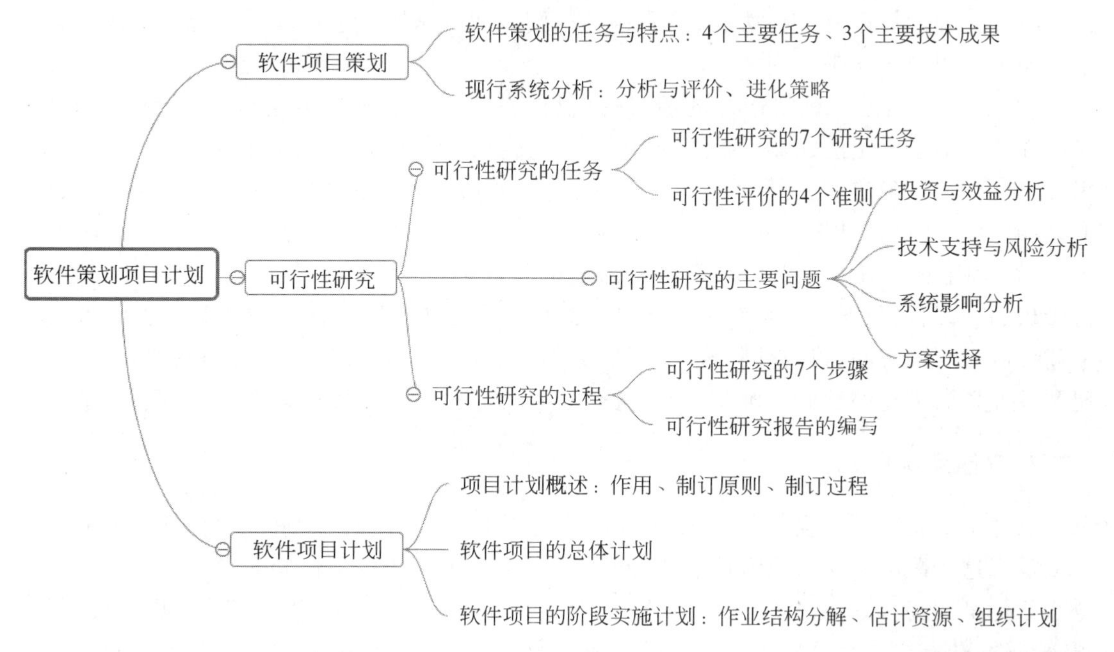

3.1　软件项目策划

本章导读-3

软件项目策划是软件项目开始前必须进行的一项活动，为软件开发和软件管理制订合理的计划。由于软件项目的管理者是按照计划确定的内容和进度对项目进行管理的，所以计划的合理性将直接关系软件项目的成败。

3.1.1　软件策划的任务与特点

一个软件项目提出的主要原因表现在两方面：一是软件可以解决某个问题；二是软件的使用可为某个组织带来改进或提高效益的机会。并不是所有的软件项目都应该做深入的研究，软件策划就是要选择可行的软件项目，并做出开发的准备工作。

1. 软件策划的任务

软件策划的主要任务有如下 4 方面。

(1) 选择项目。软件项目由不同的人根据不同的原因提出，分析人员首先应分析项目提议的动机，在此基础上，选择项目应当考虑管理人员的支持，项目的执行时间，提高实现系统目标的可能性、资源和技术的可行性，与其他项目比较的效益。

(2) 定义目标和范围。软件目标通常是对现有系统进行改进，改进的主要内容包括：加快系统处理过程，通过不必要的步骤简化过程，合并某些过程，通过改变表格或显示减少输入错误，减少冗余存储，减少冗余输出，提高系统和子系统的集成度等。软件范围描述了将被处理的数据、控制、功能、性能、约束、接口和可靠性。进行软件目标和范围定义，主要通过与用户沟通来得到。

(3) 确定可行性。确定选择的项目后，仍然必须确定所选项目是否可行。可行性研究的任务是根据确定的问题，通过分析软件开发项目需要的技术、可能发生的投资和费用、产生的效益，确定成功开发软件的可能性。可行性分析是用户或管理人员决策的依据，以确定软件项目是否启动。

(4) 确定项目开发计划。对于确定启动的软件项目，提出项目计划。项目计划是项目管理的一部分，包括选择系统分析团队，为项目团队成员分配合适的任务，估计完成每个任务所需要的时间，以及项目成本、风险、质量控制等计划。确定项目计划，要制订为实现开发计划而需要的软硬件资源、数据通信设备、人员、技术、服务、资金等计划和要求。

2. 软件策划的特点

软件策划是软件开发的前导工作，这项工作的好坏将直接影响整个软件项目的成败。充分认识这个阶段工作所具有的特点，可以提高策划工作的科学性和有效性。

软件策划工作是面向长远的、未来的、全局性和关键性的问题。因此，它具有较强的不确定性，非结构化程度较高。软件策划不是解决软件开发中的具体业务问题，而是为整个项目确定目标、战略、总体框架和资源计划，整个工作是一个管理决策过程。

软件策划的工作环境是组织管理环境，高层管理人员(包括高层信息管理人员)是工作的主体。软件策划人员对管理与技术环境的理解程度，对管理与技术发展的见识，以及开创精神与务实态度是软件策划工作的决定因素。

3. 软件策划的技术成果

软件策划阶段的技术成果包括立项报告、可行性研究报告和软件项目计划书等技术文档。

(1) 立项报告。立项报告是对软件开发的初步设想。主要包括现有软件系统的描述及存在的问题、新软件系统的期望目标和需求、项目经费预算及来源、开发进度和计划完成期限、项目验收标准和方法、可行性研究的组织及预算、有关文档和其他需要说明的问题。

(2) 可行性研究报告。可行性研究报告是对所立项的软件项目就开发可能性与必要性的研究结果。主要包括软件项目的预期目标、要求和约束，进行可行性研究的基本原则、对现有软件系统分析的描述及主要存在问题，新软件系统对现有软件系统的影响，系统开发的投资和效益的分析，系统开发的各种可选方案及比较，可行性研究的有关结论等。

(3) 软件项目计划书。软件项目计划书是对正式批准立项的软件项目制订的详细开发计划。内容主要有新软件系统开发的目标、基本方针、人员组织、开发阶段等的描述，各主要开发阶段的任务、人员分工及负责人、时间分配、资金设备投入计划，各项工作任务的验收方法和标准，系统开发中的单位、人员、开发阶段、责任与权益等的衔接、协调方式及协调负责人。

3.1.2 现有系统分析

现有系统一般是当前实际使用的系统，这个系统可能是计算机系统，也可能是机械系统，甚至是一个人工系统。分析现有系统的目的是通过分析现有系统或目前局部使用的软件的功能和缺陷，以进一步阐明建议中的开发新系统或修改现有系统的必要性。

1. 现有系统的分析与评价

对软件项目进行分析时，一般会面临一个选择，是淘汰现有系统并完全用新系统来代替，还是对现有系统增量地进行改造。对现有系统处理恰当与否，直接关系新系统的成败和开发效率。

现有系统一般具有的特点：系统虽然可以完成企业中许多重要的业务管理工作，但已经不能完全满足要求；系统在性能上已经落后，采用的技术已经过时；系统没有使用现代软件工程的方法进行管理和开发，现在基本没有技术文档，很难理解，维护十分困难。

对现有系统的评价的目的是获得对现有系统的更好理解，一般包括 3 方面，即商业价值评价、外部技术环境评价和应用软件评价。

(1) 商业价值评价。商业价值评价的目标是判断现有系统对企业的重要性。评价的基础是，充分了解系统在业务处理过程中使用的价值，系统与系统的关系，若系统不再运行需要付出的代价，系统的缺点及存在的问题等。

(2) 外部技术环境评价。外部技术环境评价包括系统的硬件、支持软件和企业基础设施的评价。硬件包括许多需要经常进行维护的部件，评价特征包括供应商、维护费用、失效率、运行时长、功能、性能等。支持软件包括操作系统、数据库管理系统、事务处理程序等，支持软件一般依赖于某个硬件，评价时应注意这种依赖性。基础设施包括开发和维护系统的企业职责，以及运行该系统的企业职责，基础设施评价对系统进化起着关键作用。

(3) 应用软件评价。应用软件评价包括系统级和部件级两个级别：系统级关注整个系统，部件级考虑系统的每个子系统。

对技术质量的全面评价结果与商业价值评价进行比较，可以为系统进化提供基础资料。按照商业评价值和技术质量值的情况，可以把评价结果分为 4 种类型，如图 3-1 所示。

2. 现有系统的进化策略

图 3-1 中，将现有系统的评价结果分列在平面坐标的 4 个象限内，处于不同象限的系统采取不同的进化策略。

(1) 改造策略。第一象限为商业价值高且技术含量高的系统，本身还有极大生命力，

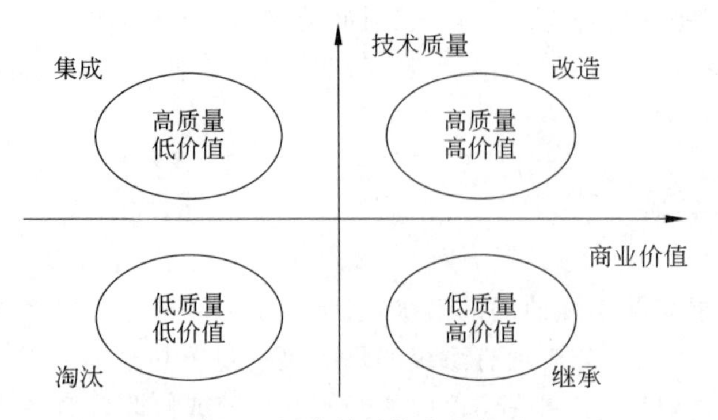

图 3-1 评价结果综合分析图

基本能够满足企业业务运作和决策的要求。系统的进化策略为功能的增强和数据模型的改造两方面。

(2) 集成策略。第二象限为商业价值低但技术含量高的系统,系统只能完成企业某个部门的业务管理,系统各自的局部领域工作良好,但对整个企业,存在多个系统,不同的系统基于不同的平台、不同的数据模型,其进化策略为集成扩展。

(3) 淘汰策略。第三象限为商业价值低且技术含量低的系统,对这种系统需要全面重新开发新的系统以代替现有系统。通过对淘汰系统功能的理解和借鉴,可以帮助新系统的设计,降低新系统的开发风险。

(4) 继承策略。第四象限为商业价值高但技术含量低的系统,已难满足企业运作的功能或性能要求,但目前企业业务尚紧密依赖该系统,可采用继承性淘汰的策略。在开发新系统时,需要完全兼容现有系统的功能模型和数据模型。

对现有系统进行分析与改造,需要全盘考虑、综合部署,寻求一种较好的解决方案。

3.2 可行性研究

众所周知,并不是所有问题都有简单明显的解决办法,事实上,许多问题不可能在预定的系统规模之内解决。如果问题没有可行的解,花费在这项开发工程上的时间、资源、人力和费用都是无谓的浪费。

可行性研究(Feasibility Study)的目的就是用最小的代价在尽可能短的时间内确定问题是否能够解决。其目的不是解决问题,而是确定问题是否值得去解。要达到这个目的,当然只能靠客观分析。必须分析几种主要的可能解法的利弊,从而判断原定的系统目标和规模是否现实,系统完成后所能带来的效益是否达到值得投资开发这个系统的程度。因此,可行性研究实质上是要进行一次大大压缩简化了的系统分析和设计的过程,即在较高层次上以较抽象的方式进行系统分析和设计的过程。

3.2.1 可行性研究的任务

可行性研究的基本任务是对新建或改进项目的主要问题,从技术经济角度进行全面的分析研究，并对其交付后的经济效果进行预测，在既定的范围内进行方案论证，以便最合理地利用资源，达到预定的社会效益和经济效益。

1. 软件项目可行性研究的特殊性

在软件工程领域，可行性研究有较大的特殊性。与其他工程项目相比，软件项目存在一定的特殊性，例如，软件是纯知识产品，其开发进度和质量很难估计和度量，生产效率也难以预测和保证；软件项目周期长，复杂度高，变数大；软件项目提供的实际上是一种服务，服务质量的好坏主要来自用户的体验，而这种体验具有个体差异性和主观性。

因此，软件项目可行性研究的任务与其他工程可行性研究相比，存在较大的差异。

(1) 人的因素。软件满足人的体验期望，而人的期望存在很大的个体差异性和主观性，在软件工程实施过程中存在变化的可能性很大，而这种变化对项目的成败以及其经济、技术和管理因素有很大的影响。

(2) 社会环境的因素。软件作为一种纯知识产品，使得软件项目的开发、交付(销售)和使用都涉及很多的道德、法律和人文因素。这些因素对软件开发过程存在或多或少的影响，甚至会为整个项目带来意外的风险。

(3) 现有的系统。软件产品，尤其是有针对性的软件项目，往往是某些旧系统(如人工系统)的替代品或升级产品，即以旧系统为基础的项目。为了涵盖旧系统中需要保留的部分，需要对现有系统进行分析。

综上所述，软件项目的可行性研究的主要任务是定义问题，并在简单分析原有系统的基础上导出系统的逻辑模型，并从技术的角度提出若干可供选择的主要系统方案，然后分别从技术、经济、社会和操作4方面分析各个方案的可行性，并选择最为可行的方案。

2. 可行性研究的7个任务

在进行软件项目可行性研究中，有以下7个研究任务。

(1) 分析问题。进行概要的分析研究，初步确定项目的规模和目标，确定项目的约束和限制，并一一列举出来。

(2) 研究现有系统。现有系统指目前正在使用的系统，研究现有系统的必要性：现有系统一定能完成某些有用的工作，新系统的目标也必须能完成这些功能；现有系统存在的问题，也是新系统必须解决的问题；现有系统的运行费用是一个重要的经济指标，新系统的运行费用不得大于或等于该指标；现有系统反映了用户的操作习惯，新系统应该继承这些习惯。

(3) 生成现有系统的物理模型。现有系统的物理模型包括新系统运行时所需的公共实体，包括新系统的部分需求，是新系统的基础。

(4) 导出新系统的逻辑模型。从现有系统的物理模型出发，分析新系统的需求、相关实体、基本架构与原理，并据此生成新系统的逻辑模型，以此作为问题的最终描述。

(5) 提出解决方案。针对逻辑模型，探索出若干种可供选择的解决方案。

(6) 方案的可行性分析。对每种解决方案仔细研究分析其可行性，一般主要研究的是项目方案的经济可行性、技术可行性、社会可行性和操作可行性4方面。

(7) 选择最佳解决方案。对比每种解决方案的可行性论证结果，决定该项目是否值得开发。若值得开发，相对最佳的解决方案；或者说，针对不同的侧重面(如效益、技术和效率)，最佳的解决方案。

3. 可行性评价准则

一般可行性评价准则主要包括经济可行性、技术可行性、社会可行性和操作可行性4方面。

(1) 经济可行性。经济可行性包括成本与效益两方面。分析经济可行性一方面要进行开发和运行成本的估算；另一方面要进行效益上的评估，包括经济效益和社会效益、短期效益和长远利益，都要进行科学的综合分析。结合成本、效益以及软件产品的生存周期等特点，确定软件产品是否值得开发。

(2) 技术可行性。技术可行性分析需要考虑的因素较多，包括技术现状、技术潜力、生产率和风险处理、软件质量等。需要分析当前可利用的技术人员、软硬件资源和技术环境是否支持该方案；是否有足够的技术潜力完成解决方案中新技术所需的条件；在给定的时间、功能和经费限制范围内，能否高效完成提出的所有工作和应对可能产生的风险；在满足用户需求的前提下，该方案开发的软件的质量等级。评估的指标有性能、精确性、可靠性、容错性、效率、兼容性、可理解性、简洁性和可扩充性等。

(3) 社会可行性。社会可行性研究内容主要有知识产权、市场、政策与道德等。软件产品及其开发过程中涉及的实体、技术和资源是否存在任何侵犯、妨碍等责任问题，包括合同、责任、侵权、用户组织的管理模型及规范等。进入未成熟的市场存在高风险，同时也可能带来高收益；成熟的市场的进入风险不高，相应的收益也不高；而即将消亡的市场则没有进入的必要。政策不仅影响软件企业自身的运作，关系软件的开发成本，同时影响产品的收益甚至是成败。研究软件行业以及软件为之服务的行业的相关政策，对于认识软件项目的利润空间乃至生存空间都是必要的。此外，还有必要研究软件开发环境与工作环境的道德情况，避免因为道德矛盾产生的风险。

(4) 操作可行性。操作可行性即研究项目的运行方式在用户组织内是否行得通，现有的管理制度、人员素质和操作方式是否可行。

3.2.2 可行性研究的主要问题

可行性研究实质上是进行一次简化的软件过程，其主要问题集中在投资与效益、技术支持与风险、系统影响以及方案选择等方面。

1. 投资与效益分析

软件项目投资受项目的特点、规模等多种因素的制约，尤其是其中的软件要素的开发成本在可行性研究阶段很难准确估算。投资与效益分析的目的是从经济角度评价开发一个新的系统是否可行。首先要估算新系统的支出，然后与可能取得的效益进行比较和权衡。

1）支出分析

对于所选择的方案，说明所需的费用。如果已有一个现存系统，则包括该系统继续运行期间所需的费用。支出主要包含基本建设投资、其他一次性支出以及非一次性支出。

（1）基本建设投资。包括采购、开发和安装下列各项所需的费用，如房屋和设施；硬件设备，包括服务器、存储器、移动设备等；网络设施；环境保护设备；安全与保密设备；操作系统和应用软件；数据库管理软件。

（2）其他一次性支出。包含研究（如需求和设计的研究）；开发计划与测量基准的研究；数据库的建立；已有软件的修改；检查费用和技术管理性费用；培训费、差旅费以及开发安装人员所需要的一次性支出；人员的退休及调动费用等。

（3）非一次性支出。列出在该系统生存周期内按月或按季或按年支出的用于运行和维护的费用，包括设备的租金和维护费用；软件的租金和维护费用；数据通信方面的租金和维护费用；人员的工资、奖金；房屋、空间的使用开支；公用设施方面的开支；保密安全方面的开支；其他经常性的支出等。

2）收益分析

对于所选择的方案，说明能够带来的收益，这里所说的收益，表现为开支费用的减少或避免、差错的减少、灵活性的增加、动作速度的提高和管理计划方面的改进等，包括一次性收益、非一次性收益、不可定量的收益等。

（1）一次性收益。说明能够用货币数目表示的一次性收益，可按数据处理、用户、管理和支持等项分类叙述，如开支的缩减，包括改进了的系统运行所引起的开支缩减，如资源要求的减少，运行效率的改进，数据进入、存储和恢复技术的改进，系统性能的可监控，软件的转换和优化，数据压缩技术的采用，处理的集中化/分布化等；价值的增升，包括由于一个应用系统的使用价值的增升所引起的收益，如资源利用的改进、管理和运行效率的改进以及出错率的减少等；其他收益如从多余设备出售回收的收入等。

（2）非一次性收益。说明在整个系统生存周期内由于运行所建议系统而导致的按月的、按年的能用货币数目表示的收益，包括开支的减少和避免。

（3）不可定量的收益。逐项列出无法直接用货币表示的收益，如服务的改进，由操作失误引起的风险的减少，信息掌握情况的改进，组织机构给外界形象的改善等。有些不可确定的收益只能大概估计或进行极值估计（按最好和最差情况估计）。

3）其他分析

其他分析包括收益/投资比、投资回收周期以及敏感性分析。收益/投资比，即求出整个系统生存周期的收益/投资比值；投资回收周期，即求出收益的累计数开始超过支出的累计数的时间；敏感性分析，是指一些关键性因素如系统生存周期长度、系统的工作负荷量、工作负荷的类型与这些不同类型之间的合理搭配、处理速度要求、设备和软件的配置等变化时，对开支和收益影响的最灵敏的范围估计。在敏感性分析的基础上做出的选择会比单一选择的结果要好一些。

4）效益的度量

度量效益的方法有以下4种。

（1）货币的时间价值。货币的时间价值指同样数量的货币随时间的不同具有不同的价值。一般货币在不同时间的价值可用年利率来折算。假设年利率为 i，如果现在存入 P 元，则 n 年后的价值为 F 元，则有

$$F=P(1+i)^n$$

如果 n 年后能收入 F 元，这些钱折算成现在的价值称为折现值，折现公式为

$$P=F/(1+i)^n$$

(2) 纯收入。纯收入指在整个生存周期系统的累计收入的折现值 PT 与总成本折现值 ST 之差，以 T 表示，则有

$$T=\mathrm{PT}-\mathrm{ST}$$

如果纯收入小于或等于 0，则这项工程单从经济角度来看是不值得投资的。

(3) 投资回收期。投资回收期是指系统投入运行后累计的经济效益的折现值正好等于投资所需的时间。投资回收期越短，就能越快地获得利润，工程越值得投资。

(4) 投资回收率。把资金投入到项目中与把资金存入银行比较，其中投入到项目中可获得的年利率就称为项目的投资回收率。设 S 为现在的投资额，F_i 是第 i 年到年底一年的收益($i=1,2,\cdots,n$)，n 是系统的寿命，j 是投资回收率，则 j 满足方程：

$$S=F_1/(1+j)^1+F_2/(1+j)^2+\cdots+F_n/(1+j)^n$$

解这个方程就可以得到投资回收率 j。

如果仅考虑经济效益，只有项目的投资回收率大于年利率时，才考虑开发问题。

【例 3-1】 已知一个基于计算机系统的软件升级的开发成本估算值为 5000 元，预计新系统投入运行后每年可以带来 2500 元的收入，假定新软件的生存周期(不包括开发时间)为 5 年，当年的年利率为 12%，试对该系统的开发进行成本-效益分析。

对本题将来的收入折现，计算结果如表 3-1 所示(表中折现值用四舍五入的数据计算)。

表 3-1 将来的收入折算成现在值

n(年)	第 n 年的收入	$(1+i)^n$	折现值	累计折现值
1	2500	1.12	2232.14	2232.14
2	2500	1.25	1992.98	4225.12
3	2500	1.40	1779.45	6004.57
4	2500	1.57	1588.80	7593.37
5	2500	1.76	1418.57	9011.94

$$T=\mathrm{PT}-\mathrm{ST}=9011.94-5000=4011.94(\text{元})$$

投资回收期为

$$2+(5000-4225.12)/1779.45=2+0.44=2.44(\text{年})$$

单从经济效益看，投资回收率为 41.04%，投资回收率大于年利率时，可考虑开发。

2. 技术支持与风险分析

技术支持与风险分析明确给出资源分析、技术分析和风险分析的结论，以便使项目管

理人员据此做出是否进行系统开发的决策。如果技术风险很大，或者资源不足，或者当前的技术、方法与工具不能实现系统预期的功能和性能，项目管理人员就应及时做出撤销项目的决定。

1）资源与支持技术分析

资源有效性分析是论证是否具备系统开发所需各类人员的数量和质量、软硬件资源和工作环境等。支持技术分析是论证现有的科学技术水平和开发能力是否支持开发的全过程并达到系统功能和性能的目标。主要包括在当前的限制条件下，该系统的功能目标能否达到；利用现有技术，该系统的功能能否实现；对开发人员的数量和质量的要求及这些要求是否满足；在规定期限内，本系统的开发能否完成等。

2）风险分析

开发一个软件项目总存在某些不确定性，即存在风险。有些风险如果控制得不好，可能导致灾难性的后果。风险分析就是在给定的约束条件下，论证能否实现系统所需的功能和性能。

风险按影响的范围，可分为项目风险、技术风险和商业风险3类。项目风险是指项目在预算、进度、人力资源、客户和需求等方面可能存在的问题；技术风险是指在需求、设计、实现、接口、验证和维护等方面的潜在问题；商业风险是指开发一个没人需要的优质软件产品，开发一个销售部门不知道如何销售的软件产品，或开发一个不再符合整体商业策略的产品等。

可以使用风险检测表来标识风险。在风险检测表中列出所有可能的与每个风险因素有关的问题。

【例3-2】 “人员风险检测表”如表3-2所示。在表中，可以根据实际情况选用0、1、2、3、4、5来回答某个问题，某个问题取值越大表示该项风险也越大。人员风险检测表反映了人的因素可能对软件项目的影响。

表3-2 人员风险检测表

序号	问　题	回答(0,1,2,3,4,5)
1	开发人员的水平如何？	2
2	开发人员在技术上是否配套？	1
3	是否有足够的人员可用？	0
4	开发人员是否能自始至终参加软件项目的工作？	2
5	开发人员是否能把全部精力投入软件开发工作中？	2
6	开发人员对自己的工作是否有正确的期望？	1
7	开发人员是否已接受了必要的培训？	0
8	开发人员的流动是否还能保证工作的连续性？	3

要对风险进行估算，首先应建立风险度量指标体系，指明风险带来的影响和损失，确定影响风险的因素，估计风险出现的可能性或概率，即进行定量的估算。

【例 3-3】 估算方法举例。

设：某个风险检测表由 m 项组成，每项可在 $0,1,2,\cdots,N$ 中根据实际情况选取一个整数值。其中，0 表示最好的情况，N 表示最差的情况。

又设：第 i 种风险检测表的第 j 项取值为 X_{ij}，对应的加权系数为 W_{ij}，则第 i 种风险的估算值可以定义为

$$\sigma_i = \sum W_{ij} X_{ij} / (mN)$$

式中，$\sum W_{ij} = m, W_{ij} \geqslant 0$。

设：第 i 种风险对整个项目的风险估算的加权系数为 ρ_i，$i=1,2,\cdots,k$，其中 k 为风险的种类数，且满足 $\rho_1+\rho_2+\cdots+\rho_k=1$，则整个软件项目的风险估算值 R 定义为

$$R = \sum \rho_i \sigma_i = \sum \rho_i \left[\sum W_{ij} X_{ij} / (mN) \right]$$

容易验证，$0 \leqslant R \leqslant 1$。估算的结果，如果 R 接近于 0，说明项目风险比较小；如果 R 接近于 1，说明项目风险比较大。如果 $\rho_i \sigma_i$ 的值比较大，说明第 i 类风险出现的可能性比较大。

常采用三元组$[r_i, p_i, x_i]$来描述风险。其中 r_i 代表第 i 种风险，p_i 表示第 i 种风险发生的概率，x_i 代表该风险带来的影响，$i=1,2,\cdots,k$，表示软件开发项目共有 k 种风险，i 为风险序号。

一个风险评价技术就是定义风险参照水准。对于大多数软件项目，成本、进度、性能就是典型的风险参照水准。在软件开发过程中由于成本超支、进度拖延、软件性能下降、支持困难，或它们的某些组合，都有一个水准。当软件项目风险的某种组合达到或超过了一个或多个参照水准时，项目就应终止。

例如，在软件开发的过程中，项目的进度应与投入的成本相一致，如果投入的成本与进度的拖延之间超过某个参照水准时，项目就应该终止。

【例 3-4】 图 3-2 给出了风险参照水准的参照曲线，当风险的一个组合所引起的成本超支和进度拖延超过参照水准而进入图中的封闭区域时，项目将被迫终止。

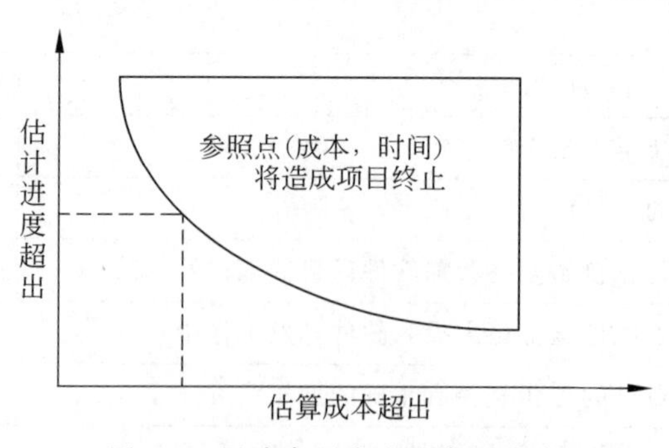

图 3-2　风险参照水准的参照曲线

一般参照点不是一条平滑的曲线，而是一个易变动的区域，在这个区域要做出基于参照值组合的管理判断往往是不准确的。

3. 系统影响分析

在可行性研究中，应当预期所开发系统将带来的影响，主要包括如下7方面。

(1) 对设备的影响。说明新提出的设备要求及对现存系统中尚可使用的设备需要做出的修改。

(2) 对软件的影响。说明为了使现存的应用软件和支持软件能够同所建议系统相适应，而需要对这些软件所进行的修改和补充。

(3) 对用户的影响。说明为了建立和运行所建议系统，对用户单位机构、人员的数量和技术水平等方面的全部要求。

(4) 对系统运行过程的影响。说明所建议系统对运行过程的影响，如用户的操作规程；运行中心的操作规程；运行中心与用户之间的关系；源数据的处理；数据进入系统的过程；对数据保存的要求，对数据存储、恢复的处理；输出报告的处理过程、存储媒体和调度方法；系统失效的后果及恢复的处理办法。

(5) 对开发的影响。说明对开发的影响，如为了支持所建议系统的开发，用户需要进行的工作；为了建立一个数据库所要求的数据资源；为了开发和测验所建议系统而需要的计算机资源；所涉及的保密与安全问题。

(6) 对地点和设施的影响。说明对建筑物改造的要求及对环境设施的要求。

(7) 对经费开支的影响。扼要说明为了所建议系统的开发、设计和维持运行而需要的各项经费开支。

4. 方案选择

在可行性研究阶段，系统工程师根据系统分析所确定的系统目标开始研究问题的求解方案。对于较复杂的大系统，一般都要将其分解为若干个子系统，接着精确地定义各子系统的界面、功能和性能，给出各子系统之间的关系。分解技术可降低解的复杂性，有利于人员的组织与分工，提高开发生产率和开发质量。

由于系统的分解方法可以有多种，因此实现系统目标的方案也可以有多种。采用的方案不同，对成本、进度、技术及各种资源的要求就会不同，系统在功能和性能方面也可能有较大差异。从另一个角度来看，在系统开发的总成本不变的前提下，由于系统开发各阶段的成本分配方案的不同也会影响系统的功能和性能。

另外，由于系统的各功能和性能可能由多种因素组成，而某些因素之间又是相互关联、彼此制约、不可兼得的。例如，系统的计算精度和系统的执行时间就是互相矛盾的。

总之，要选择一个较好的方案，首先要对系统采用多种分解和组合方法提出多种备选的求解方案；其次依据系统的功能、性能、成本、进度、系统开发所采用的技术、风险、软硬件资源、对开发人员的要求等方面评价每个预选方案，并利用折中手段对预选方案进行充分论证，反复比较各种方案的成本-效益；最后选择出一种较好的方案。

3.2.3 可行性研究的过程

可行性研究的过程是一个逐步深入的过程，一般要经过机会研究、初步可行性研究和可行性研究等活动。机会研究的任务，主要是为开发项目提出建议，寻找最有利的投资机会。许多项目在机会研究之后，还不能决定取舍，需要进行比较详细的可行性研究。

1. 可行性研究的步骤

可行性研究是一个严谨的、科学的论证过程，必须依据当前的技术水平和系统分析人员的经验，按照一定的步骤进行。

（1）系统定义。系统定义的主要工作是分析问题、明确问题、初步确定问题的范围（即系统的边界）、问题的规模（系统的规模）和问题的内容（系统的目标），描述系统的一切限制和约束。

分析人员对问题的提出者和相关人员进行调查访问，仔细阅读和分析有关材料，确保正在分析的问题是用户需要解决的问题。

（2）对现有系统进行物理建模。物理建模，即建立物理模型。现有系统是信息的重要来源，需要在物理模型中体现其功能、性能、基本架构、相关实体、操作流程、环境、问题和运行消耗，从而评估新系统的运行环境与运行费用。

分析人员实地考查现有系统，收集、研究和分析现有系统的文档资料，考查系统的操作人员和管理人员，使用系统流程图描述现有系统的物理模型。

（3）构建新系统的逻辑模型。在现有系统物理模型的基础上，逐步明确新系统的功能、相关实体和工作原理（处理流程），并将其反映在新系统的逻辑模型中。

分析人员以现有系统的物理模型为参考，明确新系统的需求、实体和工作原理后，从而设计出新系统的逻辑模型，并非在现有系统物理模型的基础上抽象逻辑模型。逻辑模型使用数据流图和数据字典进行描述。

（4）设计系统的解决方案。针对系统的逻辑模型，从技术角度出发，根据用户的要求和当前可利用的资源，提出解决方案。一般应分别设计效益优先、技术优先、效率优先和兼顾平衡等多种解决方案。

分析人员应具备快速构建系统的能力，在短时间内对不同解决方案的系统架构、技术框架、解题方法等技术方面内容进行概要性的描述，同时还必须对每种解决方案进行简单的计划，包括预计时间、生产效率、开发/维护成本、预计收益以及软件产品的质量评估。该步骤是设计开发步骤的预演，解决方案的正确性和精确性，很大程度上取决于分析人员的项目开发经验。

（5）分析、评估提出的解决方案。对提出的解决方案分别进行技术可行性、经济可行性、社会可行性和操作可行性的分析，去掉不可行的解决方案，保留若干个可行的解决方案。一般保留的解决方案中应有分别偏重于效益、技术和效率的方案，同时也必须有兼顾平衡的折中方案。

解决方案的评估不仅仅是系统分析人员的工作，而应该由相关的人员参与，尤其是用户。解决方案的取舍以满足用户需求为首要原则,其次必须保证软件产品的质量,最后是效益、工作效率和技术等内部因素,在选择时可分别有所侧重。

(6) 推荐可行的解决方案。根据相关的客观条件和主观判断,决定项目是否值得开发。若值得开发,则从上述步骤选择的解决方案中,选择最佳的解决方案,并说明选择该方案的理由。

主要由项目负责人推荐可行的解决方案,在确保用户需求和产品质量的前提下,推荐解决方案既取决于项目负责人的经验和主观意识,又受到软件开发团队及所在实体的外在因素(例如,企业文化、企业经营状况、工作指导方针等)的影响。

(7) 撰写可行性研究报告。将可行性研究的任务、过程和结果按照固定格式撰写可行性研究报告。提请用户和上级部门进行审查,从而得出可行性研究的最终结果。

2. 可行性研究报告

可行性研究报告的编写目的,是说明该软件开发项目的实现在技术、经济和社会条件方面的可行性,评述为了合理地达到开发目标而可能选择的各种方案,说明并论证所选定的方案。

可行性研究报告的编写内容要求如下。

(1) 引言。包括报告编写目的,所建议开发的软件系统的背景,报告中引用的专门术语的定义和外文首字母组词的原词组,以及用得着的参考资料。

(2) 可行性研究的前提。说明对所建议的开发项目进行可行性研究的前提,如要求、目标、条件、假定和限制,进行可行性研究的方法,对系统进行评价时所使用的主要尺度等。

(3) 对现有系统的分析。需要说明现有系统的处理流程和数据流程、工作负荷、费用开支、运行和维护所需要的人员的专业技术类别和数量、所使用的各种设备、系统的主要局限性等。

(4) 所建议的系统。说明所建议系统的目标和要求将如何被满足,包括对所建议系统的说明、处理流程和数据流程、改进之处,预期将带来的影响,以及技术条件方面的可行性。

(5) 可选择的其他系统方案。扼要说明曾考虑过的每种可选择的系统方案。

(6) 投资与效益分析。对于所选择的方案,说明所需的费用和能够带来的收益。支出包括基本建设投资,其他一次性支出,在该系统生存周期内按月或按季或按年支出的用于运行和维护的费用;收益表现为开支费用的减少或避免、差错的减少、灵活性的增加、动作速度的提高和管理计划方面的改进等,包括一次性收益、非一次性收益、不可定量的收益。求出整个系统生存周期的收益/投资比值,收益的累计数开始超过支出的累计数的时间。

(7) 社会因素方面的可行性。说明对社会因素方面的可行性分析的结果,包括法律方面的可行性、使用方面的可行性。

(8) 结论。在进行可行性研究报告的编制时,必须有一个研究的结论。结论应明确指出以下内容:系统具备立即开发的可行性,可进入软件开发的下个阶段;若可行性分析结果完全不可行,则软件开发工作必须放弃;不具备某些条件,可以创造条件,增加资源或改变新系统的目标后,再重新进行可行性论证。

3.3 软件项目计划

一个软件项目经过可行性分析后,若认为值得开发,则应制订项目开发计划。软件项目计划主要进行的工作包括确定详细的项目实施范围,定义递交的工作成果,评估实施过程中主要的风险,以及制订项目实施的时间计划、成本和预算计划、人力资源计划等。

3.3.1 项目计划概述

软件项目的目标是使软件项目获得成功,为了实现这个目标,需要对软件项目的范围、可能的风险、需要的资源、实现的任务、成本以及进度的安排等进行合理的规划。而软件项目计划则是建立项目行动指南的基准,它指导项目的进程发展,规划建立软件项目的范围、成本预算、进度等,提供一个项目管理的尺度,也为将来的评估提供参考,是项目实施的依据。

项目计划系统地确定在项目过程中包含的工作任务的数量,合理地安排各项任务的时间进度,制订完成任务所需的资源和费用计划等,从而保障系统开发能够在合理的时间内,用尽可能低的成本和尽可能高的质量完成。

1. 项目计划的作用

项目计划是项目组为实现项目目标而科学地预测并确定项目生存周期的行动方案。项目计划围绕项目目标的完成,系统地确定项目的任务、安排任务进度、编制完成任务所需的资源预算等,从而保证项目能够在合理的工期内,用尽可能低的成本达到尽可能高的项目质量要求。

项目计划所起到的作用:确定完成项目目标所需的各项任务范围,落实责任,制订各项任务的时间表,明确各项任务所需的人力、物力、财力;确定项目的工作规范,遵循的标准,成为项目实施的依据和指南;明确项目组各成员及其工作责任范围以及相应的职权;使项目组成员明确自己的工作目标、工作方法、工作途径、工作期限要求;保证项目进行过程中项目组成员和客户之间的交流、沟通与协作,使得项目各项工作协调一致,增加客户满意度;为项目的跟踪控制提供基础。

项目计划在项目中起到承上启下的作用,计划批准后应当作为项目的工作指南。

【例 3-5】 软件开发项目失败的背景和原因很多,但共通性的原因有:计划方案不好;没有按照计划执行;主要管理人员未参加;项目管理人员、项目领导的运营管理水平低。美国联邦调查局进行了 150 例调查,开发项目失败的原因由于计划不完备的占 50%,不按计划进行管理的占 33%,其他原因占 17%。由此可知,重视计划的编制,加强工程管理,有利于确保软件项目的开发成功。

2. 项目计划的制订原则

要使项目计划得以顺利实现,必须明确项目目标,综合分析与考虑各因素,权衡利弊,扬长避短。在项目计划制订过程中一般应遵循以下原则。

(1) 目的性。任何项目都有一个或几个确定的目标,以实现特定的功能、作用和任务,而任何项目计划的制订正是围绕项目目标的实现而展开的。

(2) 系统性。项目计划本身是一个系统,由一系列子计划组成,各个子计划不是孤立存在的,而是彼此相对独立,又紧密相关。这使得制订出的项目计划也具有系统的目的性、相关性、层次性、适应性、整体性等基本特征,使项目计划形成有机协调的整体。

(3) 动态性。这是由项目的生存周期所决定的。一个项目的生存周期短则数月,长则数年,在这期间项目环境常处于变化之中,因此项目计划要随着环境和条件的变化而不断调整和修改,以保证完成项目目标。

(4) 相关性。项目计划是一个系统的整体,构成项目计划的任何子计划的变化都会影响其他子计划的制订和执行,进而最终影响项目计划的正常实施。制订项目计划要充分考虑各子计划间的相关性。

(5) 职能性。项目计划的制订和实施不是以某个组织或部门内的机构设置为依据,也不是以自身的利益及要求为出发点,而是以项目和项目管理的总体及职能为出发点,涉及项目管理的各个部门和机构。

(6) 可操作性。可操作性包括范围的适中及可理解程度。项目计划如果只有很少的细节,就不可能取得比较精确的估计;如果项目计划包含太多的细节,就会超出项目经理所控制的范围,使其无所适从。如果任务在执行前就有了较好的理解,许多工作就能提前进行准备;如果任务是不可理解的,在实际执行中就比较难于操作。

3. 项目计划的制订过程

项目计划的制订过程就是一个对项目逐渐了解掌握的过程,通过认真地制订计划,项目经理可以知道哪些要素是明确的,哪些要素是要逐渐明确的,通过渐进明细不断完善项目计划。制订计划的过程,也是在进度、资源、范围之间寻求一种平衡的过程。制订计划的精髓不在于写出一份好看的文档,而在于运用智慧去应对各种问题和面临的风险并尽可能做出前瞻性的思考。

项目计划的制订一般要按照以下 5 个过程开展。

(1) 成立项目团队。相关部门收到经过审批后的“项目立项文件”和相关资料,则正式在“项目立项文件”中指定的项目经理组织项目团队,成员可以随着项目的进展在不同时间加入项目团队,也可以随着分配的工作完成而退出项目团队。但最好都能在项目启动时参加项目启动会议,了解总体目标、计划,特别是自己的目标职责、加入时间等。

(2) 项目开发准备。项目经理组织前期加入的项目团队成员准备项目工作所需要的规范、工具、环境,如开发工具、源代码管理工具、配置环境、数据库环境等。前期加入的项目团队成员主要由计划经理、系统分析员等组成,但即将制订完成的项目计划一定要在项目团队成员和项目相关人员之间进行充分沟通。如果项目中存在一些关键的会影响项目取得成功的技术风险，项目经理应组织人员进行预研。预研的结果应保留书面结论以备评审。

(3) 项目信息收集。项目经理组织项目团队成员通过分析接收的项目相关文档、进一步与用户沟通等途径，在规定的时间内尽可能全面收集项目信息。项目信息收集要讲究充分、有效率地沟通，并要达成共识。

(4) 编写软件项目计划书。软件项目计划书是项目策划活动核心的输出文档，包括计划书主体和以附件形式存在的其他相关计划，如配置管理计划等。

(5) 软件项目计划书评审、批准。项目计划书评审、批准是为了使相关人员达成共识，减少不必要的错误，使项目计划更合理、更有效。项目经理将已经达成一致的软件项目计划书提交项目高层分管领导或其授权人员进行评审。批准后的软件项目计划书作为项目活动开展的依据和本企业进行项目控制和检查的依据，并在必要时根据项目进展情况实施计划变更。

软件项目策划工作完毕，软件项目计划书通过评审，在一般情况下，软件开发项目工作转入需求分析阶段。

3.3.2 软件项目的总体计划

项目的总体计划也称为工程计划。它是对全工程的总体目标、开发对象、组织、资源等方面给予说明和计划。软件项目管理计划以质量(Quality)、成本(Cost)、交付期(Delivery)为中心，确定项目的开发范围、开发进度、质量目标、风险预测与监控、组织体制、外部协调、开发费用、开发环境。

1. 开发范围计划

在项目的最初阶段，需要以项目为对象做计划。此时的计划主要是根据客户提出的要求，确定应该开发的软件对象的范围、基本功能，称为项目的范围计划。开发范围计划还包括对开发项目成果物(如设计书、操作手册等)的定义和管理。这些成果物包括与客户约定的最终成果物，以及在开发过程中完成的中间成果物。

2. 开发进度计划

开发进度计划中最重要的是何时交付最终成果物、新系统何时开始运行。系统正式运行的期限有可能是客户要求的，也有可能是法定的期限。

以最终期限为目标推进项目的开发，必须要明确在什么期间内要完成什么样的工程。因此，针对范围计划确定项目的最终成果物，定义其产生的任务要素，即对客户需求、设计、程序制造等的定义。

设计工程分为定义用户接口的外部设计和设计系统结构、程序等的内部设计，系统由外部设计到内部设计逐渐变得清晰、详细，可以按照这样的顺序，整理出项目各个工程阶段的所有任务。项目各个工程阶段任务的细化并不是一次完成的，而是分阶段逐步细化。在各个不同阶段把工程任务作业详细化，并用阶层结构形式表现出来，这种方法称为作业结构分解(Work Breakdown Structure,WBS),即逐步分解工程,直至细化到最终能在约1周内完成的任务。

【例3-6】 图3-3是软件开发项目各个工程阶段的任务分解逐步细化的例子即WBS。

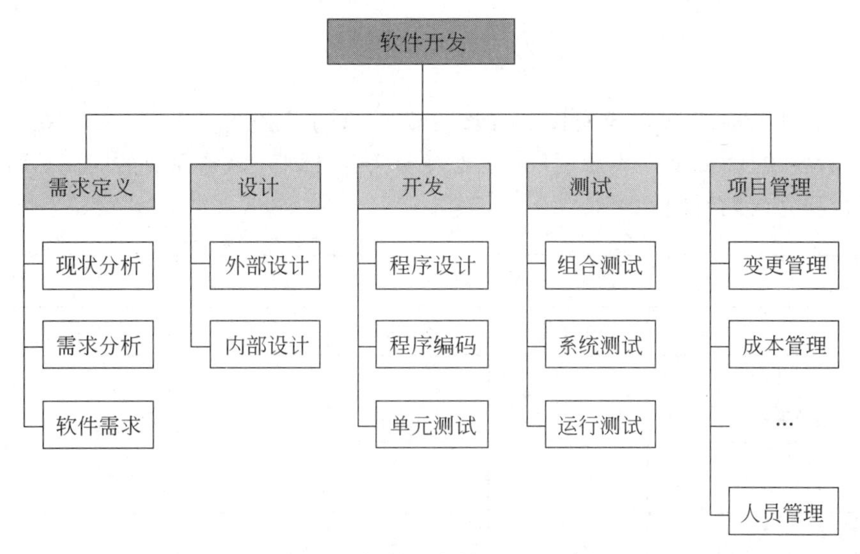

图3-3 软件开发的WBS示例

根据分解的任务,考虑任务的前后关系和相互依赖关系,再制订推进这些任务的日程,这时可以做出项目整体的日程表和各个工程阶段的日程表。

进度管理就是对开发日程进行管理,即正确把握各个开发任务的进度状况,量化需要完成的成果物和预定的进度,客观地表示开发进度状况。但是,在对开发进度进行管理的时候必须注意,不能过分强调进度的数据。如果只追求开发进度,将会影响开发产品的质量。因此必须要处理好开发进度与过程质量之间的关系。

软件开发的日程常用PERT图、Gantt图等方法表示。

(1) PERT图。PERT(Project Evaluation and Review Technique)图即项目计划评审技术图。它采用网络图来描述构成项目的任务,表示其前后关系、延迟及影响。在PERT图中,用箭头表示任务或子任务;箭头附带数字表示完成任务所需的时间;圆形结点表示一项任务的开始或结束。

【例3-7】 图3-4是一个任务网络图示例,A、B、C表示3个模块的开发任务,A和B是新模块,其中A是公用模块;C模块是利用现成的模块,但要做部分修改;B模块和C模块的测试有赖于A模块测试的完成;最后直到A、B、C模块的组合测试完成为止。1号结点是任务的起点,9号结点是任务的终点。图3-4中表明了各项任务的计划时间和各项任务之间的相互关系。

在组织较为复杂的开发项目,或是需要对特定的任务做更为详细的计划时,可以使用分层的任务网络图。

(2) Gantt图。Gantt图用箭头水平线段表示任务的工作阶段,线段的起点和终点分

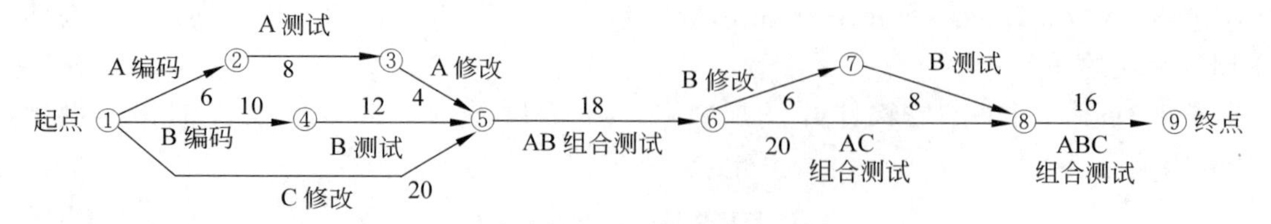

图 3-4　任务网络图示例

别对应任务的开始时间和完成时间。如图 3-5 所示的任务线段图是一个 Gantt 图的示例，纵向表示各项任务，横向表示时间，虚线表示任务计划开始和完成的时间，实线表示任务实际开始和完成的时间。

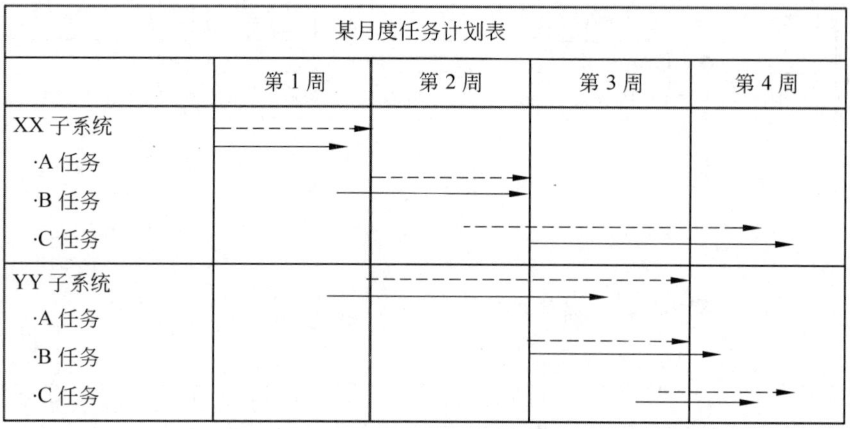

某月度任务计划表				
	第 1 周	第 2 周	第 3 周	第 4 周
XX 子系统 ·A 任务 ·B 任务 ·C 任务				
YY 子系统 ·A 任务 ·B 任务 ·C 任务				

图 3-5　任务线段图示例

任务线段图的优点是标明了各项任务的计划进度和当前进度，能动态地反映软件开发的进展情况。缺点是难以反映多个任务之间的相互关系。

日程管理图的制作有很多方法，可以使用项目管理工具软件制作日程表，也可以使用 Excel 自己设计日程表。

3. 质量目标计划

软件开发质量的要点：一是系统要符合客户的要求，这是客户满意的基本条件；二是系统要尽可能无缺陷。要做到这两点，就必须要对软件进行度量，以便对软件工程的全过程进行质量控制。

软件度量的目的是确定软件产品的质量，明确软件开发人员的生产性，计算使用软件工程方法和工具后所得到的效益。软件度量包括直接度量和间接度量：直接度量包括度量软件产品的程序代码行数、系统运行速度、数据存储量等；间接度量包括度量软件产品的功能性、复杂性、效率性、可靠性、可维护性等。

软件的质量度量贯穿于软件开发的全过程以及软件交付用户使用之后。在软件开发过程中的质量度量包括度量程序的复杂性、有效的模块数、规模大小、测试覆盖率、检测出的错误比率等；软件交付后的质量度量则集中于度量系统的可维护性、使用性、运行效率、出错率等。

确定了质量度量，则可以根据质量度量数据确立质量目标，制订质量计划，建立确保达成质量目标的开发体制；在开发过程中按照质量计划对开发项目的各个阶段进行质量管理和控制；开发任务完成后按照质量目标对软件产品质量、软件工程质量进行评价、总结、改进。

在软件开发的各个阶段只要严格遵循 P-D-C-A（Plan-Do-Check-Ameliorate，计划—执行—检查—处理）方法，实现了一个工程阶段的质量目标，就转入下个工程阶段，不断重复这个 P-D-C-A 过程，直至整个开发项目完成，这样就能不断提高软件工程的开发质量，确保软件产品的质量。

4. 风险预测与监控计划

开发风险就是有可能阻碍开发项目成功的一些明显或隐藏的因素，如业务规模很大、过分复杂，预算不准确，需求变更频繁，设计有遗漏，开发人员的技术能力不足、用户业务知识不足，使用新的硬件设备和不成熟的软件等，都有可能给开发项目带来预想不到的困难，甚至使开发项目失败。

为了确保软件开发项目的成功，项目管理者必须要事前对风险进行预测，制定预防风险的对策，并在开发过程中进行监测，及时调整对策，尽可能防止风险发生或将风险降低到最小范围。

1）风险预测与应对

风险预测就是要系统地对项目计划进行分析，识别项目计划中存在的已知的或可预测的风险。一般将风险分为 3 类：①项目风险，即项目预算、进度、人员、资源、用户和需求方面潜在的问题；②技术风险，即项目设计、开发、接口、检验和维护方面潜在的问题；③商业风险，即市场前景、经营策略、管理、效益、预算等方面潜在的问题。

识别风险的一种好的方法就是利用一组提问来帮助项目计划人员了解有哪些方面的风险，即设计一个“风险项目检查表”，列出有可能与风险因素有关的提问，包括项目规模、商业影响、客户特性、过程定义、开发环境、技术要求、开发人员数量及其经验等方面的问题，从各方面相关人员的回答内容中识别存在的风险。

对识别出来的风险根据其发生的概率、影响度确定优先顺序，分别采取对应措施，尽可能回避风险或将风险降低到最小范围。

2）风险管理

所有的风险对策都必须要列入风险监控计划，作为整个项目管理计划的一部分为项目管理人员所使用。一旦制订了风险监控计划，且项目已开始执行，风险管理就开始了。风险管理的主要工作就是实施风险监控计划，在开发过程中密切注意风险是否弱化，是否产生新的潜在风险，随时修订风险对策，调整风险监控计划。风险管理实际上是一种项目追踪活动，在多数情况下，项目中发生的问题总能追踪到许多风险。风险管理的另一项工作就是要把“责任”分配到项目中去。

5. 组织体制计划

项目计划是以人为中心进行计划并实施，软件开发中人是项目管理的核心。组织体制的计划和管理就是根据开发项目的规模，组织和管理具有该项目所需技能的开发人员。

在开发过程中开发体制是随时变化的，组织的结构、人员数量都将随开发工程的进展而相应变化，因此在不同的开发阶段需要建立不同的开发体制。一般最好按月度做出开发技能和开发人数要求的计划，包括对开发人员的事前教育、人才的培养，建立一个灵活的开发体制。

组织体制的计划和管理除了对人员的计划和管理外，还包括对开发小组内部的信息交流的计划和管理，即确定从开发项目的总体责任者到每个开发人员之间的信息交流方式、联络路径，以及信息的保管、变更方法等，这些都是组织体制的计划和管理的一项重要内容。

图 3-6 是一个基本的软件开发体制图。一般提出需求的企业都有直接使用该软件的部门、企业内部的软件系统维护以及推进信息化的信息管理部门。信息管理部门一般作为使用软件的部门与软件开发企业之间的联络窗口，负责提出需求、检查验收成果物等。软件开发体制一般以项目管理者(Project Manager，PM)为中心，并包含所有与软件开发有关的人员。开发小组由担任软件开发的主要人员，即开发小组长(ProjectLeader，PL)、系统工程师(System Engineer，SE)、程序员(Programmer，PG)及检测人员(Quality Analyst，QA)组成。

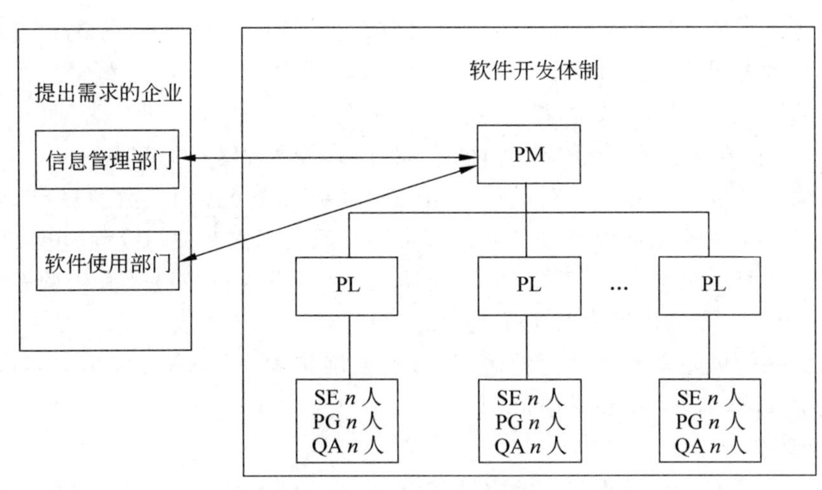

图 3-6　软件开发体制图

6. 外部协调计划

软件开发经常需要外部企业的协助。软件公司通常要建立一些外围组织，当自己的开发人员、技术能力不能满足项目需要时可以请求外围组织的支援，或将项目的全体或部分发包给外围组织，通常称为外部委托开发。

在选择外围组织时，应考虑所选择企业的信誉度；是否能对该项目投入合适的开发人员，进行外部委托的成本核算以及委托开发的合同方式等各方面进行综合分析。

管理方面必须要注意受委托开发方的交付期、开发质量、开发成本等，特别是要求交付的成果物一定是严格按照客户要求的成果物。此外，还要考查其所选择的用于开发的软件产品（软件包、工具软件等）的可靠性和对该项目的适宜性。

7. 开发费用计划

开发费用包括人件费、委托开发费等直接费用，与开发设备相关联的费用，以及交通费、通信费等其他费用（见图3-7）。对开发费用应按月进行计划和管理。人件费和委托开发费是开发费用的主要费用，其预算基础与开发规模、开发工数的测算有关。

开发工数的测算基于客户的开发要求，估算其开发规模的大小，所需的开发工数。如果测算不恰当，就不能做出适当的成本计划，相应开发人员的配置、开发的进度以及开发体制等开发计划都将会失控，最终可能导致项目的失败。

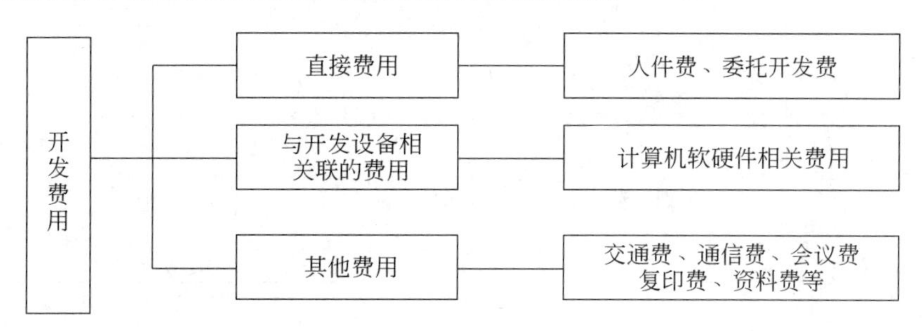

图3-7 开发费用的内容

8. 开发环境计划

开发用的硬件设备、软件平台等都属于开发环境的范畴，一般是由开发方准备，客户特殊需要的硬件设备、软件工具等可以由客户提供。特别要注意自身不具备的新技术或者不具备的软件工具，而开发必须要使用的场合，一定要事先做准备。对现有的环境资源做出一览表，并给予明确的说明；同时做出新开发项目的环境资源需求一览表，对照现有资源和需求资源环境做出相应的对策处理意见，并做出环境资源分配管理表以及建立故障履历信息管理表。

3.3.3 软件项目的阶段实施计划

在工程管理过程中，项目的阶段实施计划是项目计划的一个重要内容。阶段实施计划就是将开发项目工程分割为若干个单位（阶段），制订每个单位（阶段）的工程实施计划。在开发项目启动前，先做出初期的开发项目的总体实施计划（即项目的系统化计划），根据该总体实施计划制订每个开发阶段的实施计划。

为了做好项目的阶段实施计划，必须在计划过程中做好把握工程作业的构造，估计资源，明确各个阶段作业的组织、责任和权限等方面的工作。

1. 项目的阶段实施计划的概念

一般在做项目计划时，在初期对所开发的系统很难准确地估计其开发规模大小(如语句条数)以及所需的资源(如人力资源)，而阶段实施计划的思想就在于重视误差的控制方法，不仅是对软件开发者在开发过程中的日程安排以及各资源的分配进行计划，而且是要在阶段作业开始前尽可能地做出资源的合理分配，以保证该计划对资源的估计有较小的误差。

估计阶段作业，首先将工程分割为若干个阶段，建立初期的工程整体估计，并把整体估计分配到各个阶段去；各个阶段作业开始前，再对各阶段作业进行估计；在阶段作业开始前的估计值与初期估计值产生较大误差时，对初期计划进行必要的修改、调整。

阶段实施计划不是项目开发阶段初期的一次计划，而要在工程实施过程中不断地对计划进行评价、修正，逐渐提高计划精度和工程管理的精度。阶段作业的估计方法如图 3-8 所示。

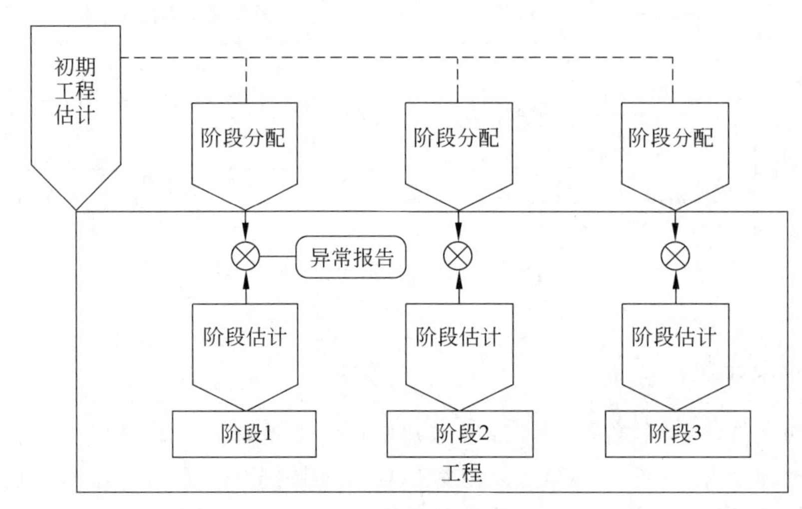

图 3-8 阶段作业的估计方法

2. 作业结构分解

为了做出正确的项目实施计划，必须正确把握构成工程项目的作业，作业结构分解(WBS)正是为了达到此目的所采用的一种方法。

作业结构分解就是为了实现目标，将所开发的作业详细化，并以阶层构造的形式表现出来。作业结构分解是项目开发实施计划中最重要的活动，一旦完成，工程的组织体制、资源、日程安排以及预算等方面都将容易明确化。

作业结构分解应根据需求分析的结果和项目相关的要求，同时参照以往的项目分解结果进行。制订好一个作业结构分解的指导思想是逐层深入。先将项目成果框架确定下来，然后每层下面再进行工作分解。其过程简述如下。

(1) 确认主要组成要素。通常，项目的主要组成要素是这个项目的工作细目。项目的组成要素应该用有形的、可证实的结果来描述。当知道了主要构成要素后，这些要素就应该用项目工作如何开展、在实际中的完成形式来定义。

(2) 确定分解标准。按照项目实施管理的方法分解，而且分解的时候标准要统一。分解要素是根据项目的实际管理而定义的。不同的要素有不同的分解层次。

(3) 确定分解是否详细。是否可以作为费用和时间估计的标准，明确责任。工作细目的分解如果在很久的将来才能完成，这种分解就失去了确定性。

(4) 确定项目交付成果。以衡量标准来衡量交付成果。

(5) 验证分解正确性。验证分解正确后，建立一套编号系统。

3. 估计资源

在明确开发项目的开发范围、最终成果物以及工程目标后，需要进一步确定为实现工程目标所需要的开发组织构成、日程安排、各种资源等方面的内容，这就需要估计项目工程资源。工程资源包括为达到项目目标所需要的人力资源、硬件(开发设备、通信设备等)、软件(工具软件、开发语言)以及相关技术。这些资源并不是独立应用，它们之间具有相互关联性，重要的是要把握它们之间的相互关系，采用整体的最佳匹配方式。

1) 估计工数

在估算工数时，以明确项目的要件、目的为出发点进行系统规模的估算，然后再估算工数。

图 3-9 是一般的软件工数的估算步骤，它从系统要件出发，估计该项目的开发规模，再根据规模和按标准工作量估算出开发工数。其中的变换要素包括使用的语言、开发方法、项目的难易度、开发的生产性等，是在按开发规模计算开发工数时必须要考虑的因素。如果使用的是新产品，或技术还未掌握，就必须要考虑研修、培训、功能确认等的工数。此外，项目的特性(如承担项目的组织、项目的开发业务等)，对开发规模和开发工数有一定的影响。

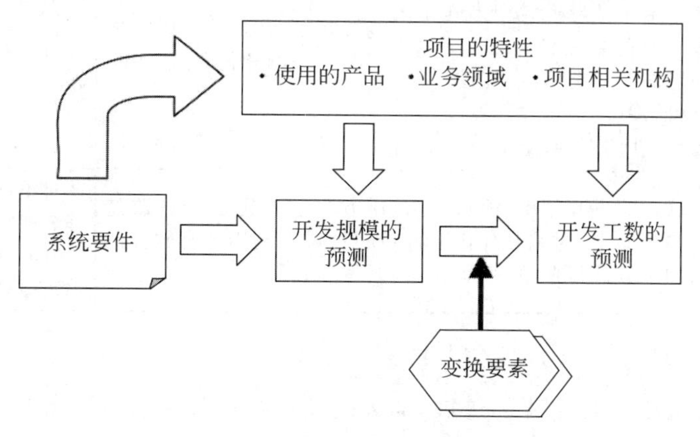

图 3-9 软件工数的估算步骤

各个项目都有自己的特点，估算恰当的工数是非常困难的。如果估算不准确，所做的预算可能偏离过大，人力资源的分配也很难把握，结果是使得项目失败的风险系数增大。为了使预算比较准确，必须掌握估算方法，将估算方法和以往的经验、开发项目具备的环境等很好地结合,做出优秀的估计。

项目的估算不只是做一次,要根据客户的要求进行初期估算和阶段性的估算。从项目计划不明确阶段到计划明确阶段,随着时间的推移,需要不断进行估算和修订预算。有时,直到设计基本确定时,还要再次进行估算,调整预算数据。

表3-3列出了主要估算方法概要。在实际项目中,经常采用多种估算方法的组合进行估算。将概算法、积算法等经常使用的简单估算方法与较复杂的估算方法结合使用,可以提高估算的精度。

表3-3 主要估算方法概要

估算方法	概　要	特　点	使用上的注意
概算法(类推法)	参照过去做过的类似项目进行估算,常在项目初期阶段进行估算时使用	估算成本低。因有相类似项目作为参照,可信度高	依靠过去类似项目的实施者进行估算,并活用以往保留的数据信息
积算法(堆积法)	按WBS方法要求分解作业结构,估算每个作业所需要的工数,各个作业的估算工数总和则为整个项目的工数	按WBS方法要求分解作业结构,因此能够提高估算的精度	估算成本随作业细分程度而增高
标准任务法	将开发工程定义为多个标准任务,分别按以往的实绩设定作业工数,制成标准任务表。根据标准任务表对项目进行估算	将估算方法标准化,使估算具有统一性,并容易取得客户的理解	标准值的设定,应反映开发规模等附加条件,并且需要定期修订标准值
COCOMO	按程序源代码进行估算,主要用于汇编语言、COBOL等以大型计算机为中心的软件开发项目	该方法不是估算开发规模,而是将源代码行数转换为工数的方法	适用于采用瀑布模型开发方式,有数万、数十万条语句规模的项目估算
功能模块法(FP法)	根据窗体输入、报表输入、使用文件、外部接口等功能模块进行估算。由于开发形式的多样化,许多企业都采用该方法。一般按功能的5种类型(内部逻辑文件、外部接口文件、外部输入、外部输出、外部查询)来估算	能够在不考虑开发环境的情况下预测软件开发规模	在采用该方法时,为了便于计算,常需要做一个变换表,标明模块规模的大小与开发工数之间的转换关系
COCOMOⅡ	考虑软件的再利用率、项目成员的经验等要素,对采用FP法推算出的工数进行调整	该方法主要用于软件改造项目,可以利用现有软件的开发项目	针对不同开发时期的估算,有3种模型(基本COCOMO、中间COCOMO、详细COCOMO)

2)估计环境资源

为推进软件开发项目工程的进展,需要对所必需的设备、用品、备品等进行估计,包括工程开发项目所需要的固定物品和在工程进行过程中所需要的变动物品。对于大型软件开发,还需要估计软件开发过程中所需要的机器使用时间。机器使用时间需要合理估计和分配,避免在项目开发最紧张的时候造成混乱。

3)估计技术资源

为了达到工程的目标,要有必要的技术资源支持,这些技术资源是否选择恰当,是否充分估计，关系工程是否顺利实施。技术资源包括为了达到工程目标所必要的开发过程、方法，所必要的软件(工具软件等)，所必要的咨询、指导，所必须进行的研究讨论和培训教育等。

4）提高时间的估算精度

在估算工数时，为了进一步提高估计精度，常采用三值时间估算方法，即用“乐观值”“最可能值”“悲观值”估算时间。如果有过去类似作业的经验，只需参照实绩、经验就可以估算时间。但是，在没有项目使用经验，没有可参照的实绩、经验时，则需要采用三值时间估算方法。三值时间估算方法的分工为

$$估算时间=\frac{乐观值+最可能值\times 4+悲观值}{6}$$

式中，乐观值为预测的最短活动时间，即所有的活动都很顺利地进行的情况下所需要的时间；最可能值为按最现实的情况预测的活动所需要的时间，即预测工程在反复多次的情况下所需要的平均时间(不考虑学习效果)；悲观值为预测的最长活动时间，即在假定遭遇各种困难、事故等情况下所需要的时间(不考虑天灾等不可预测的事故)。

当然，即使采用了三值时间估算方法，也因估算者个人的能力、经验等产生错误的时间估算值。并且，对于较大规模的项目，不同人的估算，将会产生不同的时间估算值。时间估算是项目估算的重点之一，在策划时有必要多听取经验丰富者的意见。

4. 组织计划

软件项目的开发工程成败的关键之一，在于是否确保和建立与工程目标一致的组织机构；判别一个工程计划是否优良，以其组织计划是否优良为代表。因此，工程的组织优良可从根本上确保工程的成功。工程的组织就是为了达到工程目标的技能集团，以及它的组织体制、成员构成。根据应该达到的目标的不同和需要解决问题的差异，而做出不同的阶段的组织计划。

在每个开发阶段都要计划其阶段的组织体制，一般组织体制的基本形态如图 3-10 所示。

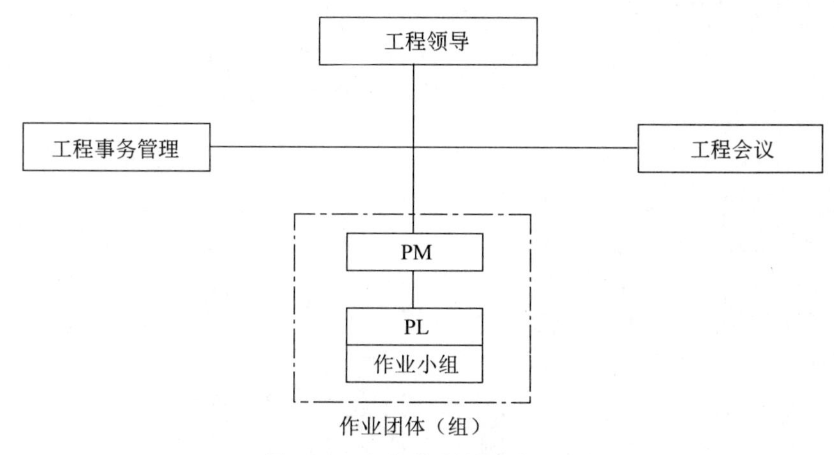

图 3-10　组织体制的基本形态

作为一项开发工程，随着开发阶段的不同，它具有不同的目标、不同的主题，因而在不同的阶段要求的开发技能也不同，其不同阶段的组织相应也不同，下面分别列出在系统计划、设计阶段的组织构成（见图 3-11）和在程序开发阶段的组织构成（见图 3-12）。

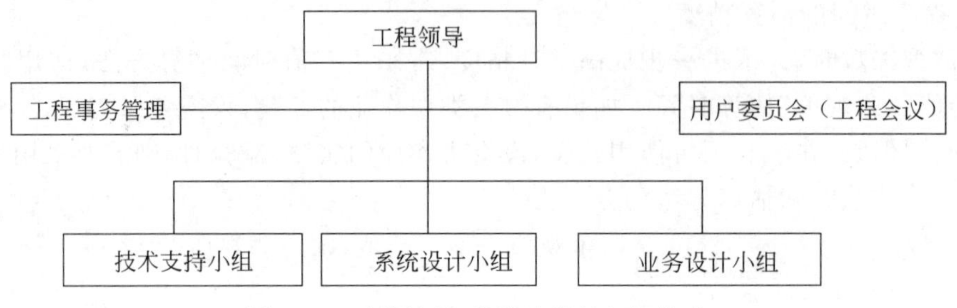

图 3-11　系统计划、设计阶段的组织构成

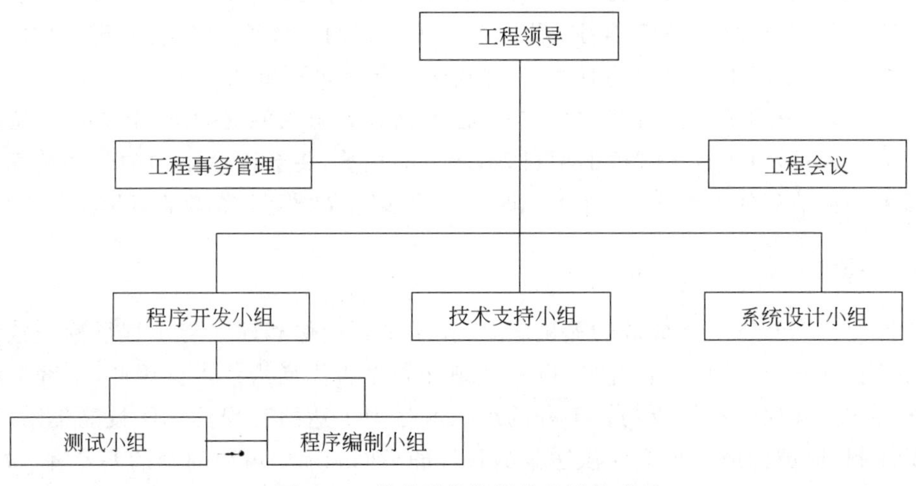

图 3-12　程序开发阶段的组织构成

3.4　思考与实践

3.4.1　问题思考

1. 软件策划的任务是什么？有哪些特点？
2. 软件项目开发为什么要对现有系统进行研究？
3. 可行性研究的任务是什么？
4. 可行性评价准则主要包括哪些方面？
5. 制订项目计划有什么作用？
6. 什么是项目的总体计划，项目总体计划的主要内容有哪些？
7. 软件开发进度的日程安排可用哪些工具表达？
8. 什么是项目的阶段实施计划？阶段实施计划与项目总体计划有何关联？

9. 什么是作业结构分解，其过程是什么？

10. 如何进行项目资源估计？

3.4.2 专题讨论

1. 为什么说可行性研究实质上是进行一次简化的软件过程？

2. 经过可行性研究，如果一个项目是值得开发的，则接下来应制订项目开发计划。项目开发计划的目的是提供一个框架，使得主管人员在项目开始后较短时间内就可以对资源、成本、进度进行合理的估计，而不必等到详细的需求分析完成后。讨论可行性研究与项目开发计划的关系，以及项目开发计划的作用。

3. 如何理解制订项目总体计划的作业流程以及系统化总体计划项目之间的关联？

4. 讨论以下事件发生的原因。

某企业售后技术服务中心下属企业的销售部门负责完成产品三包期的技术服务工作。该中心的管理者在长期的工作中，发现维修工程师每天忙于处理在产品维修中产生的各种信息（如维修报告、索赔报告、发货通知等），且处理量大、内容简单，有大量的时间是将相同的数据填在不同的信息载体中，使得维修工程师无法真正起到对维修商的技术支撑和监管作用。因此，提出开发一个能覆盖产品三包期技术服务的管理信息系统的要求，但是并没引起公司高层领导的注意。虽然找了两个能设计程序的人，想完成这个系统的开发，最后由于各种原因，系统未能开发出来。

5. 根据下面的叙述，分析企业的期望效益。

某企业经营的餐馆位于大学城中，因此其顾客有相当一部分是长期的，他们有一定的喜爱和个性。近年来，这个企业经历了快速发展，然而它的财务并没有与企业同步发展。企业使用了一个半自动化、半人工的事务处理系统，但是这个系统并不能有效地跟踪客户的订单以及发票。因此，企业很难确定为什么成本这么高。除此之外，企业经常推出特别的品种来吸引客户。但是它并不知道这些品种是否盈利，也不知道是否产生连带品种的销售。因此，该企业希望对已有的客户增加重复推销，所以它需要一个顾客数据库。该企业希望开发一个软件系统，以期解决企业存在的问题。

6. 根据下面的叙述，列出系统的能力。

一个新的销售和财务管理系统对上述企业是今后发展和成功的重要组成要素。系统的销售部分必须跟踪每笔进餐，可以根据库存数据和进餐数据，统计日盈利与亏损表。系统可以产生客户购买的历史记录，但企业决定为现有客户准备特殊品种时，系统可以辅助管理。每个客户的详细借支平衡和历史账单或许可以帮助企业解决这些问题，帮助企业减少亏损。

3.4.3 应用实践

1. 在软件开发早期阶段为什么要进行可行性研究？应该从哪些方面研究目标系统的可行性？

2. 为方便旅客,某航空公司拟开发一个机票预订系统。旅行社将预订机票的旅客信息(如姓名、性别、身份证号码、旅行时间、旅行目的地等)输入系统,系统为旅客安排航班,印出取票通知和账单。旅客在飞机起飞前凭取票通知和账单交款取票,系统校对无误即印出机票给旅客。

写出问题定义并分析此系统的可行性。

3. 作为一名项目经理。在新系统的实施阶段要求你指导用户培训的任务。需要为下列任务制订详细的时间进度表(任务持续时间显示在圆括号中)。

(1) 发送 E-mail 给所有部门的经理通知培训(1 天)。

(2) 发送 E-mail 后,两个任务可以同时开始:制订培训教材(5 天)和落实培训所需的设施(3 天)。

(3) 培训教材一完成,就可以一次进行两个任务:安排打印教材(3 天)和制作所需的 PowerPoint 幻灯片(4 天)。

(4) PowerPoint 幻灯片准备好时,和辅助培训人员一起来指导一个实践项目(1 天)。

(5) 当实践项目结束时,分发的教材已准备好并且所用设备已落实,可以指导用户的培训项目。

画出关键路径,利用 Gantt 图做出进度计划。

4. 调查校园二手商品交易系统(SHCTS)的相关信息,写出可行性研究报告。

5. 简述"课程注册管理系统"软件过程所涉及的各项软件开发活动;并制订软件开发小组的组织管理计划。

6. 分析校园二手商品交易系统(SHCTS)调研结果和可行性研究成果,拟订项目开发计划书。

课后自测-3

第 4 章　软件需求工程

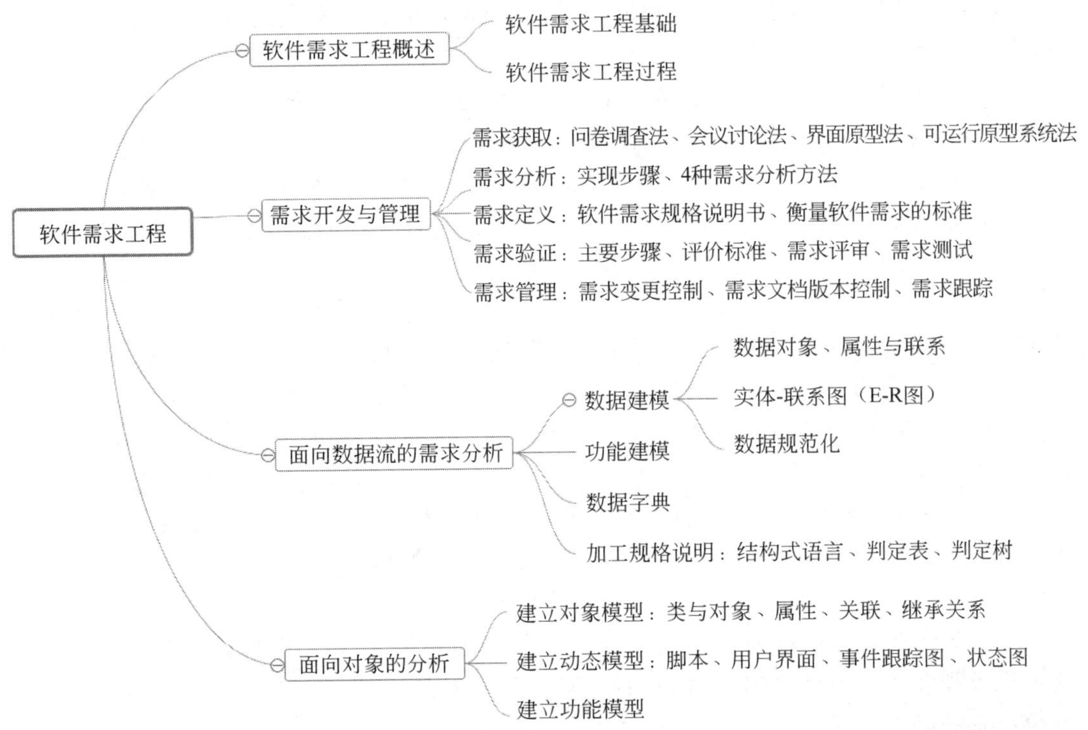

4.1　软件需求工程概述

本章导读-4

软件需求工程是对系统理解、表达的过程，是一种软件工程的活动。理解就是对问题及环境的理解、分析与综合，逐步建立目标系统的模型；表达是产生软件规格说明书等相关文档，把分析的结果完全、精确地表达出来，为设计与实现奠定基础。

软件需求工程是软件生存周期中重要的一步，也是决定性的一步。随着软件系统规模的扩大，软件需求分析和定义活动不再仅限于软件开发的最初阶段，它贯穿于整个系统的生存周期。特别是需求管理已经成为软件开发的最佳活动。软件需求工程过程在软件生存周期中的地位越来越重要。

4.1.1　软件需求工程基础

“软件需求”的术语尚未有一个统一的定义，人们从不同的角度、不同的程度以及不同的要求，描述了软件需求层次的概念。

1. 软件需求的概念

软件需求是指用户对目标软件系统在功能、行为、性能、质量等方面的期望，以及对目标软件系统在运行环境、资源消耗等方面的约束。软件需求是后续的软件开发活动的重要依据，如果需求偏离了用户的期望和约束，任何优秀的设计和实现都无济于事，软件项目势必归于失败。

软件需求工程的目标是获取精确化、一致化、完全化的软件需求，即需求能够正确地、无歧义地反映用户的期望和约束，需求项之间不存在逻辑冲突，需求的表达毫无遗漏。

软件需求包括业务需求、用户需求、功能需求、非功能需求和系统需求等不同的层次。不同层次从不同角度与不同程度反映着细节问题。软件分析人员应该根据实际的用户需要综合、全面、细致、准确地分析软件的需求。

(1) 业务需求(Business Requirement)。业务需求反映了组织或客户高层次的目标要求。业务需求通常来自项目的投资人、购买产品的客户、实际用户的管理者、市场营销部门或产品策划部门。业务需求描述了组织的愿景，即为什么要开发一个系统，以及业务范围、业务对象、客户、特性、价值和各种特性的优先级别等，通常它们记录在项目范围文档中。

(2) 用户需求(User Requirement)。用户需求描述的是用户的目标，即描述用户要求系统必须完成的任务。用户需求通常只涉及系统的外部可见行为，不涉及系统的内部特性。它一般采用自然语言和直观图形相结合的方式描述。

(3) 功能需求(Functional Requirement)。功能需求定义了开发者应提供的软件功能或服务和在特定条件下的行为，但不涉及这些功能或服务的实现。通过功能需求分析，划分出系统必须完成的所有功能，有时还需要特别说明不应该做什么。功能需求与软件所使用的环境、领域、类型以及用户都有密切关系。一般要求需求分析得到的所有用户提出的服务，不能有相互矛盾之处。

(4) 非功能需求(Non-Functional Requirement)。非功能需求是对功能需求的补充，涉及对系统的各种限制和用户对系统的质量要求，包括软件系统的性能指标、对质量属性的描述以及其他非功能需求。性能需求指目标软件系统的响应时间、CPU 的使用率、内外存的使用率、网络传送速率、系统安全性、系统的吞吐量等方面的需求。质量属性(Quality Attribute)从不同方面描述了产品的各种特性，包括可用性、可移植性、完整性、效率和健壮性。其他非功能需求包括系统性能需求，各种接口需求，以及对设计与实现的约束。接口需求指目标软件与它的运行环境进行通信的格式，包括硬件接口需求、用户接口需求、软件接口需求、网络通信接口需求等。约束(Constraint)条件限定了开发人员设计和构建系统时的选择范围。

【例 4-1】 开发一个基于图像采集卡的视频处理软件系统，软件工程师需要对图像采集卡与计算机系统之间的硬件接口需求展开分析，包括图像采集卡与计算机主板之间的接口需求、图像采集卡与摄像头之间的接口需求、图像采集卡与其他视频存储设备之间的接口需求等。

(5) 系统需求(System Requirement)。系统需求来自系统分析和结构设计,用于描述包含多个子系统的产品的综合需求。系统可以只包含软件系统,也可以既包含软件又包含硬件子系统,人也可以是系统的一部分。因此,系统需求包含了运行的隐含需求。如系统包含了许多业务规则,这些业务规则与企业方针、政府条例、会计准则、计算方法相关,本身并非软件需求。运行过程中本身的特性也包括系统需求,如安装运行需求,即目标软件在安装、正常运行过程中所需要的基本软硬件环境(包括计算机的最低硬件配置、操作系统类型及其版本、数据库管理系统、通信协议等);出错处理需求,即当目标软件发现系统犯下了一个错误时所采取的行动。

图 4-1 给出了软件需求各组成部分之间的关系,以理解需求的整体概念。图中的椭圆代表各类需求信息,矩形代表存储这些信息的载体(如文档、图形或数据库)。

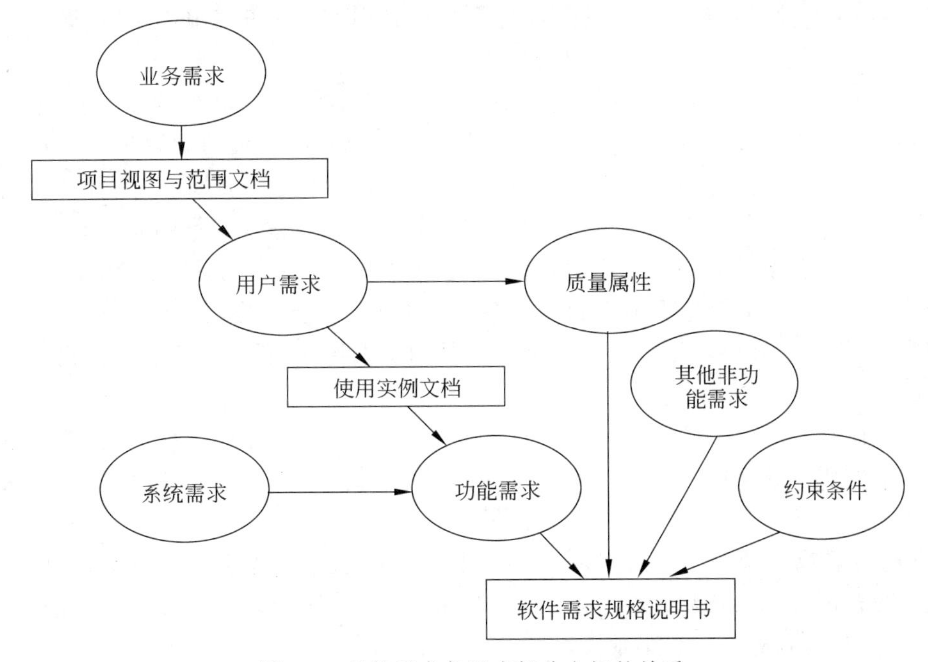

图 4-1 软件需求各组成部分之间的关系

所有的用户需求必须与业务需求一致。分析员可以从用户需求中总结出功能需求,以满足用户对产品的要求,从而完成其任务,而开发者则根据功能需求来设计软件以实现必须的功能。功能需求充分描述了软件系统应具有的外部行为。非功能需求作为功能需求的补充,包括产品必须遵从的标准、规范和合约,外部接口的具体细节,性能要求,设计或实现的约束条件及质量属性。质量属性是通过多种角度对产品的特点进行描述,从而反映产品功能,多角度描述产品对用户和开发者都极为重要。所有的软件需求都集中体现在软件需求规格说明书(Software Requirement Specification,SRS)中。

软件需求不包括(除已知约束外的)设计和实现的细节、项目的计划信息,以及测试信息。把这些内容与需求分开,就可以把需求活动的注意力集中到了解开发小组需要开发的产品特性上。项目中通常还包括其他类型的需求,如开发环境需求,进度或预算限制,帮助新用户跟上进度的培训需求,或者发布产品使其转入支持环境的需求。这些都属于项目需求而不是产品需求，因此不属于软件需求的讨论范围。

【例 4-2】 一个字处理软件的不同类型需求。

业务需求可能是用户能有效地纠正文档中的拼写错误，该产品的包装盒封面上可能会标明这是个满足业务需求的拼写检查器。而对应的用户需求可能是找出文档中的拼写错误，并通过一个提供的替换项列表来供选择替换拼错的词。同时，该拼写检查器还有许多功能需求，如找到并高亮度提示错词的操作；显示提供替换词的对话框以及实现整个文档范围的替换。

2. 软件需求不确定的因素

尽管学术界和产业界对软件需求工程领域开展了大量研究，但遗憾的是，软件需求获取、分析的方法和技术仍然还不成熟，需要分析师必须直面诸多不确定因素甚至风险因素。造成此种软件需求工程困局的主要因素有以下 5 方面。

(1) 沟通障碍。用户可能对业务领域非常熟悉，但对计算机软件不甚了解；软件工程师可能对软件技术如数家珍，但对目标软件系统所处的业务领域的理解仅止于皮毛。二者在知识背景和关注点方面的差异导致其交流困难，误解丛生。此外，用户往往认为软件需求获取工作不属于其职责范围，或者由于业务繁忙而忽视软件需求的获取和评审工作，这种由于用户配合不好而导致的虚假需求、残缺需求加剧了需求工程师的困境。

(2) 深藏不露。不能奢望用户能够完整地表达所有需求。屡见不鲜的是在目标软件系统完成后，用户还在要求添加或更改需求。如何挖掘潜在的、有价值的用户需求是需求工程师面临的主要挑战之一。

(3) 各有所好。不同层面、不同岗位的用户对目标软件系统的视角不同，期望自然也不一样。不同用户甚至同一用户在不同时期提出的需求可能出现逻辑冲突，如何从大量的需求条目中发现冲突，消除冲突，也是比较困难的。

(4) 边界含糊。某条用户需求是否由软件系统来实现，取决于诸多因素，包括人与计算机之间的合理分工以及软件项目的成本、时间约束、合同条款等。因此，如何确定目标软件系统的边界，同样是一个必须面对的棘手问题。

(5) 变更频繁。在软件交付使用之前，用户往往无须为其提出的需求变更付出代价，因此，无论在需求的获取、分析阶段，还是后续的软件设计、实现、测试阶段，都必须由软件开发人员处理需求变更导致的一系列难题，如影响范围的分析、需求质量属性(精确性、一致性、完全性等)的保持、软件配置项的更新等。

有望能够减轻和摆脱上述困局的主要方法：遵循软件需求过程的方法、技术，严格管理需求工程过程所有活动，为软件系统质量提供保证。

4.1.2 软件需求工程过程

20 世纪 80 年代中期，形成了软件工程的子领域——需求工程(Requirements Engineering)。软件需求工程是系统分析人员通过细致的调研分析，准确地理解用户需求，将不规范的需求陈述转化为完整的需求定义，再将需求定义写成需求规约的过程。

1. 软件需求工程的步骤

软件需求工程必须采用合理的步骤，才能准确地获取软件的需求，产生符合要求的软件需求规格说明书。软件需求工程包括需求获取、需求分析、需求定义、需求验证、需求管理5个过程。

1）需求获取

需求获取通常从分析当前系统包含的数据开始。首先分析现实世界，进行现场调查研究，通过与用户的交流，理解当前系统是如何运行的，了解当前系统的机构、输入输出、资源利用情况和日常数据处理过程，并用一个具体模型反映分析人员对当前系统的理解。这就是当前系统物理模型的建立过程。这个模型应客观地反映现实世界的实际情况。

2）需求分析

分析建模的过程就是从当前系统的物理模型中抽象出当前系统的逻辑模型，再利用当前系统的逻辑模型，除去那些非本质的东西，抽象出目标系统逻辑模型的过程，即对目标系统的综合要求及数据要求的分析归纳过程，是需求分析过程中关键的一步。在理解当前系统“怎么做”的基础上，抽取其“做什么”的本质，从而从物理模型中抽象出当前系统的逻辑模型。在物理模型中有许多物理的因素，随着分析工作的深入，需要对物理模型进行分析，区分出本质和非本质的因素，去掉那些非本质的因素，得出反映系统本质的逻辑模型。

分析目标系统与当前系统在逻辑上的差别，从当前系统的逻辑模型导出目标系统的逻辑模型。从分析当前系统与目标系统变化范围的不同，决定目标系统与当前系统在逻辑上的差别；将变化的部分看作是新的处理步骤，并对数据流进行调整；由外向里对变化的部分进行分析，推断其结构，获取目标系统的逻辑模型。

为了使已经得出的模型能够对目标系统做完整的描述，还需要从目标系统的人机界面、尚未详细考虑的细节，以及诸如系统能够满足的性能和限制等其他方面对其加以补充。

3）需求定义

已经确定的目标系统的逻辑模型应当得到清晰准确的描述。描述目标系统的逻辑模型的文档称为软件需求规格说明书。软件需求规格说明书是软件需求分析阶段最主要的文档。同时，为了准确表达用户对软件的输入输出要求，还需要制订数据要求说明书及编写初步的手册，以及目标系统对人机界面和用户使用的具体要求。此外，依据在需求分析阶段对目标系统的进一步分析，可以更准确地估计被开发项目的成本与进度，从而修改、完善并确定软件开发实施计划。

4）需求验证

虽然分析员提供的软件需求规格说明书的初稿看起来可能是正确的，但在实现的过程中却会出现各种各样的问题，如需求不一致问题、二义性问题等。这些都必须通过需求分析的验证、复审来发现，确保软件需求规格说明书可作为软件设计和最终系统验收的依据。这个环节的参与者有用户、管理部门、软件设计人员、编码人员和测试人员等。验证的结果可能会引起修改，必要时要修改软件计划来反映环境的变化。需求验证是软件需求分析任务完成的标志。

5）需求管理

需求管理的目的就是要控制和维持需求事先约定，保证项目开发过程的一致性，使用户得到他们最终想要的产品。需求管理的任务是分析变更影响并控制变更过程，主要包括需求变更控制、需求文档版本控制、需求跟踪和需求风险管理等活动。

2. 软件需求工程的注意事项

分析人员在软件需求工程过程中应当注意如下7个事项。

（1）了解用户的业务及目标。通过与用户交流来获取用户需求，分析人员才能更好地了解业务任务，了解如何才能使产品更好地满足用户的需要。要观察用户是怎样工作的。如果新开发系统是用来替代已有的系统，应了解目前的系统，明白目前系统的工作流程以及可供改进之处。使用符合客户语言习惯的表达，需求讨论应集中于业务需要和任务，要使用业务术语。

（2）要尊重用户的意见。如果与用户之间不能相互理解，关于需求的讨论将会有障碍。参与需求开发过程的客户有权要求开发人员尊重他们并珍惜他们为项目成功所付出的时间。同样，客户也应对开发人员为项目成功这个共同目标所做出的努力表示尊重与感激。

（3）对需求及产品实施提供建议。通常，客户所说的“需求”已是一种实际可能的实施解决方案，分析人员将尽力从这些解决方法中了解真正的业务及其需求，同时还应找出已有系统不适合当前业务之处，以确保产品不会无效或低效。在彻底弄清业务领域内的事情后，要能提出改进方法。有经验且富有创造力的分析人员能提出增加一些用户并未发现的、很有价值的系统特性。

（4）描述产品易使用的特性。在实现功能需求的同时还要注重软件的易用性，这些易用特性或质量属性能使用户更准确、高效地完成任务。例如，用户有时要求产品要“友好”“健壮”或“高效”，但这对于开发人员并无实用价值。分析人员应通过询问和调查了解客户所要的友好、健壮、高效所包含的具体特性。

（5）重用已有的软件组件。可能发现已有的某个软件组件与用户描述的需求很相符，在这种情况下，应提供一些修改需求的选择以便能够在新系统开发中重用一些已有的软件。如果有可重用的机会出现，同时又能调整需求，就能降低成本和节省时间，而不必严格按原有的需求说明开发。

（6）获得满足客户功能和质量要求的系统。每个人都希望项目获得成功。但这不仅要求用户能清晰地说明系统“做什么”所需要的所有信息，而且还要求开发人员能通过交流了解清楚取舍与限制。要想办法了解用户的假设和潜在的期望。

（7）编写软件需求规格说明书。分析人员要把从用户获得的所有信息进行整理，以区分业务需求及规范、功能需求、质量目标、解决方法和其他信息。通过分析就能得到一份软件需求规格说明书，即在开发人员和用户之间针对要开发的产品内容达成了协议。软件需求规格说明书要用易于翻阅和理解的方式组织编写，向用户解释说明其中图表的作用或其他的需求开发工作结果和符号的意义，确保它们准确而完整地表达了用户的需求。

4.2 需求开发与管理

软件需求工程主要包括需求开发和需求管理两方面。需求开发与需求管理是相辅相成的两类活动,它们共同构成完整的需求工程。

4.2.1 需求获取

对于所建议的软件产品,需求获取(Requirement Elicitation)是一个确定和理解不同用户类的需要和限制的过程。需求获取按照确定的计划获取并理解业务领域中的相关概念、事实及用户的需求,在必要时还要说明将这些用户需求作为待建目标软件系统的候选需求和理由。

1. 需求获取的准备

软件需求获取的准备工作包括确定需求参与者、了解需求的来源以及需求内容分析。

(1) 确定需求参与者。软件需求活动的参与者包括来自软件开发方的需求分析师、来自委托方或投资方的客户,以及来自使用方的用户。用户与客户是软件需求的主要来源,需求获取的主要工作就是通过与用户的交流和沟通建立初步的需求工程过程模型。

(2) 了解需求的来源。软件需求的内容可以来自方方面面,这取决于所开发产品的性质和开发环境。其典型来源包括:访问并与有潜力的用户探讨,对目前的或竞争产品的描述,系统需求规格说明被分配到每个软件子系统中系统需求的子集,当前系统的问题报告和增强要求,市场调查和用户问卷调查,对正在工作的用户的观察,用户任务的内容分析等。

(3) 需求内容分析。软件需求的参考内容及说明如表4-1所示。

表 4-1 软件需求的参考内容及说明

参考内容	说　明
功能需求	系统做什么、何时做,以及何时及如何修改或升级
性能需求	技术性指标,如存储容量限制;执行速度、响应时间、吞吐量
环境需求	硬件设备,如机型、外部设备、接口、地点、分布、温度、湿度、磁场干扰等;软件操作系统;网络;数据库
界面需求	是否有来自其他系统的输入和输出;对数据格式是否有规定;对数据存储介质是否有规定
用户的因素	用户类型;各种用户熟练程度;需受的训练;用户理解、使用系统的难度;用户错误操作系统的可能性
文档需求	需要的文档;文档针对的读者

续表

参考内容	说　明
数据需求	输入输出数据的格式;接收、发送数据的频率;数据的准确性和精度;数据流量;数据需保持的时间
资源需求	软件运行时所需的数据、软件;内存空间等资源;软件开发、维护所需的人力、支撑软件、开发设备等
安全保密要求	是否需对访问系统或系统信息加以控制;隔离用户之间的数据的方法;用户程序与其他程序和操作系统隔离的方法;系统备份要求
软件成本消耗与开发进度需求	开发有无规定的时间表;软硬件投资有无限制
质量保证	系统的可靠性要求;系统是否必须监测和隔离错误;规定系统平均出错时间;出错后,重启系统允许的时间;系统变化反映到设计中的方法;维护是否包括对系统的改进;系统的可移植性

2. 需求获取方法

需求获取可能是软件开发中最困难、最关键、最易出错及最需要交流的方面。需求获取只有通过有效的客户、开发者的合作才能成功。

一般软件开发项目有产品项目和工程项目两种类型。产品项目一般是根据软件公司战略和市场需求研发的旨在进行批量出售或推广的项目,一般都会有充足的时间进行细致的需求调研和分析;工程项目一般是根据与用户签订的合同研发的旨在满足特定用户需求的项目,往往受诸多因素的影响,需要花相当大的精力在需求获取和需求确认上。

1）问卷调查法

问卷调查法是指开发方就用户需求中的一些个性化的、需要进一步明确的需求(或问题),通过采用向用户发问卷调查表的方式,达到彻底弄清项目需求的一种需求获取方法。这种方法适合于开发方和用户方都清楚项目需求的情况。因为开发方和用户方都清楚项目的需求,则需要双方进一步沟通的需求(或问题)就比较少,通过采用这种简单的问卷调查方法就能使问题得到较好的解决。

问卷调查法比较简单,侧重点明确,能大大缩短需求获取的时间,减少需求获取的成本,提高工作效率。

2）会议讨论法

会议讨论法是指开发方和用户方召开若干次需求讨论会议,达到彻底弄清项目需求的一种需求获取方法。这种方法适合开发方不清楚项目需求(一般开发方是刚开始做这种业务类型的工程项目),但用户方清楚项目需求的情况。因为用户清楚项目的需求,则用户能准确地表达出他们的需求,而开发方有专业的软件开发经验,对用户提供的需求一般都能准确地描述和把握。

由于开发方不清楚项目需求,因此需要花较多的时间和精力进行需求调研和需求整理工作。

3）界面原型法

界面原型法是指开发方根据自己所了解的用户需求，描画出应用系统的功能界面后与用户进行交流和沟通，通过"界面原型"这一载体，达到双方逐步明确项目需求的一种需求获取的方法。这种方法比较适合开发方和用户方都不清楚项目需求的情况。因为开发方和用户方都不清楚项目需求，因此此时就更需要借助于一定的"载体"来加快对需求的挖掘和双方对需求的理解。在这种情况下，采用"可视化"的界面原型法比较可取。

由于开发方和用户方都不清楚项目需求，因此此时需求获取工作将会比较困难，可能导致的风险也比较大。采用这种"界面原型"的方式，能加速项目需求的"浮现"和双方对需求的一致理解，从而减小由于需求问题可能给项目带来的风险。

4）可运行原型系统法

可运行原型系统法是指开发方根据合同中规定的基本需求，在以往类似项目应用系统的基础上进行少量修改得出一个可运行系统，通过"可运行原型系统"这一载体，达到彻底挖掘项目需求的一种需求获取的方法。这种方法比较适合于开发方清楚项目需求但用户方不清楚项目需求的情况。这种类型的项目，开发方一般都有类似项目的建设经验，因此可以在以往项目的基础上，快速"构建"出一个可运行系统，然后借助于这一"载体"来加快对需求的挖掘和双方(特别是用户方)对需求的理解。在这种情况下，采用"所见即所得"的可运行原型系统法比较可取。

由于开发方清楚用户的需求(证明以前有类似项目的开发经验和产品积累)，但用户方自己不清楚，因此此时开发一个"可运行原型系统"，开发方的投入不会很大，却对用户理解和确认项目需求非常有利，因此针对这种类型的项目是一种比较理想的需求获取方式。

应用可运行原型系统法，正式系统一般可以在该"可运行原型系统"的基础上演化而成，为后续开发工作节省不少的工作量和成本。

3. 重视用户的作用

在软件需求获取过程中，应重视用户的作用，充分调动用户参与的积极性，启发与引导用户做好以下工作。

(1) 为分析人员讲解自己的业务。分析人员要依靠用户讲解的业务概念及术语，但分析人员不是该领域的专家，很可能并不知道那些对用户来说理所当然的"常识"。要求用户真正讲清楚问题和目标。

(2) 抽出时间说明并完善需求。客户有义务抽出时间参与"头脑风暴"会议的讨论、接受采访或其他获取需求的活动。有时分析人员可能先以为明白了用户的观点，而过后发现还需要进一步了解。这时，要求用户耐心对待需求和需求的精化工作过程中的反复。

(3) 准确而详细地说明需求。由于处理细节问题不但烦琐而且又耗时，很容易留下模糊不清的需求。但是，在开发过程中，必须解决这种模糊性和不准确性。要求用户尽量将每项需求的内容阐述清楚，以便分析人员能准确地将其写入软件需求规格说明书中。如果一时不能准确表述，允许逐步获取准确信息。通常使用原型技术，通过建立开发原型，用户同开发人员一起反复修改，不断完善需求定义。

(4) 及时地做出决定。对于来自多个用户提出的处理方法或在质量特性冲突和信息准确度中选择折中方案等,分析人员会要求用户做出一些选择和决定。有权做出决定的用户必须积极地对待这一切,尽快做处理和决定。开发人员通常只有等用户做出了决定才能行动,而这种等待会延误项目的进展。

(5) 尊重开发人员的需求可行性及成本评估。所有的软件功能都有其成本价格,开发人员最适合预算这些成本。用户所希望的某些产品特性可能在技术上行不通,或者实现它要付出极为高昂的代价。而某些需求试图在操作环境中要求不可能达到的性能或试图得到一些根本得不到的数据,开发人员会对此做出负面的评价意见,用户应该尊重他们的意见。有时,用户可以重新给出一个在技术上可行、实现上便宜的需求,例如,要求某个行为在“瞬间”发生是不可行的,但换种更具体的时间需求说法,这就可以实现了。

(6) 划分需求优先级别。大多数项目没有足够的时间或资源来实现功能性的每个细节。决定哪些特性是必要的,哪些是重要的,哪些是好的,是需求开发的主要部分。只能由用户来负责设定需求优先级。开发人员将为用户确定优先级提供有关每个需求的花费和风险的信息。在时间和资源限制下,关于所需特性能否完成或完成多少应该尊重开发人员的意见。业务决策有时不得不依据优先级来缩小项目范围或延长工期,或增加资源,或在质量上寻找折中。

(7) 评审需求文档和原型。无论是正式的还是非正式的方式,对需求文档进行评审都会对软件质量提高有所帮助。让用户参与评审才能真正鉴别需求文档是否完整,正确说明了期望的必要特性。评审也给用户提供一个机会,给需求分析人员带来反馈信息以改进他们的工作。如果用户认为编写的需求文档不够准确,应当尽早告诉分析人员并为改进提供建议。通过阅读需求规格说明书,很难想象实际的软件是什么样子的。较好的方法是先为产品开发一个原型,这样就能提供更有价值的信息给开发人员,更好地理解用户的需求。

(8) 需求出现变更要马上联系。不断的需求变更会给在预定计划内完成高质量产品带来严重的负面影响。变更是不可避免的,但在软件开发周期中变更越在晚期出现,其影响越大。变更不仅会导致代价极高的返工,而且工期也会被迫延误,特别是在大体结构已完成后又需要增加新特性时。所以用户一旦发现需要变更需求时,要立即通知分析人员。

(9) 遵照开发人员处理需求变更的过程。为了将变更带来的负面影响减少到最低限度,所有的参与者必须遵照项目的变更控制过程。这要求不放弃所有提出的变更,对每项要求的变更进行分析、综合考虑,最后做出合适的决策以确定将某些变更引入项目中。

(10) 尊重开发人员采用的需求工程过程。软件开发中最具挑战性的莫过于收集需求并确定其正确性。如果用户理解并支持分析人员为收集、编写需求文档和确保其质量所采用的技术,整个过程将会更为顺利。

系统分析人员在开发过程中可能会遇到这样的问题,一些用户不愿意积极参与需求过程,而缺少用户参与将很可能导致不理想的产品。故一定要确保需求开发中的主要参与者都了解并接受他们的义务。如果遇到分歧,通过协商以达成对各自义务的相互理解,这样能减少今后的摩擦。

4.2.2 需求分析

需求分析(Requirement Analysis)是软件计划阶段的重要活动,也是软件生存周期中的一个重要环节,该阶段是分析系统在功能上需要"实现什么",而不是考虑"如何去实现"。

需求分析的目标是把用户对待开发软件提出的"要求"或"需要"进行分析与整理,确认后形成描述完整、清晰与规范的文档,确定软件需要实现哪些功能,完成哪些工作。此外,软件的一些非功能性需求(如软件性能、可靠性、响应时间、可扩展性等),软件设计的约束条件,运行时与其他软件的关系等也是软件需求分析的目标。

1. 需求分析的实现步骤

由于需求分析方法不同,描述形式不同。图 4-2 描述了需求分析一般的实现步骤。

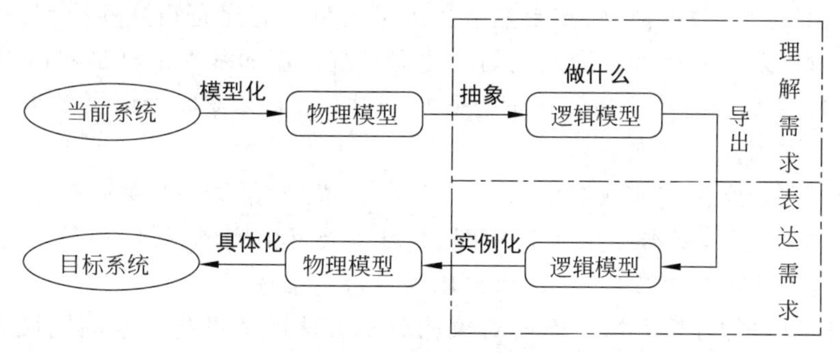

图 4-2 需求分析的实现步骤

(1) 获得当前系统的物理模型。物理模型是对当前系统的真实写照,可能是一个由人工操作的过程,也可能是一个已有的但需要改进的计算机系统。首先是要对现行系统进行分析、理解,了解它的组织情况、数据流向、输入输出,资源利用情况等,在分析的基础进行模型化,从而获得当前系统的物理模型。

(2) 抽象出当前系统的逻辑模型。逻辑模型是在物理模型的基础上,通过抽象去掉一些次要的因素,建立起反映系统本质的逻辑模型。

(3) 导出目标系统的逻辑模型。分析目标系统与当前系统在逻辑上的区别,在理解需求的基础上,对目标系统进行补充完善,导出符合用户需求的目标系统的逻辑模型。

(4) 建立目标系统的物理模型。针对目标系统的逻辑模型,在后续工作阶段对逻辑模型实例化,建立目标系统的物理模型,进而实现目标系统。

2. 需求分析方法

从开发过程及特点出发,软件开发一般采用软件生存周期的开发方法,有时采用开发原型以帮助了解用户需求。在软件分析与设计时,自上而下由全局出发全面规划分析,然后逐步设计实现。

从系统分析出发,可将需求分析方法分为功能分解方法、结构化分析方法、信息建模法和面向对象的分析方法。

(1) 功能分解方法。功能分解方法是将新系统作为多功能模块的组合,各功能又可分解为若干子功能及接口,子功能再继续分解。便可得到系统的雏形,即功能分解——功能、子功能、功能接口。

(2) 结构化分析方法。结构化分析方法是一种从问题空间到某种表示的映射方法,是结构化方法中重要且被普遍接受的表示系统,由数据流图和数据字典构成并表示。此分析方法又称为数据流法,其基本策略是跟踪数据流,即研究问题域中数据流动方式及在各个环节上所进行的处理,从而发现数据流和加工。结构化分析可定义为数据流、数据处理或加工、数据存储、端点、处理说明和数据字典。

(3) 信息建模方法。信息建模方法从数据角度对现实世界建立模型。大型软件较复杂,很难直接对其分析和设计,常借助模型。模型是开发中的常用工具,系统包括数据处理、事务管理和决策支持。实质上,也可看成由一系列有序模型构成,其有序模型通常为功能模型、信息模型、数据模型、控制模型和决策模型。有序是指这些模型是分别在系统的不同开发阶段及开发层次一同建立的。建立系统常用的基本工具是实体-联系(Entity-Relation,E-R)图。经过改进后称为信息建模方法,后来又发展为语义数据建模方法,并引入了许多面向对象的特点。

信息建模可定义为实体或对象、属性、关系、父类型/子类型和关联对象。此方法的核心概念是实体和关系,基本工具是 E-R 图,其基本要素由实体、属性和联系构成。该方法的基本策略是从现实中找出实体,然后再用属性进行描述。

(4) 面向对象的分析方法。面向对象的分析方法的关键是识别问题域内的对象,分析它们之间的关系,并建立三类模型,即对象模型、动态模型和功能模型。面向对象主要考虑类或对象、结构与连接、继承和封装、消息通信,只表示面向对象的分析中几项最重要特征。类的对象是对问题域中事物的完整映射,包括事物的数据特征(即属性)和行为特征(即服务)。

4.2.3 需求定义

需求定义就是在需求分析的基础上,客户和开发小组对将要开发的目标系统的逻辑模型进行清晰准确地描述,达成一致的协议,这一协议就是文档化的软件需求规格说明书。软件需求规格说明书的编制是为了使用户和软件开发者双方对软件的初始规定有一个共同的理解,使其成为整个软件开发工作的基础。

1. 软件需求规格说明书

软件需求规格说明书反映需要开发阶段调查与分析的全部情况,对前期工作做全面总结,是下一步软件设计与实现的纲领性文件。软件需求规格说明书的基本内容主要包括以下 4 部分。

(1) 引言。说明软件项目的名称、目标和主要功能;项目的承担者、用户及与其他系统或机构的关系;注明引用的资料及术语定义解释。

(2)现行系统概况。当前系统流程和概况图表及说明,包括当前系统的规模、界限、主要功能、组织结构、业务流程、数据流程和数据存储及存在的薄弱环节等。特别要注意说明当前系统存在的主要问题和用户的要求等。

(3)目标系统逻辑设计。根据企业的需求,提出更加明确和具体的目标。建立目标系统逻辑模型:各个层次的数据流图、概况表、数据字典、处理逻辑及其他有关的图表和说明。与当前系统比较,在各种处理功能上的加强和扩充,重点阐述目标系统相应处理的优越性。对系统数据进行分析,并初步确定有关数据流和数据存储的数据结构与容量。

根据条件,目标系统逻辑设计方案若有暂时无法满足的某些用户的要求或设想,则应该提出以后解决的措施和方法。

(4)系统设计与实施的初步计划。根据资源及其他条件,确定软件子系统开发的优先顺序,在此基础上分解工作任务,具体落实。提出时间进度安排、资源利用及对开发费用的预估。

2. 衡量软件需求的标准

为提高软件需求规格说明书的质量,可参考如下8个衡量软件需求的标准。

(1)正确性。软件需求规格说明书中的需求描述,首先必须是能正确代表用户提出的针对目标软件系统的合理要求,即需求与用户保持一致。

(2)无歧义性。对于需求表达,软件设计人员在保证数据流图、数据字典等正确的基础上还应使其没有任何歧义,即对软件工程术语的语义解释是唯一的、统一的。

(3)完整性。需求同样必须是完整的,不能遗漏任何用户的合理需求。它应该包括功能、性能、运行、出错处理、接口等各种需求。

(4)可验证性。可验证性是需求是否可行的表示,即在经济、技术、法律均可行的前提下,每条需求都可以得到验证和确认。

(5)一致性。需求描述在软件需求规格说明书中前后必须保持一致,各种命名应该统一。

(6)可理解性。软件需求规格说明书应该清晰、可读、便于理解。它是软件开发者与用户、软件分析人员与软件设计、软件测试人员联系的纽带,故对需求的描述不能太专业,应多使用图、表的直观形式来表达需求,提高软件需求的可理解性。

(7)可修改性。需求描述在软件需求规格说明书中的组织,应该保证对其进行修改所引起的软件需求规格说明书的变更最小。

(8)可追踪性。软件需求规格说明书必须将分析获取的需求与用户原始的需求准确地联系在一起,即每一项需求都有自己的源头。

4.2.4 需求验证

需求分析完成后必须对其结果进行验证和评估,以保证其正确性。需求验证的目标是,确保软件需求规格说明书的真实、准确、全面地反映用户的所有需求。为达此目标,软件项目的利益者必须参与需求验证活动，通过文档评审活动检查需求描述的一致性、完全性、精确性、可行性、可测试性等质量属性，并在相关者之间就软件需求达成一致。

1. 主要步骤

软件需求验证活动的输入是软件需求规格说明书。需求验证的主要步骤如下。

(1) 需求评审。对需求文档进行正式审查是保证软件质量的有效方法。组织一个由不同代表(如分析人员、客户、设计人员、测试人员)组成的小组，对需求规格说明及相关模型进行仔细的检查。另外，在需求开发期间所做的非正式评审也是有所裨益的。

需求评审的主要关注点：需求的质量属性、需求项实现的风险评估、需求优先级设定的合理性以及是否存在无来源的需求项。

(2) 问题整理与求解。记录需求评审过程中发现的问题(缺陷)并将其文档化，将此文档置于配置管理的控制下。针对每个问题安排责任人和改正时间，由责任人修改软件需求规格说明书。

(3) 达成一致。所有软件利益相关者，尤其是用户(客户)与软件开发方之间，就是否通过修改后的软件需求规格说明书的评审达成一致。通过评审的软件需求规格说明书将成为用户与软件开发方之间协议的一部分。

(4) 通过验证。将修改后的软件需求规格说明书置于配置管理控制下。通过评审的软件需求规格说明书是整个需求工作阶段的最终输出，将成为软件设计、实现和测试活动的主要依据。

【例 4-3】 本例说明需求验证的重要性。如果在后续的开发或当系统投入使用时才发现需求文档中的错误，就会导致更大代价的返工。由需求问题而对系统做变更的成本比修改设计或代码错误的成本要大得多。假设需求阶段引入 1 个错误的需求(假设纠正成本 100 元)，设计时对这个需求需要 5～10 条设计实现(纠正成本为 100 元×10＝1 000 元)，1 条设计需要 5～10 条程序(纠正成本为 100 元×10×10＝10 000 元)，1 条程序需要 3～5 种测试组合测试(纠正成本为 100 元×10×10×5＝50 000 元)。

2. 评价标准

如何验证软件需求规格说明书，不同的软件工程规范都有自己的一套标准。美国国家航空和航天局软件工程实验室开发的常用国际软件工程规范对软件需求过程的评价标准是清晰、完整、一致和可测试。

(1) 清晰。目前大多数的需求分析采用的仍然是自然语言，自然语言对需求分析最大的弊病就是它的二义性，所以开发人员需要对需求分析中采用的语言做某些限制。例如，尽量采用“主语＋动作”的简单表达方式。需求分析中的描述一定要简单，不要采用疑问句、修饰这些复杂的表达方式。除了语言的二义性之外，注意不要使用计算机术语。需求分析最重要的是与用户沟通，可是用户多半不是计算机的专业人士，如果在需求分析中使用了计算机术语，就会造成用户理解上的困难。

(2) 完整。需求的完整性是非常重要的，如果有遗漏需求，则不得不返工，在软件开发过程中，最糟糕的事情莫过于在软件开发接近完成时发现遗漏了一项需求。但实际情况是,需求的遗漏是常发生的事情,这不仅仅是开发人员的问题,更多发生在用户。要做到需求的完整性是很艰难的一件事情,它涉及需求分析过程的各方面,贯穿整个过程,从最初的需求计划制订到最后的需求评审。

(3) 一致性。一致性是指用户需求必须和业务需求一致,功能需求必须和用户需求一致。在需求过程中,开发人员需要把一致性关系进行细化,例如,用户需求不能超出预前指定的范围。严格的遵守不同层次间的一致性关系,就可以保证最后开发出来的软件系统不会偏离最初的实现目标。

(4) 可测试。一个项目的测试实际上是从需求分析过程就开始的,因为需求是测试计划的输入和参照。这就要求需求分析是可测试的,只有系统的所有需求都是可以被测试的,才能够保证软件始终围绕着用户的需要,保证软件系统是成功的。

【例 4-4】 以下描述哪些属于不精确的用户需求描述?如果不精确,应如何改正?

(1) 系统应表现出良好的响应速度。

(2) 系统必须用菜单驱动。

(3) 在数据录入界面,应该有 10 个按钮。

(4) 系统运行时占用的内存不得超过 64GB。

(5) 电梯应平稳运行。

(6) 即使系统崩溃,也不能损坏用户数据。

答:(1)不精确,应指出具体项目和响应时间。

(2) 必须不精确,因系统还可以用其他方式驱动。

(3) 不精确,因过于细致,限制了设计的自由度。

(4) 仅是一个约束条件。

(5) 不精确,应指出加速、减速、运行速度的大小。

(6) 不精确,因为这是一个难以保证的用户需求。

3. 需求评审

对工作产品的评审有两类方式:一类是正式技术评审,也称同行评审;另一类是非正式技术评审。对于任何重要的工作产品,都应该至少执行一次正式技术评审。在进行正式技术评审前,需要有人员对其要进行评审的工作产品把关,确认其是否具备进入评审的初步条件。

需求评审的规程与其他重要工作产品(如系统设计文档、源代码)的评审规程非常相似,主要区别在于评审人员的组成不同。前者由开发方和用户方的代表共同组成,而后者通常来源于开发方内部。

如何做好需求评审工作,业内人士总结一些经验,如分层次评审,正式评审与非正式评审相结合,分阶段评审,精心挑选评审人员,对评审人员进行培训,充分利用需求评审检查单,建立标准的评审流程,做好评审后的跟踪工作,充分准备评审。

4. 需求测试

在许多项目中,软件测试是一项后期的开发活动。与需求相关的问题总是依附在软件产品中，直到通过系统测试或经用户运行才可能最终发现它们。而事实上，软件测试应该从需求定义开始，如果在开发过程早期就开始制订测试计划和进行测试用例的设计，就可以在发生错误时立即检测到并纠正它。这样，就可以防止这些错误进一步“放大”，并且可以减少测试和维护费用。

实际上，需求开发阶段不可能有真正意义上的测试进行，因为还没有可执行的系统，需求测试仅仅是基于文本需求进行“概念”上的测试。然而，以功能需求为基础或者从用例派生出来的测试用例，可以使项目相关人员更清楚地了解行为。通常意义上，概念测试用例来源于用户需求。重点反映用例(或功能需求条目)的描述，完全独立于实现，仅仅是概念上的描述测试脚本。

对于系统的功能需求，也可以用快速实现工具建立界面原型，用户通过原型的操作来确定需求是否与期望相同。对于那些不合理的需求，测试人员要能够分辨出来，并与用户核对，以确定用户的真实需求。从此角度看，需求测试是由需求测试人员和用户共同来执行的。

4.2.5 需求管理

需求管理主要包括需求变更控制、需求文档版本控制、需求跟踪和需求风险管理等活动。

1. 需求变更控制

需求变更是因为需求发生变化，如果在软件需求规格说明书经过论证以后，需要在原有需求基础上追加和补充新的需求或对原有需求进行修改和削减，均属于需求变更。

需求变更的出现主要是因为在项目的需求确定阶段，用户往往不能确切地定义自己需要什么。用户常常以为自己清楚，但实际上他们提出的需求只是依据当前的工作所需，而采用的新设备、新技术通常会改变他们的工作方式；或者要开发的系统对用户也是个未知数，他们以前没有过相关的使用经验。随着开发工作的不断进展，系统开始展现功能的雏形，用户对系统的了解也逐步深入。于是，他们可能会想到各种新的功能和特色，或对以前提出的要求进行改动。他们了解得越多，新的要求也就越多，需求变更因此不可避免地一次又一次出现。

这时，如果开发团队缺少明确的需求变更控制过程或采用的变更控制机制无效，抑或不按变更控制流程来管理需求变更，那么很可能造成项目进度拖延、成本不足、人力紧缺，甚至导致整个项目失败。当然，即使按照需求变更控制流程进行管理，由于受进度、成本等因素的制约，软件质量还是会受到不同程度的影响。但实施严格的软件需求管理会最大限度地控制需求变更给软件质量造成的负面影响，这也正是进行需求变更管理的目的所在。

【例 4-5】 软件项目需求的确在不断变化，但变化所产生的影响是根据变化提出的时间不同而不同的。需求变化对变更成本的影响如图 4-3 所示，图中的 x 表示成本的倍数。

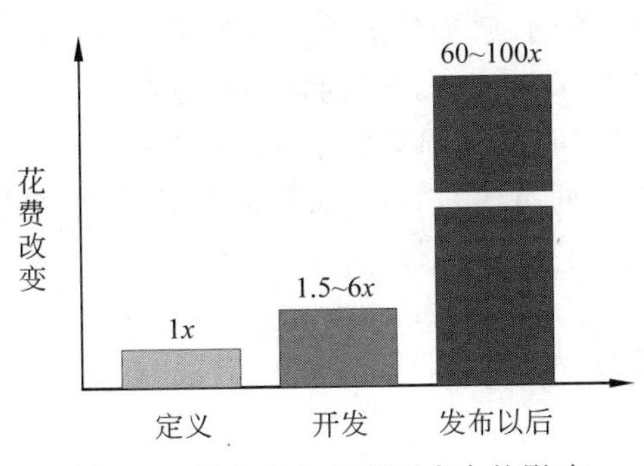

图 4-3 需求变化对变更成本的影响

实施需求变更管理需要遵循以下 5 个原则。

(1) 需求基线。需求基线是需求变更的依据。在开发过程中,需求确定并经过评审后(用户参与评审),可以建立第一个需求基线。此后每次变更并经过评审后,都要重新确定新的需求基线。

(2) 变更控制流程。制订简单、有效的变更控制流程,并形成文档。在建立了需求基线后提出的所有变更都必须遵循这个控制流程进行控制。同时,这个流程具有一定的普遍性,对以后的项目开发和其他项目都有借鉴作用。

(3) 项目变更组织。成立项目变更控制委员会(CCB)或相关职能的类似组织,负责裁定接受变更请求。项目变更控制委员会由项目所涉及的多方人员共同组成,应该包括用户方和开发方的决策人员。

(4) 需求变更过程。需求变更一定要先申请再评估,最后经过与变更大小相当级别的评审确认。需求变更后,受影响的软件计划、产品、活动都要进行相应的变更,以保持与更新的需求一致。

(5) 变更文档。妥善保存变更产生的相关文档。

2. 需求文档版本控制

需求文档版本混乱造成的灾害主要体现在资源的浪费上,很多软件团体中经常发生开发组花费时日改进了一项功能,却发现整项功能已经取消,发生错误原因是因为开发组没有拿到最新的需求文档。需求文档版本控制包括两方面:保证每个人得到的是最新的版本以及记录需求的历史版本。

版本控制的最简单方法是在每个公布的需求文档的版本应该包括一个修正版本的历史情况,即已做变更的内容、变更日期、变更人的姓名以及变更的原因并根据标准约定手工标记软件需求规格说明书的每次修改。

3. 需求跟踪

需求跟踪提供了一个表明与用户软件需求规格说明书、概要设计、详细设计一致的方法。需求跟踪可以改善产品质量,降低维护成本,而且很容易实现重用。

需求跟踪的一种通用的方法是采用需求跟踪矩阵。需求跟踪矩阵并没有规定的实现办法，每个团体注重的方面不同，所创建的需求跟踪矩阵也不同，只要能够保证需求链的一致性和状态的跟踪就达到了目的。它的前提条件是将在需求链中各个过程的元素加以编号，例如，需求的实例号、设计的实例号、编码的实例号、测试的实例号。它们的关系都是一对一和一对多的关系。通过编号，可以使用数据库进行管理，需求的变化能够立刻体现在整条需求链的变化上。

4.3 面向数据流的需求分析

面向数据流的分析方法（Dataflow-Oriented Analysis Method）是一种结构化分析方法（Structured Analysis，SA），是面向数据流的自顶向下求精法。结构化分析方法的核心思想是“自顶向下，逐步细化”，采用数据流图（Data Flow Diagram）分层地描述软件在不同抽象层次的逻辑表示，然后在软件设计中将软件划分为若干程序模块，并相互组织在一起完成所需要的软件功能。

4.3.1 数据建模

为了将用户的数据要求清楚、准确地表达出来，系统分析人员通常建立一个概念性的数据模型（也称为信息模型）。概念性数据模型是一种面向问题的数据模型，是按照用户的观点对数据建立的模型。它描述了从用户角度看到的数据，反映用户的现实环境，而且与软件系统中的实现方法无关。

1. 数据对象、属性与联系

数据建模包括 3 种互相关联的信息，即数据对象、描述对象的属性以及描述对象间相互连接的联系。

1）数据对象

数据对象是现实世界中实体的数据侧面，或者说，数据对象是现实世界中省略了功能和行为的实体。数据对象可以是外部实体（如产生或使用信息的任何事物）、事物（如报表）、角色（如教师、学生）、行为（如一个电话呼叫）或事件（如响警报）、单位（如会计科）、地点（如仓库）或结构（如文件）等。总之，可以由一组属性来定义的实体都可以被认为是数据对象。

2）属性

数据对象的特征由其属性定义。通常，属性包括命名性属性、描述性属性和引用性属性。一般而言，现实世界中任何给定实体都具有许许多多的属性，分析人员只能考虑与应用问题相关的属性，应该根据对所要解决的问题的理解，来确定特定数据对象的一组合适的属性。在定义数据对象时，必须把一个或多个属性定义为标识符，即当人们希望找到数据的一个实例时，用标识符属性作为关键字。

3）联系

应用问题中的任何数据对象都不是孤立的，它们与其他数据对象一定存在各种形式的关联。数据对象彼此之间相互连接的方式称为联系,也称为关系。联系可分为以下 3 种类型。

(1) 一对一联系(1∶1)。例如,一个部门有一个经理,而每个经理只在一个部门任职,则部门与经理的联系是一对一的。

(2) 一对多联系(1∶N)。例如,某校教师与课程之间存在一对多的联系“教”,即每位教师可以教多门课程,但是每门课程只能由一位教师来教。

(3) 多对多联系(M∶N)。例如,学生与课程间的联系“学”是多对多的,即一个学生可以学多门课程,而每门课程可以有多个学生来学。

2. 实体-联系图

实体-联系(E-R)图是表示数据对象及其关系的图形语言机制。数据对象及其联系可用 E-R 图表示。数据对象用长方形表示,联系用菱形表示。

【例 4-6】 图 4-4 为职工属性及职工聘任职称的实体-联系图,其中职工号、姓名、年龄、职称为职工的属性;职工、职称为数据对象(实体),聘任为职工与职称间的联系。

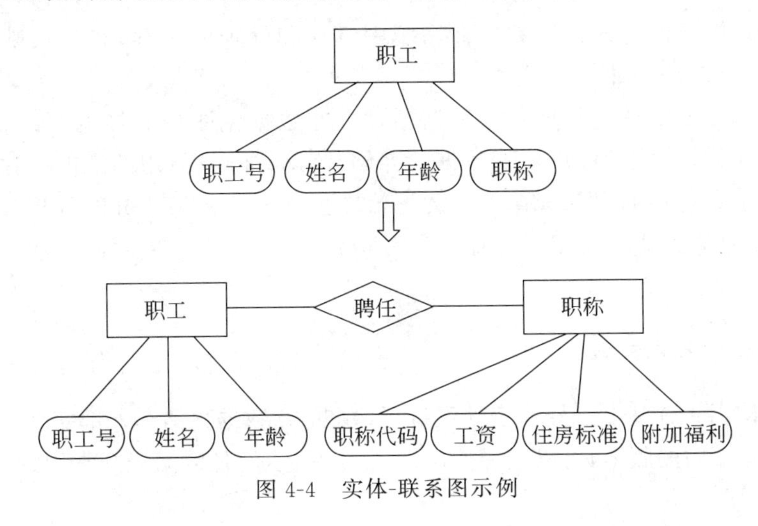

图 4-4 实体-联系图示例

3. 数据规范化

软件系统经常使用各种长期保存的信息,这些信息通常以一定方式组织并存储,为减少数据冗余,避免出现插入异常或删除异常,简化修改数据的过程,通常需要把数据结构化。

建立数据模型的规范化规则,应确保一致性并消除冗余,规则如下。

(1) 数据对象的任何实例对每个属性必须有且仅有一个属性值。

(2) 属性是原子数据项,不能包含内部数据结构。

(3) 如果数据对象的关键属性多于一个,其他的非关键属性必须表示整个数据对象而不是部分关键属性的特征。

(4) 所有的非关键属性必须表示整个对象而不是部分属性的特征。

【例 4-7】 在汽车销售管理问题中，汽车的属性可能有制造商、型号、标识码、车体类型、颜色和购车者。“制造商”与“汽车”之间存在“生产”关系，“购车者”与“汽车”之间存在“购买”关系。

在“汽车”数据对象中增加“经销商”属性并将其与标识码一起作为关键属性。如再添加“经销商地址”属性就违背了规则(3)。因其仅仅是“经销商”的特征，它与汽车的“标识码”无关。在“汽车”数据对象中，增加“油漆名称”属性，就违背了规则(4)，因为它仅仅与“颜色”有关，而不是整个“汽车”的特征。

4.3.2 功能建模

功能建模的思想是用抽象模型的概念，按照软件内部数据传递、变换的关系，自顶向下逐层分解，直到找到满足功能要求的所有可实现的软件为止。功能模型使用数据流图表达系统内数据的运动情况，而数据流的变换则可用结构化英语、判定表与判定树来描述。

数据流图以图形的方式描绘数据在系统中流动和处理的过程，它只反映系统必须完成的逻辑功能，所以是一种功能模型。

数据流图的主要特征是其抽象性和概括性。在数据流图中具体的组织机构、工作场所、人员、物质流等都已去掉，只剩下数据的存储、流动、加工、使用的情况。这种抽象性能使我们总结出信息处理的内部规律性。数据流图把系统对各种业务的处理过程联系起来考虑，形成一个总体。业务流图只能孤立地分析各个业务，不能反映出各业务之间的数据关系。

1. 数据流图的基本成分

数据流图使用 4 种基本符号代表处理过程、数据流、数据存储和外部实体。数据流图所用的符号形状有不同的版本，可以选择使用。图 4-5 所示的是数据流图常用的两个版本。

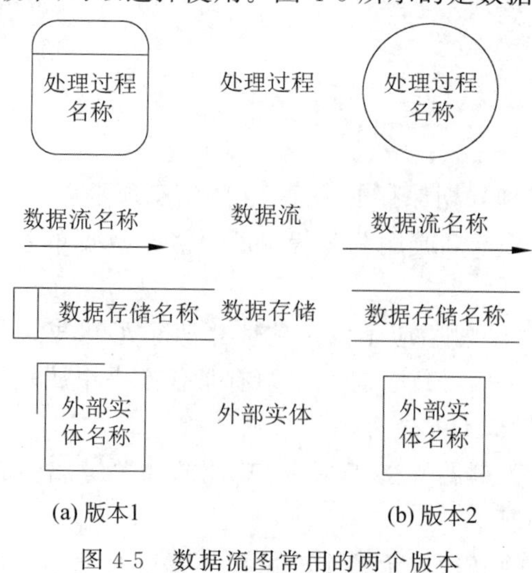

图 4-5 数据流图常用的两个版本

1）处理过程

处理过程(Process)是对数据进行变换操作，即把流向它的数据进行一定的变换处理，产生出新的数据。处理过程的名称应适当反映该处理的含义，使其容易理解。每个处理过程的编号说明该处理过程在层次分解中的位置。

处理过程对数据的操作主要有两种：一种是变换数据的结构，如将数据的格式重新排列；另一种是在原有数据内容基础上产生新的数据内容，如对数据进行累计或求平均值等。

在数据流图中，处理过程好像一个暗箱，只显示过程的输入输出和总的功能，但隐藏了细节。处理功能必须有输入输出的数据流，可有若干个输入输出的数据流。但不能只有输入数据流而没有输出数据流，或只有输出的数据流而没有输入数据流的处理过程。

2）数据流

数据流(Data Flow)是一束按特定的方向从源点流到终点的数据，它指明了数据及其流动方向。数据流是数据载体的表现形式，如信件、票据，也可以是电话等。数据流可以由某个外部实体产生，也可以由处理过程或数据存储产生。对每条数据流都要给予简单的描述，以便用户和系统设计人员能够理解它的含义。

数据流的种类很多，图4-6表示的是不同的数据流。数据流不能从外部实体到外部实体；不能从数据存储直接到外部实体或从外部实体直接到数据存储；也不能从数据存储到数据存储，中间必须经过数据处理。

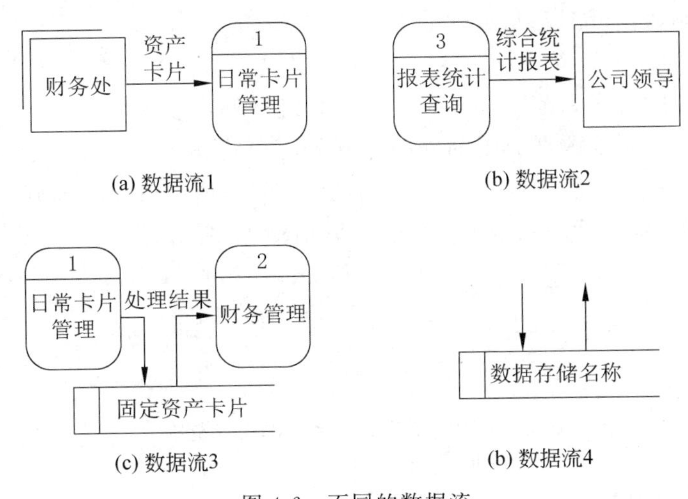

图4-6　不同的数据流

3）数据存储

数据存储(Data Store)不是指数据保存的物理存储介质，而是指数据存储的逻辑描述。数据存储的命名要适当，以便用户理解。为区别与引用，除了名称外，数据存储可另加一个标识，一般用英文字母D和数字表示。为避免数据流线条的交叉，如果在一张图中会出现同样的数据存储，可在重复出现的数据存储符号前再加一条竖线。

指向数据存储的箭头表示将数据存到数据存储中，从数据存储发出的箭头表示从数据存储中读取数据。数据存储可在系统中起“邮政信箱”的作用，为了避免处理之间有直接的箭头联系,可通过数据存储发生联系,这样可以提高每个处理功能的独立性,减少系统的重复性,图4-6(c)中固定资产卡片就起着"邮政信箱"的作用。

4)外部实体

外部实体(External Entity)是指在所研究系统外独立于系统而存在的,但又和系统有联系的实体,可以是某个人员、企业、某个信息系统或某种事物,是系统的数据来源或数据去向。确定系统的外部实体,实际上就是明确系统与外部环境之间的界限,从而确定系统的范围。

2. 数据流图的绘制

最初的数据流图应该真实地描绘用户当前的数据处理情况,系统分析人员要将他在用户中所看到的、听到的事实如实画出来。用户目前正在使用的参数、图形、表格等资料就是数据流或数据存储;用户目前正在做的工作,如设计、图件的绘制等就是处理;其名称采用用户习惯使用的名字。在刚开始时只要将实际情况真实地反映出来,而不要急于考虑系统如何实现。

由于习惯不同,不同的系统分析人员往往采取不同的数据流图绘制方法,但是基本都遵循相同的原则,即同层次由外向里、不同层次自顶向下。

在绘制数据流图时,首先画出系统的输入数据流和输出数据流,即先决定系统的范围,再考虑系统的内部。同样,对每个处理,也是先画出它们的输入输出数据流,再考虑该处理的内部。绘制数据流图基本步骤如下。

1)确定系统的基本元素,画出系统的源点和终点

决定系统研究的内容和范围,向用户了解"系统从外界接受什么信息和数据""系统向外界送出什么数据",画出数据流图的外围。开始可以将系统的范围画得大些,即把可能的输入输出都画进去。然后仔细分析,删除多余的部分,增添遗漏的部分。

【例4-8】 固定资产管理系统的研究范围,如图4-7所示。

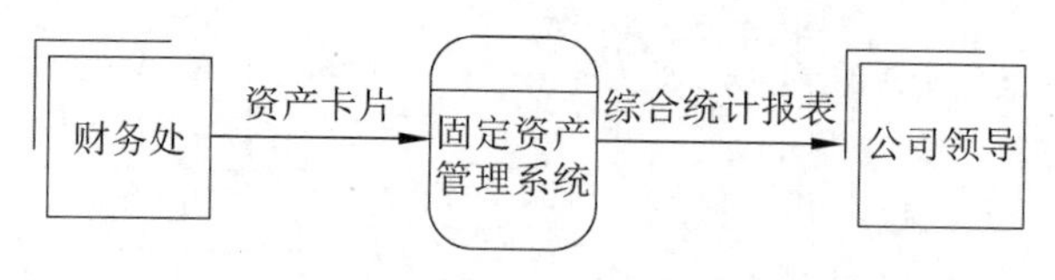

图4-7 固定资产管理系统的研究范围

2)画数据流图的内部

一开始不考虑事物应当如何出现,只反映实际情况。首先,找出数据流,如果有一组数据一起到达,并一起处理,则应将这些数据画成一个数据流;反之,对不相关的数据,则应分成不同的数据流。找出数据流后,设法将它们与边界系统的输入输出数据流连接起来,在需要对数据进行处理的地方画上处理过程。从只代表整个系统从输入到输出的数据流中的少量处理过程开始构造数据流图。其次,再考虑每个处理过程中是否存在内部的数据流,是否需要用几个处理过程及数据流来替换它。每个数据流应检查它的组成,来自何处,能否从输入项得到输出项。如果有数据存储,应画出相应的图示,并了解其组成

及输入输出，从而可以对每个处理过程进行改进，描述其处理过程中的细节。需要注意的是，为了使数据流图清晰且易于理解，当同一个数据存储多次出现时，可以根据需要把它绘制在图中多处。最后，反复修改边界，删除多余的处理过程和数据流，补上遗漏的处理过程和数据流。

【例 4-9】 图 4-7 的固定资产管理系统关联图可以分解为图 4-8 所示的数据流图。

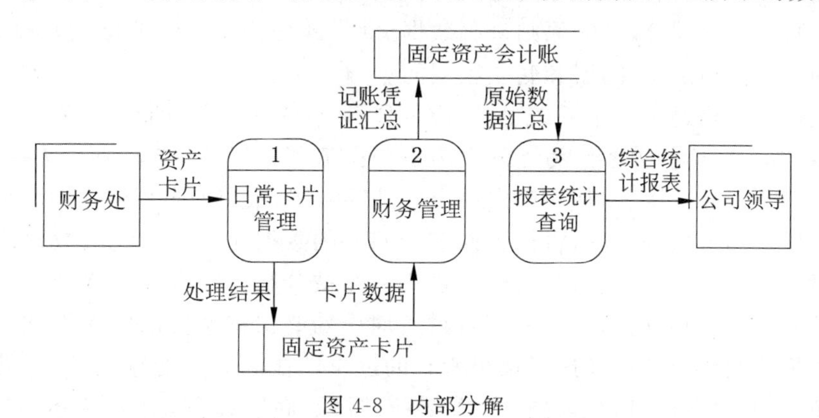

图 4-8 内部分解

3）为数据流命名

数据流的命名影响着数据流图的可理解性。为数据流命名时应避免使用空洞的名字，如“数据”“信息”“输出”等，因为这些名字并没有反映出任何实质性的内容。如果发现难以为数据流命名，则可能该数据流分得不合理，要考虑重新分解数据流或处理过程。名字要反映整个数据流的含义，而不是其中某个部分。

4）为处理过程命名

先命名数据流，再命名处理过程，这样的次序反映了“自上而下”方法的特性。

【例 4-10】 图 4-9(a)中，当数据流已经命名后，处理过程 P 的命名可以自然地给予“卡片分类处理”；而图 4-9(b)中处理过程已命名，但无法为几个数据流命名。

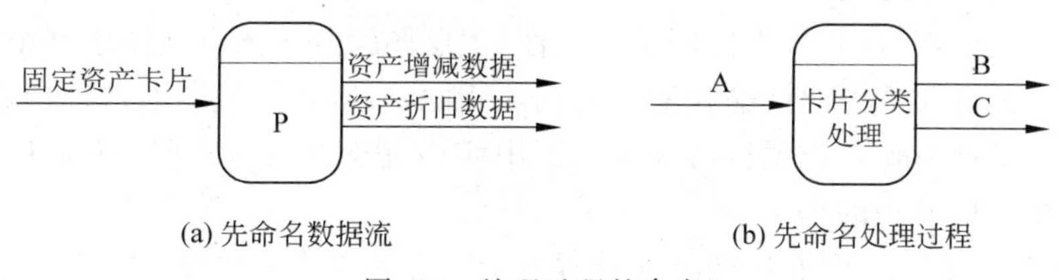

图 4-9 处理过程的命名

为处理过程命名时，其名称要反映整个处理过程，而不是它的一部分。遇到不能适当命名的处理过程，要考虑重新分解。名字中只需用一个动词，如果必须用两个以上的动词，则应该将它分成几个处理过程。

绘制数据流图的过程是一种迭代的过程，不可能一次成功，需要不断完善，直到满意为止。因此绘制数据流图通常需要多次的反复，要不断用改进的数据流图来替代原有数据流图。

3. 数据流图的层次

数据流图的建立过程必须遵循“自顶向下、逐层分解”的原则，这是控制系统复杂性的方法，也是细化分析的基础。逐层分解的方式不是一下子引入太多的细节，而是有控制地逐步增加细节，实现从抽象到具体的过渡，将有利于对问题的理解。

用“自顶向下、逐层分解”的原则来画数据流图，就得到了一套分层的数据流图，分层的数据流图总是由顶层、中间层和底层组成的。

顶层数据流图描述了整个系统的作用范围，对系统的总体功能、输入输出进行了抽象，反映了系统和环境的关系。为了画出顶层数据流图，必须首先识别不受系统控制的，但影响系统运行的外部因素，从而确定系统的外部实体、系统的数据输入源和输出对象。

进一步展开顶层数据流图，将得到许多中间层的数据流图。中间层数据流图描述了某个处理过程的分解，而它的组成部分又要进一步被分解。中间层的展开应是化复杂为简单，但决不能失去原有的特性、功能和目标，而应始终保持系统的完整性和一致性。如果展开的数据流图已经基本表达了系统所有的逻辑功能和必要的输入输出，处理过程已经足够简单，不必再分解时，就得到了底层数据流图。底层数据流图所描述的都是无须分解的基本处理过程。

建立分层的数据流图，应该注意以下问题：编号、父图与子图的关系、局部数据存储以及分解的程度。

1）编号

在绘制数据流图时，适当地给出编号，有利于更清晰地表达。处理过程的编号应逐层展开，反映处理过程的层次关系。每张数据流图的编号即为上层图中相应处理过程的编号，每个处理过程的编号则是本图的图号加上点号和处理过程在本图的编号。例如，第一层图中处理过程的编号为 1，2，… 第二层图的编号应是 1.1，1.2，…，2.1，2.2，…以此类推，逐层给处理过程加上层次的编号。

2）父图与子图的关系

对任意一层数据流图，称上层图为其父图，下层图为其子图。父图中某个处理的输入输出数据流应该与相应子图的输入输出数据流相同，层次数据流图的这种特点称为平衡。平衡是指子图的所有输入数据流必须是父图中相应处理的输入，子图的所有输出数据流必须是父图中相应处理的输出。

【例 4-11】 图 4-10 中的处理 3 被分解成子图中的 3 个子处理，所有子图中的输入数据流和输出数据流与父图中处理 3 的输入数据流和输出数据流完全一致。

3）局部数据存储

从图 4-10 可以发现，数据存储“固定资产折旧账”并没有在父图中出现。这是因为“固定资产折旧账”是完全局部于处理 3 的，它并不是父图中各处理之间的界面。根据“抽象”原则，在画父图时，只需画出父图中各个处理之间的联系，而不必画出各个处理内部的细节，所以“固定资产折旧账”不必画出。同理，数据流 L、M、N 等也不必画出。

画出一个数据存储可参考如下原则：当数据存储被用作数据流图中某个处理之间的界面时，该数据存储就必须画出来，一旦数据存储作为数据流图中的一个独立成分画出来

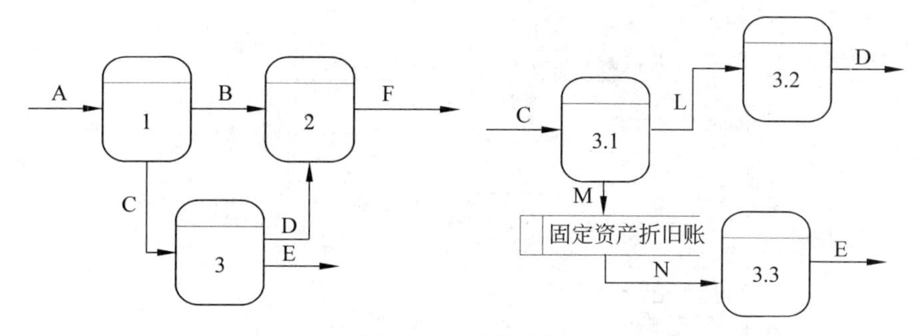

图 4-10 图的分解

时,它与其他成分之间的联系也应同时表达出来,即应画出每个处理是读还是写该数据存储。图 4-10 中,当处理 3 被分解成 3 个子处理,即 3.1、3.2 和 3.3 时,“固定资产折旧账”是处理 3.1 和 3.3 的界面,应该画出来。

4) 分解的程度

使用层次数据流图就是不在一张图中把一个处理分解成它所有的基本处理。在一张图中画出过多的处理将使人难以理解,但如果每次只是将一个处理分解成两三个处理,又可能需要过多的层次,也会带来一些麻烦。

经验表明,人们能有效地同时处理 7 个或 7 个以下的问题。一般是一次“最多不要超过 7 个”。当然,并不能机械地套用这个经验,而应该根据实际情况来定,关键是要使数据流图易于理解。一般应做到:分解自然,概念合理、清晰,在不影响数据流图易理解性的基础上适当地多分解,以减少层数。

【例 4-12】 对图 4-8 所示的数据流图中处理过程 1 和处理过程 2 进行分解可以分别得到图 4-11、图 4-12。

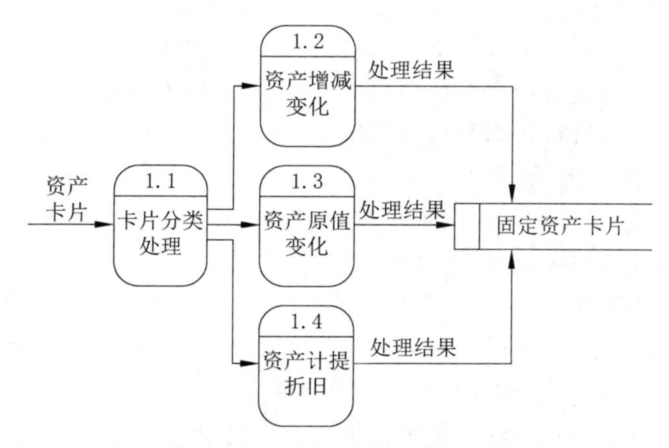

图 4-11 日常卡片管理数据流图

4. 数据流图的检查

数据流图是否正确,可以从数据流的输入输出的合理性和父图与子图的平衡两方面来检查。

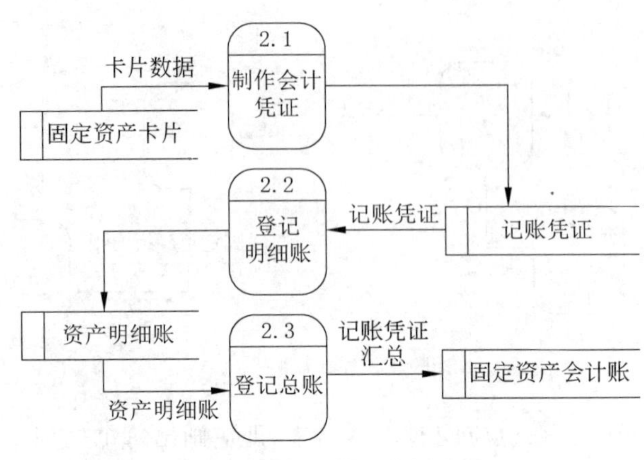

图 4-12　财务管理数据流图

1）输入输出的合理性

一个处理所产生的某个输出数据在处理变换中既没有被产生，也没有作为输入数据输入到该处理，则该数据一定是在输入过程中被遗漏了。

【例 4-13】 图 4-13 中处理"报表统计查询"是根据输入"资产名称"和"固定资产卡片"来产生"资产统计表"的，如果"固定资产卡片"和"资产统计表"的组成分别如下。

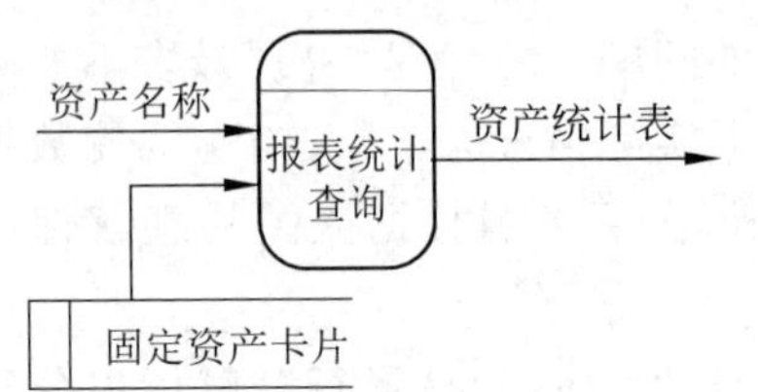

图 4-13　数据流的检查

固定资产卡片＝卡片编号＋资产名称＋资产原值＋月折旧额

资产统计表＝资产名称＋资产原值＋使用部门

可以发现，"报表统计查询"处理需要输出"使用部门"数据，但这个处理本身并不产生"使用部门"，而输入数据中也不包含它。因此可以肯定，该数据一定是在输入中被遗漏了。

一个处理的某个输入既没有在处理中参加变换，也没有被输出，这可能不是错误。如果确有必要保留，就要保留；否则去掉该数据。

2）父图与子图的平衡

在层次数据流图中，父图与子图不平衡的现象极易发生。当子图进行修改时，一定要及时对父图进行相应的修改，以保持平衡。

父图与子图是否平衡，不能仅从形式上看，要考虑其真正的内容。如果父图中有一个输入，而子图中有多个输入，此时看起来似乎不平衡，但是假如父图中的这一输入的成分与子图中多个输入组成的成分相同，也认为是平衡的。

【例 4-14】 图 4-14 中，订货单＝审批报告＋定货单＋付款单，就是平衡的。

数据流图是直接与用户交流的工具，也是系统开发的基础。对于一个大型系统的理解不可能一开始就是十全十美的，要经过逐步去粗取精、去伪存真的过程。因此，在开始分析一个系统时，尽管对问题的理解并不确切，但还是可以把所理解的数据流图画出来，然后逐步修改，以获得较高的正确性和易理解性。

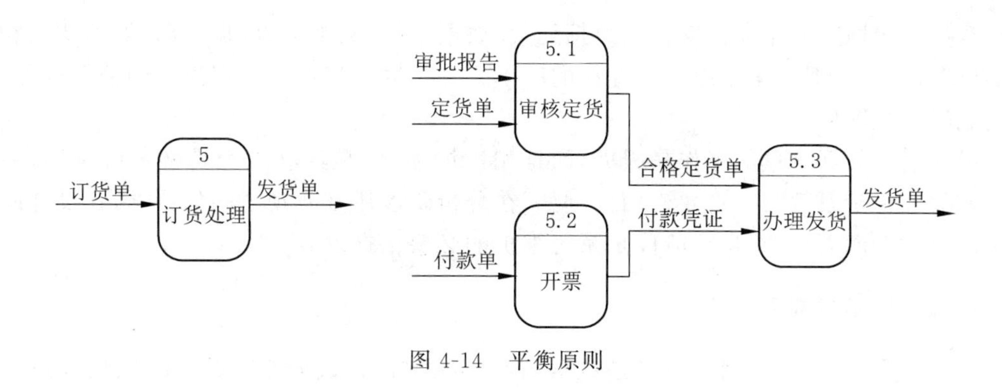

图 4-14 平衡原则

5. 数据流图的改进

数据流图的改进可从简化处理过程之间的联系、注意分解的均匀以及适当命名 3 方面着手。

1）简化处理过程之间的联系

简化处理过程之间的联系基本手段是“分解”，用以控制复杂性。分解不能随心所欲地进行，否则可能反而使问题复杂化。合理的分解是将一个问题分解成相对独立的几个部分，每个部分可以单独理解，一个复杂的问题就被几个比较简单的问题取代。数据流图中，处理过程之间的数据流越少，各处理过程彼此之间就越相对独立。因此，应尽量减少处理过程之间输入数据流和输出数据流的数目。

2）注意分解的均匀

理想的分解是将一个问题分解成层次相同的几个部分。如果在一张数据流图中，某些处理过程已经是基本处理过程，而另一些处理过程还可以进行多层分解，这张数据流图会是难以理解的。因为数据流图中有的部分描述的是细节，而有的部分描述的还是较高层的抽象，此时应考虑对问题进行重新分解。

3）适当命名

数据流图中各成分的名称直接关系其易理解性，应该注意各成分名称的选取。对于数据流和数据存储命名，应该尽量不用容易产生歧义的名称，以避免在系统设计、系统实施等阶段出现错误。如果难以为数据流图中某个成分取名，则通常意味着问题分解不当，可以考虑对问题重新进行分解。

4.3.3 数据字典

数据流图抽象地描述了系统数据处理的概貌，描述了系统的分解，即系统由哪些部分组成，各部分之间有什么联系等。但是，它还不能完整地表达一个系统的全部逻辑特征，特别是有关数据的详细内容。只有当图中出现的每个成分都给出详细定义后，才能较完整、准确地描述一个系统，因此需要有一些其他的工具对数据流图加以补充。

数据字典(Data Dictionary,DD)的作用就是对数据流图上的每个成分进行定义和说明。数据字典描述的主要内容包括数据元素、数据结构、数据流、数据存储、处理功能和外部实体等，其中数据元素是组成数据流的基本成分。数据字典是数据流图的辅助资料，对数据流图起注解作用。

尽管建立数据字典的工作量很大，而且相当烦琐，但是这项工作是必不可少的，在系统开发的各个阶段都具有重要作用。例如，在分析阶段用来发现遗漏的数据，在设计阶段用来进行数据库设计，在运行阶段是系统维护的必要依据。

1. 数据字典的条目

数据字典中有6类条目，分别是数据元素、数据结构、数据流、数据存储、处理过程和外部实体。不同的条目有不同的属性需要描述。

1）数据元素

数据元素(Data Element)是数据的最小组成单位，即不可再分的数据单位，如资产编号、资产名称等。数据字典中，每个数据元素需要描述的属性有名称、别名、类型、长度和值域等。

每个数据元素的名称应唯一地标识出这个数据元素，以区别于其他数据元素。名称应尽量反映该数据元素的具体含义，以便容易理解和记忆。对于同一数据元素，其名称可能不止一个，以适用多种场合下的应用。在这种情况下，还需要对数据元素的别名加以说明。

数据元素的类型说明值属于哪种类型，如数值型、字符型、逻辑型等；长度规定该数据元素所占的字符或数字的个数；值域指数据元素的取值范围以及每个值的确切含义。例如，按百分比计的“折旧率”的值域就是0～100。如果用字母或缩写代替数据元素的值，需要说明字母或缩写的含义，即说明数据元素的取值含义。

2）数据结构

数据结构(Data Structure)用来定义数据元素之间的组合关系。数据字典中的数据结构是对数据的一种逻辑描述，与物理实现无关。数据字典中，数据结构需要描述的属性有编号、名称、组成和属性描述。

数据结构的编号和名称用于唯一标识这个数据结构；数据结构的组成包括数据元素或数据元素之间的关系。如果引用了其他数据结构，被引用数据结构应已被定义；对数据结构的属性描述包括数据结构的简单描述、与之相关的数据流、数据结构或处理过程以及该数据结构可能的组织方式。

3）数据流

数据流(Data Flow)表明数据元素或数据结构在系统内传输的路径。在数据字典中，数据流需要描述的属性有来源、去向、组成、流通量、峰值等。

数据流的来源即数据流的源点，它可能来自系统的外部实体，也可能来自某个处理过程或数据存储。数据流的去向即数据流的终点，它可能终止于外部实体、处理过程或数据存储。数据流的组成指它所包含的数据元素或数据结构。一个数据流可能包含若干个数据结构，这时，需在数据字典中加以定义。如果一个数据流仅包含一个简单的数据元素或数据结构，则该数据流无须专门定义，只需在数据元素或数据结构的定义中加以标明。

数据流的流通量指在单位时间内，该数据流的传输次数。例如，500次/天。有时还需要描述高峰时的流通量(峰值)。

4) 数据存储

数据存储(Data Store)指数据结构暂存或被永久保存的地方。在数据字典中，只能对数据存储从逻辑上加以简单的描述，不涉及具体的设计和组织。在数据字典中定义数据存储内容有编号及名称、流入流出的数据流、数据存储的组成、存取分析以及关键字说明等。

5) 处理过程

对处理过程(Process)的描述有处理过程在数据流图中的名称、编号，对处理过程的简单描述，该处理过程的输入数据流、输出数据流及其来源与去向，其主要功能的简单描述。

6) 外部实体

对外部实体(External Entity)的描述包括外部实体的名称、对外部实体的简述及有关的数据流。一个信息系统的外部实体不应过多，否则会影响系统的独立性。此时，需要重新考虑系统人机界面，设法减少外部实体。

上述6类条目构成了数据字典的全部内容，在实际应用中，常常将数据存储和处理过程的描述另立报告，而不在数据字典中描述。有时也可省去一些内容，如外部实体的描述。但是，数据项、数据结构和数据流必须列入数据字典中加以详细说明。

2. 数据字典的建立

数据字典的内容是随着数据流图“自顶向下、逐层扩展”的原则而不断充实的。数据流图的修改与完善，将导致数据字典的修改，这样才能保持数据字典的一致性和完整性。

建立数据字典的基本要求：对数据流图上各种成分的定义必须明确、易理解、唯一；命名、编号与数据流图一致，必要时可增加编码，方便查询检索、维护和统计报表；符合一致性与完整性的要求，对数据流图上的成分定义与说明无遗漏项；数据字典中无内容重复或内容相互矛盾的条目；数据流图中同类成分的数据字典条目中，无同名异义或异名同义者；格式规范、风格统一、文字精练，数字与符号正确。

为了准确、规范地描述各类条目，数据字典中采用如表4-2所示的符号。

表4-2 数据字典中采用的符号

符 号	含 义	示例及说明
=	被定义为	X=a+b 表示 X 被定义为 a+b
+	与	X=a+b 表示 X 由 a 和 b 组成
[|]	或	X=[a|b]表示 X 由 a 或 b 组成
{ }	重复	X={a}表示 X 由 0 个或多个 a 组成
m{ }n	重复	X=2{a}5 表示 X 中最少出现 2 次 a，最多出现 5 次 a
( )	可选	X=(a)表示 a 可在 X 中出现，也可不出现
" "	数据元素	X="a"表示 X 是取值为字符 a 的数据元素

续表

符　号	含　义	示例及说明
…	连接符	X=1…9 表示 X 可取 1～9 中任意一个值
*　*	注释	*a* 表示 a 为说明或注释

数据字典的建立,便于人们认识整个系统和随时查询系统中的信息,对于系统分析人员、系统设计人员或是用户均有好处,他们可以分别从数据字典中获得自己所需要的信息。

【例 4-15】 根据固定资产管理系统的数据流图,得到数据流、数据存储、处理过程、外部实体等的数据字典,如表 4-3～表 4-6 所示。

表 4-3　数据流:记账凭证汇总

<table>
<tr><td>系统名: 固定资产管理系统
条目名: 记账凭证汇总</td><td>编号: ________
别名: ________</td></tr>
<tr><td>来源:固定资产卡片</td><td>去向:固定资产明细账、总账</td></tr>
<tr><td colspan="2">数据流结构:
记账凭证汇总={(凭证编号)+摘要+科目名称+借方金额+贷方金额+合计金额,制单人,日期}$_{\text{所有记账凭证}}$</td></tr>
<tr><td colspan="2">简要说明:
系统根据固定资产卡片的变动情况,自动生成记账凭证,然后根据凭证生成资产明细账和总账,供财务人员使用。</td></tr>
</table>

表 4-4　数据存储:固定资产卡片

<table>
<tr><td>系统名: 固定资产管理系统
条目名: 固定资产卡片</td><td colspan="2">编号: ________
别名: ________</td></tr>
<tr><td>存储组织:
每个固定资产一张资产卡片,按卡片号码顺序排列</td><td>记录数:约 100 个
数据量:约 400 KB</td><td>主关键字:
资产卡片,编号</td></tr>
<tr><td colspan="3">记录组成:
项名:　卡片编号　资产名称　使用部门　资产原值　月折旧额　…
长度:　6　20　12　20　20</td></tr>
<tr><td colspan="3">简要说明:
固定资产卡片是本系统的核心,固定资产的一切工作都是围绕固定资产卡片来展开的。</td></tr>
</table>

表 4-5　处理过程:日常卡片管理

<table>
<tr><td>系统名: 固定资产管理系统
条目名: 日常卡片管理</td><td>编号: ________
别名: ________</td></tr>
<tr><td>输入:
固定资产卡片的增减信息,资产原值的变动情况,每月计提折旧金额</td><td>输出:
变动后的固定资产卡片</td></tr>
<tr><td colspan="2">处理逻辑:
1. 根据资产的增减信息、原值的变动情况,将增减、变动数据写进固定资产卡片,使资产卡片实时变动
2. 对每月进行计提折旧计算,并变动固定资产卡片上的相关数据</td></tr>
</table>

续表

简要说明： 本系统的主要操作部分，是下面工作的基础。

表 4-6　外部实体：财务处

系统名：固定资产管理系统 条目名：财务处	编号： 别名：
输入数据流： 固定资产变动信息	输出数据流： 各种查询报表，固定资产账
主要特征： 会计人员的姓名、权限	
简要说明： 本系统的所有功能都是根据财务处的实际固定资产处理业务设置的，具有很强的针对性。	

4.3.4　加工规格说明

加工规格说明用来说明数据流图中的数据加工的细节。加工规格说明描述了数据加工的输入、实现加工的算法以及产生的输出。另外，加工规格说明指明了加工（功能）的约束和限制与加工相关的性能要求，以及影响加工的实现方式的设计约束。写加工规格说明的主要目的是要表达"做什么"，而不是"怎样做"，因此它应描述数据加工实现加工的策略而不是实现加工的细节。

可以用于写加工规格说明的工具有结构式语言、判定表和判定树。

1. 结构式语言

结构式语言（Structured Language）是专门用来描述功能单元逻辑功能的一种规范化语言，它不同于自然语言，也区别于任何一种程序设计语言。结构式语言与自然语言的最大不同是它只使用极其有限的词汇和语句，以便简洁而明确地表达功能单元的逻辑功能。

结构式语言的词汇表由英语命令动词、数据字典中定义的名字、有限的自定义词、逻辑关系词（如 IF_THEN_ELSE、CASE_OF、WHILE_DO、REPEAT_UNTIL）等组成，是一种介于自然语言和形式化语言之间的语言。

【例 4-16】 某企业的库存量监控处理规则如表 4-7 所示。

表 4-7　某企业的库存量监控处理规则

规则号	条　　件	处理方式
1	库存量≤0	缺货处理
2	库存下限<库存量≤储备定额	订货处理
3	储备定额<库存量≤库存上限	正常处理

续表

规则号	条　　件	处理方式
4	库存量＞库存上限	上限报警
5	0＜库存量≤库存下限	下限报警

结构式语言表达如下：

```
if 库存量不大于 0 then
    缺货处理
else(库存量大于 0)
    if 库存量大于储备定额 then
        if 库存量大于库存上限 then
            上限报警
        else(库存量不大于库存上限)
            正常处理
    else(库存量不大于储备定额)
        if 库存量不大于库存下限 then
            下限报警
        else(库存量大于库存下限)
            订货处理
```

其中，语言的正文用基本控制结构进行分割，加工中的操作用自然语言短语来表示。

2. 判定表

判定表(Decision Table)是一个二维表，它能清楚地表示复杂的条件组合与应做动作之间的对应关系，常用于存在多个条件复杂组合的判断问题。判定表能将在什么条件下系统应做什么动作准确无误地表示出来，但不能描述循环的处理特性，循环的处理特性还需要结构式语言描述。

生成判定表可采取的步骤：提取问题中的条件，标出条件的取值，计算所有条件的组合数，提取可能采取的动作或措施，制作判定表，以及完善判定表。

【例 4-17】 例 4-16 需求的判定表如表 4-8 所示。

表 4-8　需求的判定表

决策规则		1	2	3	4	5
条件	库存量≤0	Y	N	N	N	N
	库存量≤库存下限	Y	Y	N	N	N
	库存量≤储备定额	Y	Y	Y	N	N
	库存量≤库存上限	Y	Y	Y	Y	N

续表

决策规则		1	2	3	4	5
采取的行动	缺货处理	√				
	下限报警		√			
	订货处理			√		
	正常处理				√	
	上限报警					√

3. 判定树

判定树(Decision Tree)是判定表的变形，一般比判定表更直观、易于理解。判定树代表的意义是，左边是树根，是决策序列的起点；右边是各个分支，即每个条件的取值状态；最右侧为应该采取的策略。从树根开始，从左至右沿着某一分支，能够做出一系列的决策。

【例 4-18】 例 4-16 需求所对应的判定树如图 4-15 所示。

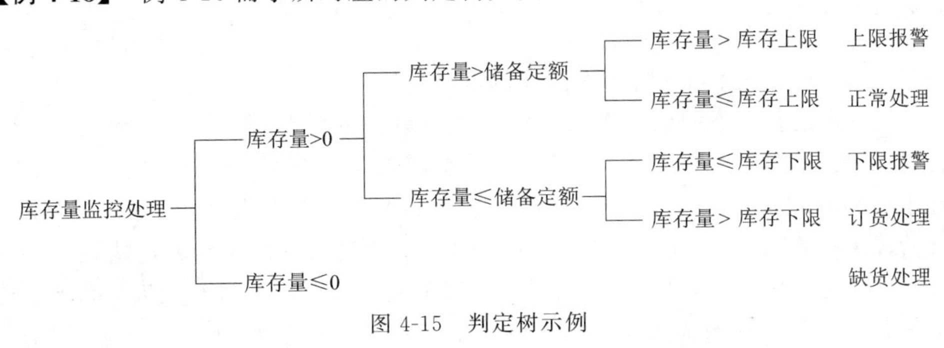

图 4-15 判定树示例

4.4 面向对象的分析

面向对象的分析就是抽取和整理用户需求并建立问题域精确模型的过程。面向对象的分析所建立的模型应表示出系统的数据、功能和行为 3 方面的基本特征。通常，面向对象的分析过程从分析陈述用户需求的文件开始。可能由用户(包括出资开发该软件的业主代表及最终用户)单方面写出需求陈述，也可能由系统分析人员配合用户，共同写出需求陈述。

4.4.1 面向对象的分析概述

系统分析人员应该深入理解用户需求，抽象出目标系统的本质属性，并用模型准确地表示出来。

1. 分析的内容

面向对象分析中构造的模型主要有对象模型、动态模型和功能模型,这些模型分别从不同方面对系统进行描述和定义。对象模型表示对象的静态结构及相互关系,定义“对谁做”;动态模型表示与时间和顺序有关的系统性质,定义“何时做”;功能模型表示与值的变化有关的系统性质,定义“做什么”。其关键是识别出问题域中的对象,确定对象之间的关联,建立问题域的精确模型。

3 种模型之间的关系可以表述如下。针对每个类建立的动态模型,描述了类实例的生存周期或运行周期;状态转换驱使行为发生,这些行为在数据流图中被映射成处理,在用例图中被映射成用例,它们同时与类图中的服务相对应;功能模型中的处理(或用例)对应于对象模型中的类所提供的服务;数据流图中的数据存储,以及数据的源点与终点,通常是对象模型中的对象;数据流图中的数据流,往往是对象模型中对象的属性值,也可能是整个对象;用例图中的行为者,可能是对象模型中的对象;功能模型中的处理(或用例)可能产生动态模型中的事件;对象模型描述了数据流图中的数据流、数据存储以及数据源点与终点的结构。

2. 分析过程的步骤

分析过程是一个迭代的过程,它涉及以下步骤。

(1) 类的识别。在采用面向对象方法学进行软件开发时,软件的构成单元是类以及它们的对象,因此,确定正确的类(对象),就是确定软件的构成。在分析阶段,确定类的依据是需求和领域知识。值得注意的是,这些类并非是软件概念上的类,它们是领域类,通过设计阶段的工作后,领域类将与软件类相对应,即通过软件类来实现领域类。

(2) 对象交互描述。围绕每个用例,各个类的对象之间需要进行交互,才能完成用例描述的流程。对象交互的描述在分析与设计中都具有极其重要的意义。在分析阶段,对象交互的描述规定了每个类具有的责任,并形成了对象之间的协作关系;而在设计阶段,对象交互的描述确定了每个软件类必须提供的操作(需要处理的消息)。不同的交互方式将最终对系统的可维护性、可扩展性、性能等产生决定性影响。同时,通过交互方式的描述也可以进一步发现前期需求中的不足,以及发现更多的相关的类(对象)。

(3) 类行为刻画。部分类可能具备复杂的行为,特别是其行为受到状态的影响。在这种情况下,需要描述其可能的状态,以及状态之间的转换条件。通常可以采用状态图对类的行为进行刻画。当然,那些不具备复杂的状态的类并不需要构造状态图。

(4) 对象模型构建。在识别类(对象)、描述对象交互行为的基础上,可以形成完整的对象模型。各个类的属性、操作可以通过前述的分析得到。同时,在对象模型中,类之间的关系也将得到表达,包括关联和泛化关系。

(5) 迭代和检查。上述步骤并不是一个线性的过程。类的识别、对象交互描述和行为刻画、对象模型构建构成一个相互影响的迭代序列,识别出来的类的对象将参与交互过程,在描述交互过程中,会引入新的类(对象)。通过多轮迭代后,最终得到的模型必须是正确的、完整的、一致的和现实的。模型是正确的,指的是模型确实代表了实际的需求;模型是完整的，意思是每个场景（包括意外场景）都得到了描述；模型是一致的，指的是模型中的元素互相不冲突；模型是现实的，意味着模型是可以得到实现的。

3. 案例的需求陈述

以下选用一个小型的公选课信息管理系统为例讲述面向对象的分析过程。

某大学拟开发一个公选课信息管理系统，有如下6个需求。

（1）每个用户登录该系统时，都需要一个账号，这个账号由系统管理员进行统一管理。

（2）系统管理员需要将每学年入学新生的基本信息录入系统数据库中，如姓名、性别、身份证号、学号、专业、班级、籍贯、住址、电话等，为其账号设置初始密码（账号可以是学号，密码可以是身份证号后六位）。系统管理员可以随时添加、修改、删除、查询学生信息。

（3）系统管理员需要维护教师信息，如教师号、姓名、院系、职称等。

（4）系统管理员需要对公选课信息进行添加、修改、删除和查询等操作，包括课程编号、所属专业、课程名称、开课学期、学时、学分、任课教师、最多选修人数等。

（5）学生可以在网络上通过系统选择本学期开设的公选课，学生可以看到公选课的基本信息有课程编号、所属专业、课程名称、开课学期、学时、学分、任课教师、最多选修人数、已选人数等。每个学期学生需要选修两门公选课，从大一到大二上学期共3个学期需要选修公选课，在系统开放选课的时间内，学生可以取消对公选课的选择并另选其他选修人数未满的公选课。学生还可以查看当前已选择的公选课信息。当公选课的选修人数不足15人时，取消该公选课并让相关学生重新选择。

（6）任课教师可以查看公选课信息，包括已选课学生人数和名单等。学期结束时，教师可以录入学生成绩。

4.4.2 建立对象模型

面向对象的分析首要的工作是建立问题域的对象模型。对象模型是面向对象的分析最关键的模型之一，主要描述了现实世界实体中对象及其相互之间关系的映射，表示了目标系统的静态数据结构。静态数据结构对应用细节依赖较少，比较容易确定；当用户的需求变化时，静态数据结构相对比较稳定。因此，用面向对象的方法开发绝大多数软件时，都首先建立对象模型，然后再建立另外两个子模型。

1. 确定类与对象

系统分析的主要任务就是通过分析找出系统类与对象。为了尽可能地识别出系统所需的类和对象，在系统分析的过程中应采用"先松后紧"的原则。系统分析人员应首先找出各种可能有用的候选对象，尽量避免遗漏；然后对所发现的候选对象逐个进行严格的审查，筛选掉不必要的对象。总的来说，确定类与对象可分为两个步骤：找出候选的类与对象（步骤1），筛选出正确的类与对象（步骤2）。

大多数客观事物可分为5类：可感知的物理实体，如飞机、汽车、书、房屋等；人或组织的角色，如医生、教师、雇主、雇员、计算机系、财务处等；应该记忆的事件，如飞行、演出、访问、交通事故等；两个或多个对象的相互作用，通常具有交易或接触的性质，如购买、纳税、结婚等；需要说明的概念，如政策、版权法等。

找类的方法：首先，把需求陈述中的名词作为类与对象的候选者；其次，把隐含的类与对象提取出来。通常，在需求陈述中不会一个不漏地写出问题域中所有有关的类与对象，因此，分析人员应该根据领域知识或常识进一步把隐含的类与对象提取出来。

下面来分捡公选课信息管理系统中的类对象。首先在用户需求中分捡出候选的类对象。通常需要通读需求报告，在问题域中发现其中的名词，将其分捡出来作为候选的类对象。在公选课信息管理系统中，可能作为候选类对象的有大学、系统、用户、账号、系统管理员、新生、基本信息、姓名、性别、身份证号、学号、专业、班级、籍贯、住址、电话、密码、学生、教师、教师号、职称、公选课、课程编号、课程名称、开课学期、学时、学分、任课教师、网络、人数、名单、成绩。

上述分析仅仅帮助我们找到一些候选的类和对象，接下来还需要对每个候选对象进行严格审查，从中去掉不正确的或不必要的对象，仅保留确实应该记录其信息或需要其提供服务的对象。

(1) 冗余。对于多个表达相同信息的类和对象，应只保留那些在问题域中最富有描述力的名称。例如，在公选课信息管理系统中，新生和学生表达了相同的信息，可以去掉新生，只保留学生。

(2) 无关和模糊。把一些与问题无关的对象和需求陈述中的一些含义比较模糊的名词筛选出去。例如，在公选课信息管理系统中，大学、系统、网络、基本信息、名单等是一些与解决问题无关或比较笼统的候选类对象，可以将它们去掉。

(3) 属性。属性用来描述对象，若有些名词只是其他对象的属性描述，则应该把这些名词从候选类对象中去掉。当然，如果某个性质具有很强的独立性，则应把它作为类而不是作为属性。例如，在公选课信息管理系统中，姓名、性别、身份证号、学号、院系都属于学生的特征，作为学生的属性即可；教师号、职称都属于教师的特征，作为教师的属性即可。

(4) 操作。在需求陈述中，有时可能使用一些既可作为名词又可作为动词的词，此时应根据它们在本问题中的含义决定它们是作为类还是作为类中定义的操作。例如，通常把电话"拨号"当作动词，当构造电话模型时，确实应该把它作为一个操作，而不是一个类。但是，在开发电话的自动记账系统时，把"拨号"作为重要的一个类，因此，它有自己的日期、时间等属性。总之，当一个操作具有属性而需要独立存在时，应该作为类对象而不是作为类的操作。

(5) 实现。在分析阶段不应该过早地考虑怎样实现目标系统。因此，应该去掉仅与实现有关的候选的类与对象。在设计和实现阶段，这些类与对象可能是重要的，但在分析阶段过早地考虑它们反而会分散我们的注意力。

综上所述，在公选课信息管理系统中，筛选的候选类对象包括学生、教师、账号、公选课、专业、班级，如图4-16所示。

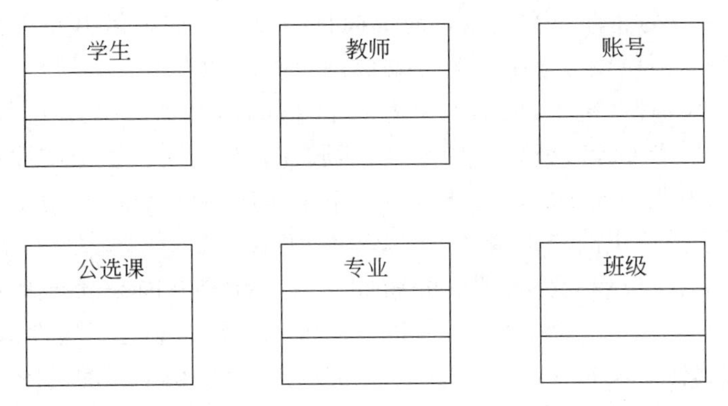

图 4-16 公选课信息管理系统初步类图

2. 确定属性

属性用于描述类与对象的特性,借助于属性能对类与对象和结构有更深入、更具体的认识,属性能为类与对象和结构提供更多的细节。一般确定属性的过程包括分析和选择两个步骤。

通常,在需求陈述中用名词词组表示属性。在分析过程中,应该首先找出最重要的属性,再逐渐把其他属性添加进去。在分析阶段不要考虑那些纯粹用于实现的属性。可以从如下角度确定对象应具有的属性。

(1) 按照一般常识,对象应该具有哪些属性。

(2) 在当前问题域中,对象应具有哪些属性。

(3) 根据系统责任的要求,对象应具有哪些属性。

(4) 建立该对象是为了保存和管理哪些信息。

(5) 为了在服务中实现其功能,对象需要增设哪些属性。

(6) 是否需要增设属性来区别对象的不同状态。

(7) 用什么属性来表示对象的整体-部分联系和实例连接。

认真考查经初步分析而确定下来的那些属性,从中删掉不正确的或不必要的属性。通常有以下常见的情况。

(1) 误把对象当成属性。例如,在毕业生信息调研中,“学校”是一个属性,而在全国高校汇总中却应该把“学校”当成对象。

(2) 误把关联类的属性当成一般对象的属性。如果某个性质依赖于某个关联类的存在,则该性质是关联类的属性,在分析阶段不应该把它作为一般对象的属性。

(3) 把限定误当成属性。正确使用限定词往往可以减少关联的重数。如果把某个属性值固定下来以后能减少关联的重数,则应该考虑把这个属性重新表述成一个限定词。

(4) 误把内部状态当成了属性。如果某个性质是对象的非公开的内部状态,则应该从对象模型中删掉这个属性。

(5) 过于细化。在分析阶段应该忽略那些对大多数操作都没有影响的属性。例如,学生类中的住址属性对公选课信息管理没有作用,因此可以删除。

(6) 存在不一致的属性。类应该是简单而且一致的。如果得出一些看起来与其他属性毫不相关的属性,则应该考虑把该类分解成两个不同的类。

在公选课信息管理系统中,以学生类为例添加属性,从需求描述中能够获得姓名、学号、性别、身份证号、专业编号、籍贯、住址、电话属性,但是籍贯、住址属性对本选课系统显然是没有意义的,因此去掉。学生类还应包含学生所属的班级编号,用于记录学生所在的班级信息。在需求描述中的课程编号、课程名称、开课学期、学时、学分、任课教师编号都属于公选课的特征,所以作为公选课类的属性。由于部分公选课可能因为选课人数不足导致不开课或某些学期不开设等情况,所以需要增加开课状态这一属性。此时,类图中所有的类都是只有属性而没有方法。如图 4-17 所示为学生、公选课的类图。

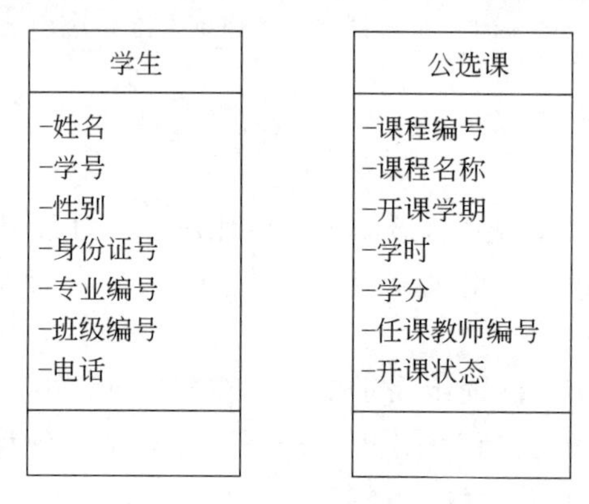

图 4-17 学生、公选课的类图

3. 确定关联

关联是指两个或两个以上对象之间的相互依赖、相互作用的关系,即通过对象属性来表示一个对象对另一个对象的依赖关系。确定关联主要有以下两个步骤。

(1) 初步确定关联。初步确定关联可以关注:直接提取动词短语得出的关联,需求陈述中隐含的关联,根据问题域知识得出的关联。

(2) 筛选。筛选时主要根据以下标准删除候选的关联:已删去的类之间的关联;处在本问题域之外的关联或与实现密切相关的关联删去;瞬时事件。如果用动作表述的需求隐含了问题域的某种基本结构,则应该用适当的动词词组重新表示这个关联。

如果在建立关联关系的过程中可能增加一些新的对象类,应把这些新增的类补充到类图中,并建立它们的类描述模板。

在公选课信息管理系统中,学生与公选课之间的关系为选修关系,一个学生一个学期可以选修两门公选课,一共有 3 个学期需要选修公选课,每门公选课可以被多个学生选修,所以公选课和学生两个类之间的多重性为多对多的关系。多对多的关联相对比较复杂且不好描述,通常情况也会将这种关联关系描述为类,称为关联类。通过这样的方式能够让两个类更好地关联。在本系统中,选修信息这个类就是学生与公选课两个类之间的关联关系,用于描述和映射两者之间的选修关系。通过选课信息这个类,将学生与公选课的多对多的关联关系转换为一对一的关联关系,选课信息类作为关联类,关联类通过一条虚线与关联连接，如图 4-18 所示。

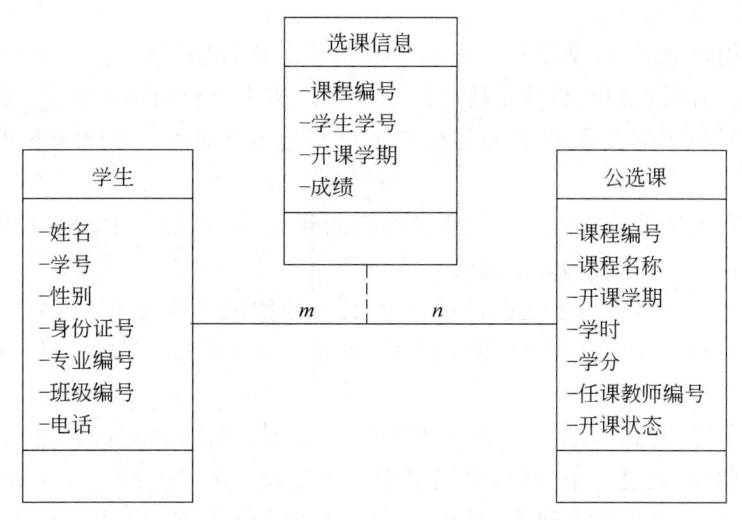

图 4-18 学生类与公选课类的关联关系

4. 识别继承关系

确定了类中的属性后，就可以利用继承机制共享公共性质。继承是父类和子类之间共享数据结构和方法的一种机制，是以现存的定义的内容为基础，建立新定义内容的技术，是类之间的一种关系。可以使用两种方式建立继承(即泛化)关系。

(1) 自底向上。抽象出现有类的共同性质泛化出父类，这个过程实质上模拟了人类归纳思维的过程。

(2) 自顶向下。把现有类细化成更具体的子类，这模拟了人类的演绎思维过程。从应用域中常常能明显看出应该做的自顶向下的具体化工作。

4.4.3 建立动态模型

建立对象模型后，就需要分析对象及其关系的动态变化情况，此时就需要建立动态模型。动态模型主要用于系统的逻辑控制，描述对象和关系的状态、状态转变的触发事件，以及对象的服务(行为)。

建立动态模型的步骤如下。

(1) 编写典型交互行为的脚本。

(2) 从脚本中提取出事件，确定触发每个事件的动作对象以及接受事件的目标对象。

(3) 排列事件发生的次序，确定每个对象可能有的状态及状态间的转换关系，并用状态图描绘它们。

(4) 比较各个对象的状态图，检查它们之间的一致性，确保事件之间的匹配。

1. 编写脚本

当系统与用户交互时，常用脚本表示系统在某个执行期间内的一系列行为。脚本描述用户（或其他外部设备）与目标系统之间的一个或多个典型的交互过程。编写脚本能够保证重要的交互步骤不被遗漏，并且能使整个交互过程更加清晰地展现出来，奠定了动态模型的基础。

在需求中有很多功能或者交互过程已经进行了描述，但是其中的交互形式还需要进一步思考和设计。例如，公选课信息管理系统的需求中指出大一到大二上学期共3个学期学生每学期需要选修两门公选课，但是没有详细说明限定学生选修门数、不具备选修条件的学生账号管理的具体过程。因此，编写脚本是详细分析用户需求、用户和系统交互的过程。

在编写脚本时，首先考虑正常情况的脚本，其次考虑特殊情况的脚本，最后考虑用户出错的脚本。例如，在登录系统时，可能出现多种情况：账号密码输入正确，登录后正常跳转到主页面；账号密码输入错误，系统提示账号密码错误，登录失败；账号密码中输入了非法字符，系统提示有非法字符。所有用户与系统交互的情况都要考虑到。

表4-9和表4-10分别给出了教师查看选课学生名单的正常情况脚本和异常情况脚本。

表 4-9　教师查看选课学生名单的正常情况脚本

序　　号	脚　　本
1	系统要求用户输入账号和密码
2	用户输入账号和密码
3	系统查询数据库，该账号密码是否有效
4	系统确认账号密码有效
5	用户进入选课学生信息查询模块
6	系统要求用户输入公选课课程编码
7	用户输入要查询的课程编码
8	系统查询数据库，显示符合条件的记录
9	用户退出系统

表 4-10　教师查看选课学生名单的异常情况脚本

序　　号	脚　　本
1	系统要求用户输入账号和密码
2	用户输入账号和错误密码
3	系统查询数据库，该账号密码是否有效
4	系统显示“账号密码错误”，并要求用户重新输入密码

续表

序　　号	脚　　本
5	用户输入正确的账号密码,系统查询数据库,验证通过
6	用户进入选课学生信息查询模块
7	系统要求用户输入公选课课程编码
8	用户放弃查询
9	用户退出系统

2. 设想用户界面

大多数交互行为都可以分为应用逻辑和用户界面两部分。通常,系统分析人员首先集中精力考虑系统的信息流和控制流,而不是首先考虑用户界面,先将系统的应用逻辑完善后再考虑用户界面是否美观、简洁、易用。事实上,采用不同界面(例如,命令行或图形用户界面)可以实现同样的程序逻辑。动态模型着重表示应用系统的控制逻辑。

但是用户对一个系统的第一印象往往是通过用户界面获得的,用户界面布局是否合理、操作是否简单易懂影响用户对系统的评价。用户界面的好坏对用户能否接受系统很重要。因此,软件开发人员应该快速地建立起用户界面的原型,供用户试用与评价,并根据用户意见对用户界面做出改进。

3. 画事件跟踪图

脚本奠定了建立动态模型的基础,但是脚本还不够简洁明了。为了有助于建立动态模型,可以借助事件跟踪图。在画事件跟踪图前首先需要进一步明确事件及事件与对象的关系。

(1) 确定事件。应该仔细分析前期准备的每个脚本,从中提取出所有外部事件。事件包括系统与用户(或外部设备)交互的所有信号、输入输出、中断、动作等。从脚本中容易找出正常事件,但也不要遗漏了异常事件和出错条件。此外,还需要确定事件与对象的关系,即对于一个事件,哪一个对象是事件的发送者,哪一个对象是事件的接收者。

(2) 画出事件跟踪图。从脚本中提取出各类事件并确定了每类事件的发送对象和接收对象之后,就可以用事件跟踪图把事件序列以及事件与对象的关系形象、清晰地表示出来。事件跟踪图实质上是扩充的脚本,可以认为事件跟踪图是简化的 UML 顺序图。在事件跟踪图中,一条竖线代表一个对象,每个事件用一条水平的箭头线表示,箭头方向从事件的发送对象指向接收对象。时间从上向下递增,最上方的水平箭头线代表最先发生的事件,画在最下方的水平箭头线代表最晚发生的事件。教师查询公选课选修学生名单的事件跟踪图如图 4-19 所示。

4. 画状态图

在画出事件跟踪图后,可以根据事件跟踪图画出状态图。状态图描绘对象对外部事

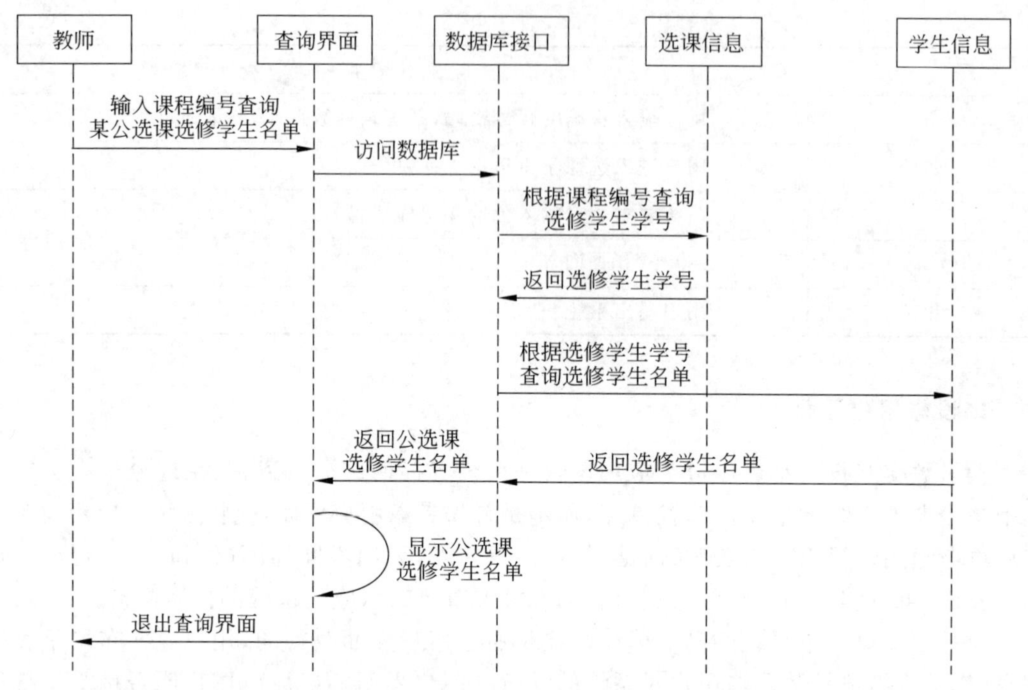

图 4-19　教师查询公选课选修学生名单的事件跟踪图

件做出响应的状态序列。当对象接收了一个事件以后，它的下个状态取决于当前状态及所接收的事件。由事件引起的状态改变称为转换。如果一个事件并不引起当前状态发生转换，则可忽略这个事件。

通常，用一张状态图描绘一类对象的行为，它确定了由事件序列引出的状态序列。并不是所有的对象都需要用状态图来描述，系统分析员应该集中精力仅考虑具有重要交互行为的那些类。

从一张事件跟踪图出发画状态图时，应该集中精力仅考虑影响一类对象的事件，即仅考虑事件跟踪图中指向某条竖线的那些箭头线。

根据一张事件跟踪图画出状态图后，再把其他脚本的事件跟踪图合并到已画出的状态图中。为此需在事件跟踪图中找出以前考虑过的脚本的分支点(例如，“验证账户”就是一个分支点，因为验证的结果可能是“有效账户”，也可能是“无效账户”)，然后把其他脚本中的事件序列并入已有的状态图中，作为一条可选的路径。

考虑完正常事件后再考虑边界情况和特殊情况，其中包括在不适当时候发生的事件(例如，系统正在处理某个事务时，用户要求取消该事务)。

状态图的构造应覆盖所有脚本，并且包含影响某类对象状态的全部事件。完成状态图后可能会发现一些遗漏的情况，因此需要进一步的检查，设想各种可能出现的情况，多问几个“如果……，则……”的问题，发现遗漏后需要尽快补充和完善状态图。

图 4-20 描述了教师类的状态图。

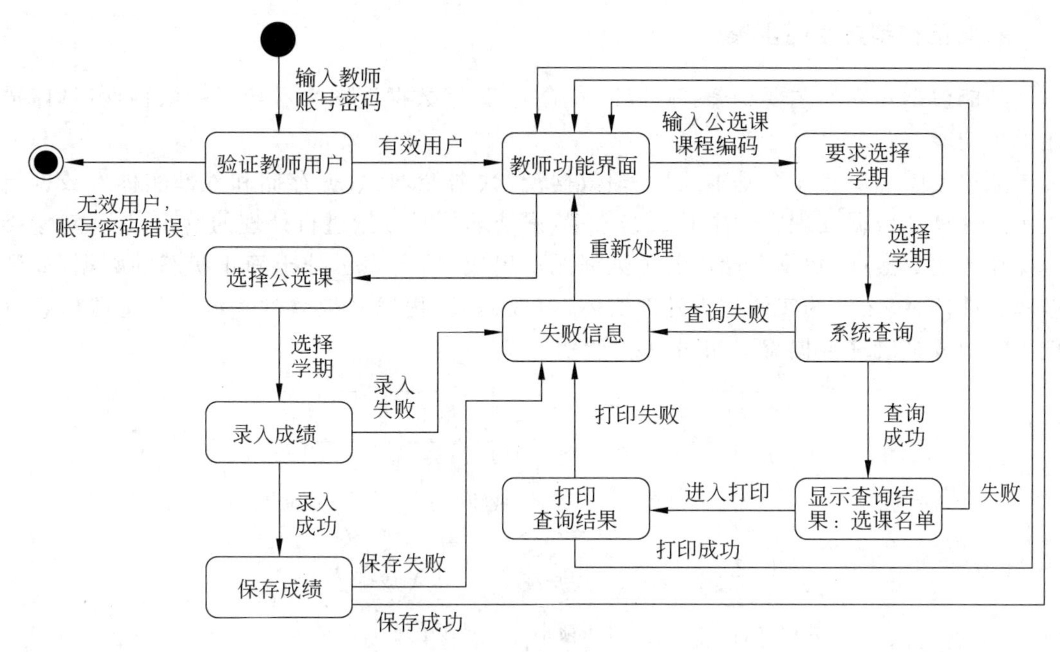

图 4-20 教师类的状态图

5. 审查动态模型

各个类的状态图通过共享事件合并，构成了系统的动态模型。在完成了每个具有重要交互行为的类的状态图后，应该检查系统级的完整性和一致性。

对于没有前驱或没有后继的状态应该着重审查，如果这个状态既不是交互序列的起点也不是终点，则说明发现了一个错误。

4.4.4 建立功能模型

功能模型表明了系统中数据之间的依赖关系，以及有关的数据处理功能。功能模型表示系统内的计算过程中如何根据输入值推导出输出值，但忽略参加处理的数据以何时序执行。功能模型由一组数据流图组成，指明从外部输入，通过操作和内部存储，直到外部输出的整个数据流情况。

通常在建立了对象模型和动态模型后再建立功能模型。

1. 功能模型的主要内容

功能模型的主要内容有数据之间的依赖关系，数据处理功能，主要工具借用面向过程软件设计方法论的数据流图和数据字典，功能处理可以使用IPO图(或表)、伪码等多种方式进一步描述。

2. 功能模型建立的步骤

功能模型建立的主要步骤：确定输入输出值；用数据流图表示功能的依赖性；具体描述每个功能。

数据流图主要有 4 个基本元素，即数据流、数据处理、数据存储和外部实体。数据流表示在计算和数据处理中的中间数据值；数据处理是对数据进行处理的单元，是在对象类上操作方法的实现；数据存储由若干数据元素组成，用于表示处于静止状态的数据，如数据库文件；系统之外的实体称为外部实体，可以是人、物或其他软件系统。公选课信息管理系统中成绩管理数据流图如图 4-21 所示。

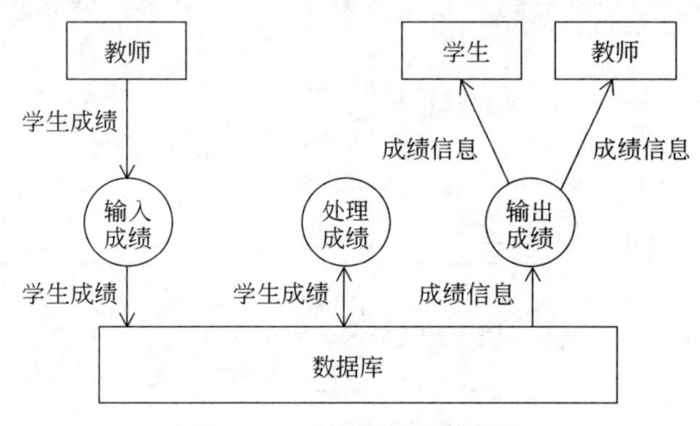

图 4-21　成绩管理数据流图

功能模型中所有的数据流图往往形成一个层次结构，一个数据流图中的过程可以由下一层的数据流图做进一步的说明。一般高层的过程代表作用于组合对象上的操作，而低层的过程则代表作用于一个简单对象上的操作。

3. 定义服务

在分析阶段可以认为，对每个对象和结构的增加、修改、删除、选择等服务有时是隐含的，在图中不标出，但在存储类和对象有关信息的对象库中有定义。

其他服务则必须显式地在图中画出。

(1) 从事件导出的操作。在状态图中发往对象的事件也就是该对象接收到的消息，因此该对象必须有由消息选择符指定的操作，这个操作修改对象状态(即属性值)并启动相应的服务。

(2) 与数据流图中处理框对应的操作。数据流图中的每个处理框都与一个对象(也可能是若干个对象)上的操作相对应。应该仔细对照状态图和数据流图，以便更正确地确定对象应该提供的服务。

(3) 利用继承减少冗余操作。利用继承机制以减少所需定义的服务数目。只要不违背领域知识和常识，就尽量抽取出相似类的公共属性和操作，以建立这些类的新父类，并在类等级的不同层次中正确地定义各个服务。

4.5 思考与实践

4.5.1 问题思考

1. 什么是软件需求？软件需求包含哪些不同层次的需求？
2. 软件需求不确定的因素有哪些？
3. 需求工程阶段主要解决的问题是什么？该过程中需要经过哪些主要活动？
4. 需求获取有哪些常用的方法？
5. 为什么需求获取过程中要重视用户的作用？
6. 需求分析的实现步骤有哪些？衡量软件需求的标准是什么？
7. 需求管理要做好哪些工作？
8. 什么是数据流图？它主要刻画了系统哪方面的特征？
9. 什么是数据字典？数据字典中如何表示数据的层次关系？
10. 什么是判定树？什么是判定表？它们有何用途？
11. 面向对象分析主要有哪些活动？
12. 软件需求规格说明书在软件开发过程中的作用是什么？其主要内容有哪些？

4.5.2 专题讨论

1. 在软件需求分析时，首先建立当前系统的物理模型，再根据物理模型建立当前系统的逻辑模型。什么是当前系统？当前系统的物理模型与逻辑模型有什么差别？

2. 软件需求有一种类型称为“未来需求”，即未来可能提出来的需求。未来需求指把不属于当前系统开发范畴，但根据分析将来很有可能会提出的相关要求考虑到当前系统的开发过程中。这些需求的提出可以使系统更好地适应未来的修改，提高系统的可扩展性。举例说明。

3. 根据经验总结出需求诱导十原则：倾听，有准备的沟通，需要有人推动，最好当面沟通，记录所有决定，保持通力协作，聚焦并协调话题，采用图形表示，继续前进原则，谈判双赢原则。如何理解需求诱导十原则？

4. 下列哪些用户需求不精确？对于不精确的需求，给出相应的需求分析对策。

(1) 系统必须采用菜单来驱动。

(2) 系统能够进行模糊查询。

(3) 系统运行时所占用的内存空间不能超过4GB。

(4) 系统要有一定的安全保障措施。

(5) 系统崩溃时不能破坏用户数据。

(6) 系统响应速度要快。

5. 当用户参加需求评审时，往往难以理解软件需求规格说明书中与软件技术相关的内容，有什么好办法帮助用户理解软件需求规格说明书？

6. 分享以下经验。经验一：尽可能地分析清楚哪些是稳定的需求，哪些是易变的需求，以便在进行系统设计时，将软件的核心建筑在稳定的需求上，否则将会吃尽苦头。经验二：在合同中一定要说清楚“做什么”和“不做什么”。

7. 在对系统的数据流图进行层次分解时，必须遵守的一个重要原则是“一致性原则”（也称数据守恒原则），说明什么是数据守恒原则？

8. 讨论下列有关绘制数据流图说明是否正确。

(1) 数据流图中不能有无输入或无输出的处理过程。

(2) 数据流图分解中，要保持各层成分的完整性和一致性。

(3) 数据流必须通过处理过程。

(4) 数据存储一般作为两个处理过程的界面来安排。

(5) 处理过程的名称一般以“动词＋宾语”或“名词性定语＋动名词”为宜。

(6) 进出数据存储的数据流，如内容和存储者的数据相同，可采用同一名称。

9. 如何理解“需求分析实质上就是分析了解待开发软件系统的实际状况和进一步的管理需求”这句话的含义？

10. 面向对象分析方法建立3种模型，即对象模型、动态模型和功能模型。它们之间有何联系与区别？

4.5.3 应用实践

1. 学生工作处想了解非计算机专业学生掌握信息技术的情况，设计相应的调查分析过程。

2. 一个网上书店实施个性化信息服务系统，即根据客户购书和基本情况，向其提供即时的图书信息。系统包括客户基本信息、客户购书历史记录和书店图书目录。根据下列系统业务构造业务需求。

(1) 当客户登录书店网站，对于老客户，只要输入客户号和密码；对于新客户，需填写基本情况信息，然后注册。

(2) 对于成功登录的老客户，系统根据其购书的历史记录，从新到图书目录中查找客户可能感兴趣的书目，并主动推荐给客户；允许老客户查询其他图书。

(3) 对于新客户，除了主动推荐新书外，也可查询整个图书目录。

3. 为一个软件项目的需求管理制订具体的行动计划。

4. 为方便旅客，某航空公司拟开发一个机票预订系统。旅行社把预订机票的旅客信息（姓名、性别、工作单位、身份证号码、旅行时间、旅行目的等）输入该系统，系统为旅客安排航班，打印出取票通知和账单，旅客在飞机起飞的前一天凭取票通知和账单交款取票，系统校对无误即打印出机票给旅客。

用实体-联系图描绘系统中的数据对象，并用数据流图描绘本系统的功能。

5. 根据数据流图的规则，分析如图4-22所示的数据流图中有哪些错误？

6. 图书馆需要开发一个图书查询系统。读者可在计算机终端通过国际标准书号

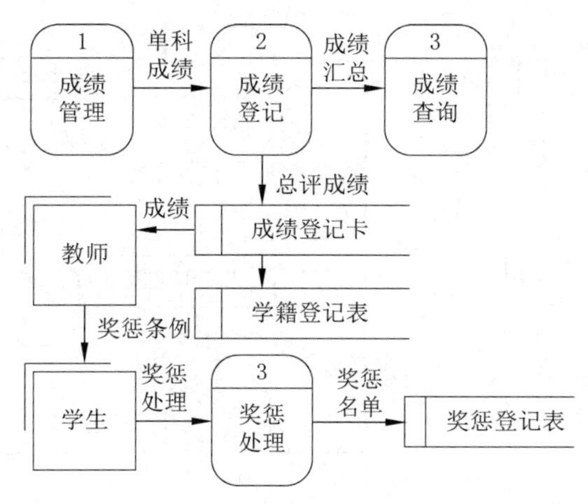

图 4-22 应用实践 5 图

(ISBN)、作者名、书名查出书的馆藏书号,管理员可通过 ISBN、馆藏书号查书的存放位置,当读者索要的书外借而无馆藏时,可以查到借阅者姓名及应还日期,必要时可催借阅者还书。

画出相应数据流图,并编写数据字典。

7. 某邮局的报刊订阅流程如下。

(1) 订户根据所需报刊填写订单。

(2) 邮局根据订单记入订报明细表,并给订户回执。

(3) 订报期截止后,邮局每天要做下列工作:①产生本邮局各报刊订报数据统计表,交报刊分发中心;②产生投递分发表给投递组;③部分数据存储和数据流说明如下。

报刊分类表:报刊号、报刊名。

订单:姓名、邮编、街道名、门牌号、报刊名、份数、起订日期、终止日期。

订报明细表:订户编号、订户姓名、邮编、街道名、门牌号、报刊名、份数、起订日期、终止日期。

订数统计表:报刊号、报刊名、数量。

投递分发表:姓名、邮编、街道名、门牌号、报刊名、份数。

数据流图如图 4-23 所示。

回答下列问题:

(1) A 处进行哪些处理?能发现什么错误?

(2) 如果同一个订户可能订阅多种报刊,为了减少冗余,可将订报明细表分成订户表和订报表,请设计这两张表的项目,并修改数据流图。

8. 某校学籍管理制度规定如下。

(1) 经补考,仍有两门考试课不及格者留级。

(2) 经补考,考查课、考试课共计仍有 3 门不及格者留级。

(3) 经补考,仍有不及格课程但未达留级标准可升级,但不及格科目要重修。

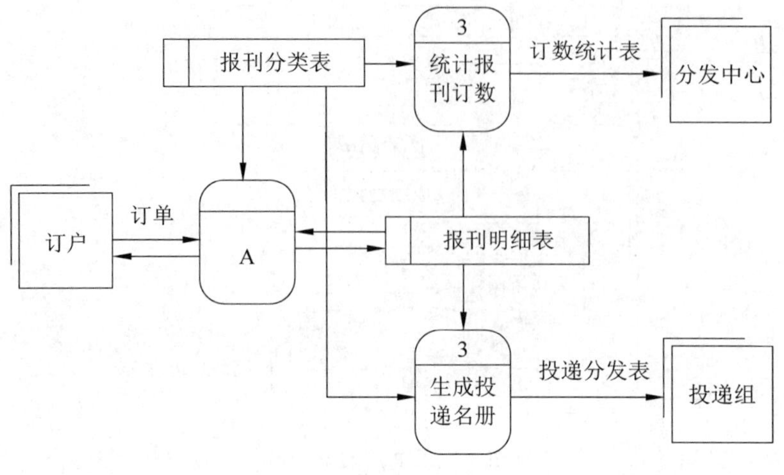

图 4-23　应用实践 7 图

试用结构式语言、判定树、判定表分别表示上述规则。试比较最有效的描述工具是哪种?

9. 将表 4-11 所示的判定表改成判定树。

表 4-11　学生奖励处理的判定表

条件	已修课程各门成绩比率	优＞＝ 70%	Y	Y	Y	Y	N	N	N	N	状态
		优＞＝ 50%	—	—	—	—	Y	Y	Y	Y	
		中以下＜＝ 15%	Y	Y	N	N	Y	Y	N	N	
		中以下＜＝ 20%	—	—	Y	Y	—	—	Y	Y	
	团结纪律得分	优、良	Y	N	Y	N	Y	N	Y	N	
		一般	N	Y	N	Y	N	Y	N	Y	
决策方案	一等奖		X								决策规则
	二等奖			X	X		X				
	三等奖					X		X	X		
	四等奖									X	

10. 分析“课程注册管理系统”的业务目标、影响范围及业务价值。画出初步用例图。

11. 银行计算机储蓄系统的工作过程如下：储户填写的存款单或取款单由业务员输入系统，如果是存款则系统记录存款人姓名、住址(或电话号码)、身份证号、存款类型、存款日期、到期日期、利率及密码(可选)等信息，并打印出存款收据给用户；如果是取款而且存款时留有密码，则系统首先核对储户密码，若密码正确或存款时未留密码，则系统计算利率并打印利息清单给储户。

试建立它的对象模型、动态模型和功能模型。

12. 对校园二手商品交易系统(SHCTS)进行需求分析,编写软件需求规格说明书。

课后自测-4

第5章 软件设计

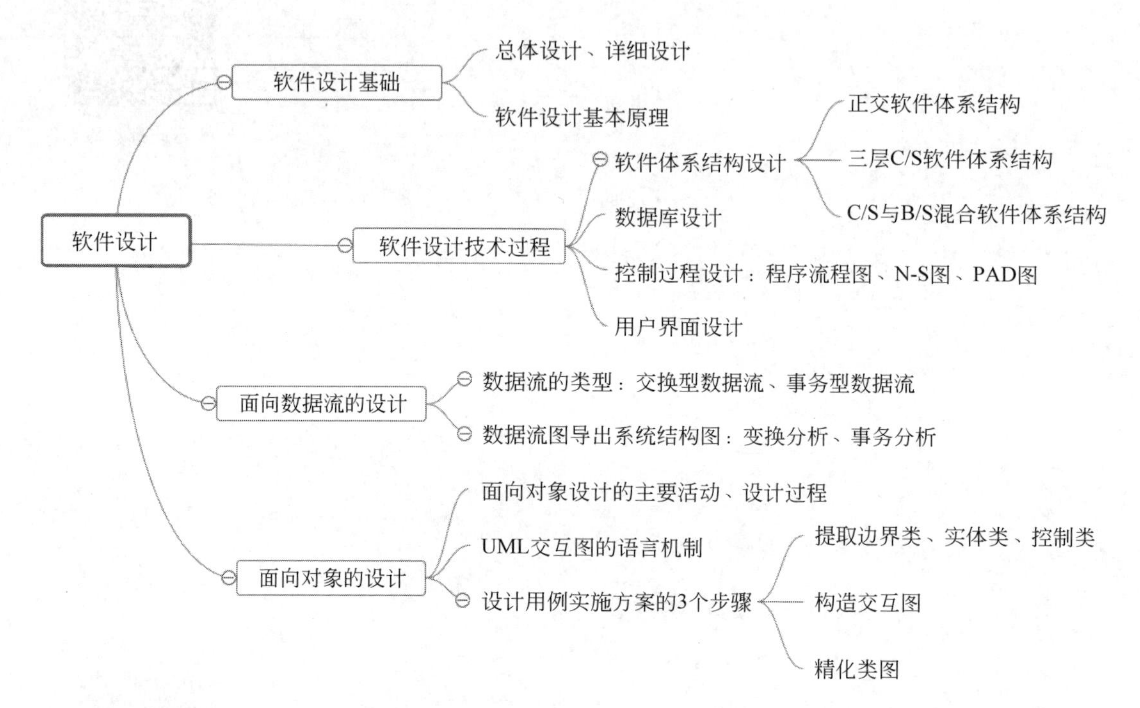

本章导读-5

5.1 软件设计基础

在软件需求确定后，就进入软件设计阶段。软件设计是软件工程的重要阶段。软件设计的基本目的就是回答“系统应该如何实现”这个问题。软件设计的任务，就是把软件需求规格说明书中规定的功能要素，考虑实际条件，转换为满足软件系统需求的技术方案，为下个阶段的软件实施工作奠定基础。

5.1.1 软件设计概述

软件设计活动是获取高质量、低耗费、易维护软件最重要的一个环节，其主要目的是绘制软件的蓝图，权衡和比较各种技术和实施方法的利弊，合理分配各种资源，构建软件系统的详细方案和相关模型，指导软件实施工作的顺利开展。

软件设计可以分为总体设计（也称为概要设计）和详细设计两个阶段。

1. 总体设计

总体设计是决定系统“怎样做”，概要地说就是系统应该如何实现。因此，总体设计从需求分析阶段的工作结果出发，明确可选的技术方案，做好划分软件结构的前期工作，然后划分出组成系统的物理元素，并进行软件的结构设计与数据设计，最后编写出本阶段的阶段性成果——总体设计文档。

总体设计的主要参与者有软件分析人员、用户、软件项目管理人员以及相关的技术专家。软件分析人员完成对目标系统的物理方案和最终的软件结构设计；用户参与评价并最终审批系统的物理方案和最终的软件结构；软件项目管理人员参与评价软件分析人员设计的系统的物理方案和软件结构，并对软件分析人员的设计工作进行指导；相关的技术专家则主要参与评价软件分析人员设计的系统的物理方案以及软件结构。

总体设计过程包括设计供选择的方案、推荐最佳方案、设计软件结构、制订测试计划、编写总体设计文档、审查与复查总体设计文档。

(1) 设计供选择的方案。软件分析人员根据系统要求，提出并分析各种可能的方案，并且从中选出最佳的方案，为以后的工作做好准备。

需求分析阶段得出的数据流图是总体设计的根本出发点。数据流图中的处理可以进行逻辑分组，每一组都代表不同的实现策略。其次对这些分组得出的方案进行分析，产生一系列可供选择的方案。最后结合实际因素，如工程的目标、规模和用户的意见等，从可能的实现方案中选取若干个合理的方案。通常，选取的这些方案中应包括低成本、中成本和高成本几种方案。需要为每个方案提供系统流程图、数据字典、成本效益分析、实现系统的进度计划。

(2) 推荐最佳方案。软件分析人员从合理方案中选择一个最佳方案向用户推荐，并为推荐的方案制订详细的实现计划。

对于软件分析人员推荐的最佳方案，用户和有关专家应该认真审查。如果确认该方案确实符合用户的需要，并且在现有条件下完全能够实现，则应该提请使用部门负责人进一步审批。在使用部门负责人也接受了软件分析人员所推荐的方案后，方可进入总体设计过程的下一步工作，即结构设计阶段。

(3) 设计软件结构。软件结构的设计，首先要把复杂的系统功能分解成简单的功能，即功能分解，同时进一步细化数据流图。分解后，软件分析人员使用层次图或结构图来描述模块组织层的层次结构，实现由上层向下层的调用，最下层的模块完成具体的功能。

(4) 制订测试计划。在软件设计的早期阶段，考虑软件测试问题是非常必要的，有利于提高软件的可测试性。

(5) 编写总体设计文档。总体设计阶段结束时，应该提供的文档有总体设计说明书(包括系统实现方案和软件模块结构)、测试计划(包括测试方案、策略、步骤和结果等)、用户手册(根据总体设计阶段的结果对需求分析阶段的用户手册进行进一步的修改)、详细的实现计划(包括系统目标、总体设计、数据设计、处理方式设计、运行设计和出错设计等)。

(6) 审查与复审总体设计文档。对总体设计的结果要进行严格的技术审查，并在技术审查通过后，使用部门负责人还要从管理的角度进行复审。

2. 详细设计

详细设计的任务是对总体设计阶段划分出的每个模块进行明确的算法描述，即根据总体设计提供的说明文档，确定每个模块的数据结构及具体算法，并选用合适的描述工具，将其清晰准确地表达出来。

详细设计阶段并不具体地编写各个程序的代码，而是设计出程序的“蓝图”，在编码阶段程序员将根据这个蓝图写出实际的程序代码。因此，详细设计的结果在很大程度上决定着最终的程序代码的质量。在软件的生存周期中，在软件测试方案设计、程序代码调试和修改时，都需要先读懂程序代码。因此，在衡量程序代码的质量时，不仅要看其逻辑是否正确、性能是否满足要求，更重要的是要看程序代码是否容易阅读和理解。

详细设计阶段的参与者主要有软件系统用户、软件设计师、程序员及详细设计文档复审专家。软件分析人员和设计人员在前一个阶段进行了总体设计，确定了软件系统总体框架和模块组织结构。在详细设计阶段，需要有经验的软件设计师担任负责人，在上个阶段设计成果的基础上，将软件系统用户、程序员一起组织起来，进行系统各部分的详细设计。在这个阶段，用户参与可以使需求进一步明确细化，界面设计更加符合用户的实际需求，通过各方交流设计出高质量的详细设计说明书。在文件评审阶段，需要文档复审专家进行文件复审，以形成详细设计阶段的最终文档。

详细设计文档主要是给程序员看的，也是程序编码的依据。因此，详细设计的参与者撰写详细设计说明书时，对于模块的逻辑描述，要在确保正确可靠的基础上尽量使其更加清晰、易读。采用结构化程序设计方法，可以改善程序的结构，降低程序复杂度，提高程序的可读性、可测试性和可维护性。

详细设计的一般过程如下。

(1) 对总体设计阶段所确定的抽象性的数据类型进行确切的定义，确定软件各个模块采用的算法和内部数据组织形式，确定对系统内部和外部模块的接口细节。

(2) 确定每个模块的算法。选择适当的图形、表格和语言等描述工具表达每个模块算法的执行过程，写出模块的详细过程性描述。

(3) 为每个模块设计一组测试用例。在详细设计阶段设计每个模块的测试用例，使编码阶段对具体模块的调试或测试更加方便。负责详细设计的人员最了解模块的功能和要求，所以应由他们来完成测试用例的设计。测试内容通常包括输入数据、期望输出结果等。

(4) 编写详细设计说明书。在详细设计结束时，把上述结果进行整理，编写出详细设计说明书，并经过复审后，形成正式文档，作为下个阶段的工作依据。

5.1.2 软件设计基本原理

经过多年发展，业界总结出一些基本的软件设计概念与原则，这些概念与原则经过时间的考验，已经成为软件设计人员完成复杂的软件设计问题的基础。主要内容包括将软件划分成若干独立成分的依据，怎样表示不同的成分内的功能细节和数据结构，怎样统一衡量软件设计的技术质量。

1. 模块化

模块化是指解决一个复杂问题时自顶向下逐层把软件系统划分成若干模块的过程。模块完成一个特定的子功能,所有的模块按某种方法组装起来,成为一个整体,完成整个系统所要求的功能。

假设函数 $C(x)$ 定义了问题 x 的复杂性,解决它所需的工作量函数为 $E(x)$。对于问题 P_1 和 P_2,如果 $C(P_1)>C(P_2)$ 即 P_1 比 P_2 复杂,那么 $E(P_1)>E(P_2)$,即问题越复杂,所需要的工作量越大。

根据解决一般问题的经验,规律为

$$C(P_1+P_2)>C(P_1)+C(P_2)$$

即一个问题由两个问题组合而成的复杂度大于分别考虑每个问题的复杂度之和。这样可以推出:

$$E(P_1+P_2)>E(P_1)+E(P_2)$$

由此可知,开发一个大而复杂的软件系统,将它进行适当的分解,不但可降低其复杂性,还可减少开发工作量,从而降低开发成本,提高软件生产率。但是模块划分越多,块内的工作量减少,模块之间接口的工作量增加了,如图 5-1 所示。因此在划分模块时,应减少接口的代价,提高模块的独立性。

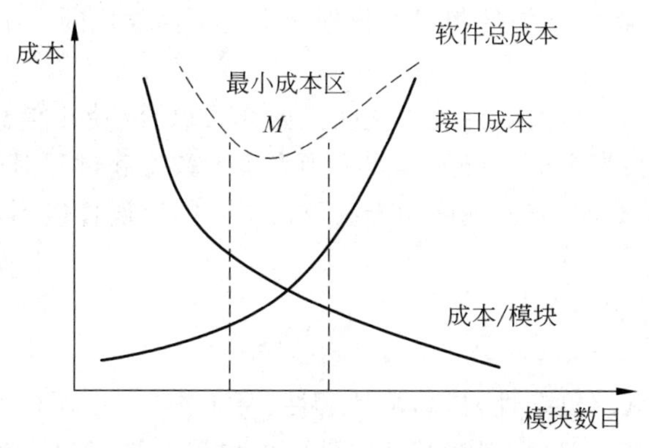

图 5-1 软件设计成本与模块数量关系图

2. 抽象与逐步求精

在现实世界中,事物、状态或过程之间存在共性。把这些共性集中和概括起来,忽略它们之间的差异,这就是抽象。抽象就是抽出事物的本质特性而暂时不考虑它们的细节。

当考虑对任何问题的模块化解法时,可以提出许多抽象的层次。在抽象的最高层次使用问题环境的语言,以概括的方式叙述问题的解法;在较低抽象层次采用更过程化的方法,把面向问题的术语和面向实现的术语结合起来叙述问题的解法;在最低的抽象层次用可以直接实现的方式叙述问题的解法。

软件工程过程的每步都是对软件解法的抽象层次的一次精化。在可行性研究阶段,软件作为系统的一个完整部件；在需求分析期间，软件解法是使用在问题环境内熟悉的方式描述的；当我们由总体设计向详细设计过渡时，抽象的程度也就随之减少了；当源程序写出来以后，也就达到了抽象的最底层。

逐步求精与抽象是紧密相关的，随着软件开发工程的进展，在软件结构每层中的模块，表示了对软件抽象层次的一次精化。层次结构的上一层是下一层的抽象，下一层是上一层的求精。事实上，软件结构顶层的模块，控制了系统的主要功能并且影响全局；在软件结构底层的模块，完成对数据的一个具体处理，用自顶向下、由抽象到具体的方式分配控制，简化了软件的设计和实现，提高了软件的可理解性和可测试性，并且使软件更容易维护。

3. 信息隐蔽和局部化

应用模块化原理时，将产生一个问题：为了得到一组模块，应该如何分解软件结构？信息隐蔽原理指出，每个模块的实现细节对于其他模块是隐蔽的，即模块中所包括的信息不允许其他不需要这些信息的模块调用。隐蔽表明有效的模块化可以通过定义一组独立的模块而实现，这些独立的模块间仅交换为完成系统功能而必须交换的信息。

模块间的通信仅使用对于实现软件功能的必要信息，通过抽象，可以确定组成软件的过程实体；而通过信息隐蔽，则可以定义和实施对模块的过程细节和局部数据结构的存取限制。局部化的概念和信息隐蔽概念密切相关，局部化是指把一些关系密切的软件元素物理地放得彼此靠近，在模块中使用局部数据元素就是局部化的一个例子。显然，局部化有助于实现信息隐蔽。

如果在测试期间和以后的软件维护期间需要修改软件，使用信息隐蔽原理作为模块化系统设计的标准就会带来极大好处。因为绝大多数数据和过程对于软件的其他部分是隐蔽的，也就是看不见的，在修改期间由于疏忽而引入的错误传播到软件的其他部分的机会就很少。

4. 模块独立性

为了降低软件系统的复杂性，提高可理解性、可维护性，必须把系统划分成为多个模块。模块不能任意划分，应尽量保持其独立性。模块独立性指每个模块只完成系统要求的独立的子功能，并且与其他模块的联系最少且接口简单。

如何衡量软件的独立性呢？根据模块的外部特征和内部特征，提出了两个定性的度量标准——耦合和内聚。

1）耦合

耦合是指软件系统结构中各个模块之间相互联系紧密程度的一种度量。模块之间联系越紧密，其耦合性就越强，模块的独立性则越差。模块间耦合高低取决于模块之间接口的复杂性、调用的方式及传递的信息。

模块之间的耦合性一般分为7种类型，如图5-2所示。

非直接耦合指两个模块之间没有直接的关系，它们分别从属于不同模块的控制与调用，它们之间不传递任何信息；数据耦合指两个模块之间有调用关系，传递的是简单的数

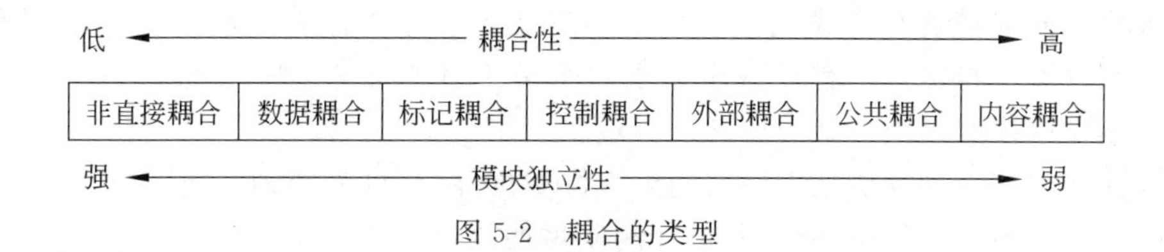

图 5-2 耦合的类型

据值，相当于高级语言中的值传递；标记耦合指两个模块传递的是数据结构，例如，高级语言中的数组名、记录名、文件名等这些名字即为标记，其实传递的是这个数据结构的地址；控制耦合指一个模块调用另一个模块时，传递的是控制变量（如开关、标志等），被调模块通过该控制变量的值有选择地执行块内某些功能；外部耦合指一组模块都访问同一个全局简单变量而不是同一个全局数据结构，并且不通过参数表传递该全局变量的信息；公共耦合指通过一个公共数据环境相互作用的那些模块间的耦合；当一个模块直接使用另一个模块的内部数据，或通过非正常入口而转入另一个模块内部，这种模块之间的耦合为内容耦合。

耦合性是影响软件复杂程度的一个重要因素，在设计中应该尽量使用数据耦合，少用控制耦合，限制公共耦合的范围，完全不用内容耦合。

2）内聚

内聚是指模块的功能强度的度量。若一个模块内各元素（语句之间、程序段之间）联系的越紧密，则它的内聚性就越高。

模块之间的内聚性一般分为7种类型，如图5-3所示。

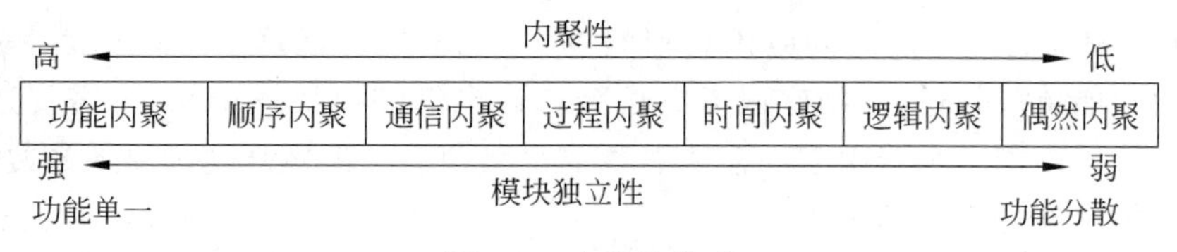

图 5-3 内聚的类型

模块内部所有元素都属于一个整体，它们组合在一起是为了完成某个独立的功能，则该模块的内聚是功能内聚；模块内部各部分彼此紧密联系，为实现某个功能结合在一起，并按照顺序方式执行，则该模块的内聚是顺序内聚；模块内部的所有元素都使用相同的输入数据或产生相同的输出结果，则该模块的内聚是通信内聚；模块内部的所有元素彼此相关，但必须遵循特定的过程次序执行，则该模块是过程内聚；模块内部的所有组成部分必须在同一段时间内执行完成（如所有的初始化或终止工作），则该模块是时间内聚；模块内部的各组成部分除了通过逻辑变量（也称控制参数）联系之外无任何联系，则该模块是逻辑内聚；组成模块的元素之间没有实质性的联系，则该模块是偶然内聚。

在设计时更应重视模块内聚，尽量追求功能内聚，少用逻辑内聚和偶然内聚，顺序内聚和通信内聚可以酌情使用。此外，没有必要精确定义内聚的级别，只要能够识别出低内聚的模块即可。

【例 5-1】 一个模块中含有几个子程序为实现一个堆栈，如 init_stack()、push()和

pop();模块中同时还含有格式化报告数据和定义子程序中用到的所有全局数据和子程序。很难看出堆栈与报告子程序或全局数据部分有什么联系,因此模块的内聚性很差。这些子程序应该按照模块内聚的原则进行重新组织。

耦合性与内聚性是模块独立性的两个定性标准,将软件系统划分模块时,尽量做到高内聚、低耦合,提高模块的独立性,为设计高质量的软件结构奠定基础。

5. 软件设计原则

改进软件设计,提高软件质量需要遵循如下原则。

1) 模块高独立性

设计出软件的初步结构以后,应该进一步分解或合并模块,力求降低耦合并提高内聚。例如,多个模块公有的一个子功能可以独立定义一个模块,由这些模块调用;有时可以通过分解或合并模块以减少控制信息的传递及对全程数据的引用,并降低接口的复杂程度。

2) 模块规模适中

大的模块往往是由于分解不充分,但是进一步分解必须符合问题结构,一般分解后不应该降低模块独立性。过小的模块开销大于有效操作,而且模块数目过多将使系统接口复杂。因此过小的模块有时不值得单独存在,特别是只有一个模块调用它时,通常可以把它合并到上级模块中而不必单独存在。

3) 深度、宽度、扇出和扇入适当

深度表示软件结构中控制的层数,能够粗略地标志一个系统的大小和复杂程度,如图 5-4 所示。它和程序长度之间应该有粗略的对应关系,当然这个对应关系是在一定范围内变化的。如果层数过多,则应该考虑是否有许多管理模块过于简单,需要适当合并。宽度是软件结构内同一个层次上的模块总数的最大值。一般宽度越大系统越复杂。对宽度影响最大的因素是模块的扇出。

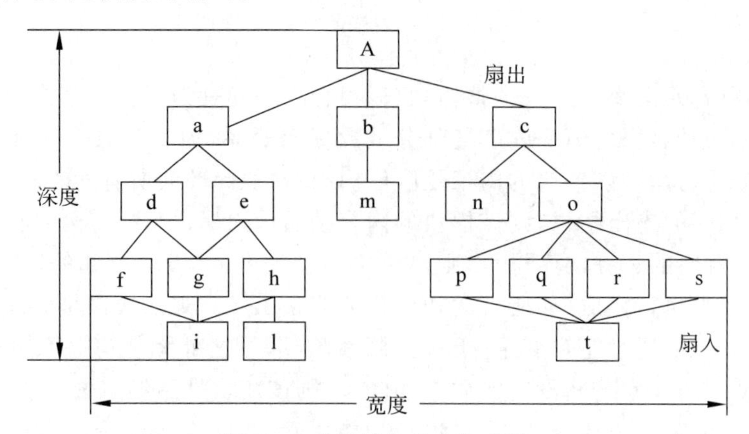

图 5-4　程序结构的有关术语

扇出是一个模块直接调用的模块数目,扇出过大意味着模块过于复杂,需要控制和协调过多的下级模块;扇出过小也不好。经验表明,一个设计得很好的典型系统的平均扇出通常是3或4。扇出太大一般是因为缺乏中间层次,应该适当增加中间层次的控制模块。扇出太小时可以把下级模块进一步分解成若干个子功能模块,或者合并到它的上级模块中去。当然,分解模块或合并模块必须符合问题结构,不能违背模块独立原理。

一个模块的扇入表明有多少个上级模块直接调用它,扇入越大则共享该模块的上级模块数目越多,这是有好处的,但是,不能违背模块独立单纯追求高扇入。

观察大量软件系统后发现,设计得优秀的软件结构通常顶层扇出比较高,中层扇出较少,底层扇入公共的实用模块中。

4) 模块的作用域应该在其控制域之内

模块的作用域定义为受该模块判定影响的所有模块的集合。模块的控制域是这个模块本身以及所有直接或间接从属于它的模块的集合。例如,在图5-5中,模块A的控制域是A、B、C、D、E、F模块的集合。

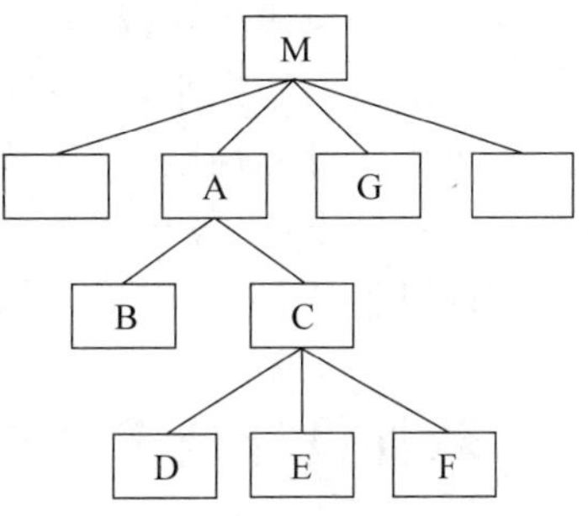

图5-5 模块的作用域和控制域

在一个设计得很好的软件系统中,所有受判定影响的模块应该都从属于做出判定的那个模块,最好局限于做出判定的那个模块本身及它的直属下级模块。例如,如果图5-5中模块A做出的判定只影响模块B,符合这条规则。但是,如果模块A做出的判定同时还影响模块G中的处理过程,这样的结构使得软件难于理解。为了使A中的判定能影响G中的处理过程,通常需要在A中给一个标记设置状态以指示判定的结果,并且应该把这个标记传递给A和G的公共上级模块M,再由M把它传给G。这个标记是控制信息而不是数据,因此将使模块间出现控制耦合。

可以通过修改软件结构使作用域是控制域的子集:一个方法是把做判定的点往上移,例如,把判定从模块A中移到模块M中;另一个方法是把那些在作用域内但不在控制域内的模块移到控制域内,例如,把模块G移到模块A的下面,成为它的直属下级模块。

5) 模块接口的低复杂度

模块接口复杂是软件发生错误的主要原因之一。应该设计模块接口使得信息传递简单并且和模块的功能一致。

【例5-2】 一元二次方程的根的模块定义为

```
QUAD_ROOT(TBL,X)
```

其中,用数组TBL表示方程的系数,用数组X回送求得的根。这种传递信息的方法不利于对这个模块的理解,不仅在维护期间容易引起混淆,在开发期间也可能发生错误。下面这种接口可能比较简单:

```
QUAD_ROOT(A,B,C,ROOT1,ROOT2)
```

其中,A、B、C是方程的系数,ROOT1和ROOT2是算出的两个根。

接口复杂或者不一致是高耦合或低内聚的原因所致,应该重新分析这个模块的独立性,力争降低模块接口的复杂程度。

6）单入口、单出口的模块

这条启发式规则表明,在设计软件结构时不要使模块间出现内容耦合。在结构上模块顶部有单入口,模块底部单出口,这样的结构比较容易理解,比较容易维护。

7）模块功能应可预测

如果一个模块可以当作一个黑盒子,只要输入的数据相同就产生同样的输出,这个模块的功能就是可以预测的。带有内部存储器的模块的功能可能是不可预测的,因为它的输出可能取决于内部存储器(例如,某个标记)的状态。由于内部存储器对于上级模块而言是不可见的,所以这样的模块不易理解,难于测试和维护。

如果一个模块只完成一个单独的子功能,则表现高内聚;但是,如果一个模块任意限制局部数据结构的大小,过分限制在控制流中可以做出的选择或者外部接口的模式,这种模块的功能就过分局限,使用范围也过于狭窄。在使用过程中将不可避免地需要修改功能过分局限的模块,以提高模块的灵活性,扩大它的使用范围;但是,在使用现场修改软件的代价是很高的。

5.2 软件设计技术过程

软件设计从工程管理角度可分为总体设计和详细设计两个步骤,从技术角度可分为软件体系结构设计、数据库设计、控制过程设计和用户界面设计四大部分。

5.2.1 软件体系结构设计

提及体系结构时,容易引发与建筑物的物理结构的比较。在修建建筑物时,要兼顾考虑其外观与内部的统一。软件体系结构的设计,也具有相同的特征。

1. 软件体系结构设计概述

软件体系结构为软件系统设计提供了一套关于数据、行为、结构的指导性框架,该框架提供了描述系统数据、数据间的关系的静态特征,也对数据的操作、系统控制和通信等活动提供具有动态特征的描述过程。系统的静态特征体现了组织结构,系统的动态特征则体现系统操作流程的拓扑过程,共同构成设计决策的基本指导方针。良好设计的体系结构具有普适性,能满足不同的软件需求。

体系结构设计是软件设计的早期活动,其作用:提供软件设计师能预期的体系结构描述;数据结构、文件组织、文件结构体现了软件设计的早期抉择,这些抉择将极大地影响后续的软件开发人员,影响软件产品的最后成功。

2. 软件体系结构

随着计算机网络技术和软件技术的发展,软件体系结构和模式也在不断地发生变化,下面介绍 3 种新型的软件体系结构。

1）正交软件体系结构

正交软件体系结构由组织层和线索的构件构成。组织层由一组具有相同抽象级别的构件构成。线索是子系统的特例，它是由完成不同层次功能的构件组成（通过相互调用来关联）的，每条线索完成整个系统中相对独立的一部分功能。每条线索的实现与其他线索的实现无关或关联很少，在同一层中的构件之间是不存在相互调用的。

如果线索是相互独立的，即不同线索中的构件之间没有相互调用，这个结构就是完全正交的。从以上定义可以看出，正交软件体系结构是一种以垂直线索构件族为基础的层次化结构，其基本思想是把应用系统的结构按功能的正交相关性，垂直分割为若干条线索（子系统），线索又分为几个层次，每个线索由多个具有不同层次功能和不同抽象级别的构件构成。各线索的相同层次的构件具有相同的抽象级别。

对于大型的和复杂的软件系统，其子线索（一级子线索）还可以划分为更低一级的子线索（二级子线索），形成多级正交结构。正交软件体系结构的框架图如图5-6所示。

【例5-3】 图5-6是一个三级线索（高层和最低层之间，有三级线索）、五层结构的正交软件体系结构框架图，在该图中，ABDFK组成了一条线索，ACEJK也是一条线索。因为B、C处于同一层次中，所以不允许互相调用；H、J处于同一层次中，也不允许互相调用。一般第五层是一个物理数据库连接构件或设备构件，供整个系统公用。

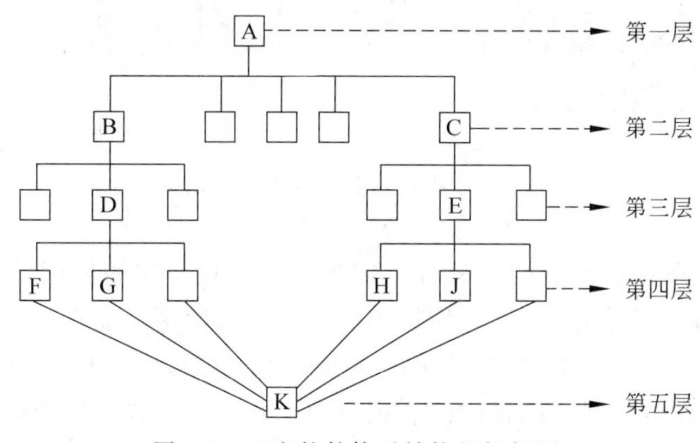

图5-6 正交软件体系结构的框架图

在软件进化过程中，系统需求会不断发生变化。在正交软件体系结构中，因线索的正交性，每个需求变动仅影响某条线索，而不会涉及其他线索。这样，就把软件需求的变动局部化了，产生的影响也被限制在一定范围内，因此容易实现。

正交软件体系结构具有结构清晰、易于理解，易修改、可维护性强，可移植性强，重用粒度大等优点。

2）三层C/S软件体系结构

C/S软件体系结构，即Client/Server（客户机/服务器）软件体系结构，是基于资源不对等，且为实现共享而提出来的。C/S软件体系结构将应用一分为二，服务器（后台）负责数据管理，客户机（前台）完成与用户的交互任务。C/S软件体系结构具有强大的数据操作和事务处理能力，模型简单，易于人们理解和接受。但随着企业规模的日益扩大，软件的复杂程度也在不断提高。

三层 C/S 软件体系结构将应用功能分成表示层、功能层和数据层 3 个部分，如图 5-7 所示。

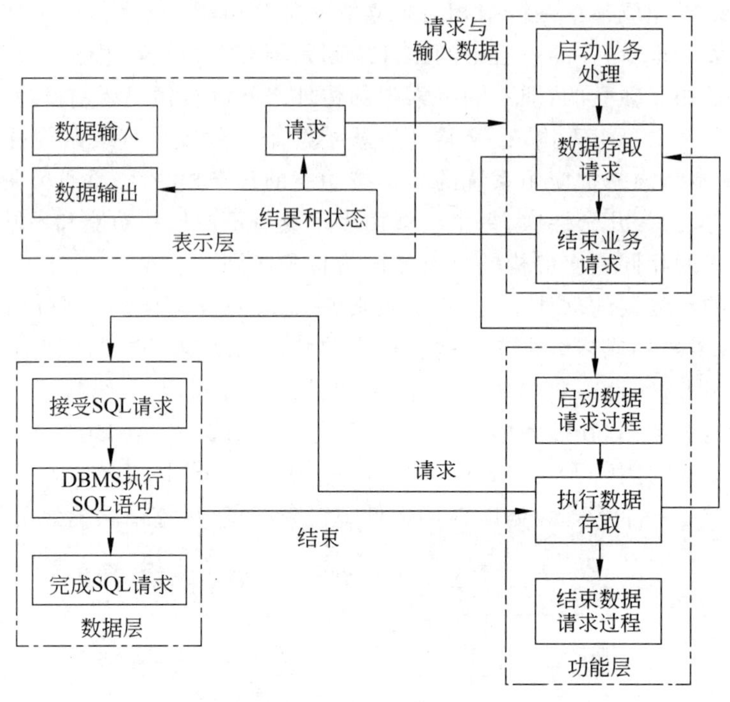

图 5-7　三层 C/S 软件体系结构示意图

(1) 表示层是应用用户的接口部分。它担负着用户与应用层间的对话功能，用于检查用户从键盘等输入的数据，显示应用输出的数据。为使用户能直观地进行操作，一般要使用图形用户接口，操作简单、易学易用。在变更用户接口时，只改写显示控制和数据检查程序，而不影响其他两层。检查的内容也只限于数据的形式和取值的范围，不包括有关业务本身的处理逻辑。

(2) 功能层相当于应用的本体，它将具体的业务处理逻辑编入程序中。例如，在制作订购合同时要计算合同金额，按照定好的格式配置数据、打印订购合同，而处理所需的数据则要从表示层或数据层取得。表示层和功能层之间的数据交换要尽可能简洁。例如，用户检索数据时，要设法将有关检索要求的信息一次性地传送给功能层，而由功能层处理过的检索结果数据也一次性地传送给表示层。

(3) 数据层的构件就是数据库管理系统，负责管理对数据库数据的读写。数据库管理系统必须能迅速执行大量数据的更新和检索。因此，一般从功能层传送到数据层的要求大多使用 SQL 编写。

三层 C/S 软件体系结构的解决方案：对三层进行明确分割，并在逻辑上使其独立。原来的数据层作为数据库管理系统已经独立出来，所以关键是要将表示层和功能层分离成各自独立的程序，并且还要使这两层之间的接口简洁明了。

一般情况是只将表示层配置在客户机中,如果将功能层也放在客户机中,虽然可提高程序的可维护性,但其他问题并未得到解决。客户机的负荷太重,其业务处理所需的数据要从服务器传送给客户机,系统的性能会降低。

如果将功能层和数据层分别放在不同的服务器中,则服务器和服务器之间也要进行数据传送。由于在这种形态中三层C/S软件体系是分别放在各自不同的硬件系统上的,所以灵活性很高,能够适应客户机数目的增加和处理负荷的变动。例如,在追加新业务处理时,可以相应增加装载功能层的服务器。因此,系统规模越大这种形态的优点就越显著。

3) C/S与B/S混合软件体系结构

C/S与B/S混合软件体系结构是一种典型的异构体系结构。

B/S软件体系结构即Browser/Server(浏览器/服务器)软件体系结构,是随着互联网技术的兴起,对C/S软件体系结构的一种变化或者改进的结构。在B/S软件体系结构下,用户界面完全通过WWW浏览器来实现,一部分事务逻辑在前端实现,但是主要事务逻辑在服务器端实现。

B/S软件体系结构主要是利用不断成熟的WWW浏览器技术,结合浏览器的多种脚本语言,用通用浏览器就实现了原来需要复杂的专用软件才能实现的强大功能,并节约了开发成本,这是一种全新的软件体系结构。基于B/S软件体系结构的软件,其系统安装、修改和维护全在服务器端解决。用户在使用系统时,仅仅需要一个浏览器就可运行全部的模块,真正达到了"零客户端"的功能,很容易在运行时自动升级。B/S软件体系结构还提供了异种机、异种网、异种应用服务的联机、联网、统一服务的最现实的开放性基础。

5.2.2 数据库设计

数据库设计是指对于一个给定的应用环境,提供一个确定最佳数据模型与处理模式的逻辑设计,以及一个确定数据库合理存储结构与存取方法的物理设计,建立起既能反映现实世界信息和信息联系,满足各种用户需求(信息要求和处理要求),又能在某个数据库管理系统实现系统目标并有效存取数据的数据库。

1. 数据库设计的目标

数据库设计是硬件、软件和技术的集合体。数据库设计应与应用系统设计结合起来,设计过程应把结构(数据)设计和行为(处理)设计结合起来。数据库设计应满足以下目标。

(1) 满足用户应用需求。用户最关心的是数据库能否满足信息要求和处理要求。在进行数据库设计时,设计者必须充分理解用户各方面要求与约束条件,准确定义系统需求,以便度量。定义系统需求时要注意经济效益。

(2) 良好的数据库性能。数据库是存储器上合理存储的结构化的大宗数据的集合,具有数据独立性、共享性、最小冗余性、数据安全性、完整性、一致性、可靠性等特点。这些特点在数据库设计中要时刻考虑到,使设计出来的数据库确实具有这些特点。为了解决性能问题,应熟悉各级数据模型和存取方法,特别是物理模型和数据的组织与存取方法。

(3) 对现实世界模拟的精确程度。数据库通过数据模型来模拟现实世界的信息类别与信息间的联系。数据库模拟的精确程度越高,就越能反映实际。这是设计的一个质量指标。

(4) 能被某个现有数据库管理系统接受。数据库设计的最终结果是确定数据库管理系统支持下能运行的数据模型与处理模型,并建立起实用、有效的数据库。在设计中,必须透彻了解所选用数据库管理系统的特点、数据组织与存取方法、效率参数、安全性、合理性限制等,才能设计出充分发挥数据库管理系统优点的最优模型。

2. 数据库设计的层次

数据库设计包括概念数据库设计、逻辑数据库设计、物理数据库设计等不同层次。

1) 概念数据库设计

概念数据库设计的任务是产生反映企业组织信息需求的数据库概念结构。概念结构是对现实世界的一种抽象,即对实际的人、事、物和概念进行人为处理,抽取人们关心的共同特性,忽略其本质的细节。概念结构不依赖于计算机系统和具体的数据库管理系统。

概念数据库设计的主要步骤:首先根据系统分析的结果(数据流图、数据字典等)对现实世界的数据进行抽象,设计各个局部视图,即局部实体-联系(E-R)图,然后将局部E-R图合并成全局E-R图。

(1) 设计局部E-R图。

在系统分析阶段,对应用环境和要求进行了详尽的调查分析,并用多层数据流图和数据字典描述了整个系统。设计局部E-R图的第一步就是要根据系统的具体情况,在多层的数据流图中选择一个适当层次的数据流图,让这组图中每部分对应一个局部应用,从这一层次的数据流图出发,设计局部E-R图。由于高层的数据流图只能反映系统的概貌,而中层的数据流图能较好地反映系统中各局部应用的子系统组成。因此,往往以中层的数据流图作为设计局部E-R图的依据。

每个局部应用都对应了一组数据流图,局部应用涉及的数据都已经收集在数据字典中了,设计局部E-R图就是要将这些数据从数据字典中抽取出来,参照数据流图,标定局部应用中的实体和实体的属性,标识实体的码,确定实体之间的联系及其类型。

【例5-4】 固定资产管理系统的E-R图示例,如图5-8和图5-9所示。

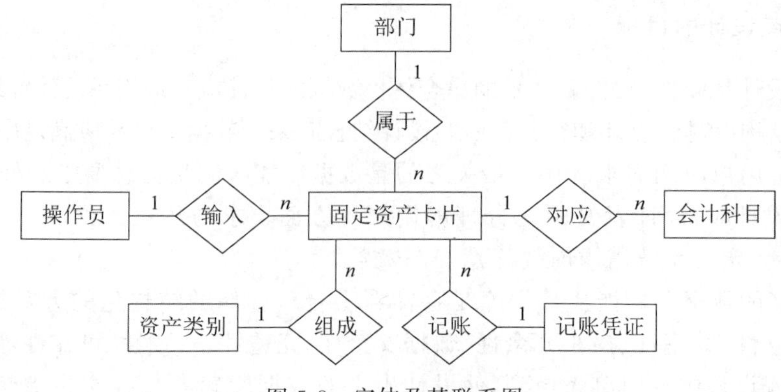

图5-8 实体及其联系图

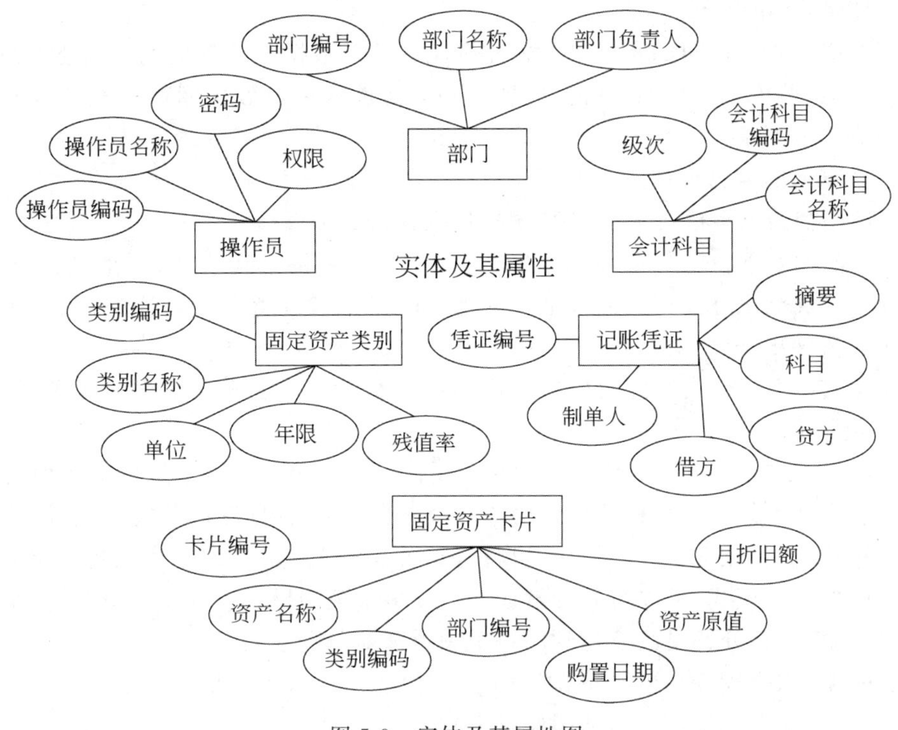

图 5-9　实体及其属性图

(2) E-R 图的集成。

各个局部 E-R 图建好后,还必须进行合并,集成为一个整体的数据概念结构,即全局 E-R 图。E-R 图集成一般采用逐步累积的方式,即首先集成两个局部 E-R 图(通常是比较关键的两个局部 E-R 图),以后每次将一个新的局部 E-R 图集成进来。如果局部视图简单,也可以一次集成多个局部 E-R 图。

一般集成局部 E-R 图需要合并、修改和重构等步骤。合并局部 E-R 图不是简单将所有局部 E-R 图画到一起,而是要消除局部 E-R 图中的不一致,以形成一个能为全系统中所有用户共同理解和接受的统一的概念模型。合理消除各局部 E-R 图的冲突是合并局部 E-R 图的主要工作与关键所在。

局部 E-R 图经过合并生成的是初步 E-R 图,其中可能存在冗余的数据和冗余的实体之间的联系。冗余数据和冗余联系容易破坏数据库的完整性,给数据库维护增加困难。因此得到初步 E-R 图后,应当进一步检查 E-R 中是否存在冗余,如果存在则应设法予以消除。有时为了提高某些应用效率,不得不以冗余信息作为代价。在设计数据库概念结构时,需要根据用户的整体需求来确定哪些冗余的信息该消除。

视图集成后形成一个整体的数据库概念结构,对该整体概念结构还必须进一步验证,确保它能够满足:整体概念结构内部必须具有一致性,即不能存在互相矛盾的表达;整体概念结构能准确地反映原来的每个视图结构,包括属性、实体及实体之间的联系;整体概念结构能满足需求分析阶段所确定的所有要求。

2）逻辑数据库设计

逻辑数据库设计的目的是从概念模型导出特定的数据库管理系统可以处理的数据库的逻辑结构，这些模式在功能、性能、完整性和一致性约束及数据库可扩充性等方面均应满足用户提出的要求。

关系数据库的逻辑设计过程如下。

（1）导出初始关系模式。将 E-R 图按规则转换成关系模式。

（2）规范化处理。消除异常，改善完整性、一致性和存储效率，一般达到第三范式(3NF)即可。规范化过程实际上就是单一化过程，即一个关系描述一个概念，若多于一个概念就把其分解出来。

（3）模式评价。模式评价的目的是检查数据库模式是否满足用户的要求，包括功能评价和性能评价。

（4）优化模式。如疏漏的要新增关系或属性，合并、分解性能不好的关系模式或用另外结构代替性能不好的关系模式等。对于具有相同关键字的关系模式，如它们的处理主要是查询操作，而且经常在一起使用，可将这类关系模式合并。对于虽已规范化但因某些属性过多时的关系模式，可以将其分解成两个或多个关系模式。其中，按照属性组分解的称为垂直分解，垂直分解要注意得到的每个关系都要包含主码。

【例 5-5】 根据图 5-8 和图 5-9 所示的 E-R 模型，设计逻辑模型如下。

部门(部门编号，部门名称，部门负责人)

操作员(操作员编码，操作员名称，密码，权限)

会计科目(会计科目编码，会计科目名称，级次)

记账凭证(凭证编号，摘要，科目，借方，贷方，制单人)

固定资产类别(类别编码，类别名称，单位，年限，残值率)

固定资产卡片(卡片编号，资产名称，类别编码，部门编号，购置日期，资产原值，月折旧额)

3）物理数据库设计

物理数据库设计是对已确定的逻辑数据库结构，研制出一个有效、可实现的物理数据库结构的过程。物理数据库设计常常包括某些操作约束，如响应时间与存储要求等。

物理数据库设计的主要任务是对数据库中数据在物理设备上的存放结构和存取方法进行设计。数据库物理结构依赖于给定的计算机系统，而且与具体选用的数据库管理系统密切相关。物理数据库设计可以分为以下步骤。

（1）存储记录的格式设计。存储记录的格式设计包括分析数据项类型特征，格式化记录，并确定数据压缩或代码化的方法等。此外，可以使用垂直分割方法，对含有较多属性的关系按照属性使用频率的不同进行分割；可以使用水平分割方法，对含有较多记录的关系按某些条件进行分割，并把分割后的关系定义在相同或不同类型的物理设备上，或者定义在相同设备的不同区域上，从而使访问数据库的代价最小，提高数据库的性能。

（2）存储方式设计。物理数据库设计中重要的一个考虑，是把存储记录在物理设备上的存储方式，常见的存储方式有顺序存储、散列存储、索引存储及聚簇存储等。

(3) 访问方式设计。访问方式设计为存储在物理设备上的数据提供存储结构和访问路径,这与数据库管理系统有很大关系。

(4) 完整性和安全性设计。根据逻辑数据库设计提供的对数据库的一致性约束条件以及所采用的数据库管理系统的性能、功能和硬件环境,设计数据库的完整性和安全性措施。

在物理数据库设计中,应充分注意物理数据的独立性,即对物理数据结构设计的修改不要引起对应用程序的修改。物理数据库设计的性能可以用用户获得及时、准确的数据和有效利用计算机资源的时间、空间及可能的费用来衡量。

3. 数据库访问方式设计

在网络环境下,客户端通过服务器访问数据库。开放数据库互连(Open Database Connectivity,ODBC)已成为广泛应用的数据库访问接口。在B/S结构下,由于所有的数据库信息都以HTML格式通过Web发布,因此建立Web服务器与数据库之间的连接尤为重要。

1) 公共网关接口技术

公共网关接口(Common Gateway Interface,CGI)技术是传统的Web与数据库连接技术,它规定了浏览器、Web服务器及CGI程序之间的数据交换格式和标准,是在服务器端运行的程序。用户通过浏览器向Web服务器提出查询和修改数据请求,CGI负责提取信息并将其组织成结构化查询语言(Structured Query Language,SQL)查询或修改数据语句,然后将它们发送到数据库服务器,在数据库管理系统对数据进行处理后将结果传回Web服务器,再传送到客户端浏览器。CGI脚本程序可用多种编程语言实现,性能良好,但运行速度慢。

2) Java数据库连接技术

Java数据库连接(Java Database Connectivity,JDBC)技术是Java语言编写的访问数据库的接口,它具备3种连接数据库的途径:与数据库直接连接、通过JDBC驱动程序连接、与ODBC数据源直接连接。JDBC的工作原理如图5-10所示,浏览器从服务器下载含有JavaApplet的HTML文档,然后浏览器直接与数据库建立连接,不需要通过服务器与数据库相连,因而减少了服务器的压力。

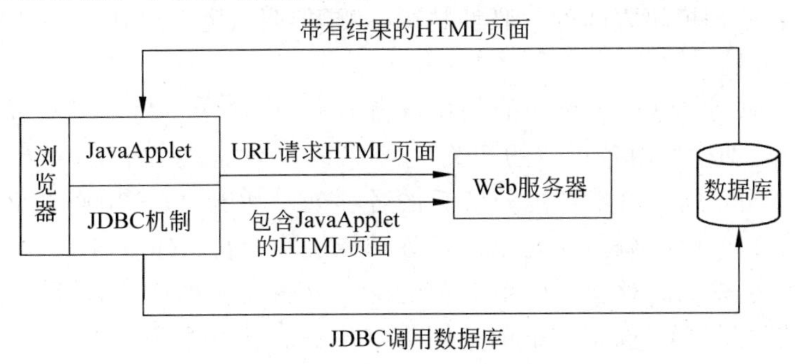

图5-10 JDBC的工作原理

3）ASP 技术

ASP（Active Server Pages）技术可以将脚本语言集成到 HTML 页面，通过 ASP 可以结合 HTML 网页、ASP 指令和 ActiveX 元件建立动态的、交互式的 Web 服务器应用程序。ASP 是通过 ActiveX 数据对象（ActiveX Data Objects，ADO）实现数据库访问的。当用户申请一个 *.asp 页面时，Web 服务器响应该 HTTP 请求，启动 ASP，读取 *.asp 页面内容，执行 ASP 脚本命令，利用 ADO 进行数据库访问，将所得结果生成 HTML 页面返回到浏览器。ASP 脚本不需要编译，易于编写，可以在服务器端直接执行，从而减轻了客户端浏览器的负担，大大提高了交互的速度，而且 ASP 脚本的源程序不会被下载到浏览器，保证了脚本的安全性。

ASP 的实现流程如图 5-11 所示。

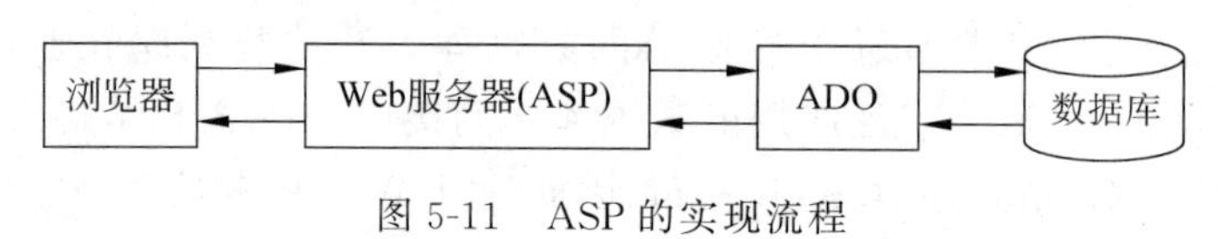

图 5-11　ASP 的实现流程

5.2.3　控制过程设计

控制过程设计的任务是开发一个可以直接转换为程序的软件表示，即对系统中每个模块的内部过程进行设计和描述。

1. 控制过程设计的原则

系统的处理过程设计是分析如何将系统的输入数据转换为输出数据的过程，其任务是设计出所有模块和它们之间的相互关系（联结方式），并具体地设计出每个模块内部的功能和处理过程，为程序员提供详细的技术资料。控制处理过程设计应当遵循以下 7 个原则。

（1）层次分解原则。系统必须按其功能目标予以分解，将一个大系统按其设定的功能分解成较小的处理模块，使系统成为具有层次关系的结构。

（2）耦合力原则。进行系统功能的层次分解时，要使各处理模块与处理模块之间的关联性最少。各处理模块之间的关联性越少，就越能降低处理模块之间彼此的相互影响，有助于系统的调试。

（3）内聚力原则。进行系统功能的层次分解时，应尽量使每个处理模块都具有一个特定的功能目标，即模块内各指令的相关程度最高，以增加各处理模块的独立性。

（4）模块说明原则。对于系统分解后的各项处理功能，应该用有意义的文字加以标示。例如，对处理模块命名时，用足以表示处理模块功能的名称命名。

（5）适度大小原则。对于进行系统功能层次分解后所形成的各项处理功能，其内部指令行数以能够打印在一面报表纸的范围为宜，一般 50 行指令左右比较适当，这样有利于程序员阅读。

（6）控制范畴原则。进行系统功能层次分解时，要注意到上层处理功能所控制的下层处理模块数量，以不大于7个为宜，一般5个比较恰当，这样可以降低处理模块的复杂性。

(7) 模块共享原则。处理模块尽量不要单独设立，而是运用模块化思想将其设计成可共享模块，以达到减少程序代码的目的。

2. 控制过程设计的描述工具

控制过程设计常用的描述工具有传统的程序流程图、结构化流程图(N-S图)、问题分析图(PAD图)、PDL语言等。

1) 程序流程图

程序流程图又称为程序框图，它能比较直观和清晰地描述过程的控制流程，易于学习掌握。程序流程图的不足主要表现在，利用程序流程图使用的符号不够规范，使用的灵活性极大，程序员可以不受任何约束，随意转移控制。这些问题常常严重影响了程序质量。为了消除这些不足，应严格定义程序流程图所使用的符号，不允许随心所欲地画出各种不规范的程序流程图。

为使用程序流程图描述结构化程序，必须限制在程序流程图中只能使用下述的5种基本控制结构，即顺序结构、选择结构、多分支选择结构、先判定型循环结构和后判定型循环结构，如图5-12所示。

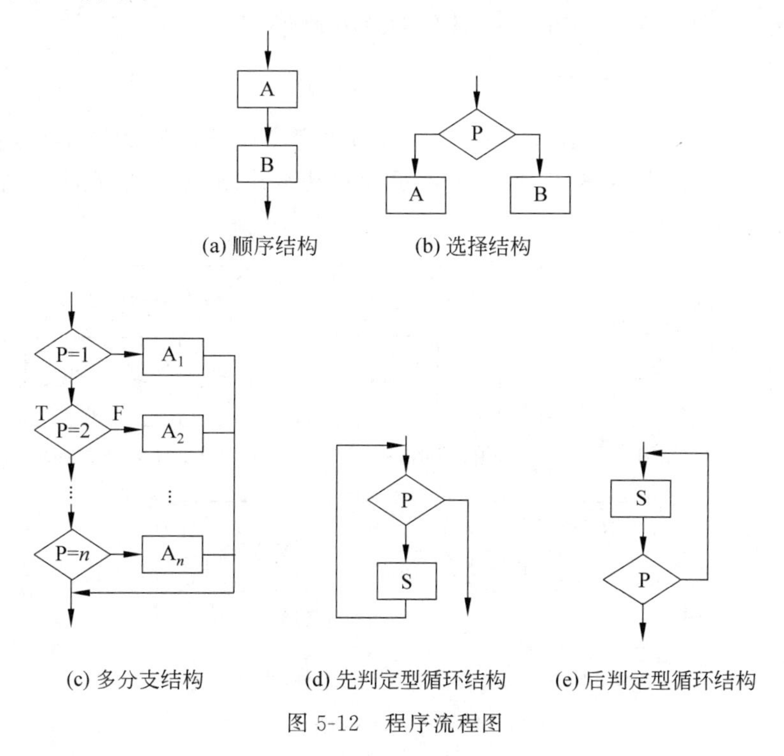

(a) 顺序结构　(b) 选择结构

(c) 多分支结构　(d) 先判定型循环结构　(e) 后判定型循环结构

图5-12　程序流程图

【例5-6】 图5-13描述了一个具有多种结构的流程图。

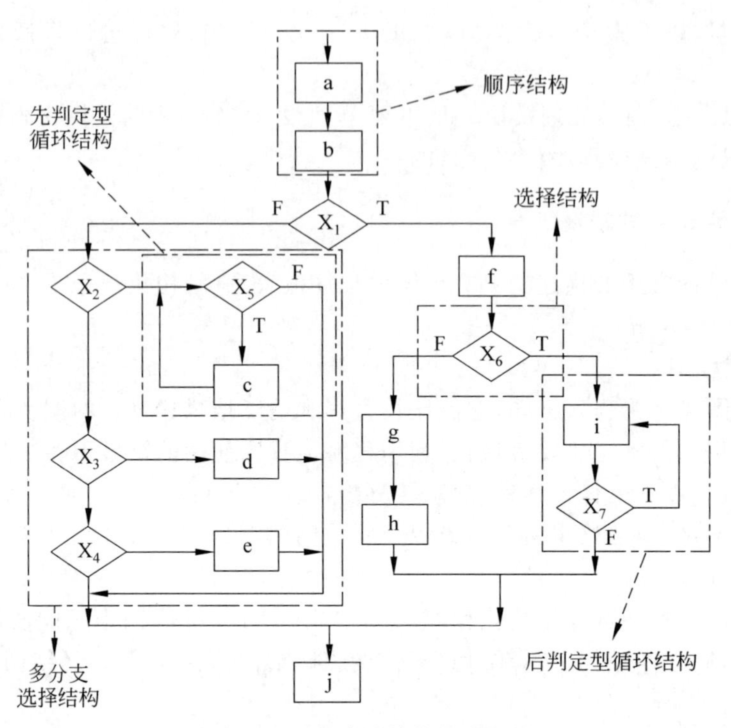

图 5-13　具有多种结构的流程图

2）N-S 图

Nassi 和 Shneiderman 提出了一种符合结构化程序设计原则的图形描述工具，称为盒图，又称为 N-S 图。在 N-S 图中，为了表示 5 种基本控制结构，规定了 5 种图形构件。其基本图例如图 5-14 所示。

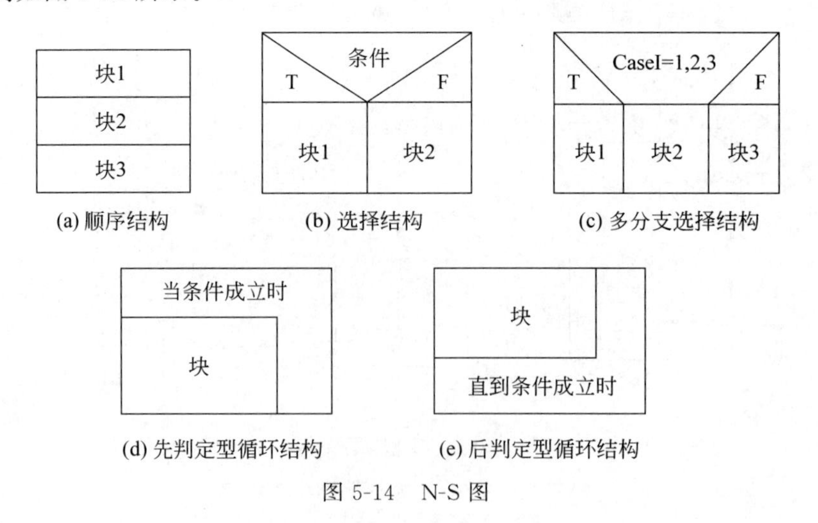

图 5-14　N-S 图

【例 5-7】 图 5-15 描述了一个具有多种结构的流程图。

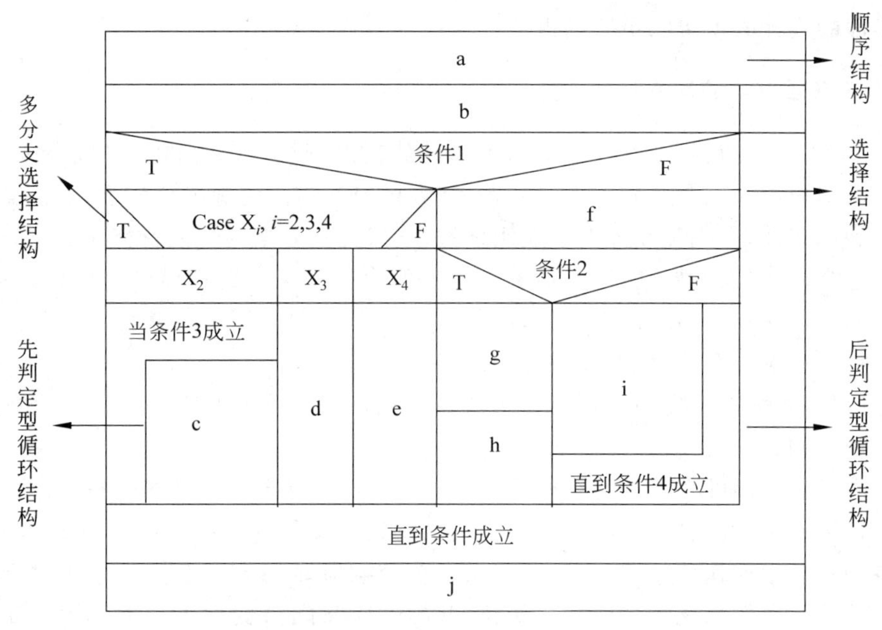

图 5-15 N-S 图举例

3）PAD 图

PAD 图即问题分析图(Problem Analysis Diagram)，是一种结构化的图，其基本控制结构如图 5-16 所示，也由 3 种基本结构组成。其中选择结构分为两分支和多分支，循环结构分为先判定型循环和后判定型循环两类。

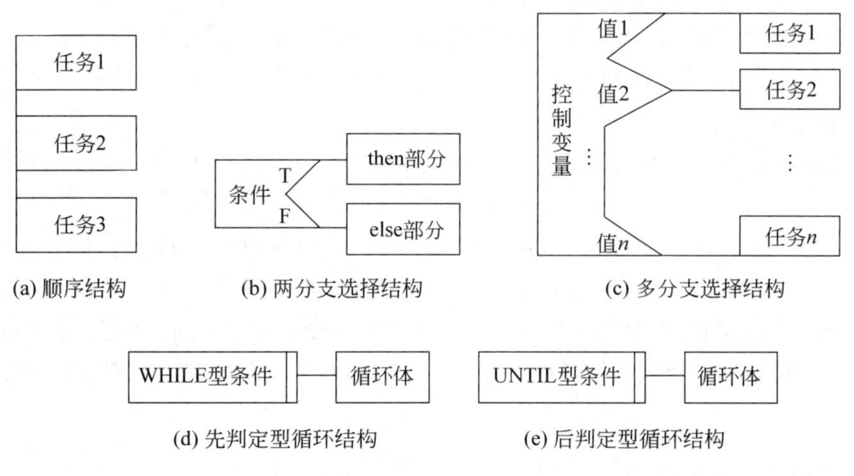

图 5-16 PAD 图

5.2.4 用户界面设计

随着各种应用软件的面市，作为人机交互接口的用户界面(简称人机交互界面)发挥越来越重要的作用，人机交互界面是否友好直接影响到软件的寿命与竞争力。因此，对人机交互界面的设计必须予以足够的重视。

1. 用户界面设计的基本要求

评价一个人机交互界面设计质量的优劣目前还没有统一的标准。一般来说,考虑的主要问题有用户对人机交互界面的满意程度,人机交互界面的标准化程度,人机交互界面的适应性和协调性,人机交互界面的应用条件,人机交互界面的性能价格比。

人们通常用“界面友好性”这一抽象概念来评价一个人机交互界面的好坏,一般认为一个友好的人机交互界面应该至少具备的特征:操作简单,易学,易掌握;界面美观,操作舒适;快速反应,响应合理;用语通俗,语义一致。

综上所述,人机交互界面设计应考虑4方面的问题:系统响应时间、用户帮助设施、出错信息处理和命令交互。

(1) 系统响应时间。系统响应时间包括两方面:时间长度和时间的易变性。系统响应时间应该适中,系统响应时间过长,用户就会感到不安和沮丧;而系统响应时间过短,有时会造成用户加快操作节奏,从而导致错误。系统响应时间的易变性是指相对于平均响应时间的偏差。即使系统响应时间比较长,低的响应时间易变性也有助于用户建立稳定的节奏。

合理设计系统功能的算法,使系统响应时间不要过长;如果系统响应时间过短,要适当延时。总之,要根据用户的要求来调节系统响应时间。

(2) 用户帮助设施。常用的用户帮助设施有集成和附加两种。集成帮助设施一开始就是设计在软件中的,它与语境有关,用户可以直接选择与所要执行操作相关的主题。通过集成帮助设施可以缩短用户获得帮助的时间,增加界面的友好性。附加帮助设施是在系统建好以后再加进去的,通常是一种查询能力比较弱的联机帮助。

设计必要的、简明的、合理有效的帮助信息,可以大力提高用户界面的友好性,使软件受到用户的欢迎。

(3) 出错信息处理。出错信息和警告信息是出现问题时给出的消息。有效的出错信息能提高交互系统的质量,减少用户的挫折感。

(4) 命令交互。面向窗口图形界面减少了用户对命令执行的依赖。但还是有些用户偏爱用命令方式进行交互。在提供命令交互方式时,应考虑每个菜单项都应有对应的命令;控制序列、功能键或输入命令;考虑学习和记忆命令的难度,命令应当有提示;只输入宏命令的标识符就可以按顺序执行它所代表的全部命令;所有应用软件都有一致的命令使用方法。

2. 用户界面设计的原则

设计友好、高效的用户界面的基本原则是用户界面应当具有可靠性、简单性、易学习性、易使用性和立即反馈性,这些往往也是用户评价界面设计的标准。

(1) 可靠性。用户界面应当提供可靠的、能有效减少用户出错的、容错性好的环境。一旦用户出错,应当能检测出错误、提供出错信息,给用户改正错误的机会。

(2) 简单性。简单性能提高工作效率,用户界面的简单性包括输入输出的简单性,系统界面风格的一致性,命令关键词的含义、命令的格式、提示信息、输入输出格式等的一致性。

(3) 易学习性和易使用性。用户界面应提供多种学习和使用方式,应能灵活地适用于所有的用户。

(4) 立即反馈性。用户界面对用户的所有输入都应立即做出反馈。当用户有误操作时,程序应尽可能明确地告诉用户做错了什么,并向用户提出改正错误的建议。

3. 人机交互界面设计的步骤

人机交互界面设计的步骤简述如下。

(1) 调查研究。开展用户调研,拟定需求,初步建立界面原型。

(2) 需求分析。根据任务的复杂性、难易程度等,详细分解任务动作,进行合理分工,确定适合于用户的交互方式。确定系统的软硬件支持环境及接口,向用户提供各类文档要求等。根据需求分析、任务分析、环境分析等,分析实现界面形式所要花费的成本/效益,以便选择合适的开发设计途径。

(3) 确定界面设计。根据用户的自身特性,以及系统任务、环境、成本/效益,确定适合的界面类型,确定屏幕显示信息的内容和界面显示的次序,进行屏幕总体布局和显示结构设计;然后,进行艺术设计完善,包括为吸引用户的注意所进行的增强显示的设计,例如,采取运动,改变形状、大小、颜色、亮度、环境等特征(如加线、加框、前景和背景设计等),还包括创新的设计以增加亮点,或者应用多媒体手段等。决定和安排帮助信息和出错信息的内容,组织查询方法,并进行出错信息、帮助信息的显示格式设计。

(4) 原型设计。在经过初步系统需求分析后,开发出一个满足系统摹本要求的、简单的、可运行系统给用户试用,让用户进行评价提出改进意见,进一步完善系统的需求规格和系统设计。

(5) 综合测试与评估。这个阶段的关键任务是通过各类型的测试与评估,使系统达到预定的要求。它可以采取多种方法,如试验法、用户反馈、专家分析、软件测试等,对软件界面的诸多因素如功能性、可靠性、效率、美观性等进行评估,以获取用户对界面的满意度,便于尽早发现错误或者不满意的地方,以改进和完善系统设计。

(6) 维护。通过各类必要的维护活动,使系统持久地满足用户的需要。

4. 人机交互界面的设计方式

用户界面是人机对话的窗口,设计时应尽可能坚持友好、简便、实用、易于操作的原则,避免烦琐、花哨的界面。

用户界面设计包括菜单方式、会话方式、提示方式以及操作权限管理方式等。

1) 菜单方式

菜单是信息系统功能选择操作的最常用方式。特别对于图形用户界面,菜单集中了系统的各项功能,直观、易操作。菜单的形式可以是下拉式、弹出式或快捷菜单,也可以是按钮选择方式等。

菜单设计时应和系统的划分结合起来,尽量将一组相关的菜单放在一起。同一层菜单中，功能应尽可能多，菜单设计的层次应尽可能少。一般功能选择性操作最好让用户一次就进入系统，避免让用户选择后再确定形式。对于一些重要操作，如执行删除操作、终止系统运行、执行退出操作时可以提示用户确定。菜单设计中在两个邻近的功能之间选择时，应使用高亮度或强烈的对比色，使它们的变化醒目。

2）会话方式

在系统运行过程中，当用户操作错误时，系统要向用户发出提示和警告性的信息；当系统执行用户操作指令遇到两种以上的可能时，系统提请用户进一步说明；系统定量分析的结果通过屏幕向用户发出控制性的信息等。通常是让系统开发人员根据实际系统操作过程将会话语句写在程序中。

在开发决策支持系统时也常常会遇到大量的具有一定因果逻辑关系的会话。对于这类会话，可以将会话设计成数据文件中的一条条记录，系统运行时，根据用户的会话回答内容，执行相应的判断，从而调出下一句会话，并显示出来。这种会话不需要更改程序，只需要对会话文件中的记录操作即可。但是它的分析判断过程复杂，一般只用于少数决策支持系统、专家系统或基于知识的分析推理系统中。

3）提示方式

为了方便用户使用，系统应能提供相应的操作提示信息和帮助。在操作界面上，常常将提示以小标签的形式显示在屏幕上，或者以文字显示在屏幕的旁边。还可以将系统操作说明输入系统文件，建立联机帮助。

4）操作权限管理方式

为了保证系统的安全，可以控制用户对系统的访问。可以设置用户登录界面，通过用户名和口令及使用权限来控制对数据的访问。

5.3 面向数据流的设计

面向数据流的设计是以需求分析阶段产生的数据流图为基础，按一定的步骤映射成软件结构，因此又称结构化设计（Structured Design，SD）。该方法由美国 IBM 公司 L.Constantine 和 E.Yourdon 等人于 1974 年提出，与结构化分析（SA）衔接，构成了完整的结构化分析与设计技术，是使用最广泛的软件设计方法之一。

5.3.1 面向数据流的设计过程

结构化方法的设计过程需要从数据流图导出初始的模块结构图。因此，首先要分析数据流图的类型，对不同类型的数据流图，采用不同的技术将其转换为初始的模块结构图（Structured Chart）。

1. 数据流的类型

对数据流图的分析可以发现，数据流图中的数据流处理方式可有两种表达方式，即变换型数据流与事务型数据流。此外，在实际的软件系统中出现更多的是混合型数据流图，该图混合了事务和变换两种类型的数据流。

1）变换型数据流

变换型数据流的数据以“外部世界”的形式进入系统，经过变换后再以“外部世界”的形式离开系统，如图5-17所示。由变换型数据流构成的数据流图则为变换型数据流图。

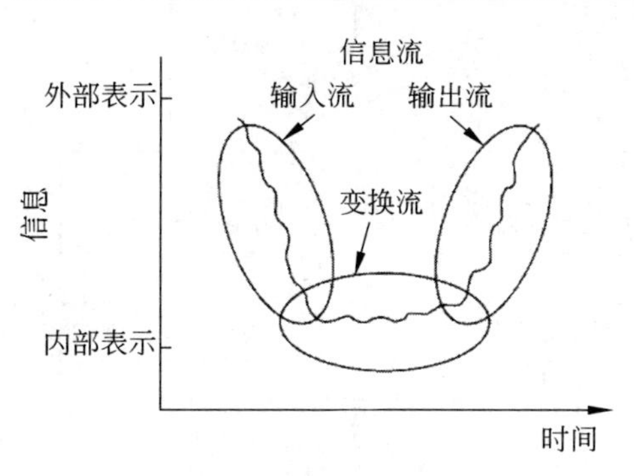

图5-17 变换型数据流

变换型数据处理问题的工作过程分为3步，即取得数据、变换数据和给出数据。变换数据是数据处理过程的核心工作，而取得数据只是为它做准备，给出数据则是对变换后的数据进行后期处理工作。

2）事务型数据流

若某个加工将它的输入流分离成许多发散的数据流，形成许多加工路径，并根据输入的值选择其中一条路径来执行，这种特征的数据流图称为事务型的数据流图。这种事务型数据流图如图5-18所示。其中，输入数据流在事务中心T处做出选择，激活某种事务处理加工。

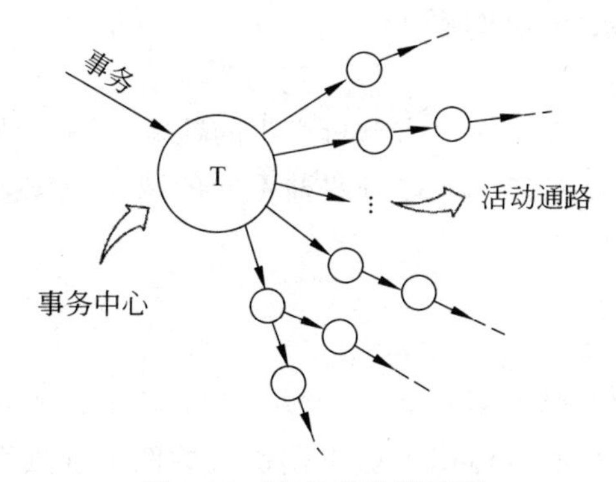

图5-18 事务型数据流图

2. 设计过程

面向数据流的设计方法的过程如图5-19所示。首先，精化数据流图并确定数据流图的类型，若数据流图是变换型数据流图则逐一确定其输入部分、变换中心和输出部分；如果数据流图是事务型数据流图则逐一确定其输入通路、事务中心以及活动通路。然后，根据数据流图导出软件结构图的技术规则，得到一个最初的软件结构。最后，根据模块独立性原理和启发式规则，对最初的软件结构进行设计优化，得到最终的软件结构。

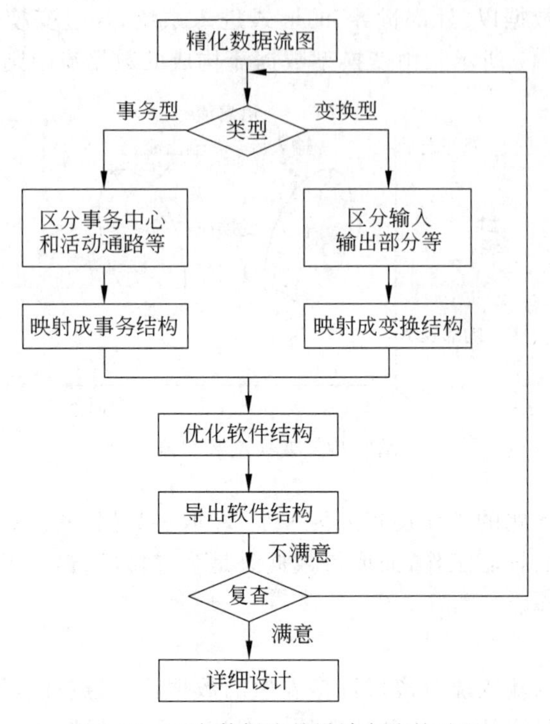

图 5-19 面向数据流的设计方法的过程

5.3.2 数据流图导出系统结构图

系统结构图的依据就是在系统需求分析产生的数据流图。数据流图一般有两种典型的结构：变换型结构和事务型结构。针对两种不同的数据流图，可以采取不同的方法来绘制系统结构图。

1. 变换分析

变换型结构的数据流图是一种线性状结构，可以明显地区分输入、处理和输出 3 部分。变换分析就是从变换型数据流图映射出模块结构图。变换分析技术的步骤如下，如图 5-20 所示。

(1) 确定主加工及逻辑输入输出。主加工是指描述系统的主要功能、特征的加工。主加工往往不止一个，其特点是输入输出数据流较多。主加工的确定是变换分析技术的关键，不同的人所确定的主加工可能会有差异。逻辑输入输出数据流则是指输入输出主加工的数据流。通常又将物理输入转换为逻辑输入的数据流称为输入流，而将逻辑输出转换为物理输出的数据流称为输出流。

(2) 设计上层模块。顶层的模块又称为主控模块，如模块 M。一级分解是对顶层的

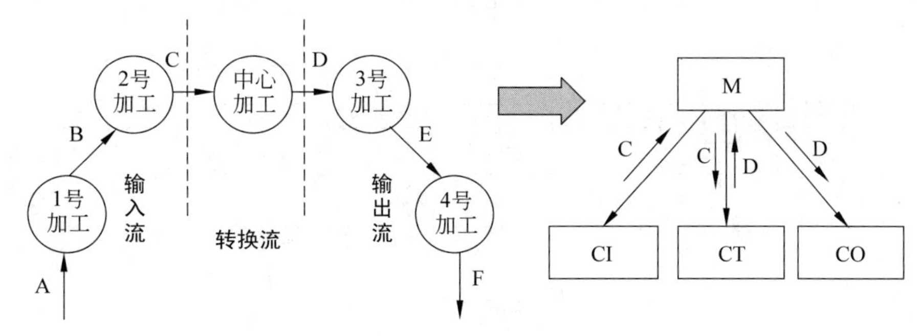

图 5-20 变换分析技术

模块进行分解；为每个逻辑输入设计一个输入模块(CI)，为每个逻辑输出设计一个输出模块(CO)，同时为每个主加工设计一个处理模块(CT)，并标注模块名。用小箭头画出相应的数据流。

(3) 设计中下层模块。这一步的工作是自顶向下，逐步细化，为第一层的每个输入模块、输出模块、处理模块设计它们的从属模块，设计下层模块的顺序一般从设计输入模块的下层开始。

通常为输入模块设计两类下层模块，接收数据的模块和对所接收的数据进行某种处理的模块。为输出模块也设计两类下层模块，对输出的数据进行处理的模块和输出数据的模块。处理模块的一种分解方法是按照分层数据流图中主加工的分解来进行。

【例 5-8】 图 5-21 中，为输入模块 CI 设计下层模块“取 B”和“转换 B”，为输出模块 CO 设计下层模块“转换 D”和“送 E”，为处理模块 CT 设计下层模块“处理 C”等。中下层模块根据具体情况可以有多层。

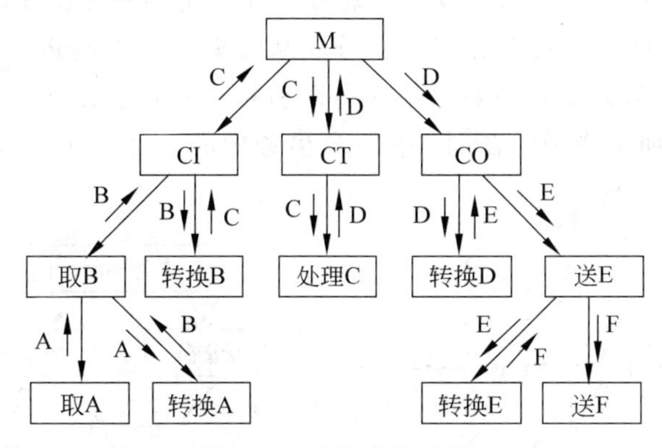

图 5-21 变换分析示例

(4) 进一步细化。对中、下层的模块继续细化，一直分解到物理的输入输出为止。需要特别注意的是，结构图中的模块，并非是由数据流图中的加工直接对应转换而来的，因此加工和模块之间不存在一一对应的关系。系统结构图与数据流图之间的数据流存在对应关系。图 5-22 是将图 4-12 中的数据流图通过变换分析技术转换而得的系统结构图。

【例 5-9】 从变换型结构的数据流图导出系统结构图，如图 5-22 所示。

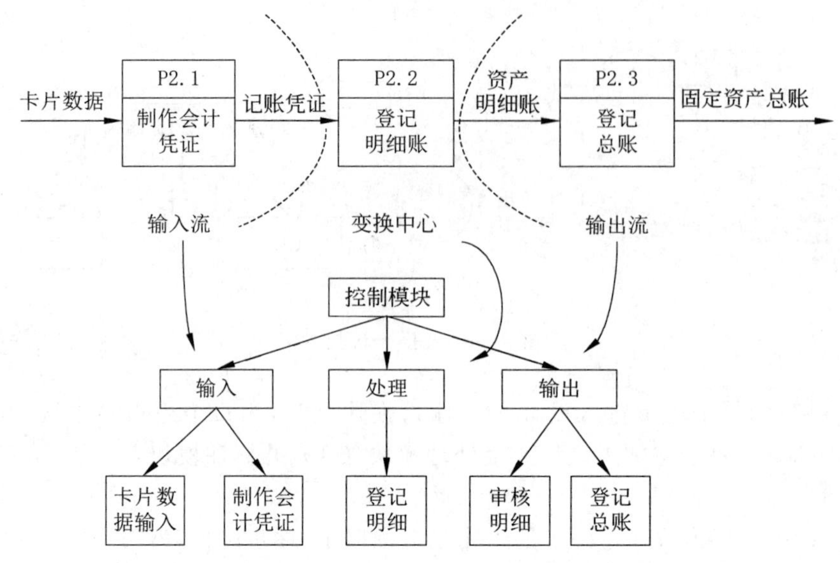

图 5-22 变换型结构的数据流图转换为系统结构图

2. 事务分析

在数据流图中，如果数据沿输入通道到达某个处理 T，处理 T 根据输入数据的类型在若干个动作序列中选出一个来执行，则处理 T 就称为事务中心。变换时首先根据事务中心确定顶层主模块；数据接收和最终输出可直接映射为主模块的两个输入模块和输出模块，由主模块顺序调用；每个事务处理分支各映射为一个模块，由主模块选择调用；每个事务分支的多个加工映射为下级的多个子模块。事务分析技术的步骤如下。

(1) 确定事务处理中心及事务路径。首先从数据流图中确定事务处理中心，再找出输入流和加工路径。事务中心一般是很容易识别的。事务中心将一个输入数据流分解为多个输出数据流，即加工路径。在图 5-23 中，事务中心为加工 I，加工路径为加工 P1、P2 和 P3。

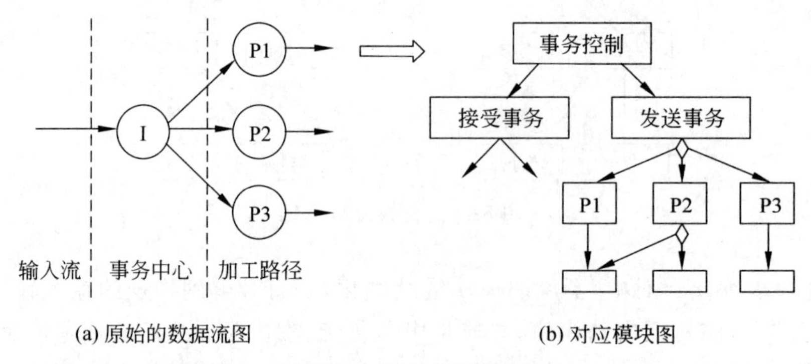

(a) 原始的数据流图　　(b) 对应模块图

图 5-23 事务分析技术

(2) 设计顶层模块。对事务中心应设计“事物控制”模块，即顶层的“主控模块”。一级分解的任务是从数据流图中导出具有接受分支和发送分支的软件结构，也称为事务结构。对输入流应设计“接受事务”模块；对加工路径应设计“发送事务”模块。

（3）设计中下层模块。对于接受分支，可用类似于变换型数据流图中设计输入部分的方法进行中下层设计。对于发送分支，在发送事务模块下为每条加工路径设计一个事务处理模块，这一层称为事务层。在事务层模块下，沿各事务路径进行进一步细化。细化的各层称为细化层。

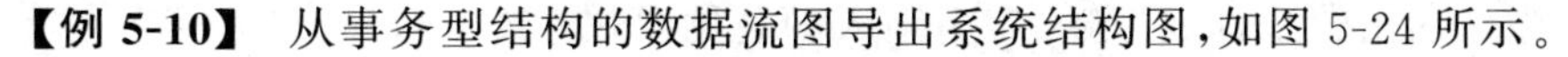

【例 5-10】 从事务型结构的数据流图导出系统结构图，如图 5-24 所示。

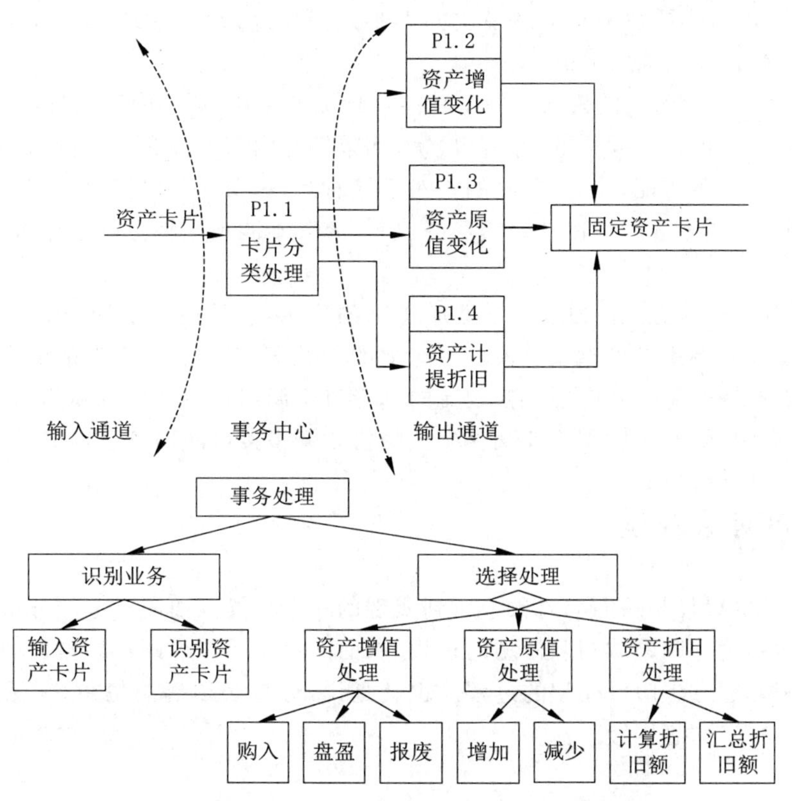

图 5-24 事务型结构的数据流图转换为系统结构图

在实际应用中，数据流图往往是变换型或事务型共存互融的混合型，一般采用以变换分析为主，事务分析为辅的设计方法。先找出主加工，设计出控制结构图的上层模块，再根据数据流图各部分的结构特点灵活地运用变换分析或事务分析设计各级模块。

3. 设计优化策略

无论是变换分析还是事务分析，基本完成转换之后，都要对系统结构进行优化。优化策略大致有以下 7 方面。

（1）模块功能的完善。一个完整的功能模块，不仅应能完成指定的功能，而且还应当能够告诉使用者完成任务的状态，以及不能完成的原因。

（2）改善软件结构。消除重复功能以改善软件结构。在系统的控制结构图得出以后，应当审查分析这个结构图。如果发现几个模块的功能有相似之处，可以加以改进。

(3) 模块的作用范围应在控制范围之内。模块的控制范围包括它本身及其所有的从属模块。模块的作用范围是指模块内一个判定的作用范围，凡是受这个判定影响的所有模块都属于这个判定的作用范围。如果一个判定的作用范围包含在这个判定所在模块的控制范围内，则这种结构是简单的，否则，它的结构是不简单的。

(4) 尽可能减少高扇出结构。经验证明，一个设计得很好的软件模块结构，通常上层扇出比较高，中层扇出较少，底层扇入有高扇入的公用模块中。

(5) 模块的大小要适中。限制模块的大小是减少复杂性的手段之一，因而要求把模块的大小限制在一定的范围内。

(6) 设计功能可预测的模块。一个功能可预测的模块，不论内部处理细节如何，对相同的输入数据，总能产生同样的结果。但是，如果模块内部蕴藏有一些特殊的鲜为人知的功能时，这个模块就可能是不可预测的。对于这种模块，如果调用者不小心使用，其结果将不可预测。调用者无法控制这个模块的执行，或者不能预知将会引起什么后果，最终会造成混乱。

(7) 适应未来的变更。为了能够适应将来的变更，软件模块中局部数据结构的大小应当是可控制的，调用者可以通过模块接口上的参数表或一些预定义外部参数来规定或改变局部数据结构的大小。另外，控制流的选择对于调用者应当是可预测的；而且与外界的接口应当是灵活的，可以用改变某些参数的值来调整接口的信息。

5.4 面向对象的设计

面向对象的设计是从面向对象分析到实现的一个桥梁。面向对象的分析是将用户需求经过分析后，建立问题域精确模型的过程；而面向对象的设计则是根据面向对象分析得到的需求模型，建立求解域模型的过程。也就是说，分析必须搞清楚系统“做什么”，而设计必须搞清楚系统“怎样做”。

5.4.1 面向对象的设计基础

面向对象的分析模型主要由顶层架构图、用例和用例图、领域概念模型构成；设计模型则包含以包图表示的软件体系结构图、以交互图表示的用例实现图、完整精确的类图、针对复杂对象的状态图和用于描述流程化处理过程的活动图等。

1. 面向对象设计的主要活动

面向对象设计建立的系统物理模型由5个层次和4个部分组成。5个层次分别指主题层、结构层、对象层、属性层和服务层。4个部分包括问题空间部分(Problem Domain Component，PDC)、人机交互部分(Human Interaction Component，HIC)、任务管理部分(Task Management Component，TMC)和数据管理部分(Data Management Component，DMC)。根据5个层次建立4个部分，是面向对象的主要设计活动。

（1）问题空间设计。问题空间设计的任务是根据用户对系统的功能需求确定解空间，即根据系统功能需求，将问题空间映射为解空间。具体内容与步骤：定义问题空间中各个对象用于支持系统功能的特定行为（包括特定事件与方法），为问题空间中各个对象添加支持特定行为的操作属性，在问题空间中添加用于支持系统功能的功能对象（静态类），定义解空间。

（2）人机交互设计。人机交互设计的任务是根据用户对系统的操作使用方面的需求确定系统的表示层（系统界面）。具体内容与步骤：对系统的使用者进行分类与描述，确定系统界面的层次结构，定义系统交互准则，利用可视化系统开发工具开发系统界面。

（3）任务管理设计。对系统功能的串行调用过程，称为系统任务。任务管理设计的目的就是确定系统的所有串行调用过程。具体内容与步骤：确定事件驱动任务，确定时钟驱动任务，确定优先任务和关键任务，确定任务协调者。

（4）数据管理设计。数据管理设计的任务是确定系统数据存储结构。具体内容与步骤：将系统所涉及的所有对象之间的聚合关系转换为关联，将系统对象模型转换为关系模型，根据系统对象的关系模型确定为系统数据存储，确定系统数据服务。

2. 面向对象的设计过程

为完成从分析模型到设计模型的转换，设计人员必须处理好相关工作。首先，针对分析模型中的用例，设计用UML交互图表示的实现方案。其次，设计技术支撑设施和用户界面。在大型软件项目中，往往需要一些技术支撑设施来帮助业务需求层面的类或子系统完成其功能。最后，针对分析模型中的领域概念模型以及上述工作引进的新类，完整、精确地确定每个类的属性和操作，并完整地标示类之间的关系。此外，为了实现软件重用和强内聚、松耦合等软件设计原则，还可以对前面形成的类图进行各种微调，最终形成足以构成面向对象程序设计的基础和依据的详尽类图。

面向对象的设计过程如图5-25所示。

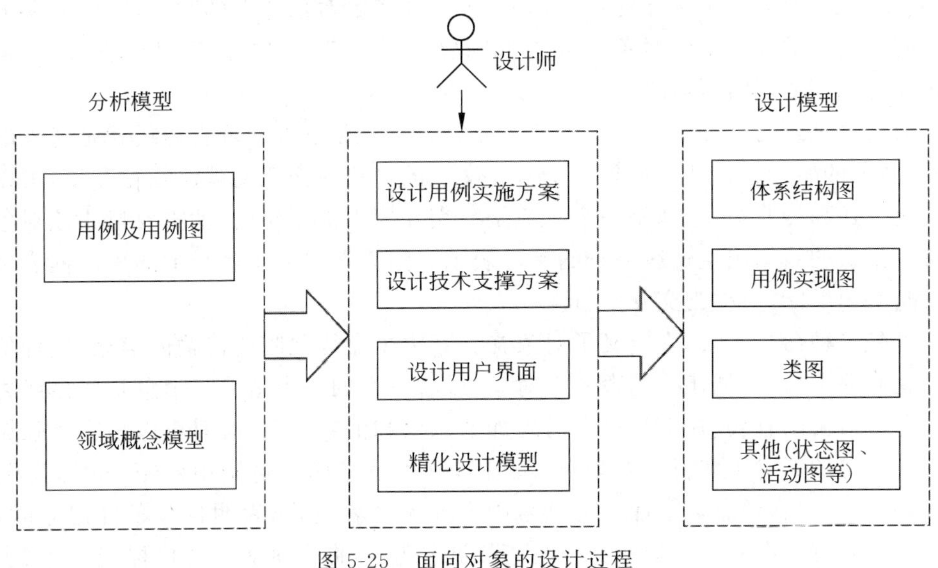

图5-25 面向对象的设计过程

3. UML 交互图的语言机制

UML 的交互图(顺序图、协作图)适于用例实现方案的表示。为探讨用例实现方案的设计方法,先来了解顺序图与协作图。

1) 顺序图

顺序图描述了一组对象之间的交互方式,它表示完成某项行为的对象之间传递消息的时间顺序。顺序图由对象、生命线、交互执行、消息等组成。典型的顺序图如图 5-26 所示。

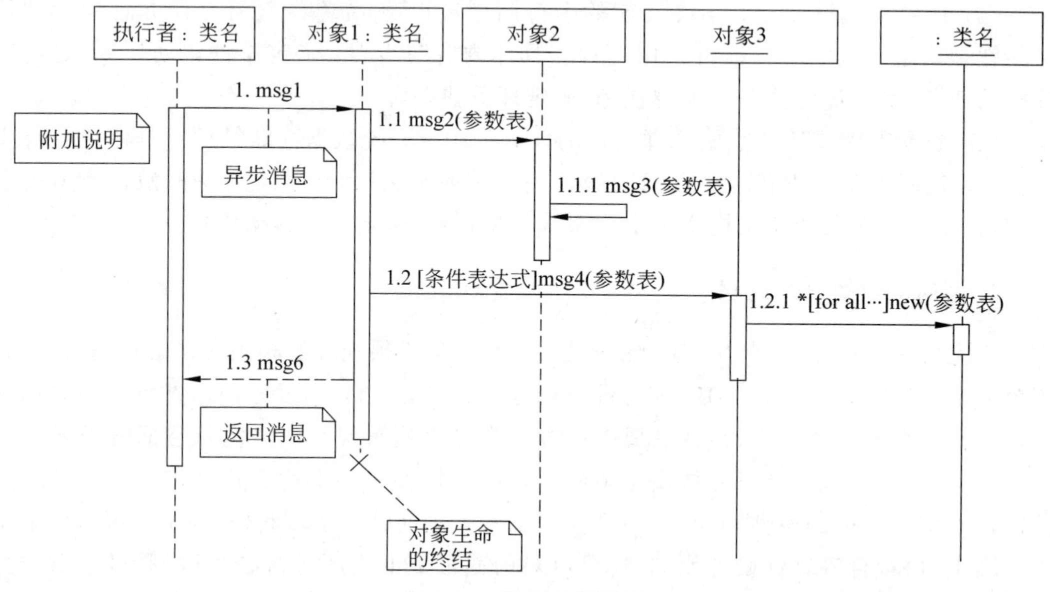

图 5-26 典型的顺序图

参与交互的对象位于顶端的水平轴上,垂直轴表示对象存在的时间,时间推移的方向是自上而下的。顺序图中的对象一般以"对象名：类名"的方式标识,但也可以仅采用缩写形式"对象名"或者"：类名"。

生命线表示参与交互的一个实体及实体集合。对象下方的垂直虚线就是对象的生命线,表示对象的生命存在期。如果一个参与交互的对象在交互前就已经存在了,可以在交互中直接发送和接收消息;如果一个对象是在交互期内被创建的,就需要指明该对象的创建。对象生命的终结用生命线下方的叉号表示。附着在对象生命线上的矩形框表示对象在此段时间内活跃,也称为交互执行。

消息是一种命名元素,它定义了对象在交互中生命线之间所传输的信息,这种信息可以表示调用一个操作、创建或销毁一个对象,或者发送的一个信号。消息是生命线之间的一条水平带箭头的直线,在消息边上需附加消息名和消息参数,有时也以顺序号强调消息的时序。消息的源对象和目标对象可以相同,这种消息称为自调用(self-call),见图 5-26 中的 msg3。可以在消息名前面的方括号中书写条件表达式,表明仅当条件成立时,该消息才发送。还可以在方括号的前面或者直接在消息名的前面加上迭代标记 *,以表示一条消息对同一类的多个对象的多次发送。顺序图的左边可带有描述信息,以阐明消息发送的时刻、动作执行情况、两条消息之间的时间间隔以及约束信息等。还可以在消息边上附加文字注解信息,以增强顺序图的可理解性。

顺序图的重点是展现对象之间发送消息的时间顺序。它也显示对象之间的交互,即在系统执行时,某个指定时间点将发生的事情。顺序图由多个水平排列的对象组成,图中时间从上向下推移,对象之间随着时间的推移进行消息的传递。

顺序图的构造步骤:把参加交互的对象放在图的上方,横向排列。通常把发起交互的对象放在左边,较下级的对象依次放在右边;把这些对象发送和接收的消息纵向按时间顺序从上向下放置。这样就提供了控制流随时间推移的、清晰的可视化轨迹。

【例 5-11】 图 5-27 是学生使用公选课信息管理系统选择公选课的顺序图。需要注意的是,只有大一到大二上学期能选课,因此首先需要验证学生能否选课,另外每个公选课可选人数有限,因此需要验证选课人数是否已选满。

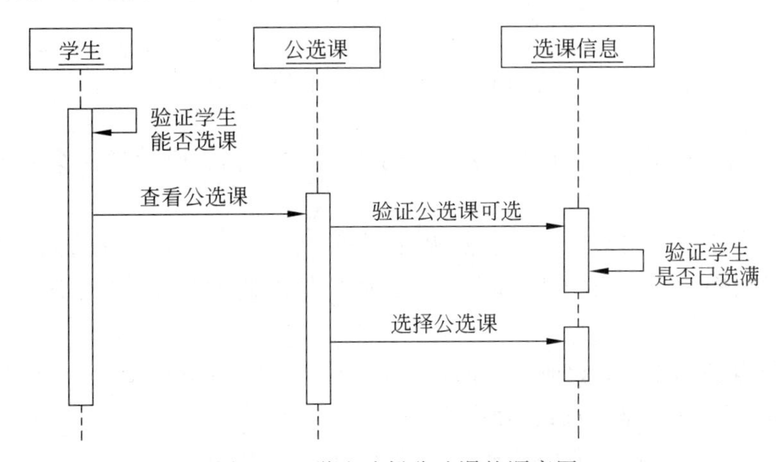

图 5-27 学生选择公选课的顺序图

2) 协作图

协作图(又称为通信图)用于描述相互合作的对象间的交互关系和链接关系,强调的是发送和接收消息的对象之间的组织结构。典型的协作图如图 5-28 所示。

协作图由参与交互的对象、对象之间的链和对象传输的消息 3 部分构成。

参与交互的对象在协作图中用矩形框表示,框内写对象的名字,命名规则参考顺序图中的对象。协作图并不采用单独的维度来表示时间的推移。因此,协作图中的对象可以在二维平面中自由占位。

如果两个对象之间存在消息联系,在两个对象之间建立一条链,用实线连接两个对象。

两个对象之间传输的消息用一条带箭头的直线表示,并给出消息名字。如果需要反映消息的时间顺序,可以根据消息发生的时间顺序给出序列号:序列号较大的消息发生于较晚的时刻。消息序列号可以采用线性编号,但采用适当的多级编号会使消息之间的结构关系更清晰,例如,在图 5-28 中,1.1msg2 是“对象 1”为了处理 1.msg1 而发送的第一

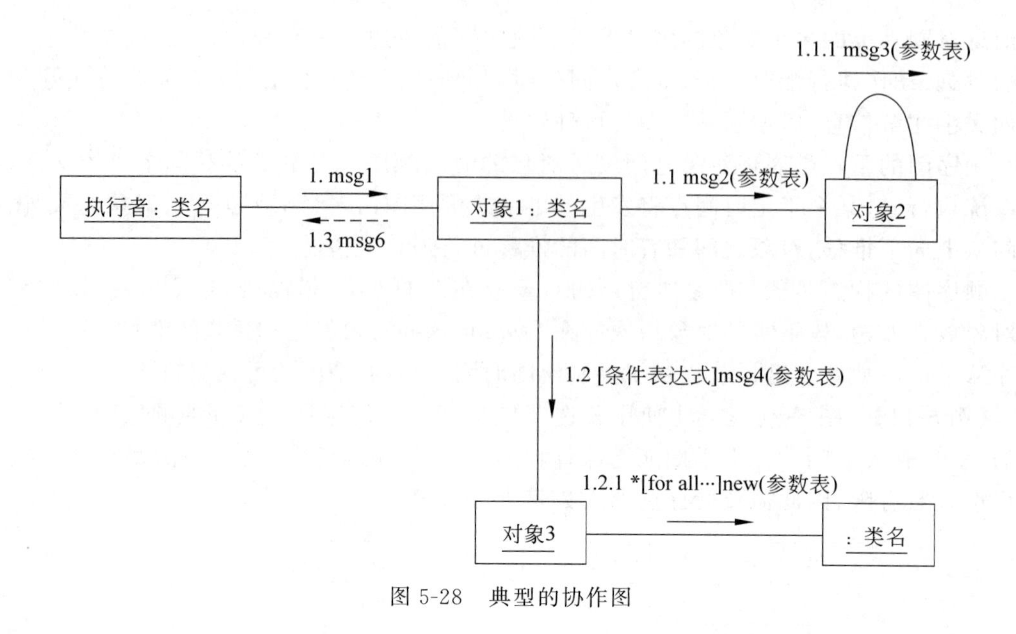

图 5-28　典型的协作图

条消息，1.1.1msg3 表明 msg3 是“对象 2”为了处理 1.1msg2 而发送的第一条消息，以此类推。

协作图和顺序图均用来进行交互建模，两者的区别在于顺序图侧重于参与交互的各对象在交互过程中相互之间的消息时序关系，而协作图侧重于参与交互的各对象之间的结构关系。

协作图的构造步骤：将参加交互的对象作为图的顶点；将连接这些对象的链表示为图的弧；用对象发送和接收的消息修饰这些链。

协作图提供了在协作对象的结构组织的上、下文环境中观察控制流的一个清晰的可视化轨迹。

【例 5-12】 图 5-29 是一个学生选择公选课的协作图。

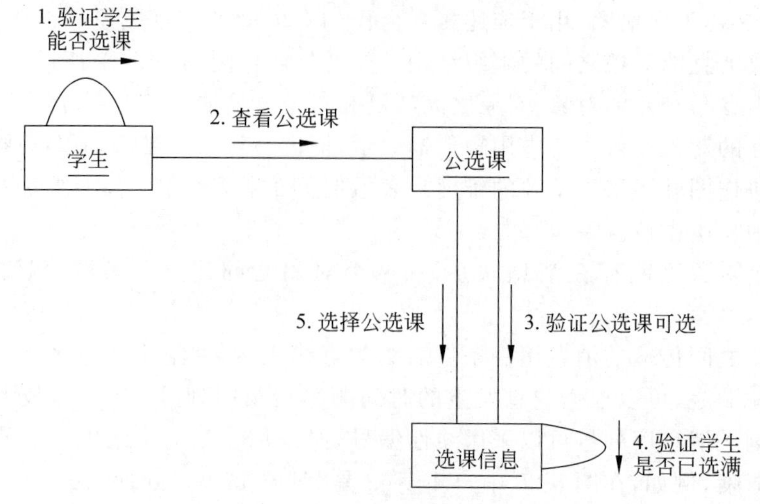

图 5-29　学生选择公选课的协作图

5.4.2 设计用例实现方案

设计用例实现方案包含如下3个步骤：提取边界类、实体类和控制类，构造交互图，根据交互图精化类图。

1. 提取边界类、实体类和控制类

下面以某图书管理系统的借书用例为例，介绍边界类、实体类和控制类的提取。

借书处理的事件流如图5-30所示。图书管理员在图书借阅界面上选择借书功能，开始交互。要求图书管理员输入借书证号，系统对借书证进行验证和检查，检测无误后，扫描要借图书的条形码，系统显示图书信息并登记借书记录。

借　书

用例编号：04-2
用例名：借书
参与者：图书管理员
事件流程：
1. 图书管理员进入图书借阅界面，选择借书功能，用例开始。
2. 图书管理员输入借阅者的借书证号。
3. 系统验证借书证，如果不合格则给出提示，结束借书。
4. 图书管理员扫描要借的图书的条形码。
5. 系统显示所借图书的图书信息：书名、作者、出版社、出版日期等。
6. 系统记录借书信息。
7. 借书完成。

图5-30　借书用例叙述

1）边界类

边界类用于描述系统与外界之间的交互，它位于系统与外界的交界处，窗体、报表，以及表示通信协议的类、直接与外部设备交互的类、直接与外部系统交互的类等都是边界类。边界类负责实现界面控制、外部接口、环境隔离等功能。

界面控制包括转换输入数据的格式和内容，展现输出结果以及软件运行过程中切换界面等。

外部接口实现目标软件系统与外部系统或外部设备之间的信息交流和互操作。主要关注跨越目标软件系统边界的通信协议。

环境隔离将目标软件系统与操作系统、数据库管理系统、应用服务器中间件等环境软件进行交互的功能与特性封装于边界类之中，使目标软件系统的其余部分尽可能地独立于环境软件。

在UML类图中，边界类往往附加UML构造型＜＜Boundary＞＞作为特别标识，如图5-31所示。

常见的边界类有窗口、通信协议、打印机接口、传感器、终端等。例如，在图书管理员帮借阅者进行借书操作时，“图书管理系统”的“图书借阅界面”就是边界类。

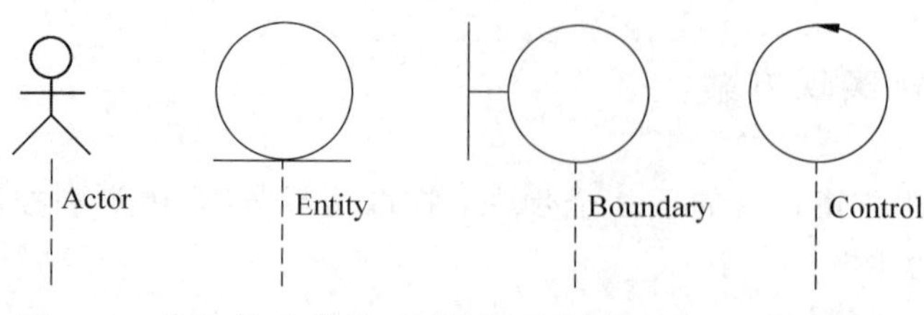

图 5-31 参与者、实体类、边界类、控制类的 UML 构造型

2）实体类

实体类是用于对必须存储的信息和相关行为建模的类。实体对象(实体类的实例)用于保存和更新一些现象的有关信息,例如事件、人员或者一些现实生活中的对象。实体类通常都是永久性的,它们所具有的属性和关系是长期需要的,有时甚至在系统的整个生存周期都需要。实体类 UML 构造型为＜＜Entity＞＞,如图 5-31 所示。

例如,“图书管理系统”的“借阅记录”“借书证”和“图书”为实体类。

3）控制类

控制类表示系统用来进行调度、协调以及业务处理的系统要素,控制类作为完成用例任务的责任承担者,协调、控制其他类共同完成用例规定的功能或行为。控制类的设计与用例实现有着很大的关系。每个用例通常有一个控制类,用来控制用例中的事件顺序,控制类也可以在多个用例间共用。对于比较复杂的用例,控制类通常并不处理具体的任务细节,但是它应知道如何分解任务,如何将子任务分配给适当的辅助类,以及如何在辅助类之间进行消息传递和协调。

控制类的 UML 构造型为＜＜Control＞＞,如图 5-31 所示。

常见的控制类有事务管理器、资源协调器、错误处理器等。例如,“图书管理系统”中的“借书处理器”就是控制类。

2. 构造交互图

在标识边界类、实体类和控制类后,接下来的任务是将分析模型中的用例描述转换成 UML 交互图,以交互图作为用例的精确实现方案。

用例描述中已包含事件流说明,事件流中的事件应直接对应于交互图中的消息,而事件的先后关系体现为交互图中的时序,对消息的响应则构成消息接收者的职责。这种职责在后续的设计活动中将被确立为类的方法。

对于比较复杂的用例,仅仅依靠控制类、边界类和实体类是远远不够的,不能让单个控制类既承担复杂的控制、协调任务,又承担大量的计算任务。因此,在设计复杂用例的实施方案时,可以考虑为控制类设置一些辅助类,让控制类将一些任务分配给辅助类完成。

UML 顺序图的横向排列次序从左至右依次为“用例的主动执行者—用户界面的边界类—控制类—实体类和辅助类—外部接口和环境隔离层的边界类—目标软件系统的边界之外的被动执行者”。

依据上述规则绘制的典型的顺序图如图 5-32 所示。

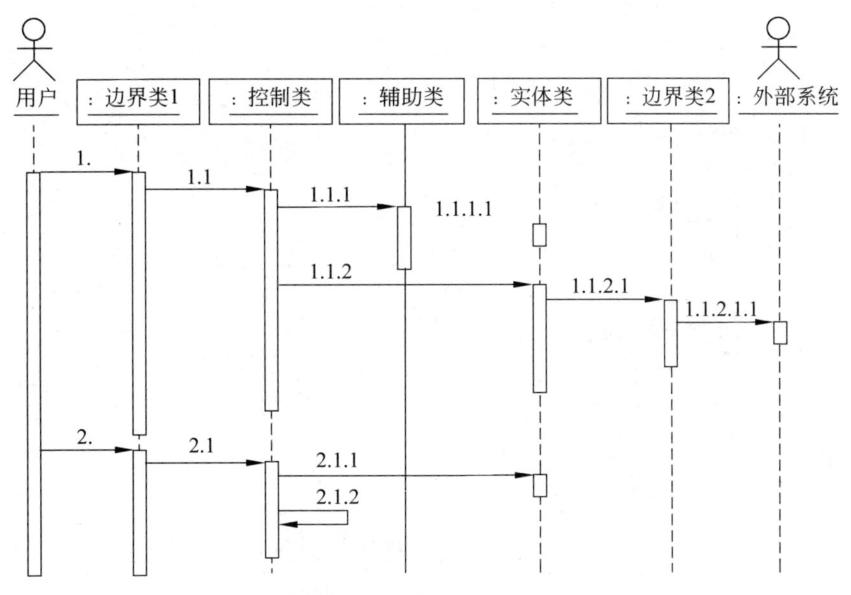

图 5-32 典型布局规则下的顺序图

在用例描述中，许多用例除主事件流外，往往还包含备选事件流，以说明在某些特殊或异常情况下的事件和响应动作序列。为易于理解，在设计模型中应该用分离的 UML 交互图分别表示事件流和每个备选事件流。

由于顺序图能够非常直观地表达各对象在交互过程中相互之间的消息时序关系，所以它比协作图更多地用于描述用例的实现方案。但是，当需要展现类之间的关联或结构关系时，就需要绘制协作图。协作图的构造规则：控制类位于中心，主动执行者和作为用户界面的边界类位于左上方，作为外部接口和环境隔离层的边界类位于右上方，辅助类和实体类分别位于控制类的左下方和右下方。按照此规则绘制的典型的协作图如图 5-33 所示。

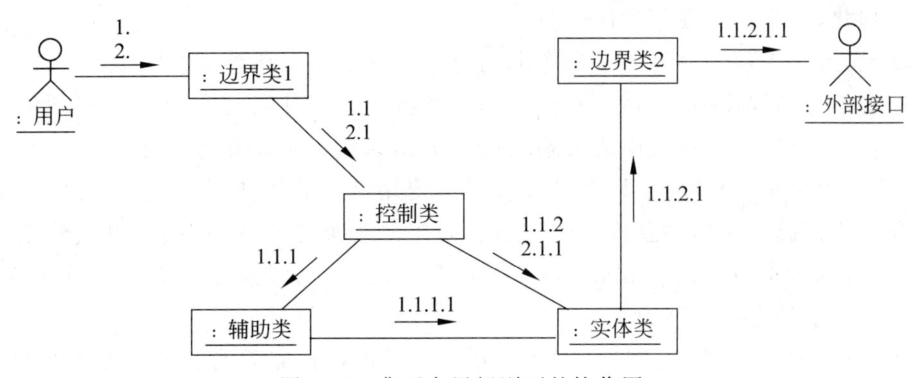

图 5-33 典型布局规则下的协作图

在“图书管理系统”中“借书”用例的实现方案如图 5-34 所示。

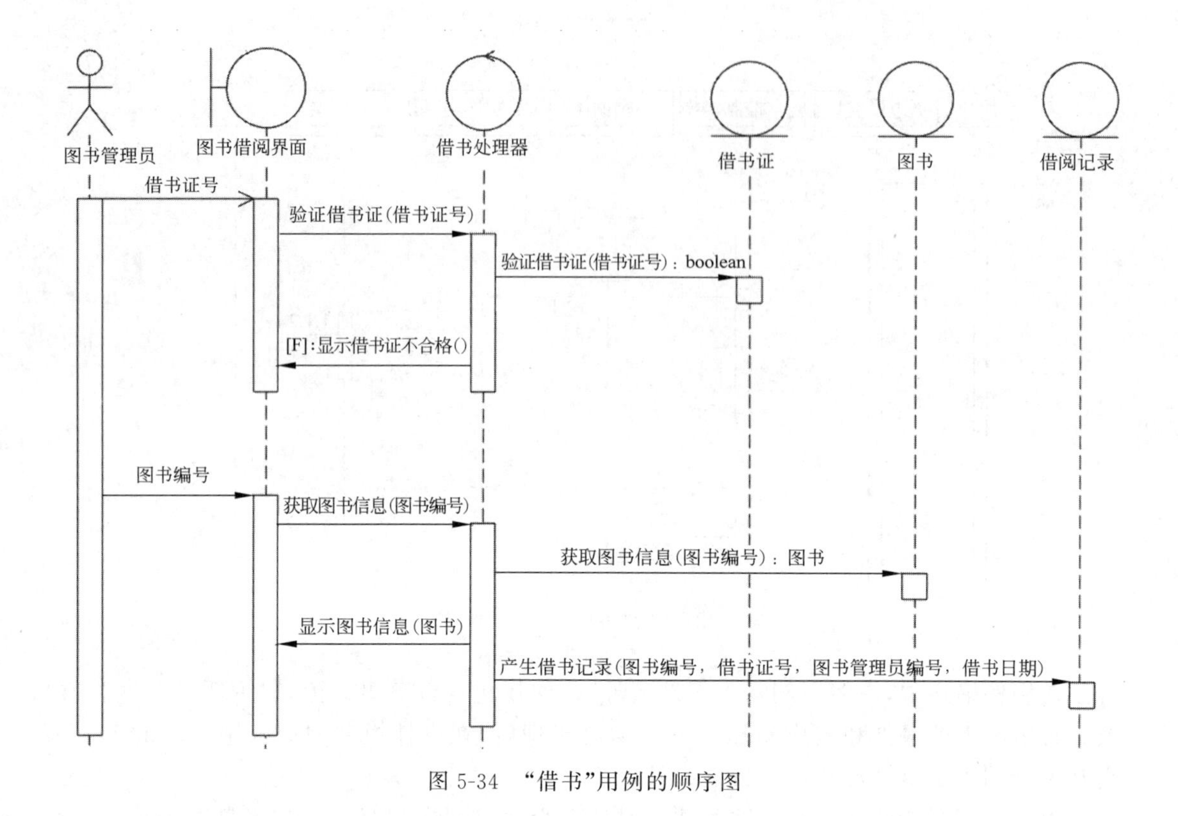

图 5-34 “借书”用例的顺序图

3. 精化类图

在 UML 交互图中，对每个类的对象都规定了它必须响应的消息以及类的对象之间的消息传递通道。前者对应于类的操作，后者则对应于类之间的连接关系。因此，可以利用交互图精化分析模型中的类图，将交互图中出现的新类添加到原有类图中，并且对相关的类进行精化，定义其属性和操作。

原则上，每个类都应该有一个操作来响应交互图中指向其对象的那条消息。但是，这并不意味着消息与操作一定会一一对应，因为类的一个操作可能具有响应多条消息的能力。同理，两个类之间的一条连接关系也可以为多条消息提供传递通道。为了简化设计模型，也为了提高重用程度，设计人员应该尽量使用已有的操作来响应新消息，并尽量使用已存在的连接路径作为消息传递的通道。如果两个类之间存在明确、自然的聚合或组合关系，则可以在类图中直接用相应的 UML 图元符号表示类间的聚合或组成关系，这两个关系均可提供消息传递通道。

接下来讨论如何根据交互图确立类的属性。类的操作完成消息响应责任的能力来源于两方面的知识：一是类本身具有的信息，即类的属性；二是类能够找到的其他类，通过其他类协助其完成消息响应。在综合考虑这两方面后，类的操作应该明确哪些子任务可通过消息传递路径委托给其他类完成，哪些子任务必须由自身完成。根据后一种子任务的需要结合领域和业务知识即可推导出类应具有的属性。

图书管理系统的借书子系统的类图如图5-35所示，为了简洁直观，图5-35仅标出控制类“借书处理器”、实体类“图书”的方法以及实体类“图书”的属性。

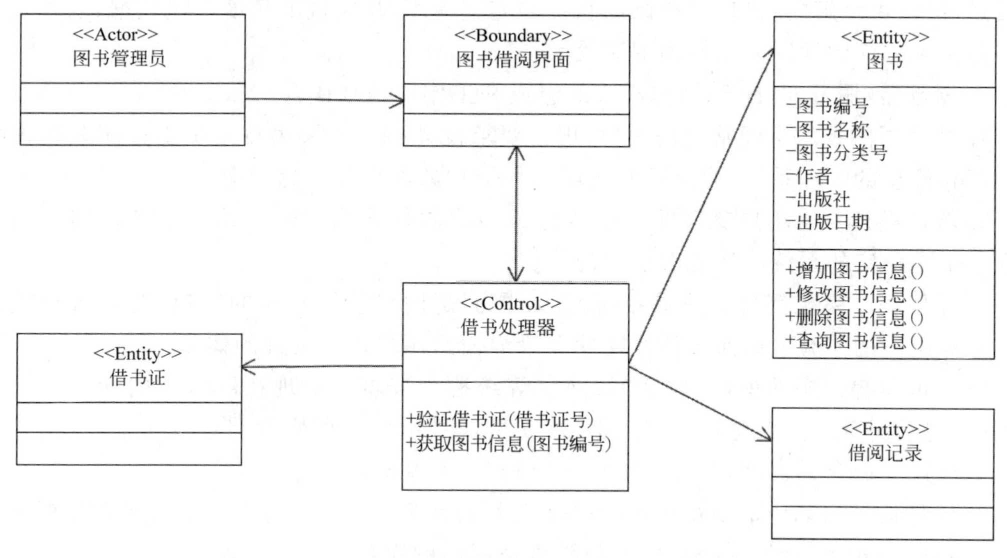

图5-35 借书子系统的类图

5.5 思考与实践

5.5.1 问题思考

1. 软件设计的主要任务和内容是什么？
2. 软件设计的基本原理有哪些？
3. 模块化设计的基本原理是什么？有哪些特点？
4. 如何衡量软件的独立性？
5. 软件设计有哪些原则？
6. 新型的软件体系结构有哪几种？各有何特点？
7. 数据库设计的目标是什么？数据库设计包括哪些过程？
8. 控制过程设计的原则是什么？
9. 用户界面设计的原则有哪些？
10. 数据流图导出控制结构图的方法有哪几类？
11. 面向对象设计中，设计用例实现方案包含哪些步骤？
12. 软件设计阶段的成果主要有哪些？

5.5.2 专题讨论

1. 举例说明“做什么”与“怎么做”的区别。

2. 一个好的设计应该具有如下特点：设计必须实现在分析模型中包含的所有明确要求，必须满足客户所期望的所有隐含要求；设计必须对编码人员、测试人员及后续的维护人员是可读、可理解的；设计应提供该软件的完整视图，从实现的角度解决数据、功能及行为等各领域方面的问题。如何理解这段话？

3. 浏览器/服务器(B/S)结构模式的组成和工作原理是什么？

4. 某公司的技术员经常走访用户，现在要求设计一个能够为技术员工作团队提供技术数据和信息的管理系统，建议系统使用哪种类型的输出和信息传递方式？

5. 软件设计是将用户要求准确地转化为最终软件产品的唯一途径，没有设计，只能建立一个不稳定的系统。你的看法如何？

6. 任何一个系统都会有登录界面，登录界面是用户使用产品的入口，对其进行设计应该考虑用户的体验。如何设计才能使登录界面给用户带来友好的体验？

7. 一般将界面中的窗口、对话框、网页等统称为屏幕。出现在屏幕中的元素有静态元素(任何情况下均无变化)、动态元素(自动呈现且用户不可修改)、输入元素(可供用户修改或选择)、命令元素(单击会触发新动作)。举例说明各种元素。

8. 软件设计活动中最困难的步骤是什么？为什么？有哪些办法来克服这些困难？

9. 在面向对象的设计模型中，如何检查类图与顺序图之间的一致性？

5.5.3 应用实践

1. 为一个软件项目的设计过程管理制订具体的行动计划。

2. 图 5-36 是一个根据用户输入的编码修改账目的数据流图，导出系统结构图。

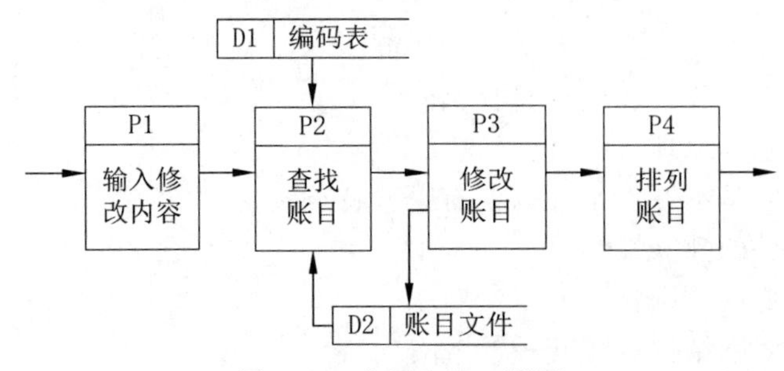

图 5-36 应用实践 2 附图

3. 图 5-37 是银行储蓄数据流图，导出系统结构图。

4. 某公司是服务于客户与运输公司的货运代理公司，其网络系统的需求如下：与外地的分公司提供无断点、无瓶颈的信息通道；提供 Internet 信息服务，提供智能化电子邮件功能；提供全网统一的名字服务系统以方便网络的管理和使用；提供信息安全功能。

根据上述需求，提出局域网建设方案。

5. 假设要建立一个企业数据库。该企业各部门有许多职员，但一个职员仅属于一个部门；每个职员可在多项工程中做工或负责管理，每项工程可有多个职员做工，但只有一个负责管理者；有若干供应商同时为各不同工程供应各种零件，一个零件又可由其他若干

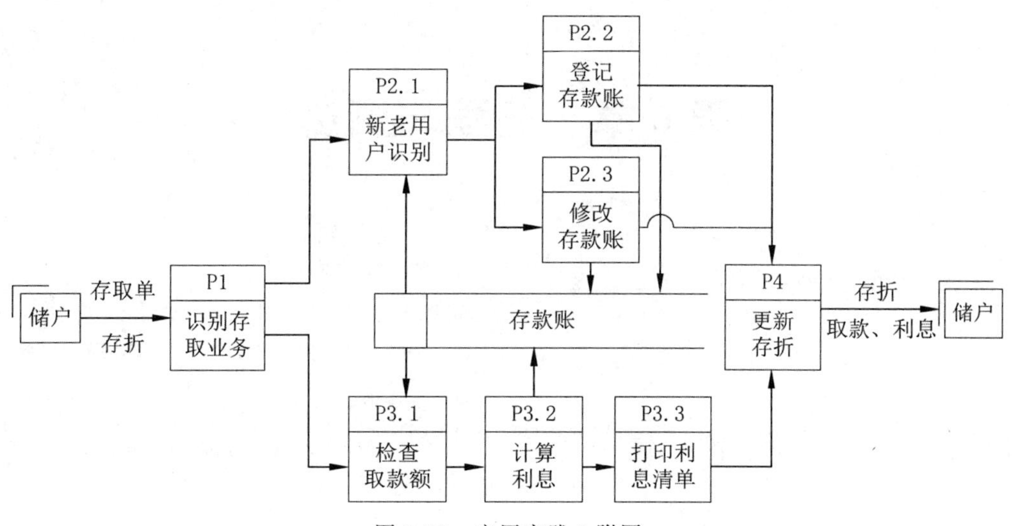

图 5-37　应用实践 3 附图

零件组装而成，或者用来组成其他多种零件。

完成如下设计或处理。

(1) 设计 E-R 图，自行适当给出各实体的属性。

(2) 将该 E-R 图转换为等价的关系模型方式，并简述所采用的具体转换方法。

6. 某商业数据管理系统业务规定如下：顾客有姓名、单位、电话号码；商品有商品信息编码、商品名称、单价。这些实体之间的联系为每一名顾客可能购买多种商品，且每一种商品又可能被多名顾客购买；顾客每次购买商品涉及日期、数量、金额。

根据上述描述，解答下列问题。

(1) 画出 E-R 图，并在 E-R 图中标注联系的类型。

(2) 指出每个实体的主关键字。

(3) 将 E-R 图转换成关系模型。

7. 某系统设计要求用户界面采用图形菜单、导航条、简单提问和弹出式选择等友好的对话元素，设计一个符合要求的用户界面。

8. 提出“课程注册管理系统”的软件设计方案。

9. 针对给定的用例，如何利用 UML 设计此用例的面向对象实现方案？举例说明。

10. 对校园二手商品交易系统(SHCTS)总体设计与详细设计，编写软件设计说明书(或者软件总体设计说明书、软件详细设计说明书)。

课后自测-5

第 6 章　编程与测试

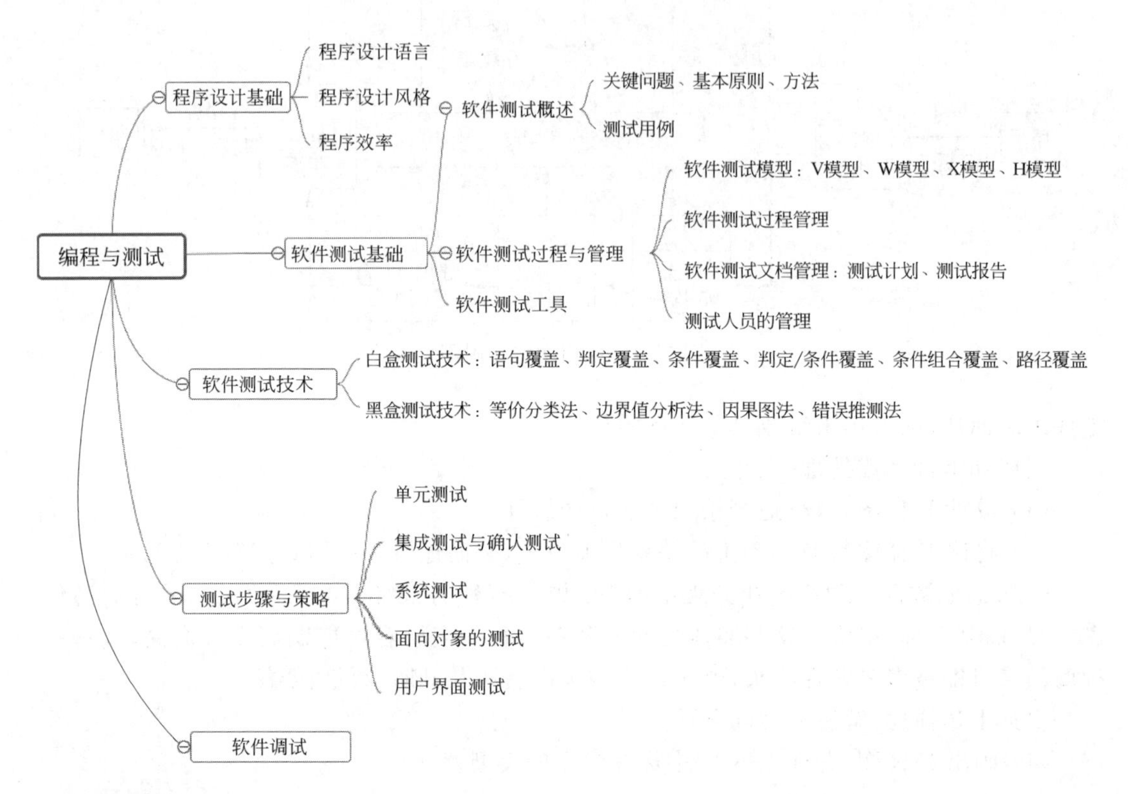

本章导读-6

6.1　程序设计基础

程序设计的目的是指挥计算机按人的意志正确工作，即使用选定的程序设计语言，把模块过程描述翻译为用程序设计语言书写的源程序。

程序设计语言是人和计算机通信的最基本的工具，程序设计语言的特性不可避免地会影响人思维和解决问题的方式，会影响人和计算机通信的方式和质量，也会影响其他人阅读和理解程序的难易程度，因此，编码之前的一项重要工作就是选择一种适当的程序设计语言。

6.1.1　程序设计语言

程序设计语言是软件开发人员在编码阶段所使用的基本工具，程序设计语言所具有的特性不可避免地会影响编程者处理问题的方式和方法。为了能够编写出高效率、高质量的程序，根据具体问题和实际情况选择合适的程序设计语言是编码阶段中一项非常重要的工作。

1. 程序设计语言的分类

随着计算机技术的发展,目前已经出现了数百种程序设计语言,但被广泛应用的只有几十种。由于不同种类的语言适用于不同的问题域和系统环境,因此了解程序设计语言的分类可以帮助我们选择出合适的语言。通常可将程序设计语言分为面向机器语言和高级语言两大类。

1) 面向机器语言

面向机器语言包括机器语言(Machine Language)和汇编语言(Assemble Language)两种。

(1) 机器语言是计算机系统可以直接识别的程序设计语言。机器语言程序中的每条语句实际上就是一条二进制形式的指令代码,由操作码和操作数两部分组成。由于机器语言难以记忆和使用,通常不用机器语言编写程序。汇编语言是一种符号语言,它采用了一定的助记符来替代机器语言中的指令和数据。

(2) 汇编语言与计算机硬件密切相关,其指令系统因机器型号的不同而不同。由于汇编语言生产效率低且可维护性差,所以目前软件开发中很少使用汇编语言。但面向机器语言易于实现系统接口,运行效率高。

2) 高级语言

高级语言(High Level Language)是一种独立于机器的面向过程或对象的语言。高级语言中的语句标识符与人类的自然语言(英文)较为接近,并且采用了人们十分熟悉的十进制数据表示形式,利于学习和掌握。高级语言的抽象级别较高,不依赖于实现它的计算机硬件,且编码效率较高,往往一条高级语言的语句对应着若干条机器语言或汇编语言的指令。高级语言程序需要经过编译或解释后,才能生成可在计算机上执行的机器语言程序。

随着高级语言的出现和发展,计算机开辟了广泛的应用空间,现在程序员只要选择合适的程序设计语言,就可以解决想要解决的问题。在众多的高级语言中,每种高级语言都有一个它所擅长的方面,适合解决哪方面的问题以及解决问题的方法。一般根据计算机语言解决问题的方法及解决问题的种类,将计算机高级语言分为如图6-1所示的5大类。

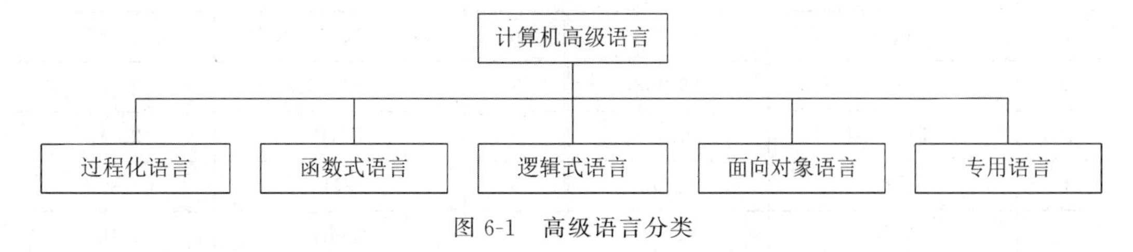

图6-1 高级语言分类

(1) 过程化语言又称为命令式语言或强制性语言,它采用与计算机硬件执行程序相同的方法来执行程序,过程化语言的程序实际上是一套指令,这些指令从头到尾按一定的顺序执行,除非有其他指令强行控制。例如,FORTRAN、COBOL、Pascal、BASIC、Ada、

C 等。

(2) 函数式语言的语义基础是基于数学函数概念的值映射的 λ 算子可计算模型。这种语言非常适合进行人工智能等工作的计算。函数式语言实现的功能：定义一系列基本函数，可供其他任何需要者调用；允许通过组合若干个基本函数来创建新的函数。函数式语言的代表有 LISP 和 Scheme。

(3) 逻辑式语言的语义基础是基于一组已知规则的形式逻辑系统。这种语言主要用在专家系统的实现中，它依据逻辑推理的原则回答查询，解决问题的基本算法就是反复地进行归结和推理。最著名的逻辑式语言是 Prolog。

(4) 面向对象语言设计程序是对象和操作绑定在一起使用的。程序员要先定义对象和对象允许的操作及对象的属性，然后通过对象调用这些操作解决问题。从 20 世纪 70 年代以来，面向对象的程序设计语言有了很大的发展，比较典型的面向对象语言有 Smalltalk、C++、Java、C#、Python 等。

(5) 专用语言是随着 Internet 的发展而出现的适应网络环境下的程序设计语言，专用语言或者属于上述某种类型的语言，或者属于上述多种类型混合的语言，适合特殊的任务，如 HTML、PHP、Perl 和 SQL 等。

2. 流行的程序设计语言

随着 20 世纪 50 年代第一个计算机高级语言的出现，编程语言处在不断的发展和变化中，从最初的机器语言发展到如今的 2500 种以上的高级语言，每种语言都有其特定的用途和不同的发展轨迹。

在高级语言发展历程中，出现诸多具有里程碑式的语言。例如，第一个高级语言 FORTRAN，第一个结构化程序设计语言 ALGOL，最简单的语言 BASIC，语法严谨、层次分明的编程语言 Pascal，现代程序语言革命的起点 C 语言，普遍适用的软件平台语言 Java，高层次的脚本语言 Python 等。

TIOBE 编程语言社区排行榜是程序设计语言流行趋势的指标之一，反映某个编程语言的热门程度。表 6-1 为 TIOBE 编程语言社区发布的编程语言 2019 年 12 月排行榜。

表 6-1 编程语言 2019 年 12 月排行榜(%)

序号	程序设计语言	热门度	序号	程序设计语言	热门度
1	Java	17.253	6	Visual Basic .NET	4.743
2	C	16.086	7	JavaScript	2.090
3	Python	10.308	8	PHP	2.048
4	C++	6.196	9	SQL	1.843
5	C#	4.801	10	Swift	1.490

3. 程序设计语言的选择

程序设计语言的选择将影响人们思考问题、解决问题的方式，影响软件的可靠性、可读性和可维护性。因此，选择一种适当的程序设计语言进行编码非常重要。

通常应根据软件系统的应用特点，程序设计语言的内在特性等进行选择。程序设计语言选择在实用中一般考虑以下7个因素。

(1) 应用领域。从应用领域角度考虑，各种语言都具有各自的特点和适合自己的应用领域。只有充分考虑软件的应用领域，并熟悉当前使用较为流行的语言的特点和功能，程序员才能更好地发挥语言各自的功能优势，选择出最有利的语言工具。

(2) 系统用户的要求。由于用户是软件的使用者，因此软件开发者应充分考虑用户对开发工具的要求，特别是当用户要负责软件的维护工作时，用户理所应当地会要求采用他们熟悉的语言进行编程。

(3) 工程的规模。语言系统的选择与工程的规模有直接的关系。特别是在工程的规模非常庞大，并且现有的语言都不能完全适用时，为了提高开发的效率和质量，就可以考虑为这个工程设计一种专用的程序设计语言。

(4) 软件的运行环境。软件在提交给用户后，将在用户的机器上运行，在选择语言时应充分考虑用户运行软件的环境对语言的约束。此外，在运行目标系统的环境中可以提供的编译程序往往也限制了可以选用的语言的范围。

(5) 可以得到的软件开发工具。由于开发经费的制约，往往使开发人员无法任意选择、购买合适的正版开发系统软件。此外，若能选用具有支持该语言程序开发的软件工具的程序设计语言，则将有利于目标系统的实现和验证。

(6) 软件开发人员的知识。软件开发人员采用自己熟悉的语言进行开发，可以充分运用积累的经验使开发的目标程序具有更高的质量和运行效率，并可以大大缩短编码阶段的时间。为了能够根据具体问题选择更合适的语言，软件开发人员应拓宽自己的知识面，多掌握几种程序设计语言。

(7) 软件的可移植性要求。要使开发出的软件能适应于不同的软硬件环境，应选择具有较好通用性的、标准化程度高的语言。

在实际选择语言时，往往任何一种语言都无法同时满足项目的所有需求和各种选择的标准，这时就需要编程者对各种需求和标准进行权衡，分清主次，在所有可用的语言中选取最合适的一种进行编程。

6.1.2 程序设计风格

程序设计风格或编码风格是指在不影响程序正确性和效率的前提下，有效编排和合理组织程序的基本原则。一个具有良好编码风格的程序主要表现为可读性好、易测试、易维护。由于测试和维护阶段的费用在软件开发总成本中所占比例很大，因此程序设计风格的好坏直接影响着整个软件开发中成本耗费的多少。特别是在需要团队合作开发大型软件时，程序设计风格显得尤为重要。

1. 程序设计规范

为了编写出可读性好、易测试、易维护且可靠性高的程序，软件开发人员必须重视程序设计规范，具体体现在以下 4 个方面。

1）源程序文档化

为提高源程序的可读性和可维护性，需要对源代码进行文档化，即在程序中加入说明性注释信息。程序中的注释一般可按其用途分为两类：序言性注释和功能性注释。

（1）序言性注释一般位于模块的首部，用于说明模块的相关信息。主要包括对模块的功能、用途进行简要说明；对模块的界面进行描述，如调用语句的格式、各个参数的作用及需调用的下级模块的清单等；对模块的开发历史进行介绍，如模块编写者的资料、模块审核者的资料及建立、修改的时间等；对模块的输入数据或输出数据进行说明，如数据的格式、类型及含义等。

（2）功能性注释位于源程序模块内部，用于对某些难以理解的语句段的功能或某些重要的标识符的用途等进行说明。例如，如果设计了一个复杂数据结构，应使用注释说明在实现时这个数据结构的特点。

通过在程序中加入恰当的功能性注释可以大大提高程序的可读性和可理解性，对语句的注释应紧跟在被说明语句后书写。需要注意的是，并不是对所有程序中的语句都要进行注释，太多不必要的注释反而会影响人们对程序的阅读。

2）标识符的命名及说明

编写程序必然要使用标识符，用于定义模块名、变量名、常量名、函数名、程序名、过程名、数据区名、缓冲区名等，特别是对于大型程序，使用的标识符可能成千上万。正确做好标识符的命名和说明，便于阅读程序时对标识符的作用进行正确理解。

选用具有实际含义的标识符，如用于存储年龄的变量最好命名为 age，用于存储学生信息的数组最好命名为 student。若标识符由多个单词构成，则每个单词的第一个字母最好采用大写或单词间用下画线分隔，以利于对标识符含义的理解。

为了便于程序的输入，标识符的名字不宜过长，通常不要超过 8 个字符。特别是对于那些对标识符长度有限制的语言编译系统，取过长的标识符名没有任何的意义。

为了便于区分，不同的标识符不要取过于相似的名字。如 student 和 students，很容易在使用或阅读时产生混淆。

3）语句的构造及书写

语句是构成程序的基本单位，语句的构造方式和书写格式对程序的可读性具有非常重要的决定作用。

为了使程序中语句的功能更易于阅读和理解，构造语句时应该注意：语句应简单直接，避免使用华而不实的程序设计技巧；对复杂的表达式应加上必要的括号使表达更加清晰；由于人的一般思维方式对逻辑非运算不太适应，因此在条件表达式中应尽量不使用否定的逻辑表示；尽量保持结构化程序设计中结构的清晰；为了便于程序的理解，不要书写太复杂的条件，嵌套的重数也不宜过多；为了缩短程序的代码，在程序中应尽可能地使用编译系统提供的标准函数。对于程序中需要重复出现的代码段，应将其定义成独立模块（函数或过程）实现。

4）输入输出

由于输入输出是用户与程序之间进行交互的渠道，因此输入输出的方式往往是用户衡量程序好坏的重要指标。为了使程序的输入输出能便于用户的使用，在编写程序时应对输入输出的设计格外注意。

在运行程序时，原始数据的输入工作通常要由用户自己完成。为了使用户能方便地进行数据的输入，注意以下注意事项，有助于提高输入设计的效果：输入方式应力求简单，尽可能减少用户的输入量；当程序中对输入数据的格式有严格规定时，同一程序中的输入格式应尽可能保持一致；交互式输入数据时应有必要的提示信息，在数据输入的过程中和输入结束时，也应在屏幕上给出相应的状态信息；程序应对输入数据的合法性进行检查；若用户输入某些数据后可能会产生严重后果，应给用户输出必要的提示并在必要的时候要求用户确认；当需要输入一批数据时，应当以特殊标记作为数据输入结束的标志；根据系统的特点和用户的习惯设计出令用户满意的输入方式。

用户需要通过程序的输出来获取处理结果。为了使用户能够清楚地看到需要的结果，设计数据输出方式时应注意：输出数据的格式应清晰、美观，如对大量数据采用表格的形式输出，可以使用户一目了然；输出数据时要加上必要的提示信息，例如，表格的输出一定要带有表头，用以说明表格中各项数据的含义。

2. 面向对象程序设计风格

对于面向对象程序设计，良好的程序设计风格是非常重要的，它不仅能够减少系统维护或扩充所带来的系统开销，而且更有助于在新项目或工程中重用已有的程序代码。

1）提高可重用性

软件重用是提高软件开发生产率和目标系统质量的重要方法。因此，设计面向对象程序时，要尽量提高软件的可重用性。软件重用有多个层次，在编程阶段主要涉及代码重用问题。一般代码重用有两种：内部重用（本项目内的代码重用）和外部重用（新项目重用旧项目的代码）。实现这两类重用的程序设计准则是相同的，内容一般包括：提高方法的内聚，降低耦合；减小方法的规模；保持方法的一致性；尽量做到全面覆盖，如果输入条件的各种组合都可能出现，则应该针对所有组合写方法，而不能仅仅针对当前用到的组合情况写方法；分开采用策略方法和实现方法，建议在编程时不要把策略和实现放在同一方法中，应该把算法的核心部分放在一个单独的具体实现方法中，从策略方法中提取具体参数，作为调用实现方法的变元。

2）使用继承机制

在面向对象程序中，使用继承机制是实现共享和提高重用程度的主要途径。具体准则有调用子过程、分解因子、委托机制、把代码封装在类中。

（1）调用子过程。调用子过程就是把公共的代码分离出来，构成一个被其他方法调用的公用方法。可以在基类中定义这个公用方法，供导出类中的方法调用。

（2）分解因子。有时提高相似类代码可重用性的一个有效途径是从不同类的相似方法中分解出不同的“因子”（不同的代码），把余下来的代码作为公用方法中的公共代码，把分解出的因子作为名字相同算法的不同方法，放在不同类中进行定义，并被这个公用方法调用。使用这种途径通常需要额外定义一个抽象基类，并在这个抽象基类中定义公用方法。把这种途径与面向对象语言提供的多态性机制结合起来，让导出类继承抽象基类中定义的公用方法，可以明显降低为添加新子类而需要付出的工作量，这是因为只需要在新子类中编写其特有的代码即可。

（3）委托机制。继承关系的存在意味着父类的所有方法和属性都应该适用于子类。如果继承机制使用不当，则会造成程序难以理解、修改和扩充。当对象之间在逻辑上不存在一般-特殊关系时，为了重用已有的代码，可以利用委托机制。委托机制是把一类对象作为另一类对象的属性，从而在两类对象间建立组合关系。使用委托机制时，只有有意义的操作才委托另一类对象实现，因此，不会出现继承了无意义操作的问题。

（4）把代码封装在类中。程序员往往希望重用其他方法编写的、解决同一类应用问题的程序代码。重用这类代码的一个比较安全的途径就是把被重用的代码封装在类中。例如，在开发一个数学分析应用系统的过程中，已知有现成的实现矩阵变换的商品软件包，程序员不想用C++语言重写这个算法，于是他可以定义一个矩阵类把这个商品软件包的功能封装在该类中。

3）提高可扩充性

用户的需求是容易发生变化的，时代也总在变化，设计实现手段也可能要变化升级，因此对于对象的理解、设计和实现有可能要进一步的完善。系统提供和实现的相关部件必须具有良好的可扩充性，让这种修改和变化比较容易实现，从而更好地满足系统的要求。以下面向对象程序设计准则，将有助于提高系统的可扩充性。

（1）封装实现策略。应该把类的实现策略（包括描述属性的数据结构、修改属性的算法等）封装起来，对外只提供公有的接口，否则将降低今后修改数据结构或算法的自由度。

（2）慎用公有方法。方法根据所在位置的不同分为公有方法和私有方法。公有方法是向公众公布的接口，对这类方法的修改往往会涉及许多其他类，所以修改起来的代价比较高；私有方法是仅在类内使用的方法，通常利用私有方法来实现公有方法，修改私有方法所涉及的类少，所以代价比较低。为了提高可修改性，降低维护成本，应该精心选择和定义公有方法。

（3）控制方法的规模。一种方法应该只包含对象模型中的有限内容。方法规模太大既不易理解，也不易修改扩充。

（4）合理利用多态性机制。在一般情况下，建议不要根据对象类型选择应有的行为，这样在增添新类时将不得不修改原有的代码，影响效率，不易扩充；可以利用多分支条件语句判断和测试对象的内部状态，合理利用多态性机制，根据对象的当前类型自动决定应有的行为。

4）提高健壮性

程序员在编写实现方法的代码时，既应该考虑效率，也应该考虑健壮性。对于任何一个软件，健壮性都是不可忽略的质量指标。

（1）软件系统必须具有处理用户操作错误的能力。当用户在输入数据时发生错误，不应该造成程序运行中断，更不应该造成“死机”。任何一种接收用户输入数据的方法，对其接收的数据必须进行检查，即使发现了非常严重的错误，也应该给出适当的提示信息，并准备再次接收用户的输入。

（2）检查参数的合法性。对于公有方法，尤其应该着重检查其参数的合法性，因为用户在使用公用方法时可能违背参数的约束条件。

(3) 不要预先确定限制条件。在设计阶段,往往很难准确地预测应用系统中使用的数据结构的最大容量需求,因此,不应该预先设定限制条件。必要时,应使用动态内存分配机制,创建未预先设定限制条件的数据结构。

(4) 先测试后优化。为在效率和健壮性之间做出合理的折中,应该在为提高效率而进行优化前,先调试程序。应仔细研究应用程序的特点,以确定哪些部分需要着重测试。例如,最坏情况出现的次数及处理时间可能需要着重测试。如果实现某个操作的算法有很多种,则应综合考虑内存需求、速度及实现的难易程度等因素,经过合理折中后再选定适当的算法。

6.1.3 程序效率

程序的"高效率",即用尽可能短的时间及尽可能少的存储空间实现程序要求的所有功能,是程序设计追求的主要目标之一。程序效率应遵循的准则:效率是一个性能要求,应当在需求分析阶段给出,软件效率以需求为准,不应以人力所及为准;好的设计可以提高效率。一定要遵循"先使程序正确,再使程序有效率;先使程序清晰,再使程序有效率"的准则,程序效率的高低应以能满足用户的需要为主要依据。

一般任何对效率无重要改善且对程序的简单性、可读性和正确性不利的程序设计方法都是不可取的。

1. 算法是提高程序效率的关键

源程序的效率与详细设计阶段确定的算法的效率直接相关,设计逻辑结构清晰、高效的算法是提高程序效率的关键。

在详细设计转换成源程序代码后,算法效率反映为程序的执行速度和存储容量的要求。转换过程中的指导原则:在编程序前,尽可能简化有关的算术表达式和逻辑表达式;仔细检查算法中的嵌套循环,尽可能将一些语句或表达式移到循环外面;尽量避免使用多维数组;尽量避免使用指针和复杂的表;采用"快速"的算术运算;不要混淆数据类型,避免在表达式中出现类型混杂;尽量采用整数算术表达式和布尔表达式;选用等效的高效率算法。

许多编译程序具有"优化"功能,可以自动生成高效率的目标代码。它可剔除重复的表达式计算,采用循环求值法、快速的算术运算,以及采用一些能够提高目标代码运行效率的算法来提高效率。对于效率至上的应用,这样的编译程序是很有效的。

2. 存储效率对程序效率的影响

目前的计算机系统中,存储容量不再是设计效率考虑的因素。由于处理器采用分页、分段的调度算法,且采用对内存空间的虚拟存储,因此在对文件处理时,合理分页,使得文件一次分析、处理的数据量是系统定义页的整数倍,以减少页面调度,减少内外存交换,特别是减少对外存的访问次数,提高存储效率。同样,对代码文件的导入导出也遵循同样的原理，源文件中对模块的划分，也兼顾考虑页的大小，对模块调用的效率也会产生影响。

3. 输入输出效率对程序效率的影响

输入输出是系统与外界交互的桥梁，是系统运行必不可少的过程。提供完整的信息，为系统运行提供及时的反馈，也是提高程序效率的有效途径。

系统输入输出的数据可以来源于人(操作员)的操作，也可以来自外部系统的信息交换。对于大数据量的传递，应设计适当的数据缓冲区，如搜索引擎对高频或热点关键词检索结果的保存，就采用查询页面缓存技术；对外部数据只存取必要的信息，数据库视图的设计和投影选择操作，都只分析有用的信息字段，不需要的信息隐藏起来，减少输入输出操作的数据量；对数据存取也应与系统页面调度算法相配合，以页为单位分配数据传递的单位。

6.2 软件测试基础

所有的软件系统在投入运行前都要经过测试。通过软件测试，可以尽可能地发现软件中潜在的错误，从而提高软件产品的正确性、可靠性，进而可显著提高软件产品的质量。软件测试可以发现软件存在的缺陷，验证软件质量是软件质量保证的重要手段之一。

6.2.1 软件测试概述

软件测试是一种用最小的代价、在最短的时间内、尽最大可能找出软件中潜在的错误与缺陷的软件工程活动。

1. 软件测试的概念

软件测试是伴随着软件的产生而产生的。从计算机问世以来，软件的编制与测试就同时摆在人们的面前。早期的软件开发过程中软件规模都很小，复杂程度低，软件开发的过程混乱无序、相当随意，测试的含义比较狭窄，开发人员将测试等同于调试，目的是纠正软件中已经知道的缺陷，常常由开发人员自己完成这部分工作。对测试的投入极少，测试介入也晚，常常是等到形成代码，产品已经基本完成时才进行测试。

到了20世纪80年代初期，软件行业迅速发展，软件趋向大型化、高复杂度，其质量越来越重要。此时，一些软件测试的基础理论和实用技术开始形成，并且人们开始为软件开发设计了各种流程和管理方法。质量的概念融入软件开发中，软件测试定义发生了改变，测试不单纯是一个发现错误的过程，而且将测试作为软件质量保证(Software Quality Assurance，SQA)的主要职能。Bill Hetzel 在《软件测试完全指南》(*Complete Guide of Software Testing*)一书中指出："测试是以评价一个程序或者系统属性为目标的任何一种活动。测试是对软件质量的度量。"这个定义至今仍被引用。软件开发人员和测试人员开始坐在一起探讨软件工程和测试问题。

1983年，IEEE提出的软件工程术语中给软件测试下的定义：使用人工或自动的手段来运行或测定某个软件系统的过程,其目的在于检验它是否满足规定的需求或弄清预期结果与实际结果之间的差别。这个定义明确指出,软件测试的目的是检验软件系统是否满足需求。它再也不是一个一次性的、开发后期的活动,而是与整个开发流程融合成一体。

20世纪90年代,测试工具盛行起来。人们普遍意识到,工具不仅仅是有用的,想要对软件系统进行充分的测试,工具还是必不可少的。

到了2002年,Rick和Stefan在《系统的软件测试》(*Systematic Software-Testing*)中对软件测试做了进一步定义:测试是为了度量和提高被测软件的质量,对测试软件进行工程设计、实施和维护的整个生存周期过程。这些经典论著对软件测试研究的理论化和体系化产生了巨大的影响。

软件测试的目的是发现软件缺陷。一般软件缺陷的表现包括软件未实现产品说明书要求的功能,软件出现了产品说明书指明不能出现的错误,软件实现了产品说明书未提到的功能,软件未实现产品说明书虽未明确提及但应该实现的目标,软件难以理解、不易使用、运行缓慢或者最终用户评价不好。

【例6-1】 在20世纪60年代,计算机的存储器成本很高,程序员为了节约宝贵的内存资源和硬盘空间,在日期存储上只保留年份的后两位,如1980存储为80。直到即将步入21世纪,大家才开始意识到用保留年份的后两位的存储方式,将使人无法正确辨识公元2000年及其后的年份。当2000年真的到来的时候,问题就会浮现出来。1997年,信息界拉起了"千年虫"警钟,全世界付出了几十亿美元的代价,去修复20世纪60年代遗留下来的程序缺陷,这就是著名的"千年虫事件"(Y2K)。

2. 软件测试的关键问题

软件测试关注以下5方面的关键问题。

1) 谁来执行测试(Who)

一个软件产品的开发通常涉及开发者和测试者两种角色。开发者通过开发代码形成产品,如分析、设计、编码、调试或者文档编制等;测试者则通过测试来检测产品中是否存在缺陷,包括根据特定的目的设计测试用例、构造测试、执行测试以及评估测试结果等。一般的做法是,开发成员负责他们自己代码的单元测试,而系统测试则由一些独立的测试人员或专门的测试机构进行。

2) 测试什么(What)

很显然,程序中的缺陷并不一定是编码所引起的,有可能是由详细设计、概要设计阶段,甚至是需求分析阶段的问题引起的。对源程序进行测试时所发现缺陷的根源可能存在于开发前期的各个阶段。所以,解决问题、排除缺陷也必须追溯到前期的工作。实际上,软件需求分析、设计和实施阶段是软件缺陷的主要来源,因此,从需求分析、概要设计、详细设计以及程序编码等各个阶段得到的文档,都应成为软件测试的对象。

3) 什么时候测试(When)

测试是一个与开发并行的过程。实践表明,测试开始得越早,测试执行得越频繁,所带来的整个软件开发成本下降得就会越多。测试的另一个极端是每天都进行测试,一旦软件的模块开发出来就对它们进行测试，这样显然又会拖延早期开发的进度。不过，这能够大大降低将所有模块装配到项目中以后出现问题的可能性。

4）怎样进行测试(How)

软件“规范”说明了软件本身应该达到的目标，程序“实现”则是一种对应各种输入如何产生输出结果的算法。简而言之，软件“规范”说明了一个软件要做什么，而程序“实现”则规定了软件应该怎样做。对软件进行测试就是根据软件的功能规范说明和程序实现，利用各种测试方法，生成有效的测试用例，对软件进行测试。

5）测试停止的标准(End)

从现实和经济的角度来看，对软件进行完全测试是不可能的。因为无法判断当前查出的缺陷是否为最后一个缺陷，所以何时停止测试就很难确定。在传统标准中，测试完成的标准是分配的测试时间用完或完成了所有的测试而没有检测出缺陷，但这两个完成标准没有实用价值。

实用的测试停止标准应该基于的因素：成功地采用了具体的测试用例设计方法，每个类覆盖的覆盖率，缺陷检测率(即每个单元测试时间内检测出的缺陷数)低于指定的限度，检测出缺陷的具体数量(估计存在缺陷总量的比率)或消耗的具体时间等。

通过测试可以发现软件缺陷，对一个系统做的测试越多，就越能确保它的正确性。不言而喻，大量的软件测试将提高软件的质量。然而，软件测试通常不能保证系统百分之百运转正确。软件测试在确保质量方面的主要贡献在于它能发现那些在一开始就应该能够避免的错误。

3. 软件测试的基本原则

软件测试中一些直观上看来显而易见的且至关重要的原则，往往容易被人们忽视。

1）完全测试是不可能的

在理想的情况下，测试所有可能的输入，将提供程序行为最完全的信息，但这往往是不可能的。如果因为某些原因将一些测试输入去掉，比如认为测试条件不重要或者为了节省时间，那么测试就不是完全测试。在实际测试中，即使最简单的程序，完全测试也是不可行的。主要原因是在于程序输入量太多，程序输出量太多或软件实现途径太多。

【例 6-2】 程序 P 有两个整型输入量 X、Y，输出量为 Z，在 32 位机上运行。如果 X、Y 是整数，按功能测试法穷举，测试数据有 $2^{32} \times 2^{32} = 2^{64}$。假设 1ms 测试一组数据，完成所有测试需要约 5 亿年。

2）测试存在风险

软件测试是有风险的活动，如果不选择完全测试所有情况，则选择了冒险。软件测试人员此时要做的是如何将数量巨大的可能测试减少到可以控制的范围，并针对风险做出明智的选择，确定哪些软件测试重要，哪些软件测试不重要。

3）无法显示隐藏的软件缺陷和故障

软件测试人员可以报告软件缺陷存在，却不能报告软件缺陷不存在。进行软件测试，发现并报告软件缺陷，但是任何情况下都不能保证软件缺陷不存在。找到隐藏的软件缺陷和故障的唯一方法是继续软件测试，找到更多的软件缺陷。

4）软件测试的群集现象

软件缺陷可能成群出现，即发现一个缺陷，附近就可能有一群缺陷。造成群集现象的可能原因：程序员在某段时间情绪不好，程序员往往犯同样的错误，有些软件缺陷可能只是“冰山一角”。

5）杀虫剂现象

1990年Boris Beizer在其《软件测试技术》（第2版）一书中引用了“杀虫剂现象”一词，用于描述软件测试进行得越多，其程序免疫力越强的现象。这与农药杀虫类似，常用一种农药，害虫最后就有抵抗力，农药发挥不了多大的效力。为了避免杀虫剂现象的发生，应该根据不同的测试方法开发测试用例，对程序的不同部分进行测试，以找出更多的软件缺陷。

6）并非所有的软件缺陷都能修复

在软件测试中，即使拼尽全力，也不能使所有的软件缺陷都得以修复。但这并不意味着软件测试没有达到目的，关键是要进行正确判断、合理取舍，根据风险分析决定哪些软件缺陷必须修复，哪些可以不修复。造成软件缺陷不能修复的原因有时间不够、不算真正的软件缺陷、修复的风险太大、不值得修复等。

7）软件测试必须有预期结果

在执行测试程序前应该对期望的输出有很明确的描述，测试后将程序的输出同预期结果进行对照。若不事先确定预期的输出，可能把似乎是正确而实际是错误的结果当成正确结果。

8）尽早地、不断地进行软件测试

由于软件具有复杂性和抽象性，使得软件开发的各个环节都可能产生错误。应坚持在软件开发的各个阶段进行技术评审，以尽早发现和预防错误，把出现的错误在早期消除，杜绝某些隐患。在发现错误并进行纠错后，要重新进行软件测试。对软件的修改可能会带来新的错误，不要希望软件测试能一次成功。

9）程序员应该避免检查自己的程序

软件测试为了尽可能多地发现错误，从某种意义上是对程序员工作的一种否定。因此，程序员检查自己的程序会存在一定的心理障碍。软件测试工作需要严谨的作风、客观的态度和冷静的情绪。另外，由程序员对软件需求规格说明书理解的偏差而引入的错误则更难发现。如果由别人来测试程序员编写的程序，则会更客观、更有效，并且更容易取得成功。

4. 软件测试的方法

软件测试的方法包括静态测试方法与动态测试方法两类。

1）静态测试方法

静态测试方法的主要特征是在用计算机测试源程序时，计算机并不真正运行被测试的程序。这说明静态测试方法一方面要利用计算机作为被测程序进行特性分析的工具，它与人工测试有着根本的区别；另一方面它并不真正运行被测程序，只进行特性分析，这是和动态测试方法不同的。因此，静态测试方法常称为“静态分析”。静态分析是对被测程序进行特性分析的一些方法的总称。

常用的静态测试方法有桌前检查(Desk Checking)、代码会审(Code Reading Review)、步行检查(Walkthroughs)等。桌前检查由程序员检查自己的程序,对源代码进行分析、检验;代码会审由程序员和测试员组成评审小组,按照“常见的错误清单”,进行会议讨论检查;步行检查与代码会审类似,也要进行代码评审,但评审过程主要采取人工执行程序的方式,故也称为“走查”。

2) 动态测试方法

动态测试方法的主要特征是计算机必须真正运行被测试的程序,通过输入测试用例,对其运行情况(输入输出的对应关系)进行分析。常用的方法主要有白盒测试(White-Box Testing)和黑盒测试(Black-Box Testing)。

(1) 白盒测试又称为结构测试、逻辑驱动测试或基于程序的测试。它依赖于对程序细节的严密检验,针对特定条件“或/与循环集”设计测试用例,对软件的逻辑路径进行测试。因此,采用白盒测试技术时,必须有设计规约以及程序清单。设计的宗旨就是测试用例尽可能提高程序内部逻辑的覆盖程度,最彻底的白盒测试是能够覆盖程序中的每条路径。但是程序中含有循环后,路径的数量极大,要执行每条路径变得极不现实。软件的白盒测试用来分析程序的内部结构。

(2) 黑盒测试又称为功能测试、数据驱动测试或基于规格说明的测试,是一种从用户观点出发的测试。用这种方法进行测试时,把被测程序当作一个黑盒,在不考虑程序内部结构和内部特性,测试者只知道该程序输入和输出之间的关系或程序的功能的情况下,依靠能够反映这一关系和程序功能需求规格的说明书,来确定测试用例和推断测试结果的正确性。软件的黑盒测试被用来证实软件功能的正确性和可操作性。

无论白盒测试还是黑盒测试,关键都是如何选择高效的测试用例。高效的测试用例是指一个用例能够覆盖尽可能多的测试情况,从而提高测试效率。白盒测试和黑盒测试各有自己的优缺点,构成互补关系,在规划测试时需要把白盒测试与黑盒测试结合起来。

【例 6-3】 表 6-2 列出静态测试方法与动态测试方法比较。

表 6-2 静态测试方法与动态测试方法比较

测试方法	是否运行软件	是否需要测试用例	是否可以直接定位缺陷	测试实现难易度	精准性	独立性
静态测试	否	否	是	容易	低	否
动态测试	是	是	否	困难	高	是

5. 测试用例的概念

测试用例(Testing Case)是为了某特定目标而编制的一组测试输入、执行条件以及预期结果的程序,以便测试某个程序路径或核实程序是否满足某特定需求。测试用例设计是软件测试活动中最重要的活动之一。

测试用例的重要性主要体现在技术和管理两方面:从技术层面,测试用例有利于指导测试的实施,规划测试数据的准备,降低工作强度;从管理层面,使用测试用例便于团队交流,实现重复测试,跟踪测试进度,开展质量和缺陷评估。

测试用例设计的核心有两方面:一是测试的内容,即与测试用例相对应的测试需求;二是输入信息,即按照怎样的步骤,对系统输入哪些必要的数据。测试用例的设计难点在于如何通过少量测试数据来有效揭示软件缺陷。

软件测试用例设计的方法有白盒测试和黑盒测试两种:白盒测试的用例设计主要适用于单元测试,黑盒测试的用例设计主要适用于功能测试和验收测试。

一个测试用例可以定义为

测试用例={测试数据+期望结果}

式中,{}表示重复。它表明,测试一个程序要使用多个测试用例,而每个测试用例都应包括一组测试数据和一个相应的期望结果。如果在测试用例后面再加实际结果,就成为测试结果,即

测试结果={测试数据+期望结果+实际结果}

由此可见,测试用例不仅是连接测试计划与执行的桥梁,也是软件测试的中心内容。有效的设计测试用例,是做好软件测试的关键。

在一般情况下,测试用例的设计应该遵从以下3条标准:测试用例要具有代表性,测试结果是可以判定的,测试结果是可重现的。在上述标准中,实际操作中最难保证的就是测试用例的代表性,这也是测试用例设计的重点和需要重点关注的内容。在设计中,应该分析出哪些是核心输入数据,通常情况分为3类:正常数据、边界数据和错误数据。测试数据就是从这3类数据中产生的。

6.2.2 软件测试过程与管理

软件测试描述一种用来促进鉴定软件的正确性、完整性、安全性和质量的过程。换句话说,软件测试是一种实际输出与预期输出之间的审核或者比较过程。

1. 软件测试模型

软件测试和软件开发一样,都遵循软件工程原理和管理学原理。测试专家通过实践总结出了许多测试模型。这些模型对测试活动进行了抽象,明确了测试与开发之间的关系,是测试管理的重要参考依据。

1)V模型

V模型是最广为人知的软件测试模型,如图6-2所示。V模型与软件过程瀑布模型有一些共同的特性。V模型中的过程从左到右,描述了基本的开发过程和测试行为。V模型的价值在于它非常明确地标明了测试过程中存在的不同级别,并且清楚地描述了这些测试阶段和开发过程中各阶段的对应关系。V模型也有一定的局限性,如把测试作为编码后的最后一个活动、需求分析等前期产生的错误直到后期的验收测试才能发现。

2)W模型

V模型的局限性在于没有明确地说明早期的测试,无法体现"尽早地和不断地进行

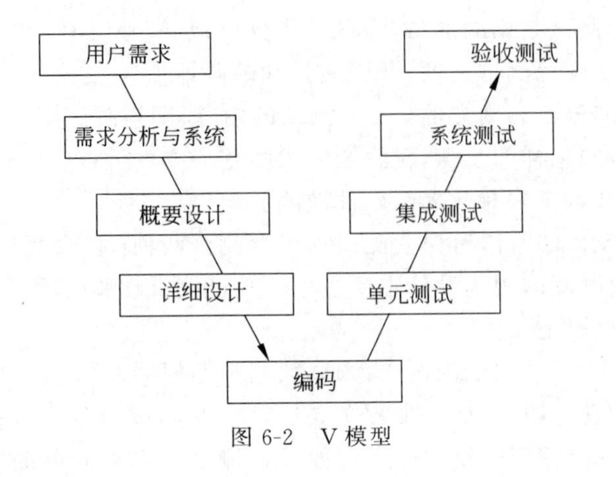

图 6-2 V 模型

软件测试”的原则。在 V 模型中增加软件各开发阶段应同步进行的测试，则演化为 W 模型。在模型中不难看出，开发是 V 模型，测试是与此并行的 V 模型。相对于 V 模型，W 模型更科学，如图 6-3 所示。

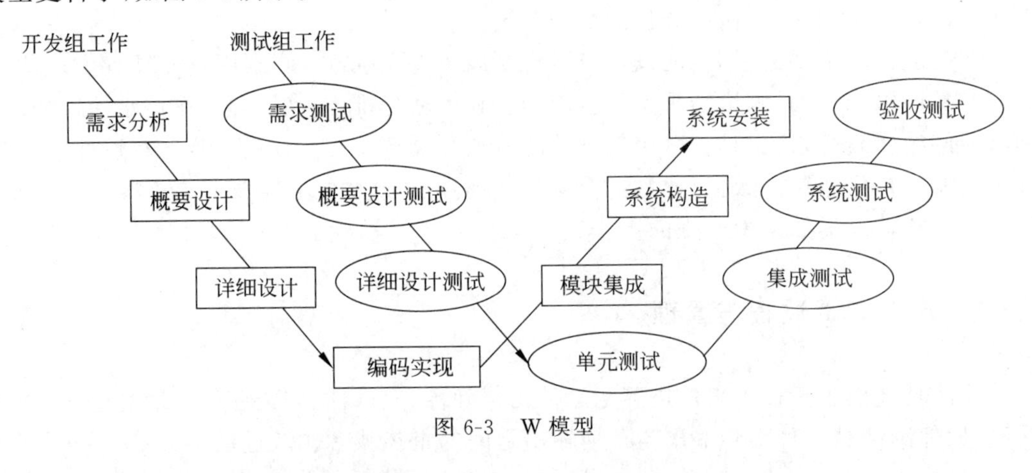

图 6-3 W 模型

W 模型是 V 模型的发展，强调测试伴随着整个软件开发周期，而且测试的对象不仅是程序，对需求、功能和设计同样要进行测试。测试与开发是同步进行的，这有利于尽早地发现问题。

W 模型也有局限性。W 模型和 V 模型都把软件的开发视为需求、设计、编码等一系列串行的活动，无法支持迭代、自发性以及变更调整。

3）X 模型

X 模型也是对 V 模型的改进，如图 6-4 所示，X 模型提出针对单独的程序片段进行相互分离的编码和测试，此后通过频繁交接，通过集成最终合成为可执行的程序。

X 模型的左边描述的是针对单独程序片段所进行的相互分离的编码和测试，此后将进行频繁的交接，通过集成最终成为可执行的程序，再对这些可执行程序进行测试。已通过集成测试的成品可以进行封装并提交给用户，也可以作为更大规模和范围内集成的一部分。多根并行的曲线表示变更可以在各个部分发生。如图 6-4 所示，X 模型还定位了

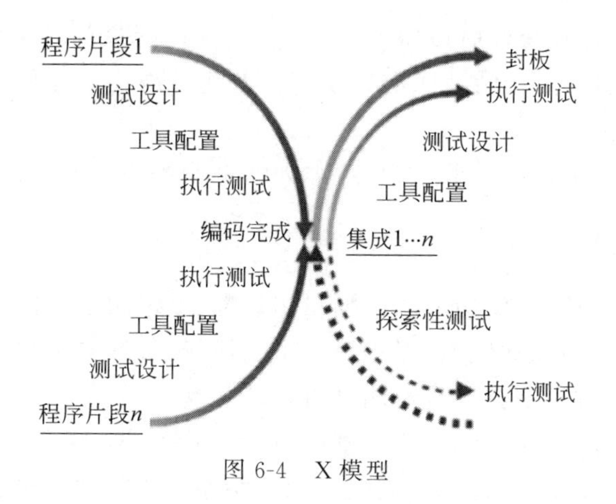

图 6-4 X 模型

探索性测试，这是不进行事先计划的特殊类型的测试，这个方式往往能帮助有经验的测试人员在测试计划外发现更多的软件错误。但这样可能对测试造成人力、物力和财力的浪费，对测试人员的熟练程度要求比较高。

4）H 模型

H 模型如图 6-5 所示，软件测试过程活动完全独立，贯穿于整个产品的周期，与其他流程并发进行，某个测试点准备就绪时，就可以从测试准备阶段进行到测试执行阶段。软件测试可以尽早进行，并且可以根据被测物的不同分层次进行。

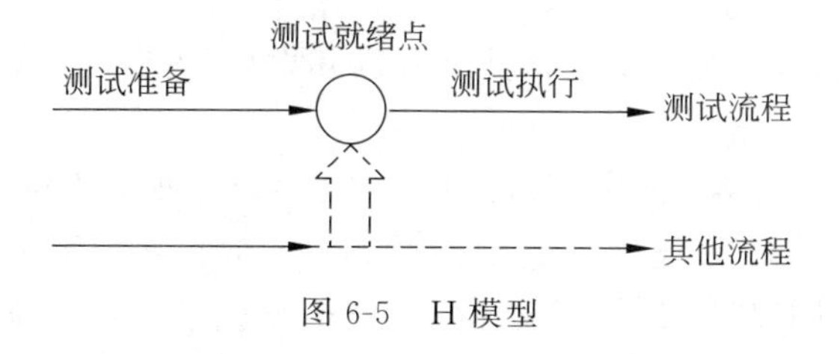

图 6-5 H 模型

图 6-5 演示了在整个生存周期中某个层次上的一次测试微循环。图 6-5 中标注的“其他流程”可以是任意的开发流程，如设计流程或编码流程。也就是说，只要测试条件成熟，测试准备活动完成，测试执行活动就可以进行。

H 模型揭示了一个原理：软件测试是一个独立的流程，贯穿于产品的整个生存周期，与其他流程并发进行。H 模型指出软件测试要尽早准备、尽早执行。不同的测试活动可以是按照某个次序进行的，但也可能是反复的，只要某个测试达到准备就绪点，测试执行活动就可以开展。

2. 软件测试过程管理

软件测试是贯穿于整个软件开发生存周期的一个完整的过程。为了有效地实现软件测试各个层面的测试目标，需要和软件开发过程一样，定义一个完整的软件测试过程。该过程应该涉及各个软件测试活动、技术、文档等内容，来指导和管理软件测试活动，以提高软件测试效率和软件质量，并改进软件开发过程和测试工程。

软件测试过程管理在每个阶段所管理的对象和内容都不同,主要集中在测试项目启动、测试计划制订、测试开发和设计、测试执行以及测试结果审查和分析 5 个阶段。

1) 测试项目启动

确定测试项目后,进行人员的组织,考虑如何将涉及的人员及其关系组织在测试实施的活动中。

2) 测试计划制订

在测试计划阶段,首先,要确定测试的整体目标,确定测试的任务、所需的各种资源和投入、预见可能出现的问题和风险,以指导测试的执行,最终实现测试的目标,保证软件产品的质量。测试计划阶段是整个软件测试过程的关键。

其次,制订测试计划,在测试中要达到的目标:制订一个现实可行的、综合的计划,包括每项测试活动的对象、范围、方法、进度和预期结果;为项目实施建立一个组织模型,并定义每个角色的责任和任务;开发有效的测试模型,能正确地验证正在开发的软件系统;确定测试所需要的时间和资源,以保证其可获得性、有效性;确立每个测试阶段测试完成以及测试成功的标准、要实现的目标;识别出测试活动中各种风险,并消除可能存在的风险,降低那些不可能消除的风险所带来的损失。

再次,根据测试项目的对象,制定测试的输入输出标准。

最后,根据以上内容,制定具体的测试实施策略,细化测试项目各个阶段的要点,编制测试项目中使用到的技巧等。

3) 测试开发和设计

当测试计划完成后,测试就要进入测试开发和设计阶段,测试设计阶段是接下来测试执行和实施的依据。

具体包括的步骤和内容:制定测试的技术方案,设计测试用例,设计测试用例特定的集合,测试开发,测试环境的设计。其中涉及的文档,必须按照国标 GB/T 9386—2008《计算机软件测试文档编制规范》的要求撰写,包括测试设计说明书、测试用例说明书、测试规程说明书、测试项传递报告。

4) 测试执行

测试执行过程中,保证完成以下 5 个流程。

(1) 测试阶段目标的检查。每个阶段测试(单元测试、集成测试、功能测试、系统测试、验收测试和安装测试等)完成后,都要与预定目标进行核查,确保每个阶段任务得到执行,达到阶段性目标。

(2) 测试用例执行的跟踪。确保每个测试用例百分之百执行。

(3) 缺陷的跟踪和管理。测试过程中,发现的错误与缺陷,都应按缺陷类别、状态提交软件到缺陷管理数据库中,以便随时跟踪和管理。

(4) 和项目组外部人员的沟通。一旦有缺陷变更,缺陷管理系统应能自动发出邮件给相应的开发人员和测试人员,保证任何缺陷都能及时处理。

(5) 测试执行结束评判。按照里程碑对缺陷进行会审、分析、预测,依据计划结束准则决定测试是否结束。

5）测试结果审查和分析

在原有跟踪的基础上，针对测试项目进行全过程、全方位的审视，检测测试是否完全执行，是否存在漏洞，对目前仍旧存在的缺陷进行分析，确定对产品质量的影响程度，从而完成测试报告并结束测试工作。

3. 软件测试文档管理

测试文档（Testing Documents）是测试活动中用来描述和记录整个测试过程的一个非常主要的文件。在测试执行的过程中，所依据的最核心的文档包括测试用例、测试计划和测试报告。其中，测试用例的好坏决定着测试工作的效率，选择合适的测试用例是做好测试工作的关键。在测试文档编制过程中，按规定的要求精心设计测试用例有重要的意义。根据软件测试与软件开发过程中的关系，测试文档应该在软件开发的需求分析阶段就进行编写。

1）测试计划

测试计划文档应该至少包含以下内容。

（1）引言，包括目的、背景、范围、定义、参考资料。

（2）测试内容，列出测试功能清单。

（3）测试规则，包括进入准则、暂停/退出准则、测试方法、测试手段、测试要点、测试工具。

（4）测试环境，包括硬件环境、软件环境、特定测试环境要求。

（5）项目任务，包括测试规划、测试设计、测试执行准备、测试执行、测试总结。

（6）实施计划，包括工作量估计、人员需求及安排、进度安排、其他资源需求及安排、可交付工件。

（7）风险管理，提供一个可做参考测试计划模板，在实际使用的过程中可以根据项目的具体情况对模板进行修改。

2）测试报告

测试报告是指把测试的过程和结果写成文档，对发现的问题和缺陷进行分析，为纠正软件所存在的质量问题提供依据，同时为软件验收和交付打下基础。测试报告是测试阶段最后的文档产出物。测试报告一般应包含以下内容。

（1）测试目的，说明测试报告的具体编写目的，指出相关干系人。

（2）项目背景，对项目目标和目的进行简要说明。

（3）测试环境，列出测试应该具备的软硬件环境。

（4）相关人员，说明参与的测试执行人员、测试管理人员、开发人员、策划人员、产品人员等相关干系人。

（5）测试时间，明确测试计划时间、实际测试时间。

（6）测试方法，包括功能测试、专项测试等具体测试策略。

（7）测试范围，说明测试的主要范围或者测试的对象。

（8）测试结构与缺陷分析，整个测试报告最核心的部分，主要汇总各种数据并进行度量。度量包括对测试过程的度量和能力评估，对软件产品的质量度量和产品评估，软件的风险评估以及最后的测试结论。

测试报告可以是版本测试报告,也可以是产品测试报告。版本测试报告是指对同一个产品的不同迭代周期的测试报告,产品测试报告是指对一个产品全功能测试的执行结果报告。

4. 测试人员的管理

实施一个测试首先要考虑的就是在活动中涉及的人员、资源之间协调与分配的问题,良好的组织和管理是测试活动成功的重要保障。

测试涉及的人员有测试主管、测试组组长、测试工程师、测试分析师,分工不同,所担任的职责也不同。随着软件测试工作日益专业化,测试工具的使用、测试理论的更新、新测试技术的应用都要求测试人员不断提高自己的水平。优秀的测试人员不但要理解基本的测试技术,如用例设计、测试执行、缺陷分析,还要很好地了解被测试系统的开发环境和工具、业务流程、系统架构等才能制定合理的测试方案。也就是说,优秀的测试人员不仅要了解基本测试技术,还要了解主流的开发技术、架构和工具,甚至对产品业务非常熟悉。

【例 6-4】 表 6-3 是某互联网公司对软件测试能力的定义。通过该表,有助于了解软件测试的典型专业能力要求。

表 6-3 某互联网公司对软件测试能力的定义

能力要素名称	定　　义	能力点
用例设计能力	用户需求、策划案和系统设计的理解,测试用例的设计能力	用例设计、用户场景分析、用户体验、影响力
测试规划能力	测试方案设计与改进能力,测试方案统筹安排和结果汇总能力,产品质量风险评估能力	方案设计、方案落实、风险评估
bug 分析能力	bug 的分析和验证能力,bug 归属的判定能力,对于 bug 修复可能造成的隐藏问题的预见能力	bug 分析和验证、bug 判定、bug 大数据分析
测试执行能力	测试用例的执行以及发现 bug 的能力,测试结果和 bug 的报告能力	测试、bug、结果报告
质量过程改进能力	根据产品执行过程的进展状况,进行有效的质量管理,能够采取必要的措施推动解决质量问题	质量问题的发现、解决、预防,监控体系,生态圈,质量文化

6.2.3 软件测试工具

近年来,随着对软件测试重视程度的提高,软件测试技术的快速发展,逐渐从过去手工作坊式的测试向测试工程化的方向发展。要真正实现软件测试的工程化,其基础之一就是要有一大批支持软件测试工程化的工具。因此,软件测试工具对于实现软件测试的工程化至关重要。

1. 测试工具的作用

软件测试在整个软件开发过程中占据了将近一半的时间和资源。通过在测试过程中合理地引入软件测试工具，能够缩短软件测试时间，提高测试质量，从而更好、更快地为用户提供他们需要的软件产品。

软件测试工具能在测试过程中发挥多大的作用，取决于测试过程的管理水平和人员的技术水平。测试过程的管理水平和人员的技术水平都是人的因素，是一个开发组织不断改进，长期积累的结果。如果一个测试组织的测试过程管理很混乱，人员缺乏经验，那么不必忙于引入各种测试工具，这时首先应该做的是改进测试过程，提高测试人员的技术水平。待达到一定程度后，再根据情况逐步地引入测试工具，进一步地改善测试过程，提高测试效率和质量。

2. 常见的测试工具

软件测试工具很多，基本上覆盖了各个测试阶段。按照工具所完成的任务，可以分为测试用例设计工具、静态分析工具、功能测试自动化工具、性能测试工具、测试过程管理工具。

1）测试用例设计工具

测试用例设计工具按照生成测试用例时数据输入内容的不同，可以分为基于程序代码的测试用例设计工具、基于需求说明的测试用例设计工具。

（1）基于程序代码的测试用例设计工具是一种白盒工具，它读入程序代码文件，通过分析代码的内部结构，产生测试的输入数据。这种工具一般应用在单元测试中，针对的是函数、类这样的测试对象。此类工具的局限性是只能产生测试的输入数据，而不能产生输入数据后的预期结果。

（2）基于需求说明的测试用例设计工具依据软件的需求说明，生成基于功能需求的测试用例。这种工具所生成的测试用例既包括了测试输入数据，也包括预期结果，是真正完整的测试用例。使用这种测试用例设计工具生成测试用例时，需要人工事先将软件的功能需求转换为工具可以理解的文件格式，再以这个文件作为输入，通过工具生成测试用例。

2）静态分析工具

进行静态分析时，不需要运行所测试的程序，而是通过检查程序代码，对程序的数据流和控制流信息进行分析，找出系统的缺陷，得出测试报告。静态分析工具一般提供两个功能，即分析软件的复杂性、检查代码的规范性。

（1）分析软件的复杂性。在用这类工具对软件产品进行分析时，以软件的代码文件作为输入，静态分析工具对代码进行分析，然后与用户定制的质量模型进行比较，根据实际情况与模型之间的差距，得出对软件产品的质量评价。

（2）具有检查代码的规范性功能的静态分析工具，其内部包含了得到公认的编码规范，如函数、变量、对象的命名规范，函数语句数的限制等，工具支持对这些规范的设置。工具的使用者根据情况，裁减出适合自己的编码规范，然后通过工具对代码进行分析，定位代码中违反编码规范的地方。

3）功能测试自动化工具

在软件产品的各个测试阶段，通过测试发现了问题，开发人员就要对问题进行修正，修正后的软件版本需要再次进行测试，以验证问题是否得到解决，是否引发了新的问题，这个再次进行测试的过程称为回归（Regress）测试。由于软件本身的特殊性，每次回归测试都要对软件进行全面的测试，以防止由于修改缺陷而引发新的缺陷。回归测试的工作量很大，而且也很乏味，因为要将上一轮执行过的测试原封不动地再执行一遍。功能测试自动化工具就是一个能完成这项任务的软件测试工具。

功能测试自动化工具理论上可以应用在各个测试阶段，但大多数情况下是在确认测试阶段中使用。功能测试自动化工具的测试对象是那些拥有图形用户界面的应用程序。

4）性能测试工具

性能测试用来衡量系统的响应时间、事务处理速度和其他时间敏感的需求，并能测试出与性能相关的工作负载和硬件配置条件。通常所说的压力测试和容量测试，也都属于性能测试的范畴，只是执行测试时的软硬件环境和处理的数据量不同。

性能测试工具实际上是一种模拟软件运行环境的工具。现在，基于 Web 是软件系统发展的一个趋势，性能测试也就变得比以往更加重要了，性能测试工具也自然会在软件测试过程中被更多使用。

5）测试过程管理工具

软件测试贯穿于整个软件开发过程，按照工作进行的先后顺序，测试过程可分为制订计划、测试设计、测试执行、跟踪缺陷这 4 个阶段。在每个阶段，都有一些数据需要保存，人员之间也需要进行交互。测试过程管理工具就是一种用于满足上述需求的软件工具，它管理整个测试过程，保存在测试不同阶段产生的文档、数据，协调技术人员之间的工作。

测试过程管理工具包括的功能一般包括：管理软件需求、管理测试计划、管理测试用例、缺陷跟踪、测试过程中各类数据的统计和汇总。

6.3 软件测试技术

软件测试是一项非常复杂的、创造性的和需要高度智慧的挑战性工作。测试一个大型软件所要求的创造力，事实上可能要超过设计这个软件所要求的创造力。测试用例由输入数据和预期的输出数据两部分组成，是整个软件产品各阶段活动的主体，因此测试用例设计至关重要。

不同的测试用例发现软件错误的能力有很大的差别。为了提高测试效率、降低测试成本，应该精心选择测试用例。

6.3.1 白盒测试技术

软件的白盒测试用于分析程序的内部结构，主要用于单元测试，其关键问题是如何选择高效的测试用例。

几种常用的逻辑覆盖测试方法是语句覆盖、判定覆盖、条件覆盖、判定/条件覆盖、条件组合覆盖和路径覆盖。不同的逻辑覆盖测试方法都是从各自不同的方面出发，为设计测试用例提出依据。

【例 6-5】 被测试程序的流程图如图 6-6 所示，写出逻辑覆盖的测试用例。

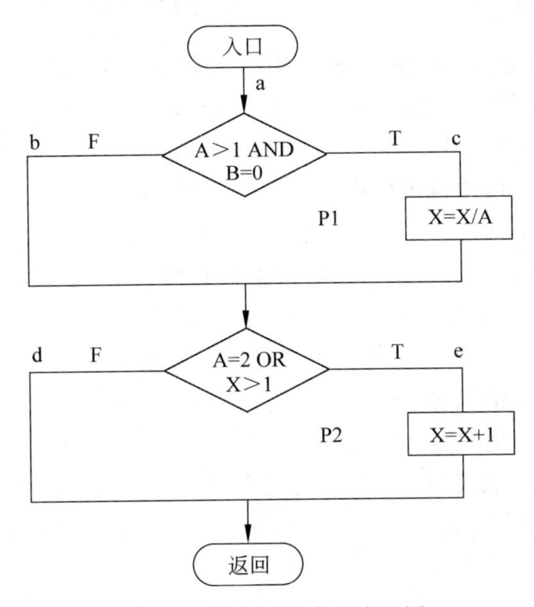

图 6-6 被测试程序的流程图

1. 语句覆盖

语句覆盖是一种最起码的测试要求，它要求设计的用例使程序中每条语句都至少被执行一次。因此对于图 6-6 所示的程序，在语句覆盖中，只需要选择输入数据为 A＝2，B＝0，X＝3，就可以达到语句覆盖。

从本例可以看出，语句覆盖所覆盖的路径其实是不完全的，如果第一个条件语句中的 AND 错误地写成 OR，上面的测试用例是不能发现这个错误的；又如第二个条件语句中 X＞1 误写成 X＞0，这个测试用例也不能暴露它。此外，沿着路径 abd 执行时，X 的值应该保持不变，如果这一方面有错误，上述测试数据也不能发现它们。

2. 判定覆盖

判定覆盖又称为分支覆盖，它要求执行足够的测试用例，使程序中的每个分支至少都通过一次。在针对判断语句设定测试用例的时候，要设定“真”和“假”两种测试用例。判定覆盖与语句覆盖的不同是增加了“假”的情况。对于例 6-5，需要设计两个例子，使它们能通过路径 ace 和 abd，或者通过路径 acd 和 abe，就可达到判定覆盖标准。

例如，想要通过路径为 acd 和 abe，可以选择输入数据为

A＝3，B＝0，X＝1(沿路径 acd 执行)

A＝2，B＝1，X＝3(沿路径 abe 执行)

除了双分支语句外，像C语言中的case语句中还存在多分支语句，因此必须覆盖所有的语句。但是在上面的例子中，没有监测到abd路径执行时X值是否有变化。因此，判定覆盖虽然比语句覆盖强，但是对程序逻辑的覆盖程度仍然不够全面。

3. 条件覆盖

条件覆盖的含义是指选择足够的测试用例，运行这些测试用例后，要使每个判定中每个条件的可能取值至少满足一次，但未必能覆盖全部分支。判定覆盖往往包含若干个条件，例如在图6-6所示的程序中，判定(A>1)AND(B=0)包含了两个条件：A>1以及B=0，所以可引进一个更强的覆盖标准——条件覆盖。

图6-6所示的程序有4个条件：A>1,B=0,A=2,X>1。

为了达到条件覆盖标准，需要执行足够的测试用例，使得在a点有A>1、A≤1、B=0、B≠0等各种结果出现，以及在b点有A=2、A≠2、X>1、X≤1等各种结果出现。

现在只需设计以下两个测试用例即可满足这一标准：

A=2, B=0, X=4(沿路径ace执行)

A=1, B=1, X=1(沿路径abd执行)

条件覆盖通常比判定覆盖强，因为它使一个判定中的每个条件都取到了两个不同的结果，而判定覆盖则不能保证这一点。

4. 判定/条件覆盖

针对上面的问题可引出另一种覆盖标准——判定/条件覆盖，其含义是执行足够的测试用例，使判定中的每个条件取到各种可能的值，并使每个判定取到各种可能的结果。对于如图6-6所示的程序，条件覆盖中的两个测试用例也满足判定/条件覆盖的要求：

A=2,B=0,X=4(沿路径ace执行)

A=1,B=1,X=1(沿路径abd执行)

5. 条件组合覆盖

条件组合覆盖的含义是执行足够的测试用例，使每个判定中条件的各种可能组合都至少出现一次。显然，满足条件组合覆盖的测试用例一定满足判定覆盖、条件覆盖和判定/条件覆盖。

如图6-6所示的程序，需要选择适当的例子，使下面8种条件组合都能够出现：

①A>1,B=0;②A>1,B≠0;③A≤1,B=0;④A≤1,B≠0;⑤A=2,X>1;⑥A=2,X≤1;⑦A≠2,X>1;⑧A≠2,X≤1。

必须注意到，⑤、⑥、⑦、⑧4种情况是第二个IF语句的条件组合，而X的值在该语句之前是要经过计算的，所以还必须根据程序的逻辑推算出在程序的入口点X的输入值应是什么。

下面列出的测试用例可以使上述8种条件组合至少出现一次：

A=2,B=0,X=4使①、⑤两种情况出现

A=2,B=1,X=1使②、⑥两种情况出现

A=1,B=0,X=1 使③、⑧两种情况出现

A=1,B=1,X=4 使④、⑦两种情况出现

6. 路径覆盖

要求设计足够多的测试用例,使程序中所有的路径都至少执行一次。针对如图 6-6 所示的程序,它有 4 条路径,分别是 ace、abd、abe 和 acd。因此可以设计如下 4 种测试用例:

A=2,B=0,X=3(覆盖 ace)

A=2,B=1,X=1(覆盖 abe)

A=1,B=0,X=1(覆盖 abd)

A=3,B=0,X=1(覆盖 acd)

6.3.2 黑盒测试技术

使用白盒测试技术设计测试用例时,只需选择一个覆盖标准,而使用黑盒测试进行测试,则应该同时使用多种黑盒测试方法,才能得到较好的测试效果。黑盒测试注重于测试软件的功能需求,主要试图发现功能错误或遗漏、性能错误、初始化和终止错误、界面错误、数据结构或外部数据库访问错误等。

黑盒测试常用的测试方法包括等价分类法、边界值分析法、因果图法和错误推测法。但是没有一种方法能提供一组完整的测试用例,以检查程序的全部功能,因而在实际测试中需要把几种方法结合起来使用。

1. 等价分类法

等价分类法是黑盒测试的一种典型的方法,其基本思想是选取少量有代表性的输入数据,以期用较小的代价暴露出较多的程序错误。等价分类法是把被测试程序的所有可能的输入数据(有效的和无效的)划分成若干个等价类,把无限的随机测试变成有针对性的等价类测试。按这种方法可以合理地做出下列假定,每个类中的一个典型值在测试中的作用与这个类中所有其他值的作用相同。因此,可以从每个等价类中只取一组数据作为测试数据。这样可选取少量有“代表性”的测试数据,来代替大量相类似的测试,从而大大减少总的测试次数。

设计等价类的测试用例包括两方面:一是划分等价类并给出定义;二是选择测试用例。选择测试用例的原则是有效等价类的测试用例尽量公用,以期进一步减少测试的次数;无效等价类必须每类一个用例,以防漏掉本来可能发现的错误。

划分等价类时,需要研究程序的功能说明,以确定输入数据的有效等价类和无效等价类。在确定输入数据的等价类时常常还需要分析输出数据的等价类,以便根据输出数据的等价类导出对应输入数据的等价类。

1) 启发式规则

划分等价类需要经验,下述 6 条启发式规则有助于等价类的划分。

(1) 如果规定了输入值的范围,则可划分出一个有效的等价类(输入值在此范围内)、

两个无效的等价类(输入值小于最小值和大于最大值)。

(2) 如果规定了输入数据的个数,则可以类似地划分出一个有效的等价类和两个无效的等价类。

(3) 如果规定了输入数据的一组值,而且程序对不同输入值做不同处理,则每个允许的输入值是一个有效的等价类,此外还有一个无效的等价类(任意一个不允许的输入值)。

(4) 如果规定了输入数据必须遵循的规则,则可以划分出一个有效的等价类(符合规则)和若干个无效的等价类(从不同角度违反规则)。

(5) 如果规定了输入数据为整型,则可以划分出正整数、零和负整数3个有效类。

(6) 如果程序的处理对象是表格,则应该使用空表,以及一项或多项的表。

上述启发式规则只是测试时可能遇到的情况中很小的一部分,实际情况千变万化,根本无法一一列出。为了正确划分等价类,一要注意积累经验,二要正确分析被测程序的功能。此外,在划分无效等价类时,还必须考虑编译程序的检错功能。启发式规则虽然都是针对输入数据,但其中绝大部分也同样适用于输出数据。

2) 等价类设计测试用例的步骤

等价类设计测试用例的步骤可分为两步:①设计一个新的测试用例以尽可能多地覆盖尚未覆盖的有效等价类,重复这一步骤直到所有有效等价类都被覆盖为止;②设计一个新的测试用例,使它覆盖一个而且只覆盖一个尚未覆盖的无效等价类,重复这一步骤直到所有无效等价类都被覆盖为止。

【例6-6】 设有一个档案管理系统,要求用户输入以年月表示的日期。假设日期限定在1950年1月至2049年12月,并规定日期由6位数字字符组成,前4位表示年,后2位表示月。现用等价分类法设计测试用例,来测试程序的"日期检查功能"。

(1) 划分等价类并编号,如表6-4所示。

表6-4 等价类划分表

输入等价类	有效等价类	无效等价类
日期的类型及长度	① 6位数字字符	② 有非数字字符 ③ 少于6位数字字符 ④ 多于6位数字字符
年份范围	⑤ 1950—2049	⑥ 小于1950 ⑦ 大于2049
月份范围	⑧ 01—12	⑨ 等于00 ⑩ 大于12

(2) 设计测试用例,以便覆盖所有的有效等价类。在表6-4中列出了3个有效等价类,编号分别为①、⑤、⑧,设计的测试用例如下:

测试数据　　期望结果　　覆盖的有效等价类
201507　　有效输入　　①、⑤、⑧

(3) 为每个无效等价类设计一个测试用例,设计结果如下:

测试数据　　期望结果　　覆盖的无效等价类

95June	无效输入	②
20036	无效输入	③
2018006	无效输入	④
194912	无效输入	⑥
205401	无效输入	⑦
200800	无效输入	⑨
201613	无效输入	⑩

2. 边界值分析法

经验表明,大量的错误是发生在输入或输出范围的边界上,而不是发生在输入或输出范围的内部。因此针对各种边界情况设计测试用例,可以查出更多的错误。使用边界值分析方法设计测试用例,首先应确定边界情况。但它不是从一个等价类中任选一个典型值或任意值,而是将测试边界情况作为重点目标,选取正好等于、刚刚大于或刚刚小于边界值的测试数据。

基于边界值分析方法选择测试用例可遵循如下原则。

1）输入边界条件

若输入条件规定了值的范围,则应取刚达到这个范围边界的值,以及刚刚超越这个范围边界的值作为测试输入数据。

若输入条件规定了值的个数,则用最大个数、最小个数、比最小个数少1、比最大个数多1的数作为测试数据。

【例6-7】 程序的规格说明中规定,“重量在10～50千克的邮件,其邮费计算公式为……”。作为测试用例,可取10及50,还应取10.01、49.99、9.99及50.01等。

一个输入文件应包括1～255个记录,则测试用例可取1和255,还应取0及256等。

2）输出边界条件

若输出条件规定了值的范围或规定了值的个数,即设计测试用例使输出值达到边界值及其左、右的值。

【例6-8】 某程序的规格说明要求计算出“每月保险金扣除额为0～1165.25元”,其测试用例可取0.00及1165.24,还可取0.01及1165.25等。

某程序属于情报检索系统,要求每次“最少显示1条,最多显示4条情报摘要”,这时应考虑的测试用例包括1和4,还应包括0和5等。

3）其他边界条件

若程序的规格说明给出的输入域或输出域是有序集合,则应选取集合的第一个元素和最后一个元素作为测试用例;若程序中使用了一个内部数据结构,则应当选择这个内部数据结构的边界上的值作为测试用例;分析规格说明,找出其他可能的边界条件。

3. 因果图法

等价分类法和边界值分析法都着重考虑输入条件,但没有考虑输入条件的各种组合、输入条件之间的相互制约关系。这样虽然各种输入条件可能出错的情况已经测试到了,但多个输入条件组合起来可能出错的情况却容易被忽视。可以首先从程序规格说明书的描述中,找出因(输入条件)和果(输出结果或者程序状态的改变),其次通过因果图转换为判定表,最后为判定表中的每列设计一个测试用例,这就是用因果图法设计测试用例的基本思想。

因果图法是一种利用图解法分析输入的各种组合情况,从而设计测试用例的方法,它适合检查程序输入条件的各种组合情况。

图 6-7 是因果图中出现的 4 种基本符号。

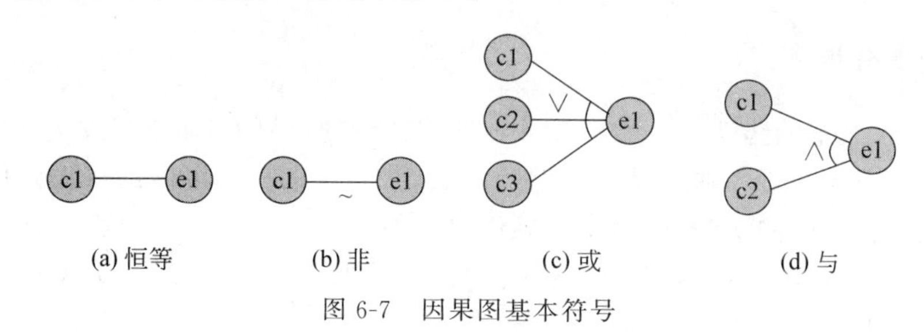

图 6-7　因果图基本符号

图 6-7 中基本符号的含义表示如下。

(a) 恒等:若 c1 是 1,则 e1 也为 1,否则 e1 为 0。

(b) 非:若 c1 是 1,则 e1 为 0,否则 e1 为 1,用符号～表示。

(c) 或:若 c1 或 c2 或 c3 是 1,则 e1 是 1,否则 e1 为 0,"或"可有任意个输入,用符号∨表示。

(d) 与:若 c1 和 c2 都是 1,则 e1 为 1,否则 e1 为 0,"与"也可有任意个输入,用符号∧表示。

用因果图法设计测试用例可采取的步骤:分析程序规格说明书描述的语义内容,找出原因和结果,将其表示成连接各个原因与各个结果的因果图;由于语法或环境限制,有些原因与原因之间或与结果之间的组合情况不能出现,用记号标明约束或限制条件;将因果图转换成决策表;根据决策表中的每列设计测试用例。

【例 6-9】 某视频网站个人账户注册功能,对验证用户名的要求如下:第一项要求输入手机号或电子邮箱作为用户名,第二项要求正确输入验证码,两项都校验成功后填写用户信息;如果第一项校验不正确,则报错 W1(手机号或电子邮箱格式错误);如果第二项验证不成功,则报错 W2(验证码错误)。

对案例进行分析,得到原因和结果。

原因:①第一项输入手机号;②第一项输入电子邮箱;③第二项输入验证码。

结果:节点 21 为填写用户信息,节点 22 为报错 W1(手机号或电子邮箱格式错误),节点 23 为报错 W2(验证码错误)。

对应的因果图如图 6-8 所示。

节点 11 为中间节点,因为第一项输入手机号和第一项输入电子邮箱不可能同时出现,因此在因果图上加上 E 约束。

根据因果图可以建立判定表如表 6-5 所示。

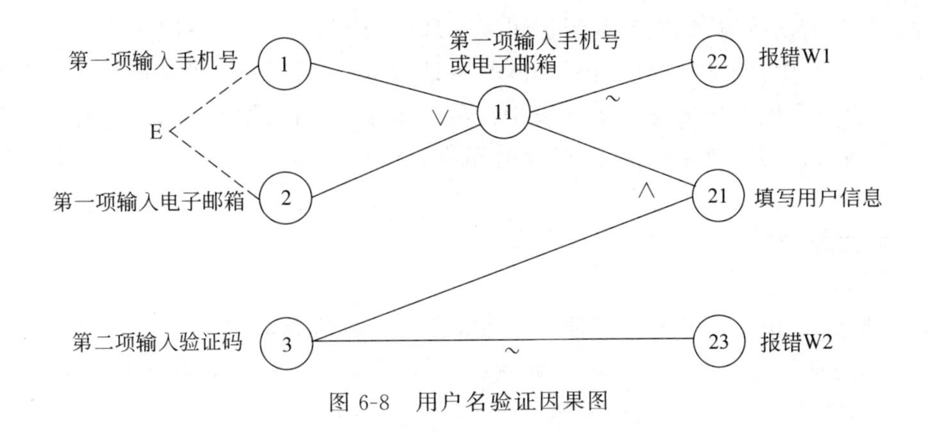

图 6-8 用户名验证因果图

表 6-5 用户名验证判定表

决策规则		1	2	3	4	5	6	7	8
条件	1	1	1	1	1	0	0	0	0
	2	1	1	0	0	1	1	0	0
	3	1	0	1	0	1	0	1	0
动作	21	—	—	1	0	1	0	0	0
	22	—	—	0	0	0	0	1	1
	23	—	—	0	1	0	1	0	1

判定表中由于原因 1 和原因 2 同时为 1 的情况不可能出现，所以应排除前两种情况。设计测试用例时，可以将判定表的每列作为依据进行设计。

4. 错误推测法

在测试程序时，可以根据以往的经验和直觉来推测程序中可能存在的各种错误，从而有针对性地设计测试用例，这就是错误推测法。错误推测法是凭经验进行的，没有确定的步骤。其基本思想是列出程序中可能发生错误和容易发生错误的特殊情况，根据这些情况选择测试用例。

【例 6-10】 测试一个对线性表(如数组)进行排序的程序，可推测列出以下 5 项需要特别测试的情况：①输入的线性表为空表；②表中只含有一个元素；③输入表中的所有元素已排好序；④输入表已按逆序排好；⑤输入表中的部分或全部元素相同。

错误推测法是一种简单易行的黑盒测试方法，但由于该方法有较大的随意性，必须根据具体情况具体分析，主要依赖于测试者的经验，因此通常它作为一种辅助的黑盒测试方法。

6.4 测试步骤与策略

按测试的先后次序，软件测试可划分为单元测试、集成测试与确认测试、系统测试等主要测试阶段。

对于每个测试阶段，都应包含制订测试计划、设计测试用例、测试实施和测试结果的收集评估等。其中，测试计划应包括具体的测试步骤、工作量、进度和资源等。在测试的各个阶段，应适宜地选择黑盒测试方法和白盒测试方法，由开发人员和一个独立的测试小组单独、分别或共同完成测试任务，必要时还应有用户参加。

6.4.1 单元测试

单元测试(Unit Testing)针对程序模块，进行正确性检验的测试。其目的在于发现各模块内部可能存在的各种差错。单元测试需要从程序的内部结构出发设计测试用例。多个模块可以平行地独立进行单元测试。

1. 单元测试的内容

单元测试主要针对模块的以下基本特征进行测试。

(1) 模块接口。检查进出程序单元的数据流是否正确。对模块接口数据流的测试必须在任何其他测试前进行。

(2) 局部数据结构。测试模块内部的数据是否保持完整性，包括内部数据的内容、形式及相互关系不发生错误。应注意发现以下错误：不正确或不一致的类型说明，错误的初始化或默认值，错误的变量名，不相容的数据类型，上溢、下溢或地址错误等。

(3) 执行路径。针对基本路径的测试，仔细地选择测试路径是单元测试的一项基本任务。

(4) 出错处理。主要测试程序对错误处理的能力，应检查是否存在以下问题：不能正确处理外部输入错误或内部处理引起的错误；对发生的错误不能正确描述；在错误处理前，系统已进行干预等。

(5) 边界条件。软件最容易在边界上出错，如输入输出数据的等价类边界，选择条件和循环条件的边界，复杂数据结构的边界等都应进行测试。

2. 单元测试的方法

在一般情况下，单元测试常常是和代码编写工作同时进行的。在完成程序编写、复查和语法正确性验证后，就应进行单元测试用例设计。

由于被测试的模块往往不是独立的程序，它处于整个软件结构的某层，被其他模块调用或调用其他模块，其本身不能进行单独运行，因此在单元测试时，需要为被测模块设计驱动(Driver)模块和桩(Stub)模块。

(1) 驱动模块的作用是用来模拟被测模块的上级调用模块，功能要比真正的上级模块简单得多，它接受测试数据，以上级模块调用被测模块的格式驱动被测模块，接收被测模块的测试结果并输出。

(2) 桩模块用来代替被测试模块所调用的模块，作用是返回被测模块所需的信息。

被测模块与它相关的驱动模块及桩模块共同构成了一个测试环境，如图 6-9 所示。

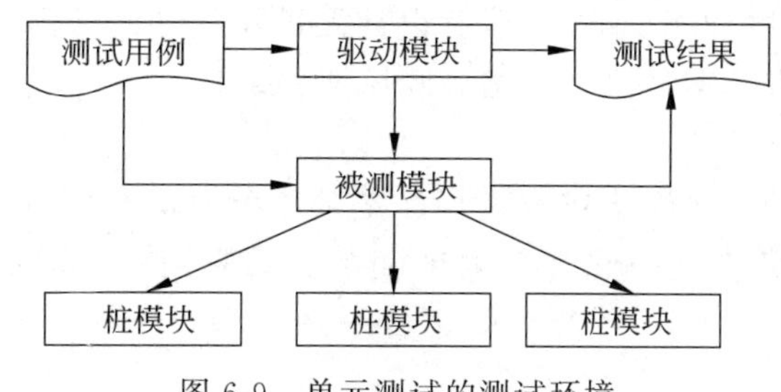

图 6-9　单元测试的测试环境

3. 单元测试工具

单元测试是软件测试过程中一个重要的测试阶段。一般进行一个完整的单元测试所需的时间，与编码阶段所花费的时间相当。针对在单元测试阶段需要做的工作，产生了各种用于单元测试的工具。典型的单元测试工具有动态错误检测工具、性能分析工具、覆盖率统计工具。

(1) 动态错误检测工具。用来检查代码中类似于内存泄漏、数组访问越界等的程序错误。程序功能上的错误比较容易发现，但类似于内存泄漏的问题，因为在程序短时间运行时不会表现出来，所以不易发现。遗留有这样问题的单元被集成到系统后，会使系统表现得极不稳定。

(2) 性能分析工具。小到一行代码、一个函数的运行时间，大到一个文件的运行时间，性能分析工具都可以清晰地记录下来。通过分析这些数据，能够定位代码中的性能瓶颈。

(3) 覆盖率统计工具。统计出当前执行的测试用例对代码的覆盖率，可以根据代码的覆盖情况，进一步完善测试用例，使所有的代码都被测试到，保证单元测试的全面性。

动态错误检测工具、性能分析工具、覆盖率统计工具的运行机理：用测试工具对被测程序进行编译、连接，生成可执行程序。在这个过程中，工具会向被测代码中插入检测代码。然后运行生成的可执行程序，执行测试用例，在程序运行的过程中，工具会在后台通过插入被测程序的检测代码收集程序中的动态错误、代码执行时间、覆盖率信息。在退出程序后，工具将收集到的各种数据显示出来，供分析使用。

6.4.2　集成测试与确认测试

通过了单元测试的模块，要按照一定的策略组装为完整的程序，在组装过程中进行的测试称为集成测试(Integration Testing)。确认测试(Vadidation Testing)是对整个程序的测试，用于确认组装完毕的程序确能满足用户的全部需求。

1. 集成测试

集成测试是通过测试发现与接口有关的问题来构造程序结构的系统化技术。选择什么方式将模块组装成一个可运行的系统，直接影响到模块测试用例的形式、所用测试工具的类型、模块编号的次序和测试顺序,以及设计测试用例的费用和调试费用。通常,将模块组装成系统的方式有非增量测试和增量测试两种。

1) 非增量测试

非增量测试是一种一次性集成方式。首先对每个模块分别进行单元测试,然后把所有的模块按设计要求组装在一起进行测试。在实际应用中,单独使用这种方式的情况很少。

2) 增量测试

增量测试是渐增式集成方式,首先对一个个构件进行模块测试,然后将这些构件逐步组装成较大系统,在组装过程中边连接边测试,以发现连接过程中的问题,直到逐步组装成所要求的软件系统。

(1) 自顶向下的增量测试方式。将模块按系统程序结构,沿控制层次自顶向下进行集成,这种增量方式在测试过程中能较早地验证主要的控制和判断点。在一个功能划分合理的程序结构中,判断常出现在较高的层次,较早就能遇到。如果主要控制有问题,尽早发现它能够减少以后的返工。

(2) 自底向上的增量测试方式。从程序结构的最底层模块开始组装和测试。因为模块是自底向上进行组装,对于一个给定层次的模块,它的子模块(包括子模块的所有下属模块)已经组装并测试完成,所以不再需要桩模块。在模块的测试过程中需要从子模块得到的信息可以直接运行子模块得到。

自顶向下的增量测试方式和自底向上的增量测试方式各有优缺点。自顶向下的增量测试方式的缺点是需要建立桩模块。要使桩模块能够模拟实际子模块的功能将是十分困难的。同时涉及复杂算法和真正输入输出的模块一般在底层,它们是最容易出问题的模块,到组装和测试的后期才遇到这些模块,一旦发现问题,导致过多的回归测试。而自顶向下的增量测试方式的优点是能够较早地发现在主要控制方面的问题。自底向上的增量测试方式的缺点是程序一直未能作为一个实体存在,直到最后一个模块加上去后才形成一个实体。也就是说,在自底向上组装和测试的过程中,对主要的控制直到最后才接触到。但这种方式的优点是不需要桩模块,而建立驱动模块一般比建立桩模块容易,同时由于涉及复杂算法和真正输入输出的模块最先得到组装和测试,可以把最容易出问题的部分在早期解决。此外自底向上的增量测试方式可以实施多个模块的并行测试。因此,通常是把两种方式结合起来进行组装和测试。

2. 确认测试

确认测试又称为有效性测试或功能测试,其任务是验证系统的功能、性能等特性是否符合软件需求规格说明。

1) 有效性测试

有效性测试是在模拟的环境(可能就是开发的环境)下,运用黑盒测试的方法,验证被测软件是否满足软件需求规格说明书列出的需求。为此,需要首先制订测试计划,规定要做测试的种类。还需要制定一组测试步骤,描述具体的测试用例。通过实施预定的测试计划和测试步骤,确定软件的特性是否与需求相符,确保所有的软件功能需求都能得到满足，所有的软件性能需求都能达到，所有的文档都是正确且便于使用。同时，对其他软件需求，如可移植性、兼容性、出错自动恢复、可维护性等，也都要进行测试，确认是否满足。

2）软件配置复查

软件配置复查的目的是保证软件配置的所有成分都齐全，各方面的质量都符合要求，具有维护阶段所必需的细节，而且已经编排好分类的目录。

除了按合同规定的内容和要求，由人工审查软件配置之外，在确认测试的过程中，应当严格遵守用户手册和操作手册中规定的使用步骤，以便检查这些文档资料的完整性和正确性。必须仔细记录发现的遗漏和错误，并且适当地补充和改正。

3）验收测试

在通过了系统的有效性测试及软件配置复查后，就应开始系统的验收测试。验收测试是以用户为主的测试。软件开发人员和质量保证（QA）人员也应参加。由用户参加设计测试用例，使用用户界面输入测试数据，并分析测试的输出结果。一般使用生产中的实际数据进行测试。在测试过程中，除了考虑软件的功能和性能外，还应对软件的可移植性、兼容性、可维护性、错误的恢复功能等进行确认。

4）α测试和β测试

在软件交付使用后，用户将如何实际使用程序，对于开发者是无法预测的。因为用户在使用过程中常常会发生对使用方法的误解、异常的数据组合以及产生对某些用户似乎是清晰的但对另一些用户却难以理解的输出等。

如果软件是为多个用户开发的产品，让每个用户逐个执行正式的验收测试是不切实际的。很多软件产品生产者采用一种称为α测试和β测试的测试方法，以发现可能只有最终用户才能发现的错误。

α测试是在一个受控的环境下，由用户在开发者的"指导"下进行的测试，由开发者负责记录错误和使用中出现的问题。β测试则不同于α测试，是由最终用户在自己的场所进行的，开发者通常不会在场，也不能控制应用的环境。所有β测试中遇到的问题均由用户记录，并定期把它们报告给开发者，开发者在接收到β测试的问题报告后，对系统进行最后的修改，然后就开始向所有的用户发布最终的软件产品。

6.4.3 系统测试

系统测试（System Test）是将经过测试的子系统装配成一个完整系统来测试。系统测试的目的是对最终软件系统进行全面的测试，确保最终软件系统满足产品需求并且遵循系统设计。

在系统测试前，软件工程师应完成为测试软件系统输入信息，设计错误处理通路；设计测试用例，模拟错误数据和软件界面可能发生的错误，记录测试结果，为系统测试提供经验和帮助；参与系统测试的规划和设计，保证软件测试的合理性。

1. 恢复测试

恢复测试主要检查系统的容错能力。当系统出错时，能否在指定的时间间隔内修正错误并重新启动系统。恢复测试首先要采用各种办法强迫系统失败，然后验证系统是否能尽快恢复。对于自动恢复系统，需要重新验证初始化、检查点、数据恢复和重新启动等机制的正确性；对于人工干预的恢复系统，还需要估测平均修复时间，确定其是否在可接受的范围内。

2. 安全测试

检查系统对非法侵入的防范能力。安全测试期间，测试人员假扮非法入侵者，采用各种办法试图突破防线。例如，想方设法截取或破译口令；专门定做软件破坏系统的保护机制；故意导致系统失败，企图趁恢复之机非法进入；试图通过浏览非保密数据，推导所需信息等。

理论上讲，只要有足够的时间和资源，没有不可进入的系统。因此，系统安全设计的准则是，使非法侵入的代价超过被保护信息的价值。此时非法侵入者已无利可图。

3. 强度测试

强度测试总是迫使系统在异常的资源配置下运行，检查程序对异常情况的抵抗能力。例如，当中断的正常频率为每秒1～2个时，运行每秒产生10个中断的测试用例；定量地增长数据输入率，检查输入子功能的反应能力；运行需要最大存储空间(或其他资源)的测试用例；运行可能导致操作系统崩溃或磁盘数据剧烈抖动的测试用例等。

4. 性能测试

测试软件系统处理事务的速度，检验性能是否符合需求，也可得到某些性能数据供人们参考。对于那些实时和嵌入式系统，软件部分即使满足功能要求，也未必能够满足性能要求。虽然从单元测试起，每个测试步骤都包含性能测试，但只有当系统真正集成后，在真实环境中才能全面、可靠地测试运行性能，系统性能测试是为了完成这个任务。

性能测试有时与强度测试相结合，经常需要其他软件和硬件的配套支持。

6.4.4 面向对象的测试

传统的软件开发是一种分解的思想，对应的软件测试也是这样，将复杂的整体分解成多个简单的局部进行开发和测试，然后逐步添加，最终形成一个完善的整体。相比之下，面向对象软件的结构不再是传统的功能模块结构，而是作为一个整体，原先的集成测试所要求的逐步搭建模块来测试的方式已不适用。而且，面向对象软件抛弃了传统的开发模式，对每个开发阶段都有全新的要求和结果，不可能采用功能细化的观点来检验面向对象分析和设计的结果。因此，传统的测试模型对面向对象软件已经不再适用。

1. 面向对象的软件测试模型

面向对象的开发模型突破了传统的瀑布模型，将开发分为面向对象分析(OOA)、面向对象设计(OOD)和面向对象编程(OOP)3个阶段。针对这种开发模型，把面向对象的软件测试分为面向对象分析的测试(OOAT)、面向对象设计的测试(OODT)和面向对象编程的测试(OOPT),前两者主要对分析和设计得到的文档进行测试,而OOPT则主要对编程风格和代码进行测试。

1) 面向对象分析的测试

面向对象分析直接映射问题空间,全面地将问题空间中实现功能的现实抽象化。将问题空间中的实例抽象为对象,用对象的结构反映问题空间的复杂实例和复杂关系,用属性和方法表示实例的特征和行为。面向对象分析的结果是为后面阶段类的选定和实现、类层次结构的组织和实现提供平台。因此,面向对象分析对问题空间分析抽象的不完整,最终会影响软件的功能实现,导致软件开发后期出现大量不可避免的修补工作;而一些冗余的对象或结构会影响类的选定和程序的整体结构,或增加程序员不必要的工作量。因此,面向对象分析的测试重点在于其完整性和冗余性。

面向对象分析的测试是一个不可分割的系统过程。其测试包括对对象的测试,对对象的属性和方法的测试,对对象外部联系的测试,对对象之间交互的测试。

2) 面向对象设计的测试

面向对象设计则以面向对象分析为基础归纳出类,并建立类结构或进一步构造成类库,实现分析结果对问题空间的抽象。面向对象设计归纳的类,可以是对象简单的延续,也可以是不同对象的相同或相似的服务。由此可见,面向对象设计是在面向对象分析上进行了细化和更高层的抽象,所以两者的界限通常是难以严格区分的。面向对象设计确定类和类结构不仅是为了满足当前需求分析的要求,更重要的是通过重新组合或加以适当的补充,能方便实现功能的重用和扩充,以不断适应用户的要求。因此,对面向对象设计的测试,建议针对功能的实现和重用及对面向对象设计结果的拓展。

面向对象设计的测试可以从3方面加以考虑:对认定的类的测试,对构造的类层次结构的测试,对类库支持的测试。

3) 面向对象编程的测试

典型的面向对象程序具有封装、继承和多态的新特性,这使得传统的测试策略必须有所改变。封装是对数据的隐藏,外界只能通过被提供的操作来访问或修改数据,这样降低了数据被任意修改和读写的可能性,降低了传统程序中对数据非法操作的测试。继承是面向对象程序的重要特点,继承使得代码的重用率提高,同时也使错误传播的概率提高。多态使得面向对象程序对外呈现出强大的处理能力,但同时却使得程序内"同一"函数的行为复杂化,测试时不得不考虑不同类型具体执行的代码和产生的行为。

面向对象程序是把功能的实现分布在类中,能正确实现功能的类,通过消息传递来协同实现设计要求的功能。在面向对象编程阶段,应忽略类功能实现的细则,将测试的目光集中在类功能的实现和相应的面向对象程序设计风格。主要体现在数据成员是否满足数据封装的要求,类是否实现了要求的功能。

2. 面向对象的测试策略

面向对象测试的整体目标,即以最小的工作量发现最多的错误,这和传统软件测试的目标是一致的,但是面向对象的测试策略和战术有很大不同。测试的视角扩大到包括复审分析和设计模型，此外，测试的焦点从过程构件（模块）移向了类。不过，无论是传统的测试方法还是面向对象的测试方法，都应该遵循相同的测试原则。

1）面向对象的单元测试

由于对象的"封装"特性，面向对象软件中单元的概念与传统的结构化软件的模块概念已经有较大的区别。面向对象软件的基本单元是类和对象，包括属性（数据）及处理这些属性的操作（方法或服务）。对于面向对象的软件，其最小的可测试单元是封装起来的类和对象。一个类可以包含一组不同的操作，而一个特定的操作也可能存在于一组不同的类中。

【例 6-11】 考虑一个类层次，操作 X 在超类中定义并被一组子类继承，每个子类都使用操作 X，X 调用子类中定义的操作并处理子类的私有属性。由于在不同的子类中使用操作 X 的环境有微妙的不同，因此有必要在每个子类的语境中测试操作 X。这就意味着，当测试面向对象软件时，传统的单元测试方法是无效的，不能再孤立地测试操作 X。

面向对象的单元测试分为两个层次测试：方法级测试和类级测试。方法级测试主要测试类和对象中所有的操作算法，其测试技术同传统的过程式软件测试相同。类级测试则面临一些新问题，需要考虑属性的数据，需要考虑对象的继承、多态、重载、消息传递等关系。驱动程序和存根程序的概念也相应是一些驱动对象和存根对象。

2）面向对象的集成测试

传统的集成测试是通过自底向上或自顶向下集成完成功能模块的集成测试，一般可以在部分程序编译完成以后进行。但对于面向对象程序，相互调用的功能是分布在程序的不同类中，类通过消息相互作用申请并提供服务。类相互依赖极其紧密，根本无法在编译不完全的程序上对类进行测试。所以，面向对象的集成测试通常需要在整个程序完成编译以后进行。此外，面向对象的集成测试需要进行两级集成：一是将成员函数集成到完整类中；二是将类与其他类集成。

面向对象的集成测试能够检测出单元测试无法检测出的那些类相互作用时才会产生的缺陷。单元测试可以保证成员函数行为的正确性，集成测试则只关注系统的结构和内部的相互作用。

面向对象的集成测试可以分为静态测试和动态测试两步进行。静态测试主要针对程序结构进行，检测程序结构是否符合要求，通过静态测试方式处理由动态绑定引入的复杂性。动态测试则是测试与每个动态语境有关的消息。面向对象集成测试的动态视图更加重要。

3）面向对象的系统测试

通过单元测试和集成测试，仅能保证软件开发的功能得以实现，但不能确认在实际运行时，它是否满足用户的需求。为此，对完成开发的软件必须经过规范的系统测试。系统测试应该尽量搭建与用户实际使用环境相同的测试平台，保证被测系统的完整性。对临时没有的系统设备部件，也应有相应的模拟手段。在系统测试时，应该参考面向对象分析的结果，对应描述的对象、属性和各种服务，检测软件是否能够完全"再现"问题空间。系统测试不仅是检测软件的整体行为表现，从另一个侧面也是对软件开发设计的再确认。

6.4.5 用户界面测试

用户界面(User Interface,UI)测试的目标在于确保用户界面向用户提供了适当的访问和浏览测试对象功能的操作。此外,用户界面测试还要确保用户界面功能内部的对象符合预期要求,并遵循公司或行业的标准。

对所有的用户界面测试都需要有外部人员(与系统界面开发没有联系或联系很少的人员)的参与,最好是最终用户的参与。

1. 用户界面测试的概念

一个包含用户界面的系统可分为3个层次:界面层、界面与功能的接口层和功能层。界面是软件与用户交互最直接的层面,界面的好坏决定用户对软件的第一印象,而且良好的界面能够引导用户自己完成相应的操作,起到向导的作用。

用户界面测试主要关注界面层、界面与功能的接口层,是用于核实用户与软件之间交互性能,验收用户界面中的对象是否按照预期方式运行,并符合设计标准的活动。用户界面测试包括界面整体测试和界面元素测试。界面整体测试是指对界面的规范性、一致性、合理性等方面进行测试和评估,界面元素测试主要关注对窗口、菜单、图标、文字等界面元素的测试。

用户界面测试是一个需要综合用户心理、界面设计技术的测试活动,需要遵循界面设计的原则进行测试。这些原则包括易用性、规范性、合理性、一致性、安全性、美观与协调性、独特性等。

2. 用户界面测试的内容

用户界面测试主要关注以下内容。

1) 整体界面测试

整体界面是指整个系统界面的页面结构设计,是给用户的一个整体感。例如,当用户浏览系统界面时是否感到舒适,是否凭直觉就知道要找的信息在什么地方,整个系统界面的设计风格是否一致等。

对整体界面的测试过程,其实是一个对最终用户进行调查的过程。一般系统界面采取在主页上做一个调查问卷的形式,来得到最终用户的反馈信息。

2) 导航测试

导航描述了用户在一个页面内操作的方式,在不同的用户接口控制之间(如按钮、对话框、列表和窗口等),或在不同的连接页面之间。决定一个系统界面是否易于导航,可以考虑的问题是,导航是否直观,系统的主要部分是否可通过主页存取,系统是否需要站点地图、搜索引擎或其他的导航帮助,导航帮助是否准确,页面结构、导航、菜单、连接的风格是否一致等。

系统界面的层次一旦决定,就要着手测试用户导航功能,让最终用户参与这种测试,效果将更加明显。

【例 6-12】 针对某网站的导航测试，表 6-6 列出导航功能测试点及说明。

表 6-6 导航功能测试点及说明

测试功能点	要求与说明
功能方面	导航中的文字链接页面打开方式一致，要么新页面，要么当前页面；各链接页面正确显示，不出现错误
界面方面	导航中的文字颜色、大小、风格一致；在导航中选中某页面，相应的该页面的导航文字为选中显示状态；导航条中的页面文字显示正确
兼容性方面	导航名字容易明白，页面内容与表达内容相呼应；导航排列方式符合用户使用逻辑与习惯，查看简单，分类级别层次最好不要超过两层

3）图形测试

一个系统界面的图形可以包括图片、动画、边框、颜色、字体、背景、按钮等。在系统界面中，适当的图片和动画既能起到广告宣传的作用，又能起到美化页面的作用。图形测试的内容：要确保图形有明确的用途，图片或动画不要胡乱地堆在一起，以免浪费传输时间；系统界面的图片尺寸要尽量小，并且要能清楚地说明某件事情，一般都链接到某个具体的页面；验证所有页面字体的风格是否一致；背景颜色应该与字体颜色和前景颜色相搭配；图片的大小和质量；文字回绕是否正确。

4）内容测试

内容测试用来检验系统界面提供信息的正确性、准确性和相关性。信息的正确性是指信息是否可靠；信息的准确性是指是否有语法或拼写错误；信息的相关性是指是否在当前页面可以找到与当前浏览信息相关的信息列表或入口。

5）表格测试

如果有表格，需要验证表格是否设置正确。用户是否需要向右滚动页面才能看见所有内容；每栏的宽度是否足够宽，表格里的文字是否都有折行；是否有因为某格的内容太多，而将整行的宽度拉长等。

6.5 软件调试

调试（Debug）是在进行了成功的测试后才开始的工作，调试的目的是根据软件测试所发现的错误，进一步诊断，找出原因和具体的位置，并进行修正。因此，调试也称为纠错。

6.5.1 软件调试概述

软件调试是软件开发过程中最艰巨的脑力劳动。调试开始时，软件工程师仅仅面对着错误的征兆，然而在问题的外部现象和内在原因之间往往并没有明显的联系，在组成程序的数以万计的元素（语句、数据结构等）中，每个元素都可能是错误的根源。如何在浩如烟海的元素中找出有错误的那一个（或几个）元素，这是软件调试过程中最关键的技术问题。

1. 软件调试的概念

软件调试是泛指重现软件缺陷问题，定位和查找问题根源，最终解决问题的过程。软件调试通常有不同的定义。

软件调试是为了发现并排除软件程序中的错误，可以通过某种方法控制被调试程序的执行过程，以便随时查看和修改被调试程序执行状态的方法。在该定义中，软件测试属于软件调试的一部分。

调试是执行一次成功的测试后所要进行的工作。成功的测试是指它可以证明程序没有实现预期的功能。调试包含的步骤从执行了一个成功测试用例，发现问题后开始：①确定程序中可疑错误的准确性质和位置；②修改错误。在该定义中软件测试从调试工作中分离出来。

一般软件调试是将编制的程序投入实际运行前，用手工或编译程序等方法进行测试，修正语法错误和逻辑错误的过程。这是保证软件系统正确性的必不可少的步骤。编完计算机程序，必须送入计算机中测试。根据测试时所发现的错误，进一步诊断，找出原因和具体的位置进行修正。

软件调试的基本特征是广泛的关联性、难度大、难以预估完成时间。软件调试需要调试人员有着雄厚的计算机基础知识(包括操作系统、开发语言、工具等)以及精通面向的业务问题域知识；由此可知调试的难度大；由于调试有诸多不确定性，预估调试时间非常困难。

2. 软件调试的基本过程

软件调试从一开始就包含了定位错误和去除错误这两个基本步骤。一个完整的软件调试过程是如图6-10所示的循环过程，它由以下4个步骤组成。

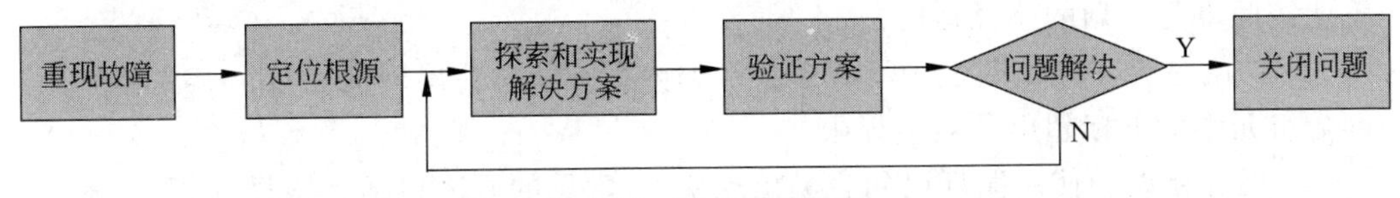

图6-10 软件调试过程

(1) 重现故障。通常是在用于调试的系统上重复导致故障的步骤，使要解决的问题出现在被调试的系统中。

(2) 定位根源。综合利用各种调试工具，使用各种调试手段寻找导致软件故障的根源(Root Cause)。通常测试人员报告和描述的是软件故障所表现出的外在症状，如界面或执行结果中所表现出的异常；或者是与软件需求(Requirement)与功能规约(Function Specification)不符的地方，即软件缺陷(Defect)。而这些表面的缺陷总是由一个或多个内在因素导致的，这些内因要么是代码的行为错误，要么是“不行为”(该做而未做)错误。定位根源就是要找到导致外在缺陷的内因。

(3) 探索和实现解决方案。根据找到的故障根源、资源情况、紧迫程度等设计和实现解决方案。

(4) 验证方案。在目标环境中测试方案的有效性,又称为回归测试。如果问题已经解决,就可以关闭问题;如果问题没有解决,则回到步骤(3)调整和修改解决方案。

在上述步骤中,定位根源常常是最困难也是最关键的步骤,它是软件调试过程的核心。如果没有找到故障根源,解决方案便很可能是隔靴搔痒或者头痛医脚,有时似乎缓解了问题,但事实上没有彻底解决问题,甚至是白白浪费时间。

3. 软件错误的类型

软件缺陷是软件系统在需求、设计、实现等方面存在的错误,每个软件缺陷都有其产生的原因,但是由于软件的复杂性,现实条件的约束及软件开发人员本身的原因,探寻这些原因有时是非常困难的。从技术角度查找错误的难度在于,现象与原因所处的位置可能相距甚远;当其他错误得到纠正时,这个错误所表现出的现象可能会暂时消失,但并未实际排除;现象实际上是由一些非错误原因(如舍入不精确)引起的;现象可能是由于一些不容易发现的人为错误引起的;错误是由于时序问题引起的,与处理过程无关;现象是由于难于精确再现的输入状态(如实时应用中输入顺序不确定)引起;现象可能是周期出现的,在软硬件结合的嵌入式系统中常常遇到等。

在软件调试中,人们希望针对软件错误具体表现出来的特征确定引起错误的代码,然后就可以进行相应的修正。下面给出一些典型的错误类型的描述,以有助于提高软件调试的效率。

(1) 内存资源泄漏。当为某些对象分配内存空间,但是在使用完后并未释放,如果被分配的资源越来越多,最终会导致系统资源出现不足。内存泄漏主要出现在支持内存分配的编程语言中。

(2) 逻辑错误。这是一种难以查找的错误,其代码的语法是正确的,但软件的运行过程或得到的结果并不符合预期。最简单、最直接的逻辑错误就是分支的谓词错误,使得程序不能按照事先计划的路径运行。

(3) 访问越界。当试图使用不属于自己的内存空间时会出现此错误。其主要原因是访问数组元素的下标超出了数组界限。

(4) 循环错误。使用循环语句容易出现错误,常见的原因包括无限循环、不正确退出循环、循环次数错误等。循环错误的症状很多,必须通过检查运行结果才能发现。

(5) 条件错误。许多条件错误的原因和症状类似于逻辑错误和循环错误。条件错误在很多情况下没有明显的症状,可能在某些时候发现软件运行路径或结果与预期不一致才会想到它。

(6) 指针错误。指针由于其灵活性而被许多开发人员使用,但它容易导致错误产生。可能出现的错误包括未对指针进行初始化就使用,继续使用一个已经被释放的指针,使用无效的指针等。

(7) 分配和释放错误。对于指针和文件等资源,在使用时需要按照“先分配、后释放”的顺序进行。常见的错误包括为了确保安全,先释放资源再分配;分配、再分配然后释放;分配了一些资源却没有释放。

（8）多线程错误。在一个多线程实现的程序中，当两个线程同时访问或修改相同的内存、文件资源时，很容易造成错误。多线程问题是由于线程之间的并发运行，导致错误产生的路径难以重现，使得软件调试变得困难。

（9）存储错误。在程序访问数据库、文件系统或某些配置文件时，由于程序与要访问的存储系统相互独立，因此无法保证要访问的资源是正确的。有时数据库或文件遭到破坏，或配置文件不存在，甚至应用程序与数据源之间的连接中断，都导致错误的产生。

（10）集成错误。对于两个相对独立的子系统，分别经过测试没有问题，但有可能在集成后发生问题。这主要是接口问题，原因可能是每个子系统的开发人员对接口传递的参数或数据的类型、取值范围等出现了不一致。

（11）转换错误。当把一种类型的数据转换成另一种类型的数据时很容易发生转换错误，有时不是特意转换，但可能由于编程疏忽对两个不同类型的变量进行赋值操作。转换错误造成的后果是使程序的计算结果或格式与预期不一致。

（12）版本和复用错误。由于版本发生了变化或复用以前已有的代码，但未考虑新的变化而引起的错误。如文件格式、数据结构、参数个数及数据类型等的变化，均需要考虑。

几乎没有不存在错误的程序，因此，需要做的是如何仔细编码以尽量减少软件错误的数量，缩小其影响的范围。

6.5.2 软件调试技术与方法

软件调试需要一定的经验与技巧，不同的人可能会采用不同的调试方法。在对某个问题进行调试前一定要做好充足的准备工作，不然后面的调试工作会面临极大的困难，甚至都无法开展调试工作。

1. 调试前的准备工作

不管是在开发期调试，还是在发布后调试，做好充分的准备工作是非常重要的。面对任何问题，首先要做的就是树立起信心，要有充分的心理准备。

（1）编写高质量代码。程序开发者应该提供高质量的程序代码，包括规范的代码和必要的注释，对开发的代码进行单元测试，经过同行严格的代码评审。这样可以减少问题发生，对调试定位问题和问题修改会有很大的帮助。

（2）了解算法并熟悉代码。调试一个软件模块，需要了解它的设计和实现算法，了解各个函数之间的调用关系，该模块与其他模块之间的接口关系。

（3）熟悉软件运行环境。首先要明白软件要求的运行环境，了解客户机的环境是否满足软件运行要求，排除一些运行环境引起的软件异常。同时随着硬件、操作系统、网络技术、云技术、大数据技术的发展，软件运行环境越来越复杂，调试者只有熟悉这些环境和环境配置，才能保证软件正常运行和调试。

（4）熟悉调试工具。调试工具提供很多功能来帮助调试分析程序，只有熟练掌握调试工具，才能顺利开展调试工作。

（5）足够的日志输出。日志的作用是非常重要的，如果日志有足够的信息，甚至都可以不用调试器，就能定位问题和解决问题。

(6) 了解用户的操作流程。某些问题与用户的独特使用习惯和操作步骤有关，了解这些习惯与操作步骤，有助于问题的复现和有效解决。

2. 调试技术与方法

软件调试的关键在于推断程序内部的错误位置及原因，可以采用以下技术与方法。

1) 分析和推理

软件开发人员根据软件缺陷问题的信息，通过分析和推理调试软件。根据软件程序架构自顶向下缩小定位范围，确定可能发生问题的软件组件；根据软件功能，软件运行时序定位软件问题；根据算法原理，分析和确定缺陷问题发生的根源。

2) 归纳类比法

归纳类比法是一种从特殊推断一般的系统化思考方法，归纳类比法调试的基本思想是从一些线索(错误征兆)着手，通过分析它们之间的关系来找出错误。该方法主要是根据工作经验和比对程序设计中类似问题的处理方式进行调试工作。一般采取的方法：咨询相关部门和有经验的相关人员；查找相关文档和案例，为处理问题提供思路和方法；在软件开发过程中，对每个缺陷问题进行跟踪管理，将解决问题的方案和过程详细记录；收集出错的信息，列出输入输出数据，归纳整理，发现规律，从线索出发寻找线索之间的联系。

归纳类比法的具体步骤如图 6-11 所示。

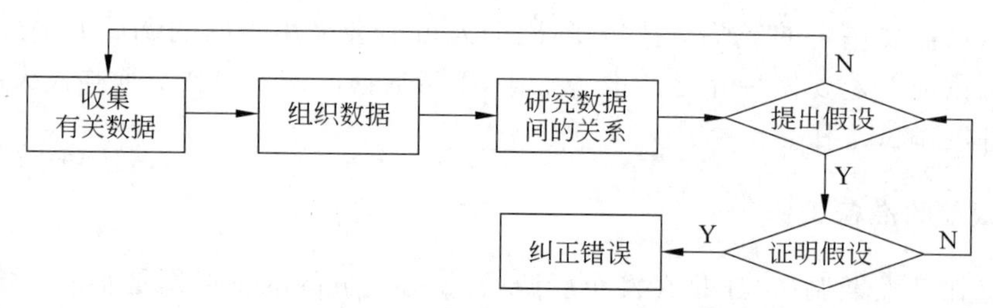

图 6-11　归纳类比法的步骤

3) 跟踪回溯

跟踪回溯是在小程序中常用的一种有效的调试方法，一旦发现了错误，人们先分析错误的征兆，确定最先发现“症状”的位置；然后沿程序的控制流程返回追踪源程序代码，直到找到错误根源或确定错误产生的范围。例如，程序中发现错误处是某个打印语句，通过输出值可推断程序在这个点上变量的值，再从这个点出发，回溯程序的执行过程，直到找到错误所在。

在软件开发中，通常采用基线与版本管理。基线为程序代码开发提供统一的开发基点，基线的建立有助于分清楚各个阶段存在的问题，便于对缺陷问题定位。软件版本在软件产品的开发过程中生成了一个版本树。软件产品实际上是某个软件版本，新产品的开发通常是在某个软件版本的基础上进行开发。所以，开发过程中发现有问题，可以回退至版本树上的稳定版本，查找问题根源。通过基线版本序列可以追踪产品的各种问题，重新建立基于某个版本的配置，也可以重现软件开发过程中的软件缺陷和各种问题，进行定位并查找问题根源。

4）增量调试

软件开发大多采用软件配置管理和持续集成技术。开发人员每天将代码提交到版本库。持续集成人员完成集成构建工作。可以通过控制持续集成的粒度（构建时间间隔），控制开发人员提交到版本库的程序代码量，从而便于对缺陷问题定位。通常每天晚上进行持续集成工作，发现问题时，开发人员实际上只需要调试处理当天编写的代码即可。

5）写出能重现问题的最短代码

采用程序切片和插桩技术写出能重现问题的最短代码调试软件模块。

程序切片是通过在特定位置消除那些不影响表达式计算的所有语句，把程序减少到最小化形式，并仍能产生给定的行为。使用切片技术，可以把一个规模较大并且较复杂的软件模块转换成多个切片程序。这些切片程序相对原来的程序，简单并且易于调试和测试。

程序插桩是在被测程序中插入某些语句或者程序段来获取各种信息。通过这些信息进一步了解执行过程中程序的一些动态特性。一个软件组件的独立调试和测试需要采用插桩技术，该组件调用或运行需要桩模块。在软件模块的调试过程中，程序切片和程序插桩可以结合起来使用。

6）日志追踪技术

日志是一种记录机制，软件模块持续集成构建过程中，日志文件记录了有用信息。若构建失败，通过查看日志文件，将信息反馈给相关人员进行软件调试。

7）调试和测试融合的技术

测试驱动开发是一种不同于传统软件开发流程的开发方法。在编写某个功能的代码前先编写测试代码，再编写测试通过的功能代码，这有助于编写简洁可用和高质量的代码。

程序开发人员除了进行程序代码的编写，白盒测试，也要完成基本的功能测试设计和执行。这样有助于程序开发人员更好地开展调试工作。程序开发人员可以通过交叉测试解决测试心理学的问题（不能测试自己的程序）。采用这种模式测试人员的数量会减少，专业的测试人员去做其他复杂的测试工作。研发中的很多低级缺陷会尽早在开发过程中被发现，从而减少缺陷后期发现的成本。

8）强行排错

强行排错调试方法使用较多，效率较低，它不需要过多的思考，比较省脑筋。例如，通过内存全部打印来调试，在大量的数据中寻找出错的位置；在程序特定位置设置打印语句，把打印语句插在出错的源程序的各个关键变量，如改变部位、重要分支部位、子程序调用部位，跟踪程序的执行，监视重要变量的变化；自动调用工具，利用某些程序语言的调试功能或专门的交互式调试工具，分析程序的动态过程，而不必修改程序。

9）演绎法

演绎法是一种从一般原理或前提出发，经过排除和精化的过程来推导出结论的思考方法。演绎法排错是测试人员首先根据已有的测试用例，设想及枚举出所有可能出错的原因作为假设；其次用原始测试数据或新的测试，从中逐个排除不可能正确的假设；最后，用测试数据验证余下的假设是出错的原因。

一般步骤：列举所有可能出错原因的假设，把所有可能的错误原因列成表，通过它们，可以组织分析现有数据；利用已有的测试数据，排除不正确的假设；改进余下的假设；证明余下的假设。

演绎法排错的步骤如图 6-12 所示。

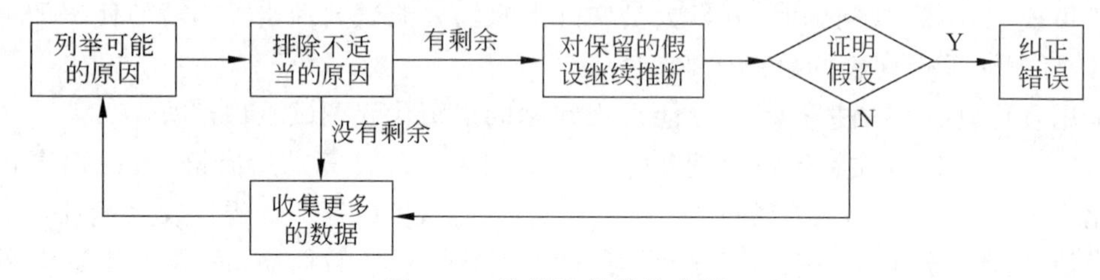

图 6-12　演绎法排错的步骤

一般在使用上述任何一种技术前，都应该对错误的征兆进行全面彻底的分析。通过分析得出对故障的推测，然后再使用适当的调试技术检验推测的正确性。总之，需要进行周密的思考，使用一种调试方法之前必须有比较明确的目的，尽量减少无关信息的数量。

6.6　思考与实践

6.6.1　问题思考

1. 程序设计语言有哪几种类型？各有哪些特点？
2. 如何根据实际问题选择合适的程序设计语言？
3. 什么是程序？程序是怎样被执行的？
4. 如何判断软件效率的高低？要生成高效率的软件，应遵循的基本准则有哪些？
5. 软件测试的目的是什么？在软件测试中应注意哪些原则？
6. 什么是静态测试？什么是动态测试？
7. 软件测试过程模型有哪些？
8. 什么是黑盒测试？通过黑盒测试方法主要发现哪些错误？
9. 什么是白盒测试？白盒测试有哪些覆盖标准？
10. 白盒测试、黑盒测试各有何特点？实际应用中如何选用？
11. 如何划分等价类？用等价类测试用例的步骤是什么？
12. 使用边界值分析方法设计测试用例的设计原则有哪些？
13. 软件测试要经过哪些步骤？这些测试与软件开发各阶段之间有什么联系？
14. 单元测试有哪些内容？测试中采用什么方法？
15. 什么是集成测试？为什么要进行集成测试？
16. 面向对象的软件测试与传统的软件测试有什么区别？

17. 什么是用户界面测试?

18. 如何理解调试和测试的不同?为什么对应用软件既要做调试,又要做测试?

6.6.2 专题讨论

1. 程序及程序设计的本质是什么?

2. 简述编程习惯对软件开发效率或软件系统质量的影响。

3. 一个项目组开发库存管理信息系统,项目现处在应用程序开发阶段,单元测试已经完成,正在进行最后几步的集成测试。主管领导希望能提前完成应用程度的开发并提出是否可以将两周的系统测试缩减至三天。作为一个系统分析员,应有什么看法?

4. 在测试人员同开发人员的沟通过程中,如何提高沟通的效率和改善沟通的效果?

5. 测试组对一个工资管理程序进行测试,通过的测试用例都表明,它为每个职工产生了一个正确的工资单,测试组认为程序已经达到了要求。对于此观点有哪些看法?

6. 简述对集成测试中自顶向下集成和自底向上集成两个策略的理解,包括它们各自的优缺点和主要适应于哪种类型测试。

7. 软件开发者要预见用户如何实际使用软件是不可能的。为此,大多数开发厂商采用一种称为 α 测试和 β 测试的测试方法,以发现只有最终用户才能发现的错误。查询相关资料,简述 α 测试和 β 测试的作用。

8. 以一个实际的工作为例,详细描述一次测试用例设计的完整过程。

9. 应该由谁来进行确认测试?是软件开发者还是软件用户?为什么?

10. 用户界面测试主要从哪些方面进行测试才能达到设计和用户的最终需求与要求?用户界面测试要注意哪些问题?

11. 测试计划有哪些内容?测试总结报告有哪些内容?

12. 软件调试的方法有哪些?简述各种方法的内容和作用。

6.6.3 应用实践

1. 软件测试是软件质量保证的重要手段之一,在软件研发过程中还有别的手段,作为一个测试人员应该了解软件质量保证的方法。查询并总结软件质量保证的方法手段(至少 4 条),要求条理清晰,描述清楚。

2. 针对自己以前开发实现的某个软件,描述当时采用的软件实现过程,并说明其是否合理,有哪些方面可以改进。

3. 某城市的电话号码由 3 部分组成,具体内容如下。

地区码:空白或 3 位数字。

前缀:大于或等于 5 开头的 4 位数字。

后缀:4 位数字。

用等价分类法设计它的测试用例。

4. 设计判别一个整数 $x(x\geqslant 2)$ 是否为素数的程序,并设计测试用例满足条件覆盖和基本路径覆盖。

5. 给出某程序规格说明的一个测试方案，它能够满足判定覆盖，却不能满足条件组合覆盖。

6. 设有一个排课系统，输入的数据结构为{课程编号，课程类别，周次，实验课排课}，并要求如下：课程编号为字母和数字的字符串组合，必须以字母开头；课程类别为{必修课、选修课}两种；排课周次要求在1～16周；课程的实验课排课要求为布尔量，即是或者否。用等价分类法设计测试用例，来测试系统的输入功能。

等价类表：

输入条件	有效等价类	无效等价类

7. 在11月11日购物节期间，购物金额大于500元，按照8折给予优惠，其他给予9折优惠，现已给出程序流程图（见图6-13）和对应代码，要求采用逻辑覆盖的白盒测试方法进行测试。

(1) 设计一组测试用例实现语句覆盖。

(2) 设计一组测试用例实现分支覆盖。

(3) 设计一组测试用例实现条件覆盖。

```
input a,b
c= a
if  b=11-11
    then if a≤500
       then c=0.9a
       else c=0.8a
     endif
endif
output c
```

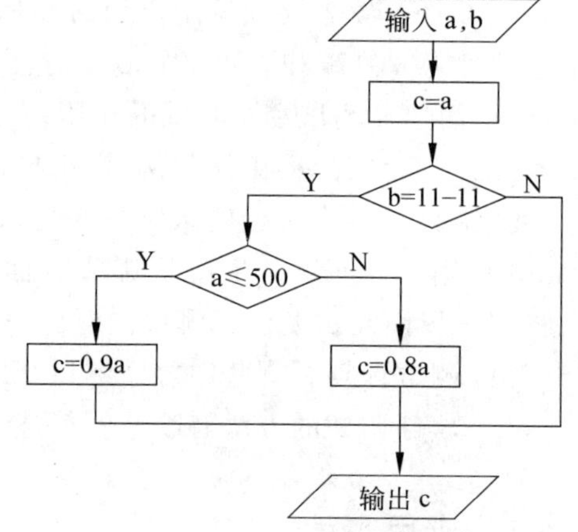

图 6-13　应用实践7图

8. 选择一个网站，设计对此网站的测试计划。

9. 在需求分析和设计阶段，如何实施测试活动？它们与执行软件代码的测试有何区别？

10. 设计“校园二手商品交易系统”(SHCTS)的测试计划。

课后自测-6

第7章　软件交付与维护

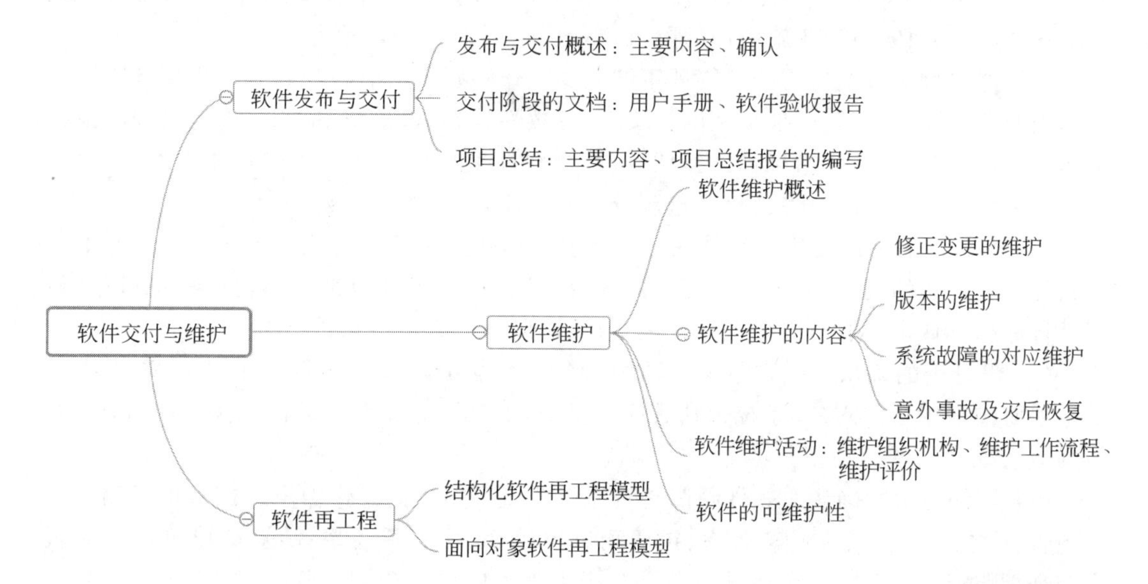

7.1　软件发布与交付

本章导读-7

软件项目经过需求分析、设计、编程与测试等阶段后,所期望的软件系统已经开发完毕,可以公开发布或者交付用户使用了,即进入发布与交付阶段。

7.1.1　发布与交付概述

1. 发布与交付的主要内容

发布与交付阶段主要包括以下内容。

(1) 交付条件的确认。对照交付准则,确定是否满足交付条件。

(2) 确定用户的平台环境。确定用户的平台环境是否满足系统上线要求。协助用户准备运行系统的环境,包括数据的准备。

(3) 安装与激活系统。对于简单的系统,激活系统只需要执行一些命令;而对于复杂的系统,需要使支持系统都能够工作。对于大型软件系统,工作版本安装在生产环境的机器上,而其他版本安装在测试环境、开发环境的机器上。

(4) 维护过程。根据约定,软件开发团队可能还需要提供培训、维护服务,这时,还需要提供软件维护需求说明、软件产品维护计划和软件培训计划文档。

发布与交付阶段除了需要提交按照合同中约定的各种文档和软件外，还需要提供交付清单、用户手册以及软件验收报告。

2. 发布与交付确认

软件发布和交付阶段是继软件需求、设计、编码、测试等阶段后的一个核对用户需求、检验软件产品、面向客户实施应用的阶段。

对软件项目进行交付前的最终评审的主要工作包括核对软件项目开发周期各阶段形成文档的完整性，评审阶段性文档的真实性、有效性。各阶段文档应当反映出所处阶段的工作特点，待完成的工作指标和工作任务，符合软件生存周期各阶段的具体工作要求；并对软件进行交付阶段的最终评审。这部分工作主要包括如下内容。

(1) 形式上的确认。检查软件在完成功能的形式上是否符合软件需求规格说明书中对软件功能内容的阐述；对于需求变更的部分，是否形成了变更部分的说明书；对用户界面进行标准化评审，从设计标准、设计风格、操作风格等方面重点进行考核。

(2) 设计上的确认。检查各个文档中对各个功能的定义是否符合用户需求，系统设计是如何实现用户需求的，系统包括哪些子系统，子系统的关系；数据库结构的定义；以及与其他系统的关系。

(3) 软件测试的确认。软件测试是否完全覆盖了用户的操作需求。核对单元测试记录报告，检查模块测试接口覆盖率、错误测试覆盖率、代码覆盖率；核对集成测试记录报告，验收测试记录报告，并检查测试范围是否覆盖了用户的全部需求。

(4) 安排维护工作。安排、评审最终产品后期维护的准备工作，包括需求方形成并评审软件维护需求说明的可行性；同需求方评审软件产品维护计划的可行性。重点确定软件产品的维护范围，指定产品维护负责人；同需求方达成对软件产品安装、使用、维护等阶段具体的时间和人员安排；对软件产品维护过程中的风险预测与分析等事项的合同；形成软件培训计划，确定对需求方进行培训的具体过程和内容；同需求方确定并形成软件验收报告。

3. 系统上线运行

系统上线运行阶段是软件的正式应用阶段。对于复杂的系统，需要制订上线运行计划，并报请批准后实施。

对于风险比较高的可能影响企业业务运行的系统，可能会先试运行，然后再真正上线运行。与业务密切相关的系统，需要在业务流程重组成功的基础上进行。具体上线流程可以分为以下步骤。

(1) 数据准备。数据准备是使系统运行所需要的数据能够输入软件中。有些数据需要从老的系统中获取，有些数据则需要重新输入。为了保证系统能够正常运行，数据内容需要完整、一致和准确。

(2) 硬件、网络及其他软件环境准备。硬件、网络和软件环境的检查是上线准备阶段非常重要的一项任务，主要是对客户方网络环境、服务器、交换机及操作终端机器的配置状况、运行情况做全面的检查记录，工作的重点是硬件及网络条件是否合适，安装调试好培训用的网络与系统环境,以保证硬件网络及软件所依赖的操作系统和其他软件能够正常使用,保证系统上线阶段的顺利开展。

(3) 试运行和正式上线运行。如果软件系统需要试运行,在试运行前,所有操作人员都应经过培训,客户软硬件环境能够正常使用,系统基础数据录入完毕,各部门人员做好充分的准备。执行试运行阶段时,可以开通新旧两套版本同时运行,让员工熟悉使用新系统,以辅助其短时间内掌握新系统各个功能模块和流程。

在准备正式上线时,试运行期间暴露的各种细节问题应该得到妥善解决。同时,企业员工岗位责任明确;有关文档都齐备;客户做好正式上线的心理准备,预期执行没有问题。此时,实施人员与客户确认全面上线时间,再进行一次数据处理,把原来系统中的信息全部转移到新系统,使所有业务都集中到新系统。

7.1.2 交付阶段的文档

在交付阶段的文档中,将列出按照协定需要提交的各种交付物及其具体形态。其主要内容包括两大类,即文档清单(列出所交付的各种文档)和软件清单(列出各个软件模块及其大小)。其中主要的交付文档是开发者编写的用户手册和用户提供的软件验收报告。

1. 用户手册的编写

用户手册给出了软件系统安装、使用的具体环境和方法。它主要包含以下内容。

(1) 软件概述。对整个软件进行概要描述,可从可行性研究报告、软件需求规约中提取相关信息。说明最终制成的产品,包括程序系统中各个程序的名字,它们之间的层次关系;所建立的每个数据库。列出本软件产品实际所具有的主要功能和性能。

(2) 运行环境。对软件系统运行所依赖的软件和硬件资源进行描述。列出为运行本软件所要求的硬件设备的最小配置,如处理机的型号、内存容量,所要求的外存储器、媒体、记录格式、设备的型号和台数、联机/脱机,网络环境。说明运行本软件所需要的支持软件,如操作系统的名称、版本号,程序语言的编译/汇编系统的名称和版本号,数据库管理系统的名称和版本号,其他支持软件。列出为支持本软件的运行所需要的数据库或文件。

(3) 使用过程。说明为使用本软件需要进行的安装与初始化过程,包括程序的存储形式、安装与初始化过程中的全部操作命令,以及系统对这些命令的反应与答复;描述安装工作完成的测试用例等。如果需要,还应说明安装过程中所需要用到的专用软件。

如果系统工作必须依赖指定的输入,则在此处应描述规定输入数据的准备要求,包括输入数据的特点以及输入格式和举例。如果系统的功能中包含了成批的结果输出,则此处也应说明输出数据的特点、输出格式以及输出举例。并且说明如何获取帮助信息。

(4) 运行说明。针对每个功能,一般采用图文并茂的方式提供详细的描述。提供应急或非常规操作的必要信息及操作步骤,如出错处理操作、向后备系统切换操作以及维护人员须知的操作和注意事项。

2. 软件验收报告的编写

软件验收报告是客户针对合同中的约定，对交付的材料和软件系统进行验收后形成的结论性意见。文档中应包含以下内容。

(1) 项目信息。列出项目相关的信息，如项目名称、项目开发单位、项目开发时间、项目验收时间等。

(2) 软件概述。对整个软件进行概要描述，可从可行性研究报告、软件需求规约、用户手册中提取相关信息。

(3) 验收测试环境。提供对验收测试环境的描述，包括硬件(如计算机、服务器、网络、交换机等)、软件(如操作系统、应用软件、系统软件、开发软件、测试程序等)、文档(如测试文档、技术文档、操作手册、用户手册等)、人员(如客户代表、客户经理、项目经理、技术经理、开发人员、测试人员、技术支持人员以及第三方代表等)。

(4) 验收及测试结果。列出功能验收、性能验收、文档验收的结果。

(5) 验收总结。对验收结果进行总体描述。确定是否"通过""不通过"，还是"有条件通过"。

7.1.3 项目总结

在一个软件成功交付后，除了按照约定提供维护服务外，还需要对这个软件项目进行总结，以分析此软件项目过程中成功的经验、失败的教训，这样才可以不断提高软件开发项目的实施水平。

1. 项目总结的主要内容

总结阶段将提交项目总结报告，总结的内容主要包括以下 3 方面。

(1) 对项目开发的回顾。对项目开发的回顾包括产品本身的回顾及开发过程的回顾。在总结中需要对产品的需求进行描述，并描述最终实现的功能和达到的指标，两方面进行对比，并指出其区别。回顾原来制订的计划以及实际的执行过程，列出开始时间、结束时间、关键里程碑时间的计划与实际的对比。

(2) 评价与分析。对采用的技术方法进行描述，并从适用性、合理性、先进性等角度进行评价。并对整个开发过程中产生的错误进行重点分析。

(3) 经验与教训。总结整个项目中的成功经验以及取得的教训。

2. 项目总结报告的编写

项目总结报告中一般包含如下内容。

1) 实际开发结果

实际开发结果包括最终形成的产品、主要功能和性能、基本流程、进度、费用。

(1) 最终形成的产品包括程序系统中各个程序的名字，它们之间的层次关系，以千字节为单位的各个程序的程序量、存储媒体的形式和数量；程序系统共有哪几个版本，各自的版本号及它们之间的区别;每个文件的名称;所建立的每个数据库。

(2) 主要功能和性能中,逐项列出本软件产品所实际具有的主要功能和性能,对照可行性研究报告、项目开发计划、软件需求规约的有关内容,说明原定的开发目标是达到、未完全达到或超过。

(3) 用顺序图给出本软件系统的核心用例的基本流程。

(4) 列出原定计划进度与实际进度的对比,明确说明实际进度是提前还是延迟,并分析主要原因。

(5) 列出原定计划费用与实际支出费用的对比,包括工时,以人每月为单位,并按不同级别统计;计算机的使用时间,区别CPU时间及其他设备时间;物料消耗、出差费等其他支出。明确说明经费是超出还是节余,并分析其主要原因。

2) 开发工作评价

对生产效率进行评价,包括程序的平均生产效率,即每人每月生产的行数;文件的平均生产效率,即每人每月生产的千字数;并列出原订计划数作为对比。对产品质量评价,说明在测试中检查出来的程序编制中的错误发生率,即每千条指令(或语句)中的错误指令数(或语句数)。如果开发中制订过质量保证计划或配置管理计划,要同这些计划相比较。对技术方法进行评价,给出开发中所使用的技术、方法、工具、手段的评价意见。对出错原因进行分析,给出开发中出现的错误的原因分析。

3) 经验与教训

列出从这项开发工作中所得到的最主要的经验与教训,以及对今后的项目开发工作的建议。

7.2 软件维护

软件开发完成交付用户使用后,就进入软件的运行和维护阶段。在软件系统交付使用后,为了保证软件在一个相当长的时期能够正常运行,对软件的维护就成为必不可少的工作。

7.2.1 软件维护概述

软件维护工作处于软件生存周期的最后阶段,维护阶段是软件生存周期中最长的一个阶段,所花费的人力、物力最多,高达整个软件生存周期花费的约70%。因为计算机软件总是会发生变化,包括对隐含错误的修改、新功能的加入、环境变化造成的程序变动等。因此,应该充分认识到维护工作的重要性和迫切性,提高软件的可维护性,减少维护的工作量和费用,延长已经开发软件的生存周期,以发挥其应有的效益。

一个应用系统由于需求和环境的变化以及自身暴露的问题,在交付使用后,对它实施维护是不可避免的。

在软件运行过程中,对软件产品进行必要的调整和修改即为软件维护。软件维护的主要目标是使已部署的软件按照软件需求规格说明书的要求(或用户的新需求)运行,这要求软件不仅要满足用户所需要的各项功能需求,同时还要满足用户对软件的非功能需求。软件维护的基本内容则包含了实现这些目标所做的全部工作。

1. 软件维护的概念

软件维护(Software Maintenance)是一个软件工程名词,是指在软件产品发布与交付以后,修正错误、提升性能、适应变更或其他属性而进行软件修改的过程。

软件维护与硬件维修有本质的不同,软件维护并不是将产品恢复到初始状态,而是使它能够正常地运转,给用户提供一个对原始软件进行了修改的新产品。软件维护活动的目的是纠正、修改、改进现有软件或适应新的应用环境。

要求进行维护的主要原因:改正在特定的使用条件下暴露出来的一些潜在程序错误或设计缺陷;因在软件使用过程中数据环境发生变化或处理环境发生变化,需要修改软件以适应此变化;用户和数据处理人员在使用时常会提出改进现有功能、增加新的功能以及改善总体性能的要求,为满足这些要求,就需要修改软件把这些要求纳入软件中。

2. 软件维护的分类

软件从部署完毕到退役的整个时间内对软件的改动所做的工作都是维护的内容。按照维护的起因,软件维护可分为以下 4 类。

(1) 纠错性维护。在软件交付使用后,由于在软件开发过程中产生的错误并没有完全彻底地在测试中发现,因此必然有一部分隐含的错误被带到维护阶段。这些隐含的错误在某些特定的使用环境下会暴露出来。为了识别和纠正错误,修改软件性能上的缺陷,应进行确定和修改错误的过程,这个过程就称为纠错性维护。

(2) 适应性维护。随着计算机硬件和软件环境的不断变化,数据环境也在不断发生变化。为了使应用软件适应这种变化而修改软件的过程称为适应性维护。

(3) 完善性维护。在软件漫长的运行时期中,用户往往会对软件提出新的功能要求与性能要求。这是因为用户的业务会发生变化,组织机构也会发生变化。为了适应这些变化,应用软件原来的功能和性能需要扩充和增强,为达到这个目的而进行的维护活动称为完善性维护。

(4) 预防性维护。为了提高软件的可维护性和可靠性而对软件进行的修改称为预防性维护。这是为以后进一步的运行和维护打好基础。

严格按照软件工程标准生产的软件产品在维护过程中纠错性维护的工作量很低,不到总维护工作量的 1/5。由于适应性维护和完善性维护需要修改软件需求规格说明书,应按照需求变更来进行管理,相当于螺旋模型中的又一次迭代过程,因此工作量很大。

在软件开发项目的各个阶段对软件的可维护性进行充分考虑,对可维护性的严格评审以及在维护阶段有效地组织和管理维护活动,是保证软件可维护性和降低维护费用的关键。

3. 软件维护的特点

软件维护是一种烦琐而又不可或缺的工作,由于维护通常要求维护人员在用户现场进行，而且维护任务可能非常紧急，因此对现场维护人员的压力很大，而且没有丝毫的成就感。软件维护的特点如下。

1）维护的代价

软件的维护过程是软件生存周期中最长的且相当困难的阶段，软件维护的工作量占整个软件生存周期的70%以上，而且还在逐年增加。因此，如何减少软件维护的工作量，降低软件维护的成本，就成为提高软件维护效率和质量的关键。

下面的公式给出一个软件维护工作量的模型：

$$M = p + K\mathrm{e}^{c-d}$$

其中，M 为维护工作的总工作量；p 为生产性工作量；K 为一个经验常数；c 为复杂性程度；d 为维护人员对软件的熟悉程度。

上式表明，若 c 越大，d 越小，则维护工作量将成指数增加；c 增加表示软件因未用软件工程方法开发，从而使得软件为非结构化设计，文档缺少，程序复杂性高。d 表示维护人员不是原来的开发人员，对软件熟悉程度低，重新理解软件花费很多时间。

【例 7-1】 影响软件维护成本的因素主要由非技术因素和技术因素两类构成。非技术因素主要包括开发经验、人员稳定性、应用时间、外部支撑环境、用户需求变化等；技术因素主要包括软件复杂程度、维护人员能力、配置管理能力、软件编程规范等。

2）维护的副作用

通过维护可以延长软件的寿命使其创造更多的价值，但是，修改软件是危险的，每修改一次，可能会产生新的潜在错误。因此，维护的副作用是指由于修改程序而导致新的错误或者新增加一些不必要的活动。一般维护产生的副作用主要包括修改代码的副作用，修改数据的副作用，修改文档的副作用。

3）维护的难度

与软件维护有关的绝大多数问题，都可归因于软件定义和软件开发的方法有缺点。在软件生存周期的头两个时期如果没有严格而又科学的管理和规划，必然会导致在最后阶段出现问题。

理解别人编写的程序通常是非常困难的，而且困难程度随着软件配置成分的减少而迅速增加。如果仅有程序代码而没有说明文档，则会出现严重的问题。需要维护的软件往往没有合格的文档，或者文档资料显著不足。认识到软件必须有文档仅仅是第一步，容易理解的并且与程序代码完全一致的文档才能真正有价值。绝大多数软件在设计时没有考虑将来的修改。除非使用强调模块独立原理的设计方法论，否则修改软件既困难又容易产生差错。

软件维护不是一项吸引人的工作，形成这种观念很大程度上是因为维护工作经常遭受挫折。当要求对软件进行维护时，不能指望由开发者给予仔细说明。由于维护阶段持续时间很长，因此当需要解释软件时，往往原来编写程序的人已经离职了。

7.2.2 软件维护的内容

软件维护就是软件在开发完成后，由于各种原因而进行变更、修改原来的软件。依据软件维护的实践，维护主要分为修正变更的维护、版本的维护、系统故障的对应维护、意外事故及灾后恢复等。

1. 修正变更的维护

从开发者的立场来看，软件开始使用之时，意味着长期辛勤的开发作业结束，软件开始为客户服务，客户将正式使用该软件从事信息化处理工作。

为了获得客户的满意度，开发的软件具有优良的质量是很重要的；同时站在客户的立场，对于在软件中发现的缺陷迅速采取对应措施，也是很重要的。

必须注意的是，需要警惕维护工作带来的二次缺陷。在正式使用情况下，一旦发生故障，往往因为需要紧急处理，在较短时间内难以充分验证故障原因，判断打算修改的程序和数据是否能直接修改，如果直接修改会不会在其他地方产生新的缺陷，这些情况都要求系统工程师进行相应的确认性检查。此外，在进行程序修正时，一定不要忘记写下重要的维护记录，这对反复查找疑难故障有很大的帮助。

对于经过较多时间大幅度修改后的软件，实际上不可能使用户一下子认同。软件大幅度变更以后，用户对于该软件的使用会感到不适应。为此，每次软件的变更量最好保持在一个恰当的范围内，以每次修改少量、循序渐进为好，以克服用户的陌生感。

软件系统开始运行后，用户可能会对某些功能模块提出修改要求，但这些要求可能是模糊的。此时，首先要认真分析理解客户的意见，明白所提要求的真实意义。当然，当用户意见的可操作性和想法与系统有很大的差异时，完全按照用户的意见去修改软件系统是不可能的。因为客户方面（主要是使用部门）并不真正理解软件系统程序，对于要怎样修改软件才能达到这些愿望是不清楚的。此时，对原来软件功能及想要修改的软件功能的具体描述，如果难以用语言来确切表示，就不能去轻易修改。要与客户方充分地讨论，求得客户方的理解和支持，能不修改尽可能不修改，必须修改的在充分理解客户要求的基础上按修改程序做相应修改，并且做好修改记录。

2. 版本的维护

软件开发最终导致失败的最大原因，是软件功能难以切实对应客户不断变化的使用要求。

软件自开始进入实际应用以后，就标志着以前的研制阶段基本结束。在开发阶段不可能完全设想好将来功能的各种变更情况，因为用户对扩展的需求是变化的。为了适应用户对扩展需求的变化，就要考虑在第一版本（初期设计的版本）完成后进行版本更新。为了进行版本更新，研制开发第二版本或第三版本等，就必须取得企业状况的变化资料，设计出相关的修改方案。当软件已经没有修改的余地时，它的生存周期也就结束了。因此，在初期研制软件的时候，就要注意软件的修改和扩展功能。开发软件的目标应该包括软件的应变能力，软件应变能力越强，版本的维护也就越容易。

在软件质量特性中，包含了软件的版本可维护性。与其他质量特性一样，软件的易维护性也是软件设计工程的要点，是质量特性的重要目标之一，因为所开发的任何软件都不可避免地要进行版本维护、版本更新，这就要求系统工程师要设计出维护性高的软件。

3. 系统障碍的对应维护

尽管开发方和用户方都希望开发出缺陷和故障发生频度低的软件。但是，仍然要准备万一发生故障时，必须要有供管理者使用的故障处理手册，以便进行对应维护。

通常故障可以分为硬件故障、软件系统故障、数据故障、网络故障等。开发方的维护人员可以分为对应的小组，在某方面发生故障时，可由相应小组人员进行对应处理。但是作为应用部门的系统运行管理者，往往只有少数人对系统主体进行运行管理，当出现故障时，需要运行管理者迅速地做出对应处理，为了进行相应的对应故障处理，必须要有故障处理手册，该手册是对故障处理要点进行容易理解和处理的简单说明，如表 7-1 所示。

表 7-1 故障处理手册的内容

序号	类　别	项　目
1	故障监视	监视的对象 监视的内容(定期的部分) 监视的方法 故障发生时的联络体制
2	原因分析	原因分析顺序 原因分析所必需的信息资料 确切区分故障原因的步骤 故障影响的范围
3	恢复处理	典型故障恢复步骤 典型原因与相关部门联络的方法 恢复失败时的替代办法 恢复作业步骤管理方法
4	故障记录	故障记录内容(样板) 故障原因分类(符号化)

对于系统故障，特别要注意区分故障发生的原因。在故障处理手册中，对于简单的故障问题要写出故障处理顺序；复杂的故障，要表明与专门维护机构的联络方式。另外，对问题的处理方法和结果也要记录。

为了让用户方面的管理者能够熟练应用故障处理手册，还要对用户管理人员实施有效的教育培训工作。

4. 意外事故及灾后恢复

计算机系统故障，除了硬件、软件和网络等发生的原因外，由于地震、火灾等自然灾害以及暴力等事故发生的可能性也存在。

因为事前没有考虑到的人为事故和自然灾害，计算机系统在遭受到很大损害以后，需要重新恢复的作业，称为恢复系统。恢复系统最重要的是要以能保证用户原来业务的连续性为基础，进行恢复工作。

对于连续运转的计算机系统，有特殊危险任务的业务系统，一旦发生故障会造成很大的损失。因此在软件开发的时候,有必要认真讨论,进行方案设计,以便能将可能发生的事故和灾害,迅速地抑制在最小限度范围。

重要的计算机系统不允许软件维护工作有丝毫问题,所以要有固定的维护人员开展维护工作。如果维护人员不了解被维护软件的设计思路,往往会陷入盲目,在维护工作泥潭中难以自拔。在软件维护人员中,只有熟练者自己才明白被维护软件的关键环节。

为了规范软件维护工作,应将所有研制的软件文档标准化、规范化,对其重要的地方详细记录,并且让客户方的技术人员尽量加强对关键环节的理解、认识。

7.2.3 软件维护活动

软件维护工作在维护申请提出前就开始了,它包括建立维护组织、强制报告和评估的过程;为每个维护申请确定标准化的事件序列;制定保存维护活动记录和有关复审及评估的标准。

1. 维护组织机构

除了较大的软件开发公司外,通常在软件维护工作方面,不保持正式的维护机构。维护往往是在没有计划的情况下进行的。虽然不要求建立一个正式的维护机构,但是在开发部门,确立一个非正式的维护机构是非常必要的。图 7-1 是一个维护机构的组织方案。

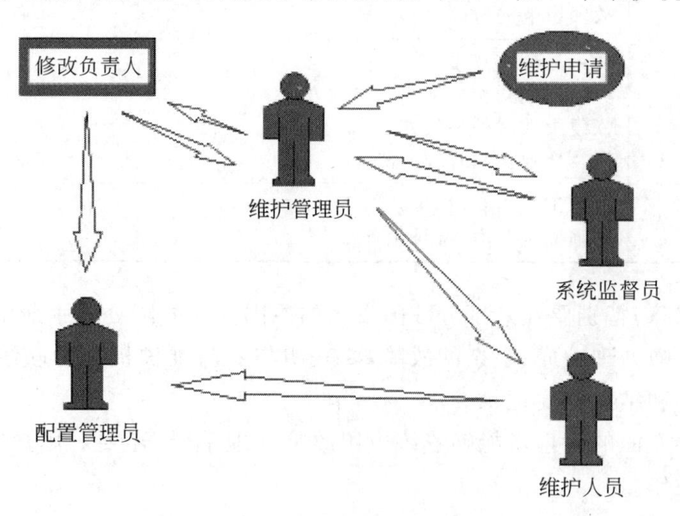

图 7-1 软件维护机构的组织方案

维护申请提交给一个维护管理员,他把申请交给某个系统监督员去评价。一旦做出评价,由修改负责人确定如何进行修改。在维护人员对程序进行修改的过程中,由配置管理员严格把关,控制修改的范围,对软件配置进行审计。

维护管理员、系统监督员、修改负责人等,均代表维护工作的某个职责范围。修改负责人、维护管理员可以是指定的某个人,也可以是一个包括管理人员、高级技术人员在内的小组。系统监督员可以有其他职责,但应具体分管某个软件包。

在开始维护前，就明确责任，可以大大减少维护过程中的混乱。

2. 维护工作流程

维护工作流程大致包括如下过程。

(1) 确认维护要求。确认维护要求需要维护人员与用户反复协商，弄清错误概况以及对业务的影响大小，以及用户希望做什么样的修改，然后由维护组织管理员确认维护类型。

(2) 确认维护类型。对于改正性维护申请，从评价错误的严重性开始。如果存在严重的错误，则必须安排人员，在系统监督员的指导下，进行问题分析，寻找错误发生的原因，进行“救火”性的紧急维护；对于不严重的错误，可根据任务、机时情况，视轻重缓急进行排队，统一安排时间。对于适应性维护和完善性维护申请，需要先确定每项申请的优先次序。若某项申请的优先级非常高，就可立即开始维护工作；否则，维护申请和其他的开发工作一样，进行排队，统一安排时间。

(3) 相关技术工作。尽管维护申请的类型不同，但都要进行同样的技术工作。这些工作包括修改软件需求说明、修改软件设计、设计评审、对源程序做必要的修改、单元测试、集成测试、确认测试、软件配置评审等。

(4) 评审。在每次软件维护任务完成后，最好进行一次评审，确认在目前情况下，设计、编码、测试中的哪方面可以改进，哪些维护资源应该有但没有，工作中主要的或次要的障碍，从维护申请的类型来看是否应当有预防性维护等。

3. 维护评价

评价维护活动比较困难，因为缺乏可靠的数据。但如果维护记录做得比较好，就可以得出一些维护性能方面的度量值。可参考的度量值：每次程序运行时的平均出错次数；花费在每类维护上的总“人时”数；每个程序、每种语言、每种维护类型的程序平均修改次数；因为维护，增加或删除每个源程序语句所花费的平均“人时”数；用于每种语言的平均人时数；维护申请报告的平均处理时间；各类维护申请的百分比等。这些度量值提供了定量的数据，据此可对开发技术、语言选择、维护工作计划、资源分配以及其他许多方面做出判定。因此，这些数据可以用来评价维护工作。

7.2.4 软件的可维护性

软件的维护是十分困难的，主要因为软件的源程序和文档难于理解和修改。由于维护工作面广，维护的难度大，稍有不慎，就会在修改中给软件带来新的问题或引入新的错误，所以为了使软件能够易于维护，必须考虑使软件具有可维护性。

软件的可维护性是影响软件维护工作量和费用的直接原因，在软件工程的各个阶段都要保证软件具有较高的可维护性，从而降低软件的维护成本，这是软件工程的重要目标之一。

1. 软件可维护性的概念

软件可维护性是指软件能够被理解，并能纠正软件系统出现的错误和缺陷，以及为满足新的要求进行修改、扩充或压缩的容易程度。软件的可维护性、可使用性和可靠性是衡量软件质量的3个主要特性，也是用户最关心的问题。软件的可维护性是软件开发阶段各个时期的关键目标。

影响软件可维护性的因素很多，设计、编码和测试中的疏忽和低劣的软件配置，缺少文档等都对软件的可维护性产生不良影响。软件维护可用如下7个质量特性来衡量，即可理解性、可测试性、可修改性、可靠性、可移植性、可使用性和效率。对于不同类型的维护，这7种特性的侧重点也不尽相同。

(1) 可理解性。可理解性表明人们通过阅读源代码和相关文档，了解程序功能及其运行的容易程度。一个可理解的程序主要应具备以下一些特性：模块化(模块结构良好、功能完整、简明)，风格一致性(代码风格及设计风格的一致性)，不使用令人捉摸不定或含糊不清的代码，使用有意义的数据名和过程名，结构化，完整性(对输入数据进行完整性检查)等。

(2) 可测试性。可测试性表明论证程序正确性的容易程度。程序越简单，证明其正确性就越容易。而且设计合理的测试用例，取决于对程序的全面理解。因此，一个可测试的程序应当是可理解的、可靠的、简单的。

对于程序模块，可用程序复杂性来度量可测试性。程序的环路复杂性越大，程序的路径就越多，测试程序的难度就越大。

(3) 可修改性。可修改性表明程序容易修改的程度。一个可修改的程序应当是可理解的、通用的、灵活的、简单的。其中，通用性是指程序适用于各种功能变化而无须修改；灵活性是指能够很容易地对程序进行修改。

(4) 可靠性。可靠性是软件产品在规定的条件下和规定的时间区间完成规定功能的能力。规定的条件是指直接与软件运行相关的使用该软件的计算机系统的状态和软件的输入条件，或统称为软件运行时的外部输入条件；规定的时间区间是指软件的实际运行时间区间；规定功能是指为提供给定的服务，软件产品所必须具备的功能。软件可靠性不但与软件存在的缺陷和(或)差错有关，而且与系统输入和系统使用有关。

(5) 可移植性。可移植性表明程序转移到一个新的计算环境的可能性的大小。或者它表明程序可以容易地、有效地在各种各样的计算环境中运行的容易程度。一个可移植的程序应具有结构良好、灵活、不依赖于某个具体计算机或操作系统的性能。

(6) 可使用性。从用户观点出发，把可使用性定义为程序方便、实用及易于使用的程度。一个可使用的程序应是易于使用的、能允许用户出错和改变，并尽可能不使用户陷入混乱状态的程序。

(7) 效率。效率表明一个程序能执行预定功能而又不浪费机器资源的程度。这些机器资源包括内存容量、外存容量、通道容量和执行时间。

2. 提高可维护性的方法

提高软件的可维护性对于延长软件的生存周期具有决定性的意义。提高可维护性可参考以下方法。

1）建立明确的软件质量目标和优先级

一个可维护的程序应是可理解的、可靠的、可测试的、可修改的、可移植的、效率高的、可使用的。但要实现所有的目标，需要付出很大的代价，而且也不一定可行。因为某些质量特性是相互促进的，如可理解性和可测试性、可理解性和可修改性。但另一些质量特性却是相互抵触的，如效率和可移植性、效率和可修改性等。因此，尽管可维护性要求每种质量特性都要得到满足，但它们的相对重要性应随程序的用途及计算环境的不同而不同。所以，应当对程序的质量特性，在提出目标的同时还必须规定它们的优先级。这样有助于提高软件的质量，并对软件生存周期的费用产生很大的影响。

2）使用提高软件质量的技术和工具

模块化是软件开发过程中提高软件质量、降低成本的有效方法之一，也是提高可维护性的有效技术。它的优点是如果需要改变某个模块的功能，则只要改变这个模块，对其他模块影响很小；如果需要增加程序的某些功能，则仅需增加完成这些功能的新的模块或模块层；程序的测试与重复测试比较容易；程序错误易于定位和纠正；容易提高程序效率。

使用结构化程序设计技术，可提高现有系统的可维护性。例如，采用备用件的方法；采用自动重建结构和重新格式化的工具；改进现有程序的不完善的文档；使用结构化程序设计方法实现新的子系统；采用结构化小组程序设计的思想和结构文档工具等。

3）进行明确的质量保证审查

质量保证审查对于获得和维持软件的质量是一个很有用的技术。除了保证软件得到适当的质量外，审查还可以用来检测在开发和维护阶段内发生的质量变化。一旦检测出问题，就可以采取措施进行纠正，以控制不断增长的软件维护成本，延长软件系统的有效生存周期。

为了保证软件的可维护性，有 4 种类型的审查是非常有用的：在检查点进行复审，验收检查，周期性地维护审查，对软件包进行检查。

保证软件质量的最佳方法是在软件开发的最初阶段就把质量要求考虑进去，并在开发过程每个阶段的终点，设置检查点进行检查。检查的目的是要证实已开发的软件是否符合标准，是否满足规定的质量需求。在不同的检查点，检查的重点不完全相同，如图 7-2 所示。

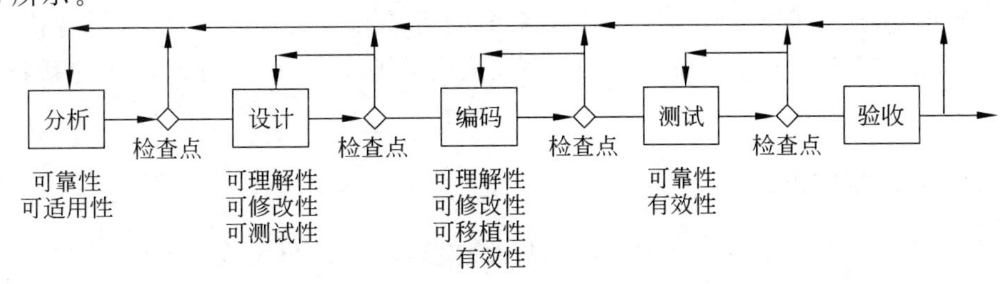

图 7-2 软件开发期间各个检查点的检查重点

4）选择可维护的程序设计语言

程序设计语言的选择，对程序的可维护性影响很大。一般高级语言比低级语言容易理解，具有更好的可维护性。但同是高级语言，可理解的难易程度也不一样。

5）改进程序的文档

程序文档是对程序总目标、程序各组成部分之间的关系、程序设计策略、程序实现过程的历史数据等的说明和补充。程序文档对提高程序的可理解性有着重要作用。即使是一个十分简单的程序，要想有效地、高效率地维护它，也需要编制文档解释其目的及任务。而对于程序维护人员，要想对程序编制人员的意图重新改造，并对今后变化的可能性进行估计，缺了文档也是不行的。因此，为了维护程序，人们必须阅读和理解文档。

7.3　软件再工程

随着维护次数的增加，可能会造成软件结构的混乱，使软件的可维护性降低，束缚了新软件的开发。同时，那些待维护的软件又常是业务的关键，不可能废弃或重新开发。于是引出了软件再工程(Software Reengineering)的概念，即需要对旧的软件进行重新处理、调整，提高其可维护性，是提高软件可维护性的一类重要的软件工程活动。

7.3.1　软件再工程的概念

现存大量的软件系统，由于技术的发展，正逐渐退出使用，如何对这些系统进行挖掘、整理，得到有用的软件构件；已有的软件构件随着时间的流逝会逐渐变得不可使用，如何对它们进行维护，以延长其生存周期，充分利用这些可复用构件。软件再工程是解决这些问题的主要技术手段。

1. 软件再工程的目标

软件再工程的对象是正在使用中的系统，这些系统一般缺乏良好的设计结构和编码风格，因此使软件的修改费时、费力。同时，相关的公司或组织由于长久地依赖它们，不能将它们完全抛弃。而软件再工程就是对这些系统进行分析研究，利用好的软件开发方法，重新构造一个新的目标系统，这样的系统将保持原系统需要的功能并易于维护。

软件再工程通过对原系统用新的设计思想的重新实现和对原有文档的更新可以进行功能追加和增强，同时通过再工程和再设计，其模块划分会更合理，接口定义更清晰，文档更齐全，从而更易维护，也提高了系统的可靠性。软件再工程将一些优秀软件移植到新的硬件平台、操作系统或语言环境，从而使它们能够利用新环境的新特性，更好地发挥作用。

2. 软件再工程的类型

软件再工程发生于软件生存周期的软件维护阶段，因此再工程主要分为 3 类，即适应性维护的再工程、完善性维护的再工程和预防性维护的再工程。

(1) 适应性维护的再工程包括由于硬件和操作系统的更新换代导致的软件维护；由业务环境、业务流程变化带来的软件维护；由系统软件的运行环境改变和迁移带来的软件修正；为适应软件系统开发环境的变化而采取的软件维护。

(2) 完善性维护的再工程是增加或修改功能，以提高系统的安全性、处理能力等性能。

(3) 预防性维护的再工程是为了提高可维护性而对系统进行优化，对文档进行重构，对数据进行重组。

3. 软件再工程的步骤

根据用户对现有软件改进要求的不同，软件再工程活动一般可分为系统级、数据级和源程序级3个层次。在实际软件再工程中，可以从不同角度运用再造(Rebuilding)、再构(Refactoring)、再结构化(Restructuring)、文档重构(Redocumentation)、设计恢复(Designrecovery)、程序理解(Comprehension)等再工程方法和技术。

再造就是以提高可维护性为目的，研究对系统整体进行重新构建的方法。可以通过完全废弃旧系统，保留既存软件，或两者结合的方式实现。再构就是不改变既存软件的外部功能，仅修改软件的内部结构，使整个软件功能更强，性能更好。再结构化就是在同一抽象级上对软件表现形式的变换，如从原来的C/S模式转换到B/S模式表现。文档重构就是由源代码生成更加易于理解的新文档。设计恢复就是要恢复设计判断及得到该判断的逻辑依据。程序理解就是从源代码出发，研究如何取得程序的相关知识。

重用是软件再工程的灵魂，再工程可以在不同层次重用原软件系统的资源。重用那些完善而具有一致性文档、可读性很高的可维护性程序，软件再工程的发展离不开软件重用技术的采用和发展。

7.3.2 软件再工程模型

通过对旧系统的程序、数据、文档等资源的分析和抽象，结合系统用户的需求说明，确定目标系统的需求说明和目标。在原软件系统的基础上构建新的软件系统，以期能达到用户的新的需求，同时使软件的可维护性提高。软件再工程的通用模型如图7-3所示。

1. 结构化软件再工程模型

对于结构化的分析和设计方法指导下的软件系统，再工程的活动主要包括数据处理环境分析、数据字典分析和程序分析，依次是对数据处理的环境(包括软件和硬件环境)、数据项的意义和标准统一、程序的静态统计、动态执行效果进行分析。在分析部分可以使用“库”的概念，作为分析结果的存储。

在结构化方法软件再工程模型中，做逆向工程的时候可以采用两种方法，即代码切分和代码重复。代码切分又称为代码分离，是从程序中抽取出完成每个功能所涉及的尽量少的代码集，通过不断地发现功能，抽取相应的代码集来达到对源代码的理解。而代码重

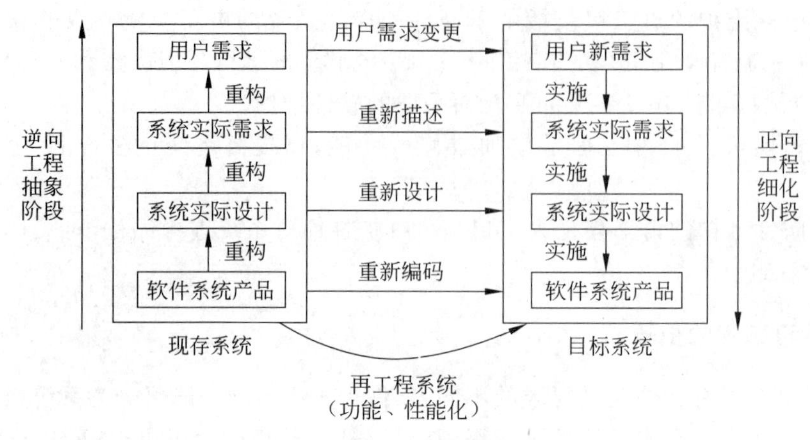

图 7-3　软件再工程通用模型

复是通过发现及分析源代码中的代码部分来逐渐深入理解系统源代码,可以考查重复的内容并单独提出作为一个功能部分或者是目标系统的一个可重用的部分。

结构化方法开发的软件系统经过软件再工程,或者用其他的(如面向对象的思想)软件开发方法取代,或者用其他的程序语言再次开发完善,或者改变其运行环境。无论哪种方法都增强了软件的可扩展性和可维护性,是对旧软件系统的一次更新。逆向抽象、重构、正向实施这 3 个再工程阶段可以定位于原系统的局部也可以全部实施,这取决于软件再工程的策略。

2. 面向对象软件再工程模型

对于一个面向对象方法实现的系统,实施软件再工程首先进行功能分析、功能层次、功能需求的获取,及其在类结构中的定位。从现存系统的运行过程中发现系统的具体功能,同时将功能集中到某部分代码集合上。另外还可以采用代码调试的方式分析系统中重要代码的功能,将固定功能的代码分离出来。除了对源代码进行分析外,软件设计记录以及其他文档资源一样要分析,以得出原软件系统的整体设计视图。

以构件库为核心的开发方式为面向对象软件再工程提出了新的框架,首先通过对现存系统的分析和抽象,加强对原系统的理解和对原系统进行代码优化。其次创建适应具体再工程需求并且经过良好封装的构件,放在构件库中。最后建立组装平台,根据用户变更后的需求完成目标系统的转换。以构件库为核心的软件再工程框架采用了软件重用的技术,把原系统中可以利用的功能、代码、文档全部封装成构件,这样既实现了重构的功能,也为以后软件的维护带来了方便,增强了软件系统的可扩展性。

【例 7-2】 当一个十几年前开发的程序还在为用户完成关键的业务工作时,是否有必要对它进行再工程?十几年前软件工程还不像现在这样深入人心,软件过程管理还不成熟,软件往往可维护性较差。此程序很可能还要继续服役若干年,在较长的时间里还会经历若干次的修改。与其每次花费很多人力、物力来维护这个老程序,还不如在现代软件工程学的指导下再造这个程序,即对它进行再工程。

7.4 思考与实践

7.4.1 问题思考

1. 发布与交付的主要内容是什么？确认发布和交付的工作有哪些？
2. 软件发布和交付的文档是什么？
3. 项目总结的主要内容是什么？
4. 什么是软件维护？软件维护主要有哪些类型？
5. 影响软件维护的因素有哪些？
6. 什么是软件可维护性？可维护性可以用哪些特性来衡量？
7. 什么是软件维护的副作用？软件维护的副作用有哪些？
8. 什么是软件再工程？其目标是什么？

7.4.2 专题讨论

1. 微软公司的软件产品在个人计算机使用市场占有一定份额，它经常发布补丁程序，这种维护属于哪种维护？

2. 在系统正常运行时，系统组成中哪个部分的破坏对于企业是致命的？为什么？有什么方法可以减少企业损失？

3. 除了用采购方式获得软件系统外，其他开发方式都难以避免在系统运行时产生维护需求，因此用户就有抱怨，如何面对、理解、解释用户的抱怨？

4. 比较软件维护和提高软件可维护性之间有哪些异同？

5. 随着 Internet 的发展与普及，基于 Internet 的远程维护将对现有的维护方式产生哪些影响？

6. 当软件维护量急剧增加时，说明系统出现了什么问题？

7. 简述重用与重构在软件再工程中的作用，以及两者的联系与差异。

8. 简述软件再工程模型的要素。

7.4.3 应用实践

1. 在软件开发过程中，应该采取哪些措施来提高软件产品的可维护性？

2. 假设自己的任务是对一个已有的软件做重大修改，而且只允许从下述文档中选取两份：①程序规格说明；②程序的详细设计结果（自然语言描述加上某种设计工具）；③源程序清单（其中有适当数量的注释）。

应选取哪两份文档？为什么？打算如何完成交给自己的任务？

3. 分析预测系统交付使用后，用户可能提出哪些改进或扩充功能的要求？在设计与实现时应采取哪些措施，以方便将来的修改？

4. 从本质上来说，维护过程是修改和压缩了的开发过程。对一个软件项目，制订维护方案。

5. 与维护最为相关的工作职位是什么？概括地描述该工作的内容，列出该工作岗位所需要的基本技能。

6. 编制“校园二手商品交易系统”（SHCTS）的用户手册，项目开发总结以及维护计划。

课后自测-7

第 8 章　项目管理与标准化

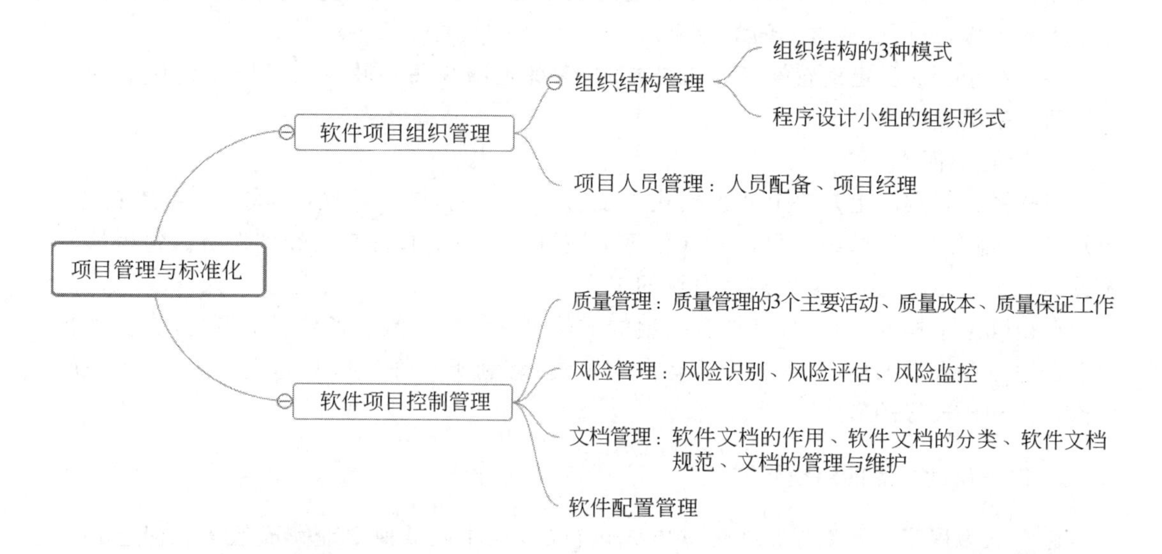

8.1　软件项目组织管理

本章导读-8

项目管理是项目中必不可少的工作，它由专门的组织和人员来完成，项目管理组织是项目组织中的一个组织单元。在项目管理中，项目组织是项目最终产品的完成者，其生产过程和任务由不同部门甚至不同企业来完成。它们通过项目管理部门协调、激励与综合，共同实现项目目标。

8.1.1　组织结构管理

参加软件项目的人员组织起来，发挥最大的工作效率，对成功地完成软件项目极为重要。开发组织采用什么形式，要针对软件项目的特点来决定，同时也与参与人员的素质有关。人的因素是不容忽视的参数。

1. 组织结构的模式

组织结构通常有如下 3 种模式可供选择。

1）按课题划分的模式

把软件人员按课题组成小组，小组成员自始至终参加所承担课题的各项任务，负责完成软件产品的定义、设计、实现、测试、复查、文档编制，甚至包括维护在内的全过程。

2）按职能划分的模式

把参加开发项目的软件人员按任务的工作阶段划分成若干专业小组。待开发的软件产品在每个专业小组完成阶段加工(即工序)以后,沿工序流水线向下传递。例如,分别建立计划组、需求分析组、设计组、实现组、系统测试组、质量保证组、维护组等。各种文档按工序在各组之间传递。这种模式在小组之间的联系形成的接口较多,但便于软件人员熟悉小组的工作,进而变成这方面的专家。

各个小组的成员定期轮换有时是必要的,为的是减少每个软件人员因长期做单调的工作而产生的乏味感。

3）矩阵形模式

矩阵形模式实际上是以上两种模式的复合。一方面,按工作性质,成立一些专门组,如开发组、业务组、测试组等;另一方面,每个项目又有负责管理它的经理人员。每个软件人员属于某个专门组,又参加某个项目的工作。

在矩阵形结构的组织中,参加专门组的成员可在组内交流在各项目中取得的经验,有利于发挥专业人员的作用;各个项目有专人负责,有利于软件项目的完成。显然,矩阵形结构是一种比较好的形式。

2. 程序设计小组的组织形式

通常认为程序设计工作是按独立方式进行的,程序人员独立地完成任务。但这并不意味着互相之间没有联系。人员之间联系的多少和联系的方式与生产率直接相关。程序设计小组内人数少,则人员之间的联系比较简单。但在增加人员数目时,相互之间的联系会复杂起来,并且不是按线性关系增长。已经进行中的软件项目在任务紧张、延误了进度的情况下,不鼓励增加新的人员给予协助。除非分配给新成员的工作是比较独立的任务,并不需要对原任务有细致了解,也没有技术细节牵连。

小组内部人员的组织形式对生产率也有影响。现有的组织形式有以下 3 种。

1）主程序员制小组

小组的核心由一位主程序员、若干程序员、一位后援工程师及一位资料员组成。主程序员负责小组全部技术活动的计划、协调与审查工作,还负责设计和实现项目中的关键部分;程序员负责项目的具体分析与开发,以及文档资料的编写工作;后援工程师支持主程序员的工作,为主程序员提供咨询,也做部分分析、设计和实现的工作,并在必要时能代替主程序员工作。资料员负责资料的收集与管理工作。

主程序员制的开发小组突出了主程序员的领导,如图 8-1(a)所示。这种集中领导的组织形式能否取得好的效果,很大程度上取决于主程序员的技术水平和管理才能。

2）民主制小组

在民主制小组中,遇到问题时组内成员之间可以平等地交换意见,如图 8-1(b)所示。这种组织形式强调发挥小组每个成员的积极性,要求每个成员充分发挥主动精神和协作精神。有人认为这种组织形式适合于研制时间长、开发难度大的项目。

3）层次式小组

在层次式小组中,组内人员分为三级,组长(项目负责人)一人负责全组工作,包括任务分配、技术评审和走查、掌握工作量和参加技术活动。他直接领导2～3名高级程序员，每位高级程序员通过基层小组，管理若干位初级程序员。这种组织结构只允许必要的人际通信，比较适用于项目本身就是层次结构的课题，如图8-1(c)所示。

在这种结构的组织中，可以把项目按功能划分成若干子项目，把子项目分配给基层小组，由基层小组完成。基层小组的领导与项目负责人直接联系。这种组织方式比较适合于大型软件项目的开发。

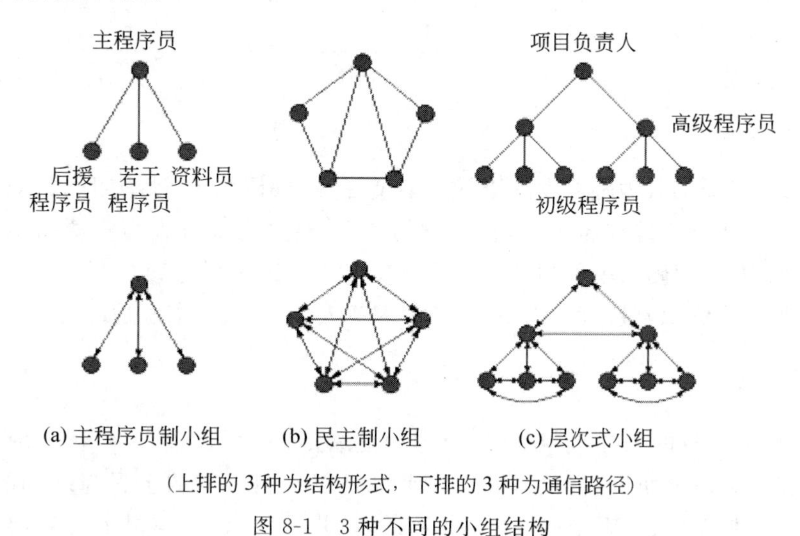

图8-1　3种不同的小组结构

以上3种组织形式可以根据实际情况，组合起来灵活运用。总之，软件开发小组的主要目的是发挥集体的力量进行软件研制。

【例8-1】 微软开发团队有一个非常著名的“三驾马车”组织模式，即开发人员、测试人员和产品经理组成一个团队，这是最为成功的商用软件开发模式，被很多软件企业效仿。微软公司“三驾马车”组织模式就是把一个功能相关的产品经理、测试工程师、开发工程师都放在一个办公室里，这样达到的效果就是团队的紧密沟通，敏捷开发的早站会就能直接在一个房间里解决。

8.1.2　项目人员管理

项目组织是由负责完成项目分解结构中的各项工作的单位、部门、人组合起来的群体，为了实现项目的总目标，各参与方临时建立了一个团队。团队中通过建立科学合理的组织制度、合理完备的组织结构，可以充分发挥团队的集体智慧和个人作用，成员齐心协力，共谋对策，整个团队加强分工协作，责任到人，使项目得以顺利进行并实现预定目标。

1. 人员配备

如何合理地配备人员，也是成功地完成软件项目的切实保证。合理地配备人员应包括按不同阶段适时任用人员，恰当掌握用人标准。

一个软件项目完成快慢取决于参与开发人员的多少。在开发的整个过程中，多数软件项目是以恒定人力配备的，如图 8-2 所示。

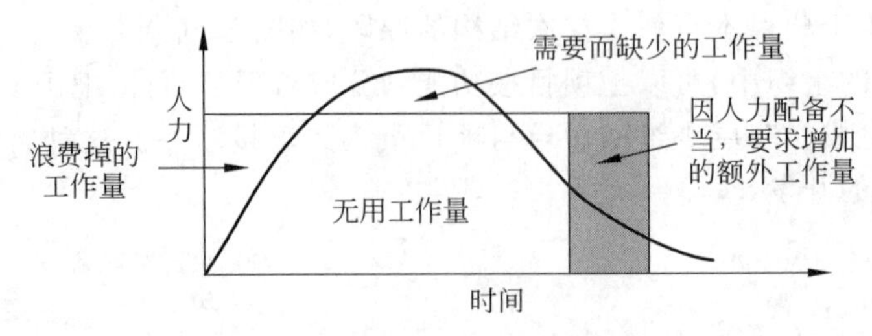

图 8-2　软件项目的恒定人力配备

按此曲线，需要的人力随开发的进展逐渐增加，在编码与单元测试阶段达到高峰，以后又逐渐减少。如果恒定地配备人力，在开发的初期，将会有部分人力资源用不上而形成浪费。在开发的中期（编码与单元测试），需要的人力又不够，造成进度的延误。这样在开发的后期就需要增加人力以赶进度。因此，恒定地配备人力，对人力资源是比较大的浪费。

2. 项目经理

项目经理是项目的领导人，在项目管理中起着战略性的作用。项目经理对整个项目的实施、管理和控制全面负责，项目的管理水平是以项目经理的水平为基础的，项目经理的管理素质、组织能力、知识结构、经验水平、领导艺术、责任心与投入等对项目管理的成败有决定性的影响。项目经理的主要职责见 1.3.3 节。

在软件项目中，胜任开发的技术人员不一定是好的项目经理。项目经理应当克服自身局限性，努力提高自己的管理能力。如进行计划、领导、控制和评价项目，实施各项活动的能力；组织和领导项目团队的能力，并能协调与项目有关的公司内部各部门的工作；对项目实施过程中出现的问题能准确地做出判断，并能提出解决办法；对项目实施过程中潜在的问题能及时预测，并能提出预防措施；善于计划和利用自己的时间，把时间集中于处理最重要和最关键的问题上；善于沟通与用户的关系，并能处理和协调好与用户、分包单位之间的问题。

项目经理应熟悉项目管理任务，对与项目实施有关的任务有一定程度的了解，尤其是对项目实施各阶段之间的衔接和联系应做到心中有数；对项目团队中的每个岗位的职责和分工有充分的了解；拥有较深厚的项目管理工作经验。

国内外成功的项目经理的经验证明，仅有较好的素质条件只是一方面，除此之外，还应总结学习较高的项目管理技巧。这些技巧主要包括队伍建设的技巧、解决矛盾的技巧、取得项目相关人支持的技巧、资源分配的技巧。

8.2　软件项目控制管理

软件项目控制管理是项目成功的重要保障，控制管理的对象主要包括质量管理、风险管理、文档管理、软件配置管理。

8.2.1 质量管理

软件质量反映了软件的本质。软件质量是一个软件企业成功的必要条件,其重要性怎样强调都不过分,而软件产品生产周期长、耗资巨大,如何有效地管理软件产品质量一直是软件企业面临的挑战。由于软件质量是难于定量度量的属性,主要从管理的角度讨论影响软件质量的因素。

1. 软件质量的定义

软件质量就是软件与明确的和隐含定义的需求相一致的程度,即软件与明确描述的功能和性能需求、文档中明确描述的开发标准以及任何专业开发的软件产品都应该具有的隐含特征相一致的程度。

上述定义强调了 3 个重要的方面:①软件需求是进行质量度量的基础,不符合需求就是质量不高;②规范化的标准定义了一些开发准则以指导软件开发,如果不遵照这些准则,则极有可能导致质量不高;③往往会有一些隐含的需求没有明确地提出来,如软件的可维护性等,忽略了这些隐含需求,软件的质量也难以保证。

软件质量与软件的内部特性及其组合有关。要度量软件质量,就应根据这些内部特性(即软件属性)建立起软件度量模型,进而构建软件质量度量体系。从管理角度对软件质量进行度量的 McCall 软件质量模型如图 8-3 所示。

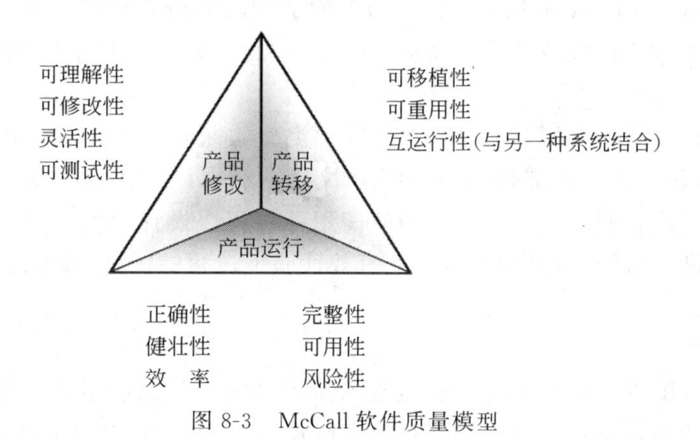

图 8-3 McCall 软件质量模型

软件质量的属性如表 8-1 所示。

表 8-1 软件质量的属性

质量属性	定 义
正确性	系统满足规格说明和优化目标的程度,即在预定环境下能正确地完成预期功能的程度
健壮性	在硬件故障、操作错误等意外情况下,系统能做出适当反应的程度
效率	为完成预定功能,系统需要的计算资源的多少

续表

质量属性	定　　义
完整性	即安全性,对非法使用软件或数据,系统能够控制(禁止)的程度
可用性	对系统完成预定功能的满意程度
风险	能否按照预定成本和进度完成系统,并使用户满意的程度
可理解性	理解和使用该系统的容易程度
可修改性	诊断和改正运行时发现错误所需工作量的大小
灵活性	即适应性,修改或改进正在运行的系统所需工作量的大小
可测试性	软件易测试的程度
可移植性	改变系统的软硬件环境及配置时,所需工作量的大小
可重用性	软件在其他系统中可被再次使用的程度(或范围)
互运行性	把该系统与另一个系统结合起来所需的工作量

2. 软件质量管理活动

软件质量管理有以下 3 个主要活动。

1) 质量保证

质量保证(Quality Assurance,QA)活动为达到高质量软件提供了一个框架,其过程包括对软件开发过程标准或软件产品标准的定义和选择,这些标准应该融合在软件开发的过程中。

在质量保证过程中要制定产品和过程两种类型的标准。产品标准定义了所有要提供的产品的特征,包括文档标准,如生成的需求文档的结构;文档编写标准,如定义对象类时注释头的标准写法;编码标准,规定了如何使用某种程序设计语言。过程标准,定义了软件开发必须遵循的过程,包括描述、设计、有效性验证过程的定义,以及对在这些过程中产生的文档描述。

2) 质量规划

质量规划(Quality Planning,QP)描述希望得到的产品的质量要求及其评定办法,并且定义最重要的质量属性。质量规划要定义质量的评定过程,也要说明采用哪个组织的标准,如果有必要还要定义新的标准。

Humphrey 的质量规划结构框架如表 8-2 所示。

表 8-2　Humphrey 的质量规划结构框架

项　　目	说　　明
产品介绍	说明产品、产品的意向市场及对产品性质的预期
软件计划	包括产品确切的发布日期、产品责任及产品的销售和售后服务计划
过程描述	产品的开发和管理中应该采用开发和售后服务质量过程

续表

项　目	说　明
质量目标	包括鉴定和验证产品的关键质量属性
风险管理	说明影响产品质量的主要风险和对这些风险的应对措施

3）质量控制

质量控制(Quality Control,QC)就是监督检查整个软件开发过程,以确保质量保证规程和标准被严格执行。常见的质量控制方法有两种：一是质量评审,一组人对软件、文档编制及软件制作过程进行评审;二是自动化的软件评估,软件和文档生成后,经过一定的程序进行处理,并与用于具体项目的标准相对照。

3. 质量成本

质量成本是追求质量过程或在履行质量有关活动中引起的费用以及质量不佳引起的下游费用等所有费用。质量成本一般包括预防成本、评估成本和失效成本。

预防成本是检验费用和为减少质量损失而发生的各种费用,是在结果产生之前为了达到质量要求而进行的一些活动的成本;评估成本是按照质量标准对产品质量进行测试、评定和检验所发生的各项费用,是在结果产生后,为了评估结果是否满足要求进行测试活动而产生的成本;失效成本是在结果产生后,通过质量测试活动发现项目结果不满足质量要求,为了纠正其错误使其满足质量要求发生的成本。质量成本如表8-3所示。

表8-3　质量成本

预防成本	评估成本	失效成本
质量计划和协调等管理活动 需求、设计模型开发成本 测试计划的成本 相关培训成本	技术审查成本 数据收集和度量估算成本 测试和调试成本	内部失效成本,即交付前发现错误的成本,如返工、修复故障模式分析;外部失效成本,即交付后发现缺陷的成本,如投诉、退换、帮助作业支持、保修

4. 软件质量保证工作

软件质量保证工作可以从两方面来理解：一方面,从顾客驱动观点看,注重于复审和校核方法并保证一致性,其关键是需要一种客观的标准来确定并报告软件开发过程及其成果的质量,一般由“软件质量保证小组”完成;另一方面,从管理者驱动观点看,注重于确定为了产品质量必须做些什么,并且建立管理和控制机制来确保这些活动能够得到执行。其关键步骤如下。

(1) 建立质量目标。以客户对于质量的需求为基础,对项目开发周期的各个阶段建立质量目标。

(2) 定义质量度量。定义质量度量以衡量项目活动的结果,协助评价有关的质量目标是否达到。

(3) 确定质量活动。对于每个质量目标,确定那些能够帮助实现该质量目标的活动,并将这些活动集成到软件生存周期模型中去。

(4) 执行质量活动。执行已经确定的质量活动。

(5) 评价质量。在项目开发周期的各阶段，利用已经定义好的质量度量来评价有关的质量目标是否达到。若质量目标没有达到，则采取修正行动。

8.2.2 风险管理

软件开发存在着风险。软件风险具有不确定性，可能发生也可能不发生，但一旦风险变为现实，就会造成损失或产生恶性后果。不同的软件，风险也不相同，项目的规模越大，结构化程度越低，资源和成本等因素的不确定因素就越大，承担这样的项目所冒的风险也就越大。风险管理是指风险识别、风险评估及风险控制的方法。它不仅是项目计划中的一个对象，还要求在开发过程中对它进行跟踪、报告及更新。

1. 风险识别

风险识别是试图系统化地确定对项目计划的威胁，识别已知和可预测的风险，只有识别出这些风险，项目管理者才有可能避免这些风险，且在必要时控制这些风险。在项目的前期及早识别出风险是很重要的。风险识别在项目开始时就要进行，并在项目执行过程中不断跟进。

从宏观上来看，可将风险分为项目风险、技术风险和商业风险。项目风险是指在预算、进度、人力、资源、用户及需求等方面潜在的问题，它们可能造成软件项目成本提高、时间延长等损失。技术风险是指潜在的设计、实现、接口、检验和维护方面的问题，威胁到待开发软件的质量和预定的交付时间。如果技术风险成为现实，开发工作可能会变得很困难或根本不可能。商业风险包括市场、商业策略、推销策略等方面的风险，这些风险威胁到待开发软件的生存能力。

如下 6 方面有助于识别已知的或可预测的风险。

(1) 产品规模。与待开发或要修改的软件的产品规模(估算偏差、产品用户、需求变更、复用软件、数据库)相关的风险。

(2) 商业影响。与管理和市场所加的约束(公司收益、上级重视、符合需求、用户水平、产品文档、政府约束、成本损耗、交付期限)有关的风险。

(3) 用户特性。与用户的素质(技术素养、合作态度、需求理解)及开发人员与用户定期通信(技术评审、通信渠道)能力有关的风险。

(4) 过程定义。与软件过程定义、组织程度及开发组织遵循的程度相关的风险。

(5) 开发环境。与用于建造产品的工具(项目管理、过程管理、分析与设计、编译器及代码生成器、测试与调试、配置管理、工具集成、工具培训、联机帮助与文档)的可用性和质量相关的风险，与待开发软件的复杂性及系统所包含技术的“新颖性”相关的风险。

(6) 人员及经验。与参与工作的软件技术人员的总体技术水平(优秀程度、专业配套、数量足够、时间窗口)及项目经验(业务培训、工作基础)相关的风险。

2. 风险评估

风险评估就是对识别出来的风险事件做进一步分析，对风险发生的概率进行估计和评价，对项目风险后果的严重程度进行估计和评价，对项目风险影响范围进行分析和评价，以及对于项目风险发生的时间进行估计和评价。这是衡量风险概率和风险对项目目标影响程度的过程。

风险估计一般包括两方面的内容：①估计一个风险发生的可能性（概率）；②与风险相关的问题出现后估计将会产生的结果（影响）。另外，要对每个风险的表现、范围、时间做出尽量准确的判断。对不同类型的风险采取不同的分析方法。

通过对风险及风险的相互作用的估算来评价项目可能结果的范围，从成本、进度及性能3方面对风险进行评价，确定哪些风险事件或来源可以避免，哪些可以忽略不计，哪些要采取应对措施。

风险评估的方法包括定性风险评估和定量风险评估。定性风险评估主要是针对风险概率及后果进行定性的评估。在评估概率和风险后果时可采用一些原则，如小中取大原则、大中取小原则、遗憾原则、最大数学期望原则、最大可能原则等。定量风险分析是在定性分析的逻辑基础上，给出各个风险源的风险量化指标及其发生概率，再通过一定的方法合成，得到系统风险的量化值。它是基于定性分析基础上的数学处理过程。

3. 风险监控

风险监控主要靠管理者的经验来实施。风险监控首先应该建立风险缓解、监控和管理计划，说明风险分析的全部工作，并且作为整个项目计划的一部分为项目管理人员所使用。

风险监控会带来额外的项目成本，称为风险成本。例如，培养关键技术人员的后备力量需要花费金钱和时间。因此，当通过某个风险监控步骤而得到的收益被实现它们的成本超出时，要对风险监控部分进行评价，进行传统的成本-效益分析。

【例 8-2】 若某开发人员在开发期间中途离职的概率是70%，且离职后对项目有影响，可采取的风险监控步骤如下。

（1）与现有人员一起探讨人员流动的原因（如工作条件差、收入低、人才市场竞争等）。

（2）在项目开始前，把缓解这些原因的工作列入管理计划中。

（3）当项目启动时，做好出现人员流动时的准备，采取一些方法以确保一旦人员离开后项目仍能继续。

（4）建立良好的项目组织和通信渠道，以使大家了解每个有关开发活动的信息。

（5）制定文档标准并建立相应机制，以保证能够及时建立文档。

（6）对所有工作组织细致的评审，使大多数人能够按计划完成自己的工作。

（7）对每个关键性的技术人员，要培养后备人员。

8.2.3 文档管理

文档是指某种数据媒体和其中所记录的数据。它具有永久性，并可以由人或机器阅读，通常仅用于描述人工可读的东西。在软件工程中，文档常常用来表示对活动、需求、过程或结果进行描述、定义、规定、报告或认证的任何书面或图示的信息。它们描述和规定了软件设计和实现的细节，说明使用软件的操作命令。

文档是软件产品的一部分。文档的编制在软件开发工作中占有突出的地位和相当大的工作量。高质量、高效率地开发、分发、管理和维护文档对于转让、变更、修正、扩充和使用文档，充分发挥软件产品的效益有重要的意义。

1. 软件文档的作用

在软件的生产过程中，总是伴随大量的信息要记录和使用。因此，软件文档在产品的开发生产过程中起着重要的作用。

(1) 提高软件开发过程的能见度。把开发过程中发生的事件以某种可阅读的形式记录在文档中，管理人员可把这些文档作为检查软件开发进度和开发质量的依据，实现对软件开发的工程管理。

(2) 提高开发效率。软件文档的编写，使得开发人员对各个阶段的工作都进行周密思考、全盘权衡，从而减少返工，并且可在开发早期发现错误和不一致性，便于及时加以纠正。

(3) 工作标志与记录。作为开发人员在一定阶段的工作成果和结束标志。记录开发过程中的有关信息，便于协调以后的软件开发、使用和维护。

(4) 便于协作与交流。提供对软件的运行、维护和对软件人员进行培训的有关信息，便于管理人员、开发人员、操作人员、用户之间的协作、交流和了解，使软件开发活动更科学、更有成效。便于潜在用户了解软件的功能、性能等各项指标，为他们选购符合自己需要的软件提供依据。

由文档在各类人员、计算机之间的多种桥梁作用中看出，既然软件已经从手工艺的开发方式发展到工业化的生产方式，文档在开发过程中就起到关键作用。从某种意义上，文档是软件开发规范的体现和指南。按规范要求生成一整套文档的过程，就是按照软件开发规范完成一个软件开发的过程。所以，在使用工程化的原理和方法来指导软件的开发和维护时，应当充分注意软件文档的编写和管理。

2. 软件文档的分类

软件文档从形式上来看，大致可分为两类：一类是开发过程中填写的各种图表，可称其为工作表格；另一类是应编制的技术资料或技术管理资料，可称其为技术文档或文件。软件文档的编制，可以用自然语言、特别设计的形式语言、介于两者之间的半形式语言(结构化语言)以及各类图形、表格来表示。

按照文档产生和使用的范围，软件文档可分为以下 3 类。

(1) 开发文档。开发文档是在软件开发过程中,作为软件开发人员前一个阶段工作成果的体现和后一个阶段工作依据的文档。包括软件需求规格说明、数据要求规格说明、概要设计规格说明、详细设计规格说明、可行性研究报告、项目开发计划。

(2) 管理文档。管理文档是在软件开发过程中,由软件开发人员制订的需提交开发人员的一些工作计划或工作报告。使管理人员能够通过这些文档了解软件开发项目安排、进度、资源使用和成果等。包括项目开发计划、测试计划、测试报告、开发进度月报及项目开发总结。

(3) 用户文档。用户文档是软件开发人员为用户准备的有关该软件使用、操作、维护的资料,包括用户手册、操作手册、维护修改建议、软件需求规格说明。

3. 软件文档规范

中华人民共和国国家质量监督检验检疫总局、中华人民共和国国家标准化管理委员会于2006年发布的GB/T 8567—2006《计算机软件文档编制规范》,对软件的开发过程和管理过程应编制的主要文档及其编制的内容、格式规定了基本要求。该标准原则上适用于所有类型的软件产品的开发过程和管理过程。

GB/T 8567—2006规定了25种文档编制格式,包括可行性分析(研究)报告(FAR)、软件开发计划(SDP)、软件测试计划(STP)、软件安装计划(SIP)、软件移交计划(STrP)、运行概念说明(OCD)、系统(子系统)需求规格说明(SSS)、接口需求规格说明(IRS)、系统(子系统)设计(结构设计)说明(SSDD)、接口设计说明(IDD)、软件需求规格说明(SRS)、数据需求说明(DRD)、软件(结构)设计说明(SDD)、数据库(顶层)设计说明(DBDD)、软件测试说明(STD)、软件测试报告(STR)、软件配置管理计划(SCMP)、软件质量保证计划(SQAP)、开发进度月报(DPMR)、项目开发总结报告(PDSR)、软件产品规格说明(SPS)、软件版本说明(SVD)、软件用户手册(SUM)、计算机操作手册(COM)、计算机编程手册(CPM)。

4. 文档的管理与维护

在整个软件生存周期中,各种文档作为半成品或是最终成品,会不断地生成、修改或补充。为了最终得到高质量的产品,达到提出质量的要求,必须加强对文档的管理。

文档管理和维护需要注意的事项:软件开发小组应设一位文档保管人员,负责集中保管本项目已有文档的两套主文本(两套主文本内容完全一致,其中的一套可按一定手续办理借阅);软件开发小组的成员可根据工作需要在自己手中保存一些个人文档;开发人员个人只保存主文本中与其工作相关的部分文档;在新文档取代了旧文档时,管理人员应及时注销旧文档;在文档内容有变动时,管理人员应随时修订主文本,使其及时反映更新了的内容;在软件开发过程中,可能发现需要修改已完成的文档,特别是规模较大的项目,主文本的修改必须特别谨慎,修改以前要充分估计修改可能带来的影响,并且要按照提议、评议、审核、批准和实施等步骤加以严格的控制;项目开发结束时,文档管理人员应收回开发人员的个人文档,发现个人文档与主文本有差别时,应立即着手解决。

8.2.4 软件配置管理

软件管理配置是对软件开发进行管理的一套办法和活动准则。它通过对软件系统进行特定的表示来实现软件配置的系统更改，并在软件的整个生存周期中维护其配置的完整性和跟踪性。

软件配置管理的基本目标：软件配置管理活动被定义和计划；软件开发过程中的工作成果被识别、控制和管理；对于处于配置管理下的项目文档的修改被控制；与软件成果相关的项目组和成员应该被通知工作产品的目前状态和被修改的信息。

软件配置管理的角色主要包括高层经理、变更控制委员会(Change Control Board，CCB)、业务经理、项目经理、开发项目组、测试工程师以及配置管理工程师等。

1. 软件配置管理的概念

软件配置管理(Software Configuration Management，SCM)是用来标识、组织和控制软件系统的一种技术，其主要目的是降低软件错误，提高生产效率。软件配置管理是一套科学的管理规范，是对软件进行更改的一个关键支持过程。它贯穿整个软件生存周期，用于控制软件在其生存周期内的改变并减少这种改变对软件造成的影响，最终确保软件产品的质量。

软件配置管理所涉及的主要内容：对系统中的标识项进行标识和定义，同时制定与其相关的基线；控制软件系统中的配置项，或是对其配置项进行变更；记录软件系统中软件配置项的运行状态和修改请求。

软件配置管理的主要概念包括软件配置项、基线和版本。

1）软件配置项

软件配置项(Software Configuration Item，SCI)是指软件配置管理的对象。一个软件配置项是一个特定的、可文档化的工作产品集，其产品由生存周期产生或使用，每个项目的配置项可能有所不同。软件配置项的识别是配置管理活动的基础，也是制订配置管理计划的重要内容。表 8-4 列出软件配置项的分类、特征与举例。

表 8-4 软件配置项的分类、特征与举例

分类	特　征	举　例
环境类	软件开发环境及软件维护环境	编译器、操作系统、编辑器、数据库管理系统、开发工具、项目管理工具、文档编辑工具
定义类	需求分析及定义阶段完成后得到的工作产品	软件需求规格说明书、项目开发计划、设计标准或设计准则、验收测试计划
设计类	设计阶段结束后得到的产品	系统设计规格说明、程序规格说明、数据库设计、编码标准、用户界面设计、测试标准、系统测试计划、用户手册
编码类	编码及单元测试后得到的工作产品	源代码、目标码、单元测试数据及单元测试结果

续表

分类	特　　征	举　　例
测试类	系统测试完成后的工作产品	系统测试数据、系统测试结果、操作手册、安装手册
维护类	进入维护阶段以后产生的工作产品	以上任何需要变更的软件配置项

2）基线

基线(Baseline)是软件开发过程中的一个里程碑，作用是把各个阶段的工作划分得更加明确，使得本来连续的工作在这些点上断开，使之便于检验和确认开发成果。其标志是有一个或多个软件配置项的交付，且这些软件配置项已经通过技术审核而获得认可。以基线为基础进行软件配置管理是软件配置管理的基本方法。

在软件开发的整个过程中和交付以后，因为发现错误和修正错误或推翻原设计以及改变系统需求等，系统将受到某种变化的影响，这些“干扰”自然会使所有交付项存在多种版本。所以必须从所有交付项中确定一个一致的子集作为软件配置基线，如图 8-4 所示。

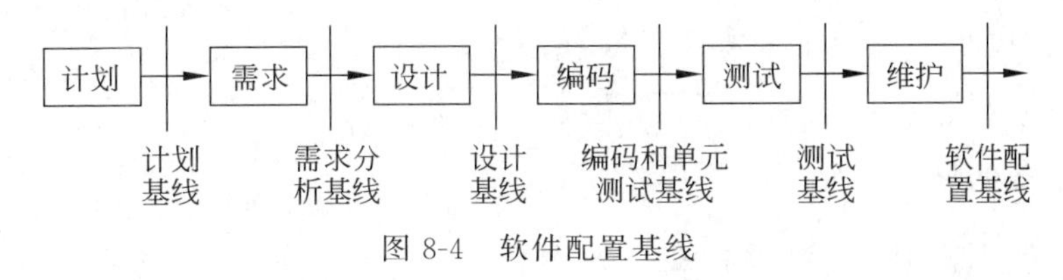

图 8-4　软件配置基线

基线是配置管理中的重要概述。首先，基线可以作为一个检查点，特别是在开发过程中，当采用的基线发生错误时，可以返回到最近和最恰当的基线上，至少可以知道处于什么位置；其次，基线可以作为区分两个或多个分叉开发路径的起始点，这就比从各支路最初的交汇点开始为好；再次，对于开发组合用户，内部一致的基线是理想的正式评审目标；最后，包含测试系统的基线可以正式发行，用于评价或培训，用于其他相关系统的辅助测试，或推动用户充分发挥其作用。

3）版本

软件版本包含两种不同含义：①为满足不同用户的不同使用要求，如适用于不同运行环境或不同平台的系列产品；②软件产品投入使用以后，经过一段时间运行提出了变更的要求，需要做较大修正或纠错，增强功能或提高性能。在软件开发过程中，对每个受控的程序和文档都标有版本号，其目的是更清楚地辨别程序和文档的修订情况。在配置管理中，配置项文件在发生变更后保存的是形成该文件的新版本，与原有版本同时存在，并不是覆盖原有的文档，这样有利于对文档的查询。

表 8-5 列出了常见的软件版本。

表 8-5　常见的软件版本

版　　本	名　　称	作　　用
Alpha 版	内部测试版	内部测试

续表

版　本	名　称	作　用
Beta 版	外部测试版	典型性用户的外部测试
Demo 版	演示版	演示部分功能，为发售造势
Enhanced 版	增强版或加强版	增加新功能、新游戏场景的正式发售版本
Free 版	自由版	没有版权，免费给大家使用的版本
Full Version 版	完全版	最终正式发售的版本
Shareware 版	共享版	为吸引客户，带有限制的版本
Release 版	发行版	进行了各种优化，以便用户很好地使用

【例 8-3】 常见的版本命名规则有 3 种，即 GNU 风格、Windows 风格和 Net.Framework 风格的版本号命名格式。

GNU 版的格式：

```
主版本号.子版本号[.修正版本号 build-[编译版本号]]
```

如 1.2、1.2.0、1.2.0 build-12341。

Windows 版的格式：

```
主版本号.子版本号[修正版本号[.编译版本号]]
```

如 1.21、2.0。

Net.Framework 版的格式：

```
主版本号.子版本号[.编译版本号[.修正版本号]]
```

如 4、4.5、4.6。

2. 软件配置管理的实施

软件配置管理涉及软件组织中每天的开发和维护工作。在软件开发的整个生存周期中，软件的变更都要被识别、控制和管理。软件配置管理的实施主要包括制订软件配置管理计划、搭建软件配置管理环境、配置标识、版本控制、变更控制、配置状态报告、配制管理审计等，如图 8-5 所示。

（1）制订软件配置管理计划。管理计划是一个软件项目进行配置管理的前提，管理活动正是在此计划的引导下开展的。否则，软件配置管理在实施的工程中将会出现过程混乱，进而影响到软件项目的顺利开展，所以说软件配置管理计划不但能够保证软件配置管理的顺利实施，同时它还是软件配置管理测试的基础。

（2）搭建软件配置管理环境。搭建软件配置管理环境的两个必要条件是管理工具和管理系统。其中软件配置管理系统在构建时需要运用到与该软件相关的数据库技术和文件管理技术，此系统建立时采用 C/S 结构，并充分运用网络这一管理工具来实现。在建立软件管理系统时，客户端的功能设置中包含开发库、受控库和产品库，通过这 3 个数据

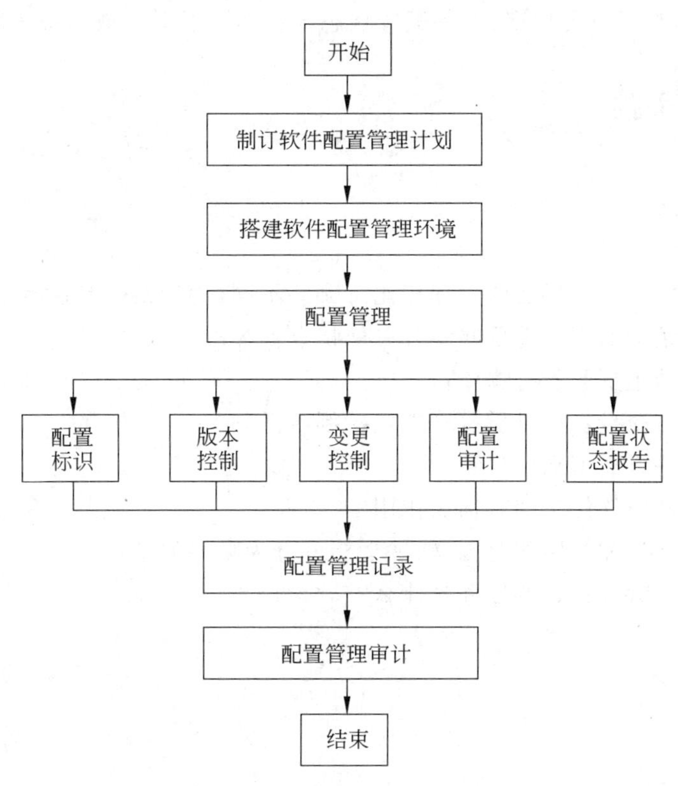

图 8-5 软件配置管理的实施过程示意图

库的建立来保证软件配置项在不同的测试阶段存储于不同的库中。

(3) 配置标识。配置标识既是软件管理中的基础,又是软件管理的重要组成部分。在对软件项目进行配置项管理时,其操作都会受到严格的管理,其管理过程中不同类型的基线都设置有一定的权限,所以测试人员要根据个人权限管理相应的基线。在软件管理中配置标识主要用于标识系统中被测试样品、工具、文档以及记录报告的类型和名称。

(4) 版本控制。软件配置管理活动的核心内容便是版本控制。在对软件进行管理时,软件配置管理系统中的管理对象在测评过程中所产生的内容和数据都会以文档的形式进行保存,保存时系统会对其进行版本标识。而且在此软件当中新旧两个版本同时存在,这样便于文档的查找。而对于配置管理系统中的基线控制项,需要根据基线的保密程度以及其存在的位置设置相应的访问权限,以保证软件使用的安全性。

(5) 变更控制。在对软件进行管理测评时会发生变更现象,产生此现象的原因包含两方面:①被测试件出现问题,此时需要对原有的软件系统进行改进,因此便需要对其进行变更;②变更后的软件系统其形成的文档也要随之做出相应的变更管理。

(6) 配置状态报告。软件配置管理中设置有配置状态报告,此配置状态报告的设置主要是用于发现和报告软件配置管理中基线的变化情况,通过对此状态报告的观察为测试人员提供可靠的参考依据,并通过对此报告的分析来加强对软件项目的配置管理。

(7) 配置管理审计。配置管理审计的主要作用是作为变更控制的补充手段,来确保某个变更需求已被切实地执行和实现,包括验证配置标识是否唯一性、版本是否得到有效地控制、变更控制是否符合规定、以及配置状态报告是否及时有效地报告基线状态等。

8.3 思考与实践

8.3.1 问题思考

1. 软件项目管理与一般运营管理相比有哪些不同,为什么会有这些不同?
2. 项目组织结构的模式有哪些?各有何特点?
3. 项目经理的主要职责有哪些?
4. 什么是项目质量?项目质量管理包括哪些活动?
5. 可以从哪些方面识别风险?
6. 什么是文档?软件文档有什么作用?
7. 按照文档产生和使用的范围,软件文档可分为哪些类型?
8. 什么是配置管理?它的任务是什么?

8.3.2 专题讨论

1. 论述下述观点。

(1) 项目管理提供给人们一种解决问题的思路和方法。

(2) 优秀的项目经理主要是干出来的,不是学出来的;是带出来的,不是教出来的。

(3) 项目开发的组织机构通常有基于职能的组织结构和基于任务的组织结构两种方式。

(4) 项目开发中对工作效果影响最大的是人为因素。

(5) 质量保证措施应以提前预防和实时跟踪为主,以事后测试和纠错为辅。

2. 本杰明·富兰克林(Benjamin Franklin)有一段名言:"因缺乏一个钉子,马掌就失去了作用;因缺乏一个马掌,马就失去了作用;因缺乏马,骑手就失去了作用;因缺乏骑手,战争就失去了作用;因缺乏战争,国家就失去了作用;所有这些皆因失去了一个马掌上的钉子。"从这句话中可以看出,项目管理能避免国家的消亡吗?说明理由。

3. 随着知识经济和网络化社会的发展,项目管理会有哪些大的变化?

4. 假定有限的经费预算不能购买项目管理软件,如何使用电子表格软件或数据库程序来管理项目?

5. 有一个软件开发人员说:"自从公司严格执行项目管理后,产品质量没有见明显提高,进度倒是延误了,成本也增加了,人们除了学会一堆概念外,并没有得到实质性的好处。"分析其中的原因。

6. 基线是系统开发过程中的特定点,其作用是使系统开发项目各个阶段的划分更加明确,使本来连续的工作在这些点上断开,以便检查和肯定联合体成果。举例说明基线的作用。

8.3.3 应用实践

1. 软件项目管理解决的核心问题是什么？

2. 假设自己被指定为项目负责人，任务是开发一个应用系统，该系统类似于自己的小组以前做过的系统，但是规模更大且更复杂一些。用户已经写出了完整的需求文档，应选用哪种项目组结构？为什么？提出拟采用的软件过程模型，并说明理由。

3. 分析影响软件质量的主要因素。

4. 风险列表是项目风险的分析工具，按下列格式，写出在软件开发过程中需要关注的风险（至少5项）。

任务	可能的风险	产生的阶段	产生的原因	避免的措施	发生后的处理

5. 由于长期使用的大型软件系统在使用过程中必然会经受多次修改，所以文档比程序代码更重要，为什么？

6. 什么样的文档是高质量的软件文档？一套高质量的软件文档体系一般具有哪些共同特性？

7. 在一个正在实施的系统集成项目中出现下述情况：一个系统的用户向他认识的一个系统开发人员抱怨系统软件中的一项功能问题，并且表示希望能够修改。于是，该开发人员就直接对系统软件进行了修改，解决了该问题，针对这种情况，分析如下问题。

（1）说明上述情况中存在哪些问题？

（2）说明上述情况会导致什么样的结果？

（3）说明配置管理中完整的变更处理流程。

8. 搜索研究网络项目管理软件，提交一个简要的搜索结果报告，包括价格、主要特征和建议。

9. 编制“校园二手商品交易系统”(SHCTS)的配置管理方案。

10. 对“校园二手商品交易系统”(SHCTS)的项目开发过程的文档进行列表，并整理所有文档。

课后自测-8

第 9 章　嵌入式系统开发

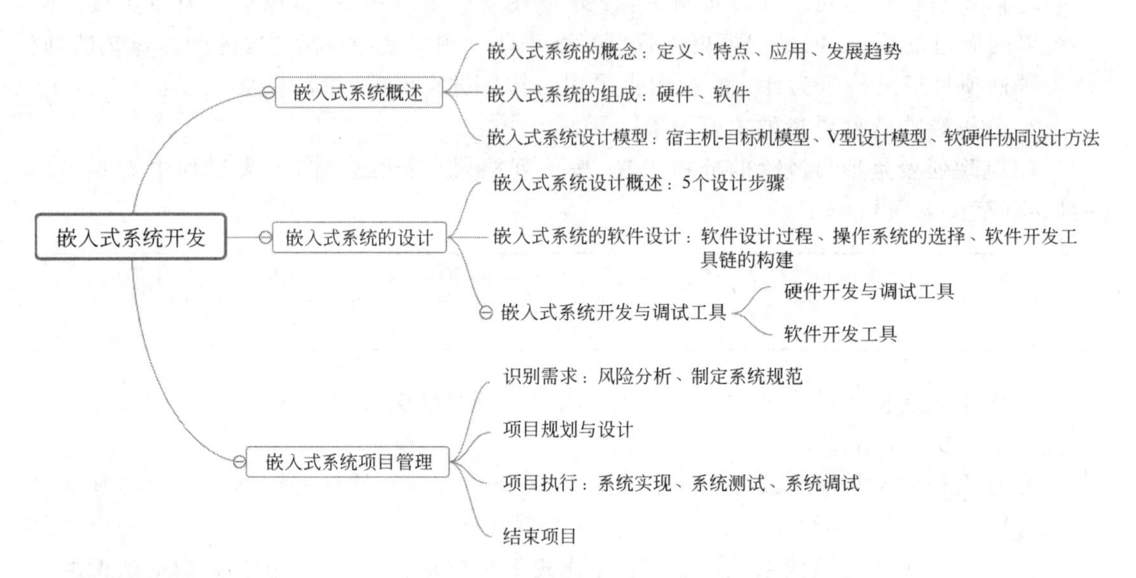

本章导读-9

9.1　嵌入式系统概述

随着数字信息技术和网络技术的快速发展，计算机从以普通 PC 为主流的时代慢慢步入到“后 PC”时代，嵌入式系统取得了前所未有的发展，并在工业控制、信息家电、智能仪表、网络通信等领域中得到了广泛应用。嵌入式系统已经进入现代社会中人们生活的方方面面。

嵌入式系统的巨大发展和需求必将引起其设计方法的不断演变，加之它具有很强的专用性，可移植性差，因而，分析和探讨嵌入式系统的开发方法也就有着十分深远的意义。

9.1.1　嵌入式系统的概念

通常，计算机连同一些常规的外部设备是作为独立的系统而存在的，并非为某方面的专门应用而存在的，具有通用的硬件和系统软件资源的计算机系统称为通用计算机系统。而有些计算机是作为某个专用系统中的一个部件而存在的，例如机顶盒、汽车导航仪、智能手机、智能机器人等。像这样嵌入到专用系统中的计算机，称为嵌入式计算机。

将计算机嵌入系统中，一般并不是指直接把一台通用计算机原封不动地安装到目标系统中，也不只是简单地把原有的机壳拆掉并安装到目标系统的机壳中，而是指为目标系统量身定制的计算机，再把它有机地植入，融入目标系统。

1. 嵌入式系统的定义

嵌入式系统(Embedded System)是嵌入式计算机系统的简称。嵌入式系统是以应用为中心,以计算机技术为基础,软硬件可裁减,适应应用系统对功能、可靠性、成本、体积、功耗严格要求的专用计算机系统。嵌入性、专用性与计算机系统构成嵌入式系统的3个基本要素。

嵌入式系统是把计算机直接嵌入应用系统中,它融合了计算机软硬件技术、通信技术和微电子技术,是集成电路发展过程中的一个标志性的成果。

嵌入式技术将计算机作为一个信息处理部件嵌入应用系统中,它将软件固化集成到硬件系统中,将硬件系统与软件系统一体化。

2. 嵌入式系统的特点

由于嵌入式系统是一种特殊形式的专用计算机系统,因此同计算机系统一样,嵌入式系统由硬件和软件构成。与PC为代表的通用计算机系统比较,嵌入式系统是由定义中的3个基本要素衍生出来的,不同的嵌入式系统其特点会有所差异,其主要特点概括如下。

(1) 嵌入式系统是专用计算机系统。嵌入式系统的软硬件均是面向特定应用对象和任务设计的,具有很强的专用性。其主要目的是控制,需要由嵌入式系统提供的功能以及面对的应用和过程都是预知的,相对固定的,而不像通用计算机那样有很大的随意性。嵌入式系统的软硬件可裁减性使得嵌入式系统具有满足对象要求的最小软硬件配置。

(2) 集计算机技术与各行业于一体的集成系统。嵌入式系统是将先进的计算机技术、半导体技术和电子技术与各个行业的具体应用相结合后的产物。这一点就决定了它必然是一个技术密集、资金密集、高度分散、不断创新的知识集成系统。

(3) 嵌入式系统对环境的要求。嵌入式系统必须满足对象系统的环境要求,如物理环境(集成度高、体积小)、电气环境(可靠性高)、成本低(价廉)、功耗低(能耗少)等高性价比要求。此外,不同级别的嵌入式系统对温度、湿度、压力等自然环境的要求差别很大。

(4) 实时性要求。许多嵌入式系统都有实时性要求,需要有对外部事件迅速做出反应的能力。

(5) 必须能满足对象系统控制要求。嵌入式系统必须配置有与对象系统相适应的接口电路,如A/D、D/A、PWM、LCD、SPI、I2C、CAN、USB以及Ethernet等诸多外围接口。

(6) 软件固化在非易失性存储器中。为了提高执行速度和系统可靠性,嵌入式系统中的软件一般都固化到EPROM、E2PROM或Flash等非易失性存储器中,而不是像通用计算机系统那样存储于磁盘等载体中。

(7) 具有较长的生存周期。嵌入式系统和实际应用有机地结合在一起,它的更新换代也是和实际产品一同进行的,因此基于嵌入式系统的产品一旦进入市场,便具有较长的生存周期。

(8) 需要专用开发环境和开发工具进行设计。嵌入式系统本身不具备自主开发能力,即使设计完成以后用户通常也不能对其中的程序功能进行修改,必须有一套开发工具和相应的开发环境,如ADS、IAR、MDK-ARM等集成开发环境。开发时往往有主机和目标机的概念，主机用于程序的开发，目标机作为最后的执行机，开发时需要交替结合进行。

3. 嵌入式系统的应用

嵌入式系统具有非常广阔的应用领域，是现代计算机技术改造传统产业、提升许多领域技术水平的有力工具。嵌入式计算机在应用数量上远远超过了各种通用计算机。一台通用计算机的外部设备中就包含了 5～10 个嵌入式微处理器，键盘、鼠标、软驱、硬盘、显示卡、显示器、调制解调器、网卡、声卡、打印机、扫描仪、数码照相机、USB 集线器等均是由嵌入式处理器进行控制的。在航空航天领域、军事国防领域、工业领域、消费电子领域以及网络领域，嵌入式系统都有用武之地，如图 9-1 所示。

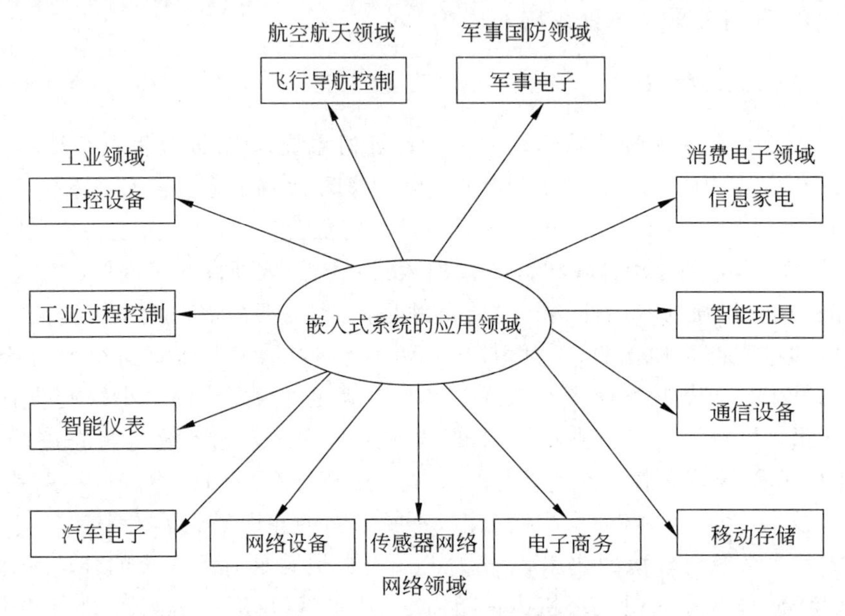

图 9-1　嵌入式系统的应用领域

在日常生活中，人们使用着各种嵌入式系统，但未必知道它们。事实上，几乎所有带有一点“智能”的家电(如全自动洗衣机等)都是嵌入式系统应用的例子。嵌入式系统广泛的适应能力和多样性使得视听、工作场所甚至健身设备中到处都有嵌入式系统的影子。因此，可以说嵌入式系统无处不在。

【例 9-1】 作为物联网重要技术组成的嵌入式系统，嵌入式系统的视角有助于深刻地、全面地理解物联网的本质。嵌入式系统在物联网用途广泛，遍及智能交通、环境保护、政府工作、公共安全、平安家居、智能消防、工业监测、环境监测、路灯照明管控、景观照明管控、楼宇照明管控、广场照明管控、长者护理、个人健康、花卉栽培、水系监测、食品溯源、敌情侦查和情报搜集等多个领域。

4. 嵌入式系统的发展趋势

嵌入式系统发展更加趋向于提供更加生动的人机交互界面，对于更多小型电子产品具备更好的移植性，从而实现其自动化、网络化、低功耗和智能化。

(1) 联网成为必然趋势。为适应嵌入式分布处理结构和应用上网需求,面向未来的嵌入式系统要求配备标准的一种或多种网络通信接口。针对外部联网要求,嵌入式设备必须配有通信接口,相应需要TCP/IP协议族软件支持;由于家用电器相互关联(如防盗报警、灯光能源控制、影视设备和信息终端交换信息)及实验现场仪器的协调工作等要求,新一代嵌入式设备还需具备IEEE 1394、USB、CAN、Bluetooth或IrDA(红外)通信接口,同时也需要提供相应的通信组网协议软件和物理层驱动软件。

(2) 支持小型电子设备实现小尺寸、微功耗和低成本。为满足这种特性,要求嵌入式产品设计者相应降低处理器的性能,限制内存容量和复用接口芯片。这就相应提高了对嵌入式软件设计技术的要求。例如,选用最佳的编程模型,不断改进算法,优化编译器性能。

(3) 提供精巧的多媒体人机界面。人们与信息终端交互要求以GUI屏幕为中心的多媒体界面。手写文字输入、语音拨号上网、收发电子邮件以及彩色图形、图像已取得初步成效。还要求嵌入式系统能提供精巧的多媒体人机界面。

9.1.2 嵌入式系统的组成

嵌入式系统由硬件和软件组成,是能够独立进行运作的器件。其硬件内容包括信号处理器、存储器、通信模块等在内的多方面的内容,软件内容只包括软件运行环境及其操作系统。相比于一般的计算机系统,嵌入式系统存在较大的差异性。

1. 嵌入式系统的硬件

从实际应用角度,典型的嵌入式硬件系统如图9-2所示。嵌入式系统的硬件包括嵌入式最小系统(如嵌入式处理器、调试接口、时钟模块、存储模块、复位模块、供电模块等)、输入通道(前向通道)、人机交互通道、输出通道(后向通道)以及通信互连通道。

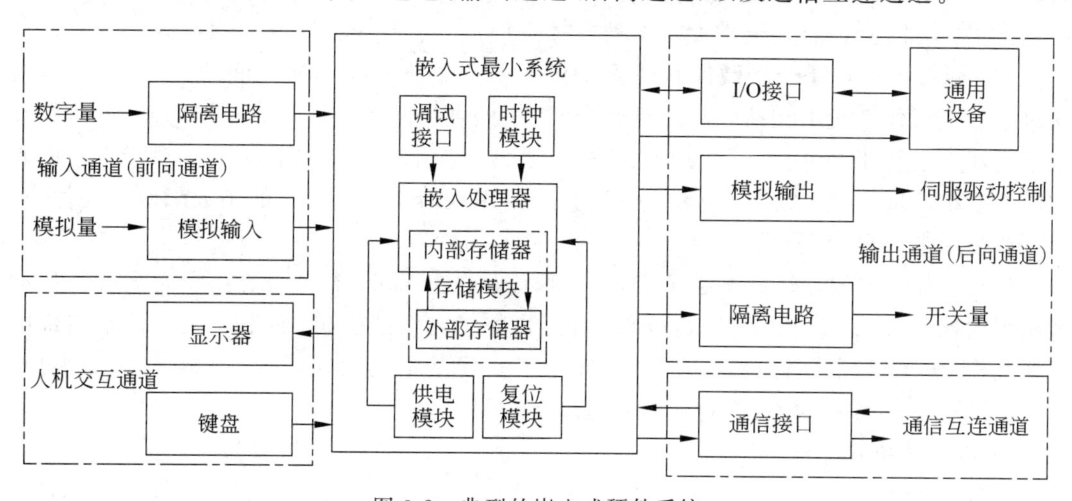

图9-2 典型的嵌入式硬件系统

嵌入式最小系统是指能够让嵌入式系统运行的最简硬件系统。嵌入式系统作为专用计算机系统，也是由嵌入式硬件和嵌入式软件构成的。由于嵌入式系统是嵌入对象体系中的专用计算机系统，因此嵌入式系统的硬件由嵌入式处理器(含内置存储器)、输入输出接口(I/O接口)、外部设备以及被测控对象及人机交互接口等构成。通常在嵌入式处理器内部集成了Flash程序存储器和SRAM数据存储器(也有集成EEPROM数据存储器)，如果内部存储器不够用，可以通过扩展存储器接口来外扩存储器。嵌入式处理器包括嵌入式处理器内核、内部存储器以及内置硬件组件。嵌入式计算机包括嵌入式处理器、存储器和输入输出接口。

不同应用场合选择不同的嵌入式处理器，不同嵌入式处理器内置硬件组件有所不同，内置外部设备的接口也有差异，因此嵌入式系统的硬件要根据实际应用选择或裁减，以最少成本满足应用系统的要求。

2. 嵌入式系统的软件

嵌入式系统的软件包括设备驱动层、嵌入式操作系统、应用程序接口(Application Program Interface，API)层以及用户应用程序层。对于简单的嵌入式系统，可以没有嵌入式操作系统，仅存在设备驱动程序和应用程序。

1) 设备驱动层

任何外部设备都需要相应的驱动程序支持，它为上层软件提供了设备的操作接口。因此驱动层程序是嵌入式系统中不可缺少的重要组成部分。

驱动层程序包括硬件抽象层(Hardware-Abstraction Layer，HAL)、板级支持包(Board Support Package，BSP)以及设备驱动程序。

(1) 硬件抽象层位于操作系统内核与硬件电路之间的接口层，其目的就是将硬件抽象化。即可通过程序来控制处理器、I/O接口以及存储器等所有硬件操作。这样使系统的设备驱动程序与硬件设备无关，提高了系统的可移植性。硬件抽象层包括相关硬件的初始化、数据的输入输出、硬件设备的配置等操作。

(2) 板级支持包是介于硬件和嵌入式操作系统中驱动层程序之间的一层，主要是实现对嵌入式操作系统的支持，为上层的驱动程序提供访问硬件设备寄存器的函数包，使其能够更好地运行于硬件。不同的嵌入式操作系统对应的板级支持包不同。对于不用嵌入式操作系统的嵌入式系统，应用程序可以直接使用板级支持包提供的函数来操作硬件，板级支持包由芯片厂商提供。

(3) 系统安装的硬件设备必须经过驱动才能被使用，设备的驱动程序为上层软件提供调用的操作接口。上层软件只需要调用驱动程序提供的接口，而不必关心设备内部的具体操作就可以控制硬件设备。驱动程序除了实现基本的功能函数(初始化、中断响应、发送、接收等)外，还具备完善的错误处理函数。

2) 嵌入式操作系统

嵌入式操作系统在复杂的嵌入式系统中起着非常重要的作用。嵌入式操作系统是嵌入式系统的灵魂，有了嵌入式操作系统，嵌入式系统的开发效率大大提高，系统开发的总工作量大大减少，嵌入式软件的可移植性也会大大提高。为了满足嵌入式系统的要求，嵌入式操作系统必须包括操作系统的一些最基本的功能,用户可以通过应用程序接口来使用操作系统。嵌入式操作系统通常应用在实时环境下,因此嵌入式系统的实时性要求嵌入式操作系统也应该具有实时性。

嵌入式操作系统具有编码体积小、面向应用、实时性强、可移植性好、可靠性高以及专用性强等特点。

常用的嵌入式操作系统有 VxWorks、pSOS、Palm OS、Windows CE、嵌入式 Linux、μC/OS、FreeRTOS、Android、iOS 等。

3) 应用程序接口层

应用程序接口又称为应用编程接口,是软件系统不同组成部分衔接的约定。程序设计的实践中,编程接口的设计要使软件系统的职责得到合理划分。良好的接口设计可以降低系统各部分的相互依赖,提高组成单元的内聚性,降低组成单元间的耦合程度,从而提高系统的维护性和扩展性。

4) 用户应用程序层

嵌入式应用软件是针对特定应用领域,用来实现用户预期目标的软件。嵌入式应用软件和普通应用软件有一定的区别:它不仅要求在准确性、安全性和稳定性等方面能够满足实际应用的需要,而且还要尽可能地进行优化,以减少对系统资源的消耗,降低硬件成本。

嵌入式系统中的应用软件是最活跃的力量,每种应用软件均有特定的应用背景。尽管规模较小,但专业性较强,是我国嵌入式软件的优势领域。

9.1.3 嵌入式系统设计模型

早期的嵌入式系统采用硬件优先的设计原则,且软件与硬件独立进行开发设计,软硬件之间的交互受到很大的限制,很难对一个特定的应用进行性能综合优化。随着嵌入式系统功能日益强大,复杂度日益提高,系统设计所涉及的问题越来越多,难度也越来越大。同时。软件硬化和硬件软化两种趋势同时存在,软件与硬件的相互影响和相互结合日趋紧密。因此,嵌入式系统的设计一般考虑软硬件协同设计的方法。

1. 嵌入式系统的开发流程

由嵌入式系统本身的特性所影响,嵌入式系统开发和通用系统的开发有很大的区别。嵌入式系统的开发主要分为系统总体设计、嵌入式硬件设计制作和嵌入式软件设计实践三大部分,其总体流程如图 9-3 所示。

在系统总体设计中,由于嵌入式系统与硬件相互依赖非常紧密,往往某些需求只能通过特定的硬件才能实现,因此需要进行处理器选型,以更好地满足产品的需求。另外,对于有些硬件和软件都可以实现的功能,就需要在成本和性能上做出抉择。往往通过硬件实现会增加产品的成本,但能大大提高产品的性能和可靠性。

另外,开发环境的选择对于嵌入式系统的开发也有很大的影响。这里的开发环境包括嵌入式操作系统的选择以及开发工具的选择等。

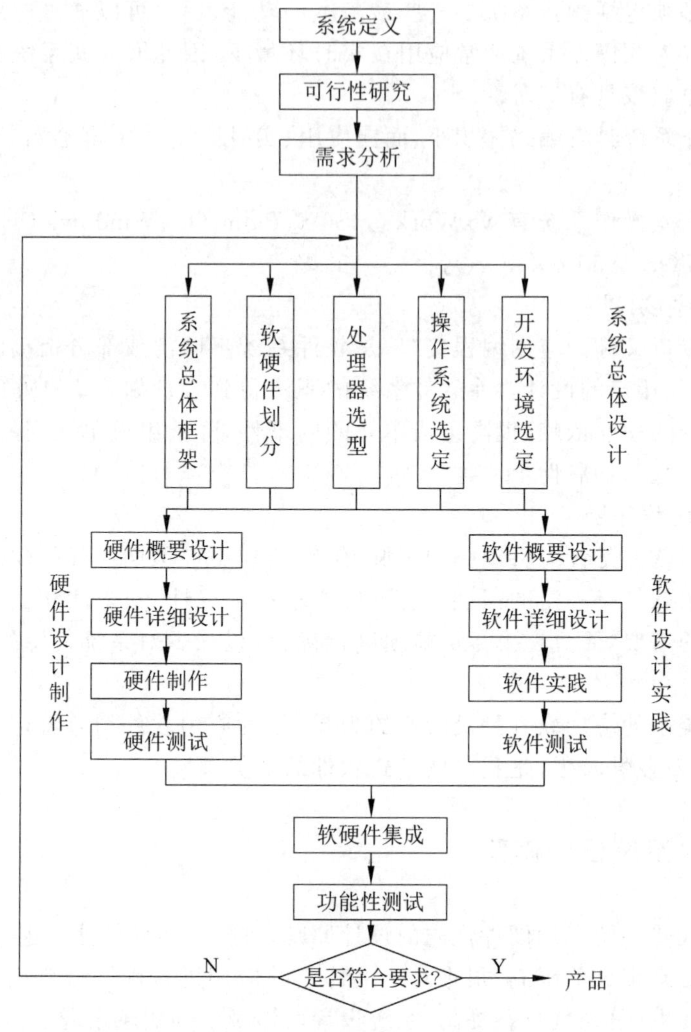

图 9-3　嵌入式系统开发流程图

2. 宿主机-目标机模型

嵌入式系统是一个复杂而专用的系统，在进行系统开发之前，必须先明确定义系统的外部功能和内部软硬件结构，再进行系统的设计分割，分别实现硬件规划与设计，应用软件规划与设计以及操作系统的裁减；在操作系统裁减和应用软件编码完成后，通常还将它们先移植到同系统结构的 CPU 的硬件平台上进行远程调试、功能模拟；完整无误后，最后才将操作系统和应用软件移植到自己开发的专用硬件平台上，完成系统的集成。

完成系统设计分割后，软件和硬件开发可以并行进行，也可以在完成硬件后再实现操作系统和应用软件的开发。

在嵌入式系统的开发流程中，操作系统的裁减和应用软件的编码都是在通用的台式计算机或工作站上完成的，称这样的台式计算机为宿主机（其操作系统大多为 Windows

系列、Linux 或 Solaries 等)；而待开发的硬件平台通常被称为目标机。这种在宿主机上完成软件功能后，通过串口或者以网络将交叉编译生成的目标代码传输并装载到目标机上，并在监控程序或者操作系统的支持下利用交叉调试器进行分析和调试，最后目标机在特定环境下脱离宿主机单独运行的系统开发模式，称为宿主机-目标机(Host-Target)模式，它是嵌入式系统常采用的一种典型开发模式。其简图如图 9-4 所示。

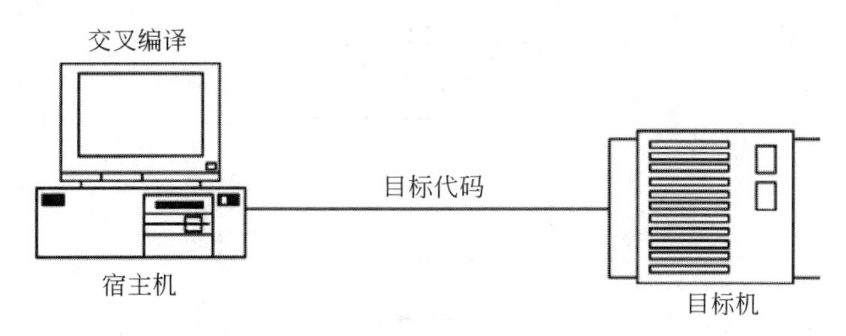

图 9-4 宿主机-目标机开发模式

在宿主机-目标机开发模式中，交叉编译和远程调试是系统开发的重要特征。

(1) 交叉编译。宿主机上的 CPU 结构体系和目标机上的 CPU 结构体系是不同的，为了实现裁减后的嵌入式操作系统和应用软件能在目标机上“跑”起来，移植它们前，必须在宿主机上建立新的编译环境，进行和目标机 CPU 相匹配的编译，这种编译方式称为交叉编译。新建立的编译环境称为交叉编译环境。交叉编译环境下的编译工具在宿主机上配置编译实现，必须是针对目标机 CPU 体系的编译工具。只有这样，对源代码编译生成的可执行映像才会被目标机的 CPU 识别。

(2) 远程调试。远程调试是一种允许调试器以某种方式控制目标机上被调试进程的运行方式，并具有查看和修改目标机上内存单元、寄存器以及被调试进程中变量值等各种调试功能的调试方式。调试器是一个单独运行着的进程。在嵌入式系统中，调试器运行在宿主机的通用操作系统上，被调试的进程运行在目标机的嵌入式操作系统中，调试器和被调试进程通过串口或者网络进行通信，调试器可以控制、访问被调试进程，读取被调试进程的当前状态，并能够改变被调试进程的运行状态。

嵌入式系统的交叉调试可分为硬件调试和软件调试两种。硬件调试需要使用仿真调试器协助调试过程，硬件调试器是通过仿真硬件的执行过程，让开发者在调试时可以随时了解到系统的当前执行情况。软件调试则使用软件调试器完成调试过程。通常要在不同的层次上进行，有时需要对嵌入式操作系统的内核进行调试，而有时可能仅仅只需要调试嵌入式应用程序即可。

在目标机上，嵌入式操作系统、应用程序代码构成可执行映像。我们可以在宿主机生成上述的完整映像，再移植到目标机上；也可以把应用程序做成可加载模块，在目标机操作系统启动后，从宿主机向目标机加载应用程序模块。

采用宿主机-目标机开发模式进行嵌入式系统开发，具有整体思路清晰，便于系统分工，容易同步开发的特点，是嵌入式开发人员较理想的开发方式。

3. V 型设计模型

V 型设计方法是一种并行的设计方法，即硬件设计和软件设计同时独立进行，最后联合调试。其设计过程分为 3 步，需求分析、总体设计；软硬件设计；系统集成、测试与验证。具体设计过程如图 9-5 所示。

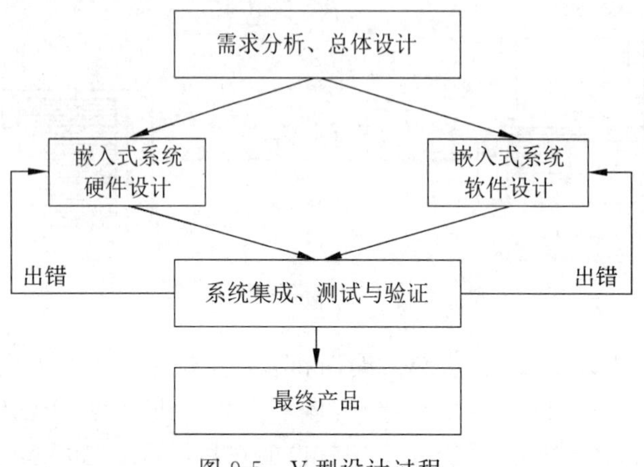

图 9-5 V 型设计过程

由图 9-5 可以看出，采用 V 型设计方法，硬件设计与软件设计互不影响，缩短了开发周期，适合于开发人力、物力资源比较丰富，系统比较庞大的场合。但在该模式开发过程中，设备驱动程序的可移植性差，而驱动程序与硬件和操作系统均有密切相关性，这就要求每个驱动设计人员都具有软件和硬件的知识背景。

4. 软硬件协同设计方法

V 型设计方法把软件与硬件分开独立设计，只能改善其各自的性能，而不能对系统做出较好的性能集成和优化。针对 V 型设计方法在软硬件开发中的缺陷，软硬件协同设计方法应运而生。它在 V 型设计方法的基础上，增加了硬件抽象层，该层对系统软硬件起着隔离作用，从而提高了系统软件的可移植性，可有效地利用人力资源、缩短开发周期、提高产品的可靠性。

软硬件协同设计方法的设计过程可分为以下 4 个步骤。

(1) 需求分析、总体设计。软硬件协同设计方法的步骤(1)集中在系统设计的形式化规格上，即建立一个对系统运行的完整描述体系，结果是对系统功能的分解。它采取一套组件的形式，具有全球通用性的功能。功能性组件能够用硬件或软件实现，通常使用形式化描述方法并有选择地实施。功能分配的目的是评估软硬件选择，即依据功能组件的属性，选择用硬件还是用软件最优，评估过程是基于不同的条件的。

(2) 定义硬件抽象层接口。以确保软硬件设计和测试工作能够在相同的接口上进行，从而有利于最终的软硬件集成测试。

(3) 实现软硬件。硬件组件能够用超高速集成电路硬件描述语言(VHDL)实现，之后需要做基于硬件抽象层的硬件驱动程序开发和硬件调试。软件使用编程语言 Java、C、C++编码,之后需要做基于硬件抽象层的虚拟硬件驱动程序开发和软件调试。

(4) 系统集成、测试与验证。系统集成将软件和硬件集合在一起,并且评估是否能与系统规格融合编译。若不能,软硬件功能分配就重新开始。完成系统集成后,通过测试与验证,即可提供最终产品。软硬件协同设计过程如图 9-6 所示。

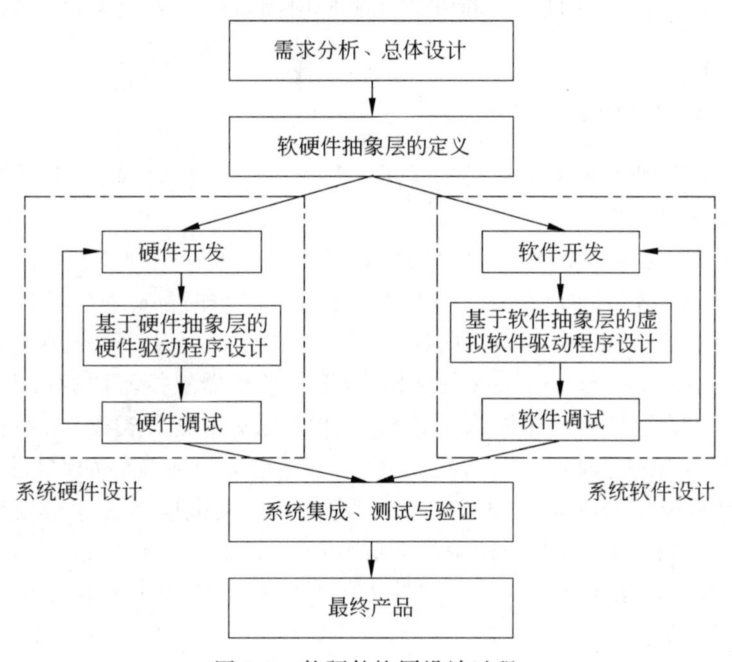

图 9-6 软硬件协同设计过程

在软硬件协同设计方法的开发过程中,软硬件的设计与调试具有无关性,并可完全地并行进行,这样大大缩短系统的测试周期,提高了系统的可靠性。为了执行实时的应用程序,系统开发者必须使用可以利用的组件,例如 IP 内核模块。IP 内核模块是单片系统设计的基础,究竟购买哪级 IP 内核模块,应根据现有基础、时间、资金和其他条件权衡确定。购买硬 IP 内核模块风险最小,但代价最高。但总的来说,通过购买 IP 内核模块不仅可以降低开发风险,还能节省开发费用。因为一般购买 IP 内核模块的费用要低于自己单独设计和验证的费用。软硬件协同设计法的缺陷是一般用户不了解硬件组件或 IP 内核模块的内部机制,限制了选取微处理器组件的自由度。

9.2 嵌入式系统的设计

嵌入式系统设计有别于桌面软件设计的一个显著特点:它需要一个交叉编译和调试环境,即源代码的编译工作在宿主机上进行,程序编译好后,需要下载到目标机上运行。宿主机和目标机通过串口、并口、网口或 USB 建立起通信连接,并传输调试命令和数据。由于宿主机和目标机往往运行着不同的操作系统,嵌入式微处理器的体系结构也彼此不同,这就提高了嵌入式系统设计的复杂性。

9.2.1 嵌入式系统设计概述

与通用计算机相比,嵌入式系统的硬件和软件都必须高效率地设计,量体裁衣、去除冗余,以最小成本实现更高的性能,同时尽可能采用高效率的设计算法,以提高系统的整体性能。

1. 嵌入式系统设计的主要问题

嵌入式系统设计通常根据软硬件的任务,分阶段进行设计。嵌入式系统设计所面临的问题主要表现在以下3方面。

(1) 嵌入式微处理器及操作系统的选择。嵌入式处理器多种多样,品种繁多,包括了x86、MIPS、PPC、ARM等,而且都在一定领域应用很广,即使选择ARM,也有多种不同厂家生产的不同类型的ARM处理器。在嵌入式系统上运行的操作系统很多,如VxWorks、Linux、Windows CE、FreeRTOS等,不同处理器支持不同的嵌入式操作系统。

(2) 开发工具的选择。用于嵌入式系统设计的开发工具种类繁多,不仅各个厂家各有各自的开发工具,在开发的不同阶段也会使用不同的开发工具。如在目标板开发初期,需要硬件仿真器来调试硬件系统和基本的驱动程序,在调试应用程序阶段可以使用交互式的开发环境进行软件调试,在测试阶段需要专门的测试工具软件进行功能和性能的测试,在生产阶段需要固化程序及出厂检测等。一般每种工具都要从不同的供应商处购买,都需要单独学习和掌握。

(3) 对目标系统的观察与控制。由于嵌入式硬件系统千差万别,软件模块和系统资源也多种多样,要使系统正常工作,必须对目标系统具有完全的观察与控制能力。例如,硬件的各种寄存器、内存空间,操作系统的信号量、消息队列、任务、堆栈等。

2. 嵌入式系统的设计步骤

嵌入式系统设计一般有5个阶段,如图9-7所示。设计步骤包括需求分析,体系结构设计,硬件设计、软件设计、执行机构设计,系统集成和系统测试。各个阶段往往要求不断地修改,直至完成最终设计目标。

(1) 嵌入式系统需求分析。嵌入式系统的系统需求分析就是确定设计任务和设计目标,并提炼出设计规格说明书,作为正式设计指导和验收的标准。系统的需求一般分功能性需求和非功能性需求两方面:功能性需求是系统的基本功能,如输入输出信号、操作方式等;非功能性需求包括系统性能、成本、功耗、体积、重量以及环境等因素。

(2) 嵌入式系统体系结构设计。嵌入式系统体系结构设计的任务是描述系统如何实现所述的功能和非功能需求,包括对硬件、软件和执行装置的功能划分以及系统的硬件、软件选型等。一个好的嵌入式体系结构是嵌入式系统设计成功与否的关键。

体系结构设计并不是具体讲系统实现,只说明系统做些什么,以及系统的功能要求。体系结构是系统整体结构的一个规划和描述。

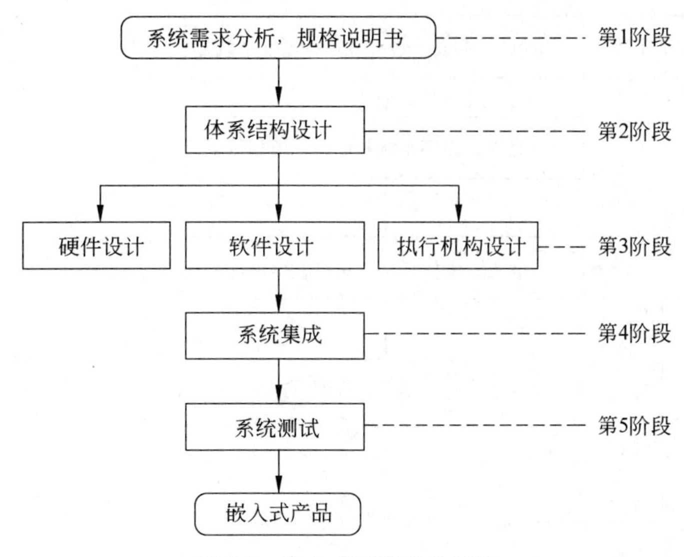

图 9-7　嵌入式系统设计流程

(3) 嵌入式软硬件及执行机构设计。基于嵌入式体系结构，对系统的硬件、软件和执行机构进行详细设计。为了缩短产品开发周期，设计往往是并行即同时进行的。硬件设计就是确定嵌入式处理器型号、外围接口及外部设备，绘制相应的硬件系统的电路原理图和印制板图。

在整个嵌入式系统软硬件设计过程中，嵌入式系统设计的工作大部分都集中在软件设计上，面向对象技术、软件组件技术、模块化设计技术是现代软件工程经常采用的方法。软硬件协同设计方法是目前较好的嵌入式系统设计方法。

执行机构设计的主要任务是选型，选择合适的执行机构，配置相应的驱动器以及传感器、放大器、信号变换电路等，并考虑与嵌入式硬件的连接方式。

(4) 嵌入式系统集成。系统集成是把系统的软硬件和执行装置集成在一起，进行调试，发现并改进单元设计过程中的错误。

(5) 嵌入式系统测试。嵌入式系统测试的任务就是对设计好的系统进行全面测试，看其是否满足软件规格说明书中给定的功能要求。针对系统不同的复杂程度，目前有一些常用的系统设计方法，如瀑布设计方法、自顶向下的设计方法、自下向上的设计方法、螺旋设计方法、逐步细化设计方法和并行设计方法等，根据设计对象复杂程度的不同，可以灵活地选择不同的系统设计方法。

注意：上述步骤不能严格区分，有些步骤是并行的，相互交叉、相互渗透的。在设计过程中也存在测试过程，包括静态的测试和动态的测试等。

基于嵌入式操作系统的嵌入式系统，整个系统的开发过程将改为如图 9-8 所示的设计流程。

选定或自行设计硬件系统之后就要选择满足要求的嵌入式操作系统，嵌入式操作系统屏蔽掉了底层硬件的很多复杂信息，使得开发者通过操作系统提供的 API 函数可以完成大部分工作，从而大大地简化了开发过程，提高了系统的稳定性。

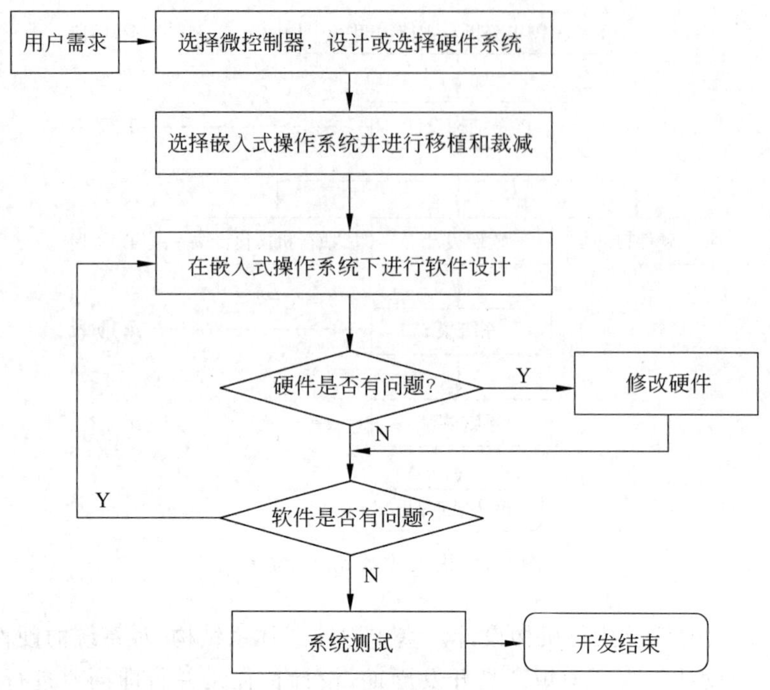

图 9-8　基于嵌入式操作系统的嵌入式系统设计流程

9.2.2　嵌入式系统的软件设计

嵌入式系统的软件设计需要根据应用的实时性要求、应用场合、可用资源情况等诸多约束，进行合理的任务划分，这是嵌入式系统应用软件设计的关键所在，直接影响软件设计的质量。

1. 嵌入式系统的软件设计过程

嵌入式系统的软件设计过程可分为 4 个阶段：①编辑，即用文本编辑器或集成环境中的编辑器编写源程序(汇编语言或 C/C++)；②编译，对每个源文件进行汇编或编译成一个目标文件；③链接与重定位，将所有产生的目标文件链接成一个目标文件，即可使用重定位程序进行重定位，把物理存储器 RAM 地址指定给可重定位程序，下载到 RAM 中进行调试修改，如果文件太大而 RAM 太小，则必须下载到 Flash 调试；④在 RAM 调试好后，产生一个可以在嵌入式系统上的可执行二进制映像文件，并将此文件下载到目标系统的 Flash 程序存储器中，复位运行。嵌入式系统的软件设计过程如图 9-9 所示。

交叉编译或交叉汇编输出目标文件，这个文件的结构通常是按照标准格式定义的，如通用对象文件格式(COFF)和可执行连接文件格式(ELF)。

定位器把可重定位程序转换到可执行的二进制映像文件。在有些工具如 GUN 中，定位器的功能是在链接器中实现的。

在 PC 上生成的可执行二进制映像文件需要下载至目标机才能运行。目标机的调试

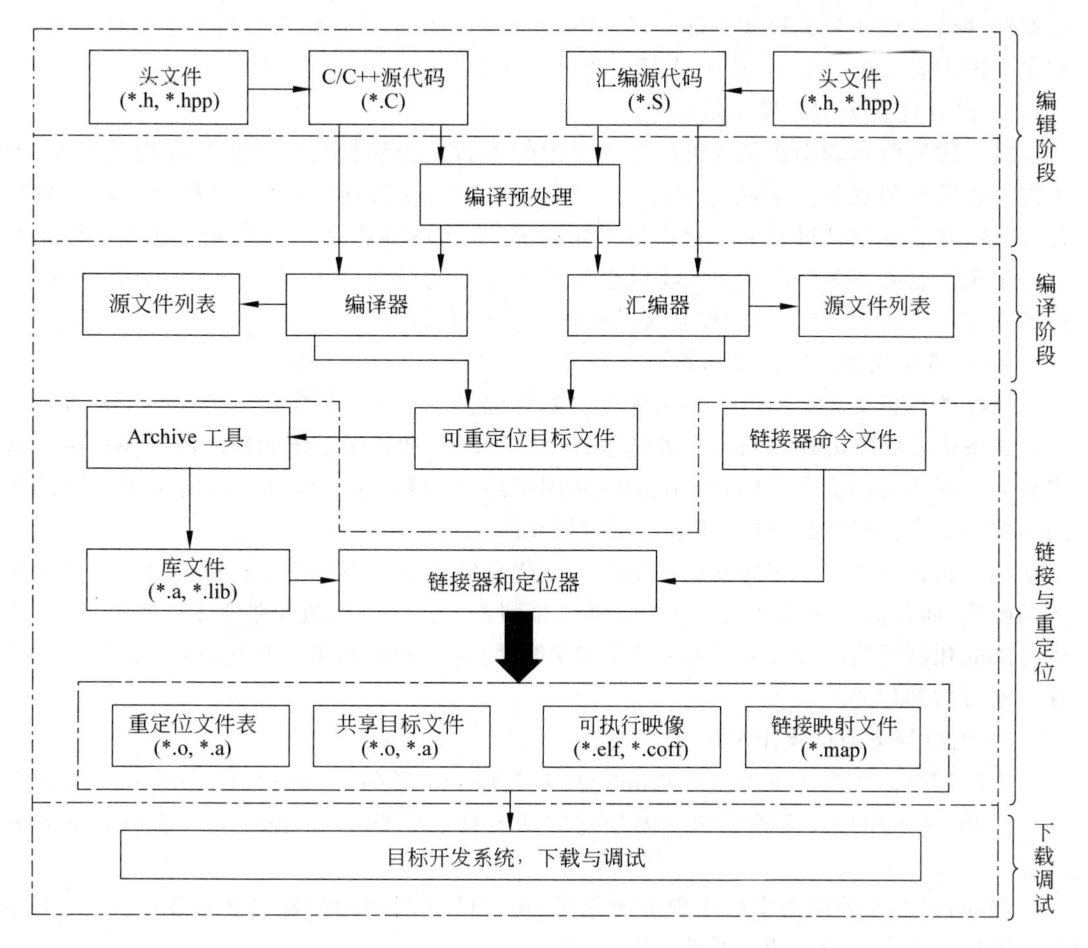

图 9-9 嵌入式系统的软件设计过程

则需要 PC 通过在线仿真器(ICE)或常驻在目标上的调试监控器来实现。而基于 ARM 的处理器已嵌入了 ICE 功能,可以通过 JTAG 或 SWD 接口直接进行调试,省去了昂贵的在线仿真器,也可以下载 Boot Loader 程序实现对目标机的调试。

2. 嵌入式操作系统的选择

在嵌入式系统的前期设计过程中,必须决定是否需要实时操作系统。如果需要,要决定所采用的嵌入式操作系统的类型。在选择操作系统中,必须考虑硬件对操作系统的支持。下面简单介绍通用体系的嵌入式操作系统和需要考虑的因素。

1) 非标准的操作系统

针对某些应用领域,尤其是使用带有非常有限资源的微控制器,选用的嵌入式操作系统一般是非标准的操作系统。基于这种非标准操作系统的嵌入式系统实质上是微控制器应用系统。

然而,当项目增大后,很多问题就随之产生。后台循环所需要的响应时间取决于最大循环次数所用的时间。当循环次数增多时,所需要的时间就会增多。此时有效的方法就是将这些后台循环分成很多小部分，但这可能导致产生更复杂的系统而难于调试和维护。如果系统中有多个开发者，这个情况会变得更加恶化。

2）没有优先级别的操作系统

没有优先级别的操作系统可以将程序中的后台工作转换为可以预先处理的工作，而不需要将原来的程序分割成多个块。一个不存在优先级别的系统一般相对比较容易执行、调试，并且在设计过程中不存在很多如资源共享的复杂操作。但此类系统的主要不足之处是设计者必须时刻保护决定将处理器转交给其他任务的时间。如果转交时间延迟，即使只有一次，也会对整个操作系统的响应产生严重影响。

3）具备优先级别的操作系统

完整的具备优先级别的操作系统可以处理包含多个相互竞争的任务和多个软件开发者。具备优先级别的操作系统在外部事件（如中断等）和操作系统调用之间转换任务。根据它们之间相对的优先级别和分配的时间周期进行安排，这就可以从决定转换任务的时间中解放出来，同时也减少了任务之间的相互冲突。

这个特性带来了很多外在的复杂性。在优先级别系统中的任务转换会给调试带来更多的困难，而且需要任务之间相互通信的外部机制。这个外部机制带来了新的问题，如任务之间的死锁冒险。设计人员必须学会使用新的技术和规则来处理这些问题，否则将会导致不可靠的代码。

4）更改的桌面型操作系统

更改的桌面型操作系统，如 Windows CE、Linux 等都是一些流行的嵌入式操作系统，特别是基于用户界面的系统。因为它们功能特别完整，并且提供了一个熟悉的开发环境。

然而，这些系统却通常会出现资源危机，运行的控制器的性能也非常受限制，从而不能满足执行特定环境下的实时性能限制。

嵌入式操作系统的特点与标准桌面型环境有很多不同的地方，所以开发一个嵌入式产品并不是简单地遵循开发一个标准的桌面程序的方法。

3. 嵌入式软件开发工具链的构建

嵌入式产品的软件开发需要 3 个阶段，包括为目标板配置和构建基本嵌入式操作系统，调试应用程序、库、内核及设备驱动程序/内核模块，定型前最终方案的优化、测试和验证。

1）开发工具的选择

在整个设计过程中，开发工具的选择很关键。许多针对嵌入式系统的开发工具都不兼容非 x86 平台，而且也没有很好地实现归档备案或集成。在其他开发环境下，组件间的高度集成并没有完全兑现。因此，要想完全从这些众多的软件组件开始创建一个完整的跨平台开发环境，将需要大量的调研、实施、培训和维护方面的工作。

2）开发工具的制作

在进行嵌入式系统开发前，首先要建立一个交叉编译环境，包括针对硬件平台所用处理器的编译器、汇编器、连接器，相应的库工具，目标文件分析/管理工具，符号查看器等。

硬件厂商及相关提供商一般都会提供这些工具，也可以从互联网上找到开源的工具集。

交叉编译器运行在某种处理器上，也可以编译另一种处理器的指令。建立一个交叉编译工具链是一个相当复杂的过程，它包括下载源代码、修补补丁、配置、编译、设置头文件、安装等很多工作。

3）嵌入式操作系统的裁减与移植

一个最小的嵌入式系统仅需要基本组成部分，一个用作引导的可用工具（Boot Loader），一个具备内存管理、进程管理和定时器服务的嵌入式操作系统微内核以及一个初始进程。

为了使上面的最小嵌入式操作系统具有一定实用性，还需要加上其他组件，硬件的驱动程序和一个或几个应用进程以提供必要的应用。

确定好内核和所需组件后，进入实质性的工作阶段。首先需要安排内存地址，如SDRAM的内存地址、Flash的内存地址等，这需要与实际应用和硬件状况相结合来考虑，要根据硬件的限制以及实际应用的需要对内存地址进行合理安排，同时要注意内存地址的安排要具有一定的伸缩性，以便于将来需要改动时所做的变动达到最小。一般嵌入式操作系统的内存地址安排体现在连接脚本中。

接着进入编写启动代码和机器相关代码阶段。各种不同目标系统，甚至相同目标系统的启动代码和机器相关代码也是不同的。启动代码一般需要完成硬件初始化、装载内核及安装根文件系统以及开始内核执行的工作，不同目标平台的启动代码一般可通过参考已有的启动代码和相关嵌入式处理器手册进行编写。

启动代码和机器相关代码编程完成并可以启动系统后，下一步可以开始驱动程序的编写。编写驱动程序需要对相关的硬件有一定了解，同时需要遵循不同的嵌入式操作系统下驱动程序的一些规则，编写完一个驱动程序后，写一个相应的测试程序以便随时进行测试。

除了以上提到的这些步骤外，进行实际开发时，很多时候还要进行库、GUI和系统程序的移植。这是因为嵌入式操作系统中所用的库一般不能直接使用标准库，而需要进行精简，虽然已有些精简的C库使用，但还是需要经常对其进行修改。系统程序中有些是应用时所必需的，有些则是进行调试时所需要的，初始时则需要一些通用的系统程序。

4）应用程序的编写、编译和刻录

编写嵌入式应用程序与编写PC应用程序很相似，都是在PC上完成源代码的编写、编译。所不同的是使用的编译器、连接器等开发工具链是针对嵌入式系统的，如ARM、MIPS体系结构。编译后生成的可执行文件镜像需要使用硬件工具，如JTAG、SWD、UART、USB，刻录到嵌入式应用系统板上的RAM或Flash ROM中执行。

文件刻录的方法有使用编程器、使用板上编程器编程、在电路编程、在系统编程等方法。

5）应用程序的调试

调试是开发过程中必不可少的环节，通用的桌面操作系统与嵌入式操作系统在调试环境上存在明显的差别。前者调试器与被调试的程序往往是运行在同一台机器、相同的操作系统上的两个进程，调试器进程通过操作系统专门提供的调用接口控制、访问被调试进程;后者(又称为远程调试)为了向系统开发者提供灵活、方便的调试界面,调试器还是运行于通用桌面操作系统的应用程序,被调试的程序则运行于基于特定硬件平台的嵌入式操作系统(目标操作系统)。

常见的远程调试的方案有插桩调试法、片上调试法等。

9.2.3 嵌入式系统开发与调试工具

嵌入式系统设计必须有相应的各种可用的工具,好的工具有助于快捷而圆满地完成任务。在嵌入式系统设计的不同阶段,要用到不同的工具。

1. 嵌入式系统硬件开发与调试工具

嵌入式开发的首选工具是仿真器,一般植于嵌入式微处理器和总线之间的电路中,用于监视和控制所有信号的输入和输出,以及嵌入式微处理器的内部工作情况和软件的执行状态。因为它是异体,可能会引起不稳定。但是仿真器可在总线级别上给出一个系统正在发生情况的清晰的描绘,为解决硬件故障提供强有力的工具,大大缩短了开发周期。

以往的工程项目常依赖于仿真器,用于整个开发过程。但是,一旦初始化提供了对串口的良好支持,多数的调试可以脱离仿真器而用其他方法进行。目前,嵌入式系统的启动代码已经能够快速获得串口工作。这意味着没有仿真器,也能够方便地进行工作。省去仿真器,从而降低了开发成本。一旦串口开始工作,便能用于支持各种专业开发工具。

基于 ARM 的仿真器由 ARM 厂家提供的有 Multi-ARM 等,可以仿真各种基于 ARM 的不同厂家的嵌入式微处理器。

常用的开发工具有以下 7 种。

1) 内部电路仿真器

内部电路仿真器(In-Circuit Emulator,ICE)是常用的仿真器,是用来仿真处理器核心的设备,它可以在不干扰处理器正常运行的情况下,实时地检测 CPU 的内部工作情况。

内部电路仿真器一般都有一个比较特殊的处理器,称为外合(bond out)处理器。这是一种被打开了封装的处理器,并且通过特殊的连接,可以访问到处理器的内部信号,而这些信号在处理器被封装时是无法看到的。当和工作站上强大的调试软件联合使用时,ICE 就能提供最全面的调试功能。

但内部电路仿真器同样有一些缺点:价格昂贵、不能全速工作。同样,并不是所有的处理器都可以作为外合处理器,从另一个角度来说,这些外合处理器也不太可能及时地被新推出的处理器所更换。

2) ROM 监控器

ROM 监控器(Monitor)是一个小程序,驻留在嵌入式系统的 ROM 中,通过串口或网络的连接和运行在工作站上的调试软件通信。这是一种便宜的方式,当然也是最低端的技术。它除了要求一个通信端口和少量的内存空间外,不需要其他任何专门的硬件,提供了下载代码、运行控制、断点、单步步进以及观察、修改寄存器和内存的功能。

因为 ROM 监控器是操作软件的一部分，只有当应用程序运行时，它才会工作。如果需要检查 CPU 和应用程序的状态，必须停下应用程序，再次进入 ROM 监控器。

3）在线调试(OCD)或在线仿真(OCE)

特殊的硅基材料和定制的 CPU 管脚的串行连接，在这种特殊的 CPU 芯片上使用 OCD，才能发挥出 OCD 的特点。用低端适配器就可以把 OCD 端口和主工作站以及前端调试软件连接起来。从 OCD 的基本形式看，它的特点和单一的 ROM 监测器是一致的，但不像后者需要专门的程序以及额外的通信端口。

4）串口

许多嵌入式系统都具有一个 RS-232 串行接口，它允许将调试信息传送到 PC 工作站上标准的串口上。通过串口可以很方便地发送有用的调试信息。

5）发光二极管

一个简单的发光二极管(LED)状态显示能够极为有效地帮助调试。除了看到 LED 在代码某个点处开始发光或者闪烁所带来的提示外，还可以使用长、短闪烁来表示大量的错误和状态报告。虽然看似非常简单，但是 LED 在嵌入式系统中，用来指示运行过程的功能不可小视。

6）示波器

示波器是调试工具中测试外部特性功能最强大的一种仪器，而且它不仅仅只用于调试硬件。示波器又分为模拟示波器和数字示波器两种，其中数字示波器性能优越但价格较高，动辄上万；而模拟示波器上千的价格可以接受。但数字示波器可以存储以及捕获脉冲的功能是模拟示波器所无法比拟的。通过示波器能够看到程序对外部端口和外部设备的访问，并能够监测软件的活动。

7）逻辑分析仪

逻辑分析仪是分析硬件的有力工具，一般拥有多条输入通道、一定容量的缓存，还拥有多个波形窗口、时序微分指针测量、波形和方案保护/修复等功能。对于总线时序分析非常有效，但一般价格较高。

2. 嵌入式系统软件开发工具

根据功能不同，ARM 应用软件的开发工具分别有编译软件、汇编软件、链接软件、调试软件、嵌入式实时操作系统、函数库、评估板、JTAG 仿真器和在线仿真器等。当选用 ARM 处理器开发嵌入式系统时，选择合适的开发工具可以加快开发的速度，节省开发成本。在一般情况下，一套含有编辑软件、编译软件、汇编软件、链接软件、调试软件、工程管理及函数库的集成开发环境(IDE)是必不可少的。至于嵌入式实时操作系统和评估板等其他开发工具，则可以根据应用软件规模和开发计划来选用。

使用集成开发环境开发基于 ARM 的应用软件，包括编辑、编译、汇编、链接等工作全部都在 PC 上即可完成。调试工作需要配合其他模块或产品才能完成。目前常用的开发工具有 ADS、IAR、RealView 等集成开发环境。许多软件开发工具可独立于硬件而进行软件仿真调试。

9.3 嵌入式系统项目管理

嵌入式系统的开发可以看作对一个项目的实施。项目的生存周期一般分为识别需求、项目规划与设计、项目执行和结束项目 4 个阶段，嵌入式系统的项目开发也是如此。

9.3.1 识别需求

需求分析对于嵌入式系统项目开发同样很重要。嵌入式系统往往需要嵌入其他产品中，不能独立工作，而这个产品通常并不是嵌入式开发部门所熟悉的，不了解需求而做成的产品往往是失败的。

1. 风险分析

风险分析的目的在于评估项目的进行是否会出现变数。在一个项目中，有许多的因素会影响项目进行，因此在项目进行的初期，在客户和开发团队都还未投入大量资源前，风险的评估可以用来评估项目可能会遭遇到的难题。嵌入式系统开发项目的风险主要包括需求风险、时间风险、资金风险和管理风险。

嵌入式项目存在多变性，不同的项目会有不同的风险产生。在风险分析阶段，应就各层面可能产生的问题，集思广益，及早地厘清问题点，提出配套方案，为将来项目资源的节省提供依据。

2. 制定系统规范

规格制定阶段的目的在于将客户的需求，由模糊的描述转换成有意义的量化数据。对一两个新系统的开发，规格的制定需要大量的时间进行沟通。因为在两个团队开始进行合作时，客户可能不清楚自己的需求是否可以被实现，而开发团队则可能不清楚客户真正的需求。

规格制定的好处在于厘清系统的边界。需求是一个模糊的概念，一直要等到有真实的数字出来后，系统实现才能有依据。例如，客户需要一个可以测量、记录环境温度的设备，在还没有确定这个设备要测量具体范围的温度以及可以记录多久的数据前，开发团队是无法进行下一步骤的。

9.3.2 项目规划与设计

在项目规划与设计阶段，开发团队需要分析所有可行的解决方案，并拟定进程，确定系统的框架，使项目在合理的进程范围中逐渐构建完成。

1. 系统规划

系统规划阶段是项目进行的第一个重要的决策点。在与客户进行系统规格制定后，项目团队需要对系统规格做更进一步的分析，来决定是否以这个版本的系统规格进行下个阶段的工作。系统规划大致分为两个阶段。

(1) 规格分析。在客户与开发团队完成需求规格后，并不能确保系统规格被完全实现。由于在制定系统规格阶段中，领域专家已经将一些专业的术语与数据转换成工程人员可以接受的词汇，因此开发团队可以就此进行深入的评估，在系统还未进入真正的设计与实现阶段前，开发团队可凭以往的经验、现行的成熟技术、研发的能力、项目资源等信息评估这个版本的系统规格是否可行。

(2) 预估进程。多数的嵌入式项目总是由一些旧的经验与新的设计组成。对之前有经验的部分，开发团队或许会有一个参考的进程数据，但是对于开发团队，如果有新的技术导入项目中，则难以去预估出一个正确的时间。在进程的预估上，开发团队也只能视以往的经验来预估某个阶段的开发需要多长时间，至于项目需要多长时间合理，则依项目而异。在项目进程的预估上，需要设置适当的里程碑，让双方的人员可以确定每个阶段的进程，再适度地调整系统开发的进程。

2. 系统设计

在系统设计阶段，开发团队需要寻找适当的组件组成系统，以达到在系统规划阶段所制定的系统规格。在决定了系统的关键组件后，必须由系统的架构开始设计，然后再进行系统的细节设计。

嵌入式系统和一般软件系统最大的不同在于嵌入式系统所使用的硬件与软件流程可能是独一无二的。在硬件的初步估计中，可以将系统的功能各个击破，逐个去评估所使用的硬件是否可以达到系统规格的要求。在初步设计阶段中，也有可能使用现成的开发板进行特殊外部设备与主动组件之间的配合度测试。并搭配适当的测试程序，证实硬件系统搭配动作正确无误。在确定软件功能分割后，接下来要针对不同的软件功能进行设计。

由于嵌入式系统可能会接触到许多外部设备，因此在设计软件时，需要将不同的界面要用到的资源先行预留。在目前的微控制器设计中，由于总线的地址范围等资源受限，所以需要在系统设计阶段先行讨论各外部设备可以占用的系统资源，如内存映射空间、中断服务向量分配等。

9.3.3 项目执行

由于嵌入式系统的特殊性，项目的执行表现为系统硬件的实现和软件的实现，而这两方面又互相影响。系统实现完成后，需要测试其是否符合要求，这就需要系统测试。测试过程中，如果发现问题，需要通过调试找出问题产生的原因并解决问题。事实上，系统的实现、测试和调试贯穿整个“项目执行”阶段。

1. 系统实现

由于不同的嵌入式系统会有不同的设计考虑，在实现阶段就需要针对不同的系统架构进行系统实现。下面根据不同的系统架构所对应的开发程序做相应说明。

(1) 从硬件做起。新一代的消费性电子产品或是嵌入式系统产品中,硬件是很少需要自己从头开始做起的。很多的微控制器厂商会提供公板,这个公板会将该微控制器所有功能尽量集成到一个参考板上。使用该微控制器的厂商依据这个参考设计,再配合自己的需求,将公板的设计转换成自己的设计。这样不但节省设计的时间,也可以确保系统硬件的可靠性。

(2) 从驱动程序移植做起。为了软硬件同步开发,许多项目会从使用微控制器合作厂商的参考平台开始进行软件的开发。使用合作厂商出品的评估板的好处在于有一个稳定的开始。开发团队可以利用这些基础来进行定制驱动程序。同样,在特定的驱动程序(通常为 UART、Flash 及 LCD 等)开发完成后就可以开始进行操作系统的移植。

2. 系统测试

系统测试的目的在于提早找出问题所在,并验证系统设计是否符合系统规格。

进行系统测试需要有明确的目标,才会有明确的结果。根据不同的项目,在测试进行前,开发团队需要了解并完成以下工作,确认测试目标,找出系统可能的问题,但系统在什么情况下可能发生什么问题就需要先行确定。漫无目标的测试不具有任何意义,有明确的测试目标才能发挥系统测试的功能。

有了测试的目标后,就要确定测试的标准。测试标准是合格线,如果通过测试标准则测试通过;否则就需要再改进。

有了测试标准后,接下来要建立测试项目。事先拟定测试项目,不但可以让测试的过程更加顺利,也让后面的测试报告更有说服力。在进行测试的同时应将测试的结果记录下来,以供参考。测试报告是一份系统的体检表,它不但可以用来检验系统是否正常运行,而且可以提供给客户一个产品的快照,让客户对项目的进程有进一步的了解。

3. 系统调试

在嵌入式项目进行到实施阶段后,就有可能出现一些非预期的结果,这时需要对有问题的地方进行调试。系统测试与系统调试是孪生姐妹,开发团队利用系统测试找出可能的系统问题再利用系统调试将问题找出并解决。很少有人喜欢调试,所以最好的办法就是在错误发生之前就发现它,或者根本不要让错误隐藏在设计中。

9.3.4 结束项目

当项目的工作绩效符合要求,客户已接受了工作成果,或者项目的目标不可能、也不需要实现时,项目就进入收尾工作过程。

对于嵌入式系统的项目开发,产品开发完毕并移交给客户并不等于项目已经结束。客户在使用产品的过程中还会发现一连串的问题,此时开发团队还需要服务客户,这就是售后服务。售后服务是一种保障客户权利的措施,也是开发团队的义务。

当售后服务结束、项目结案时,项目也没有结束,这时需要项目讨论来总结、学习。项目讨论是一个项目的反馈机制,通过这个程序,项目团队的经验才可以被记录下来,即这是一个撰写项目历史的过程。

对于嵌入式系统的开发团队，建立项目历史文件可以将项目团队的知识保存下来，若碰到曾经遇到的问题，可以在有参考的基准上，不需要再重蹈覆辙。

9.4 思考与实践

9.4.1 问题思考

1. 什么是嵌入式系统？
2. 嵌入式系统具有哪些特点？与常用 Windows 桌面操作系统有何异同？
3. 简述典型嵌入式系统的硬件和软件组成。
4. 简述嵌入式系统的应用领域，并举出身边的嵌入式系统的例子。
5. 开发嵌入式系统在技术上一般具有哪些风险？通常如何防范？
6. 嵌入式应用软件的开发有什么特点？与桌面应用软件开发有哪些不同点？
7. 嵌入式系统有哪些设计模型？各有什么特点？
8. 嵌入式系统设计的一般步骤是什么？
9. 嵌入式系统的开发需要哪些软硬件开发与调试工具？
10. 嵌入式系统项目管理有哪些步骤？

9.4.2 专题讨论

1. 找出教室中的具有嵌入式系统的设备，选定其中一样，讨论如何开发这款产品。

2. 如果你是一名项目经理，现在要开发一个饭店内的送菜机器人，讨论如何做好项目计划。

3. 简单分析几种嵌入式操作系统的主要特点。

4. 简述软硬件协同设计的过程。

5. 讨论嵌入式系统软件的设计过程，并比较与通用软件开发过程的不同。

6. 调查嵌入式操作系统的应用，选择嵌入式操作系统需要考虑哪些因素？

9.4.3 应用实践

1. 在2003年春和2020年春均暴发了大规模疫情，在各个重要场所都需要测体温，现在请你担任产品经理，主持开发一款便携式人体测温仪，要求非接触、快速、准确、自动报警、无人值守等，写出项目研发的全过程。

2. 基于蓝牙的嵌入式点菜系统实现对传统饭店的革命性变化，服务员手持手掌大小的嵌入式终端设备，在终端设备上进行点击或者书写等操作，即可通过代码输入、分类选择、关键字查找、自定义输入等方式快捷地将客人所需要的相关菜谱显示出来，顾客选定后即可在移动终端上生成菜单并算出消费金额，顾客确认后点菜操作即完成。

此时，服务员只需单击一下嵌入式终端设备的发送键，客人的菜单瞬间被传送到收银管理系统中，由系统的计算机发出指令给设在厨房等处的打印机并打印出相应的菜单，厨师按单做菜。同时收银台也打印出一张同样的菜单放在顾客桌上，以备客人查询以及做结账凭据，整个流程到此完成。

写出此嵌入式系统的设计方案。

课后自测-9

参 考 文 献

[1] 张海藩，牟永敏.软件工程导论[M].6 版.北京：清华大学出版社，2013.
[2] Pressman Roger S，Maxim Bruce R.软件工程：实践者的研究方法[M].郑人杰，马素霞，等译.8 版.北京：机械工业出版社，2019.
[3] 郑人杰，马素霞，殷人昆.软件工程概论[M].2 版.北京：机械工业出版社，2019.
[4] 胡思康.软件工程基础[M].3 版.北京：清华大学出版社，2019.
[5] 钱乐秋，赵文耘、牛军钰.软件工程[M].3 版.北京：清华大学出版社，2019.
[6] 齐治昌，谭庆平、宁洪.软件工程[M].4 版.北京：高等教育出版社，2019.
[7] 魏金岭，周苏.软件项目管理与实践[M].北京：清华大学出版社，2018.
[8] 秦航，张健，邱林，等.软件项目管理原理与实践[M].北京：清华大学出版社，2015.
[9] 朱少民.软件测试方法和技术 [M].3 版.北京：清华大学出版社，2014.
[10] 常晋义.管理信息系统——原理、方法与应用 [M].3 版.北京：高等教育出版社，2017.
[11] 汤文亮.软件工程[M].3 版.南昌：江西高校出版社，2015.
[12] 李浪，朱雅莉，熊江.软件工程[M].武汉：华中科技大学出版社，2013.
[13] 马维华.嵌入式系统原理及应用 [M].3 版.南京：江苏人民出版社，2017.

图书资源支持

感谢您一直以来对清华版图书的支持和爱护。为了配合本书的使用，本书提供配套的资源，有需求的读者请扫描下方的“书圈”微信公众号二维码，在图书专区下载，也可以拨打电话或发送电子邮件咨询。

如果您在使用本书的过程中遇到了什么问题，或者有相关图书出版计划，也请您发邮件告诉我们，以便我们更好地为您服务。

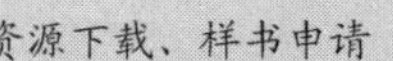

书圈

我们的联系方式：

地　　址：北京市海淀区双清路学研大厦 A 座 701

邮　　编：100084

电　　话：010-83470236　010-83470237

资源下载：http://www.tup.com.cn

客服邮箱：2301891038@qq.com

QQ：2301891038（请写明您的单位和姓名）

课　程　直　播

用微信扫一扫右边的二维码，即可关注清华大学出版社公众号“书圈”。